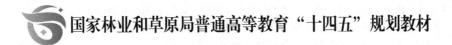

国家林业和草原局普通高等教育"十四五"规划教材

大学化学

郑先福　孟　磊　主编

U0199234

中国林业出版社
China Forestry Publishing House

内容简介

本教材是国家林业和草原局普通高等教育"十四五"规划教材，主要包括化学基础理论、应用化学和实验三部分，其中化学基础理论涵盖物质聚集状态、化学反应基本原理、物质结构基础、化学四大平衡等相关基础知识；应用化学部分主要包括化学与材料、能源、环境保护、生命等内容；实验部分包含相关基础知识和操作；第1~10章是基础，第11~15章是在社会生活和科学技术中的应用，反映多学科之间的渗透与融合。每章配有拓展阅读，学习者可通过扫描二维码获取习题解答、思政案例等数字化资源。

本教材可以作为高等院校非化学专业本科生的基础课教材，也可供自学者参考。

图书在版编目（CIP）数据

大学化学/郑先福，孟磊主编．—北京：中国林
业出版社，2023.12
国家林业和草原局普通高等教育"十四五"规划教材
ISBN 978-7-5219-2469-5

Ⅰ.①大… Ⅱ.①郑… ②孟… Ⅲ.①化学–高等学
校–教材 Ⅳ.①O6

中国国家版本馆 CIP 数据核字（2023）第 236833 号

策划编辑：高红岩
责任编辑：高红岩　李树梅
责任校对：苏　梅
封面设计：睿思视界视觉设计

出版发行　中国林业出版社(100009，北京市西城区刘海胡同7号，电话83143542)
电子邮箱　cfphzbs@163.com
网　　址　www.forestry.gov.cn/lycb.html
印　　刷　北京中科印刷有限公司
版　　次　2023年12月第1版
印　　次　2023年12月第1次印刷
开　　本　787mm×1092mm　1/16
印　　张　20.5
字　　数　510千字
定　　价　59.00元

课件

《大学化学》编写人员

主　　编　郑先福　孟　磊

副 主 编　谢黎霞　金　秋

编　　者　(按姓氏拼音排序)

曹占奇(河南农业大学)

金　秋(河南农业大学)

孟　磊(河南农业大学)

秦洁琼(河南农业大学)

史力军(河南农业大学)

吴璐璐(河南农业大学)

谢黎霞(河南农业大学)

杨喜平(河南工业大学)

张　磊(河南理工大学)

张智强(郑州轻工业大学)

郑先福(河南农业大学)

郑　昕(河南农业大学)

前　言

　　大学化学是高等院校非化学化工类有关专业的基础化学课程。本教材编写人员由河南农业大学、河南工业大学、郑州轻工业大学和河南理工大学多年从事化学教学的教师组成。本教材根据多年的大学化学教学经验编写而成，具有以下特色：

　　1. 在阐述相关基本理论知识时，突出科学思维方法和创新能力的培养，注重素质教育；对书中例题进行精选，选择具有代表性的典型例题，力求例题紧扣理论知识，对理论知识起到加强和巩固的作用。

　　2. 为了响应中共中央办公厅、国务院办公厅印发的《关于深化新时代学校思想政治理论改革创新的若干意见》和党的二十大报告所提出的科教兴国战略，推进教育数字化的思想要求，我们在教材中采用二维码的形式融入课程思政元素，在提高教材的趣味性及可读性的同时，引导学生树立远大理想，激发学生爱国情、强国志、报国行，承担立德树人的根本任务。

　　3. 本教材紧跟化学学科发展新动向，阅读材料部分结合化学发展前沿，提供了与各章节内容紧密相关的阅读材料，力图使学生掌握化学基础知识的同时，开阔视野，坚定所学必有用的信念。

　　4. 编录了基础实验内容以适应培养计划中理论实验一体化的需要。

　　参与教材编写的有：河南农业大学郑先福（前言、绪论）、孟磊（第 3 章）、谢黎霞（第 10 章）、金秋（第 1、2 章）、吴璐璐（第 4~6 章）、史力军（第 14、15 章）、曹占奇（第 8 章）、郑昕（第 13 章、实验 2、实验 3、实验 5~实验 8）、秦洁琼（第 9 章、实验 1、实验 4），河南工业大学杨喜平（第 7 章），郑州轻工业大学张智强（第 11 章），河南理工大学张磊（第 12 章和附录），全书由主编、副主编统稿。

　　本教材在编写过程中参阅了已出版的相关教材和著作，借鉴和吸取了有益的内容，对给予帮助和提出宝贵建议的相关化学教师，在此一并致以最诚挚的感谢。

　　尽管编写中我们力求完善，但由于水平有限，书中错误在所难免，恳请读者批评指正。

编　者

2022 年 12 月

目 录

第0章 绪 论

什么是化学？通常认为化学是研究物质的组成、结构、性质、变化和应用的科学，其特征是研究物质和创造物质，是一门最富创造性和想象力的科学。著名化学家徐光宪把化学定义为：研究原子、分子片、分子、超分子、生物大分子到分子的各种不同尺度和不同复杂程度的聚集态的合成反应、分离和分析，结构形态，物理性能和生物活性及其规律和应用的科学。

随着科学水平不断发展，化学的研究对象也在不断变化，相应地，其学科内涵也不是一成不变的，需要不断地做出必要调整。

0.1 化学的发展史

人们对物质运动的认识总是从现象到本质，从片面到全面而不断演化的。化学史是人类社会在长期的社会实践过程中，对获得化学知识的系统的历史回顾。化学历史的发展，大致可以分为以下几个时期：

（1）古代及中古时期（17世纪中叶以前）

这一时期主要是以实用为目的，公元前50万年，在以石器进行狩猎的原始社会中，人类第一个化学上的发明就是火，火的发明产生了最早的冶金术和青铜器。

青铜器的冶炼不仅让古人认识了像金、银、铜这样能够以单质形态存在于自然界中的金属，也认识了从矿物中提炼的金属。进入封建社会后，由于中国封建统治者梦想长生不老，促使出现用化学方法炼丹，也就是四氧化三铅（Pb_3O_4）和硫化汞（HgS），从而积累了许多化学知识，人们对自然界中物质变化的规律性进行了一定的探讨。与此同时，西方的炼金术士也在寻找能够点石成

科学家简介

金的方法——炼金术，这是西方的古代化学。15世纪末期，炼金术最终被西方的医药化学和冶金化学所取代。在中国，炼丹术也逐渐被本草学所取代。明代李时珍撰写的《本草纲目》全书达190多万字，除记载了许多植物的药用价值外，他还对许多无机物做了分类，记载了它们的性质和用途。明代宋应星的《天工开物》详尽地记录了当时的手工业和化学生产过程，如金属冶炼、制瓷、造纸、染色、火药等。

（2）近代化学时期

从17世纪后半叶到19世纪中期，近两百年的时间内，化学逐渐形成并发展为一门以实验为依据的独立科学。

这一时期又可分为前后两个阶段，前者从17世纪中叶到18世纪末，从1661年英国化学家波义耳（R. Boyle）提出科学元素说，到1803年道尔顿（J. Dalton）提出原子论之前，是近

代化学的孕育时期；后者从原子学说的建立，到原子可分性的发现，属于近代化学的发展时期。

在这个阶段，化学实现了从经验到理论的重大飞跃，化学结构的原子价理论及借助于物理学的成就而建立起来的物理化学理论等，使化学真正被确立为一门独立的科学，并推动了无机化学、有机化学、分析化学和物理化学四大基础学科的相继建成。

（3）现代化学时期

进入20世纪以后，科学上的一系列重大发现对人们关于原子不可分割的观念产生了巨大的冲击，同时也把化学推向了更深层的微观世界。

19世纪末的三大发现：X射线、放射性和电子，打开了原子和原子核的大门，使化学家能够从微观的角度和更深的层次上研究物质的性质和化学变化的根本原因。现代化学发展到现在已有一百多年的历史，在化学的基础理论、研究方法、实验技术和应用等方面都发生了深刻的变化。原有的四大基础化学学科已容纳不下新发展的事物，从而又衍生出了高分子化学、应用化学、化学工程、材料化学、环境化学等不同的分支学科，所有这些都表明化学已经进入了一个黄金时代。

0.2 现代化学研究前沿

化学的成就是社会文明的重要标志。作为社会高科技发展的强大支柱，化学已渗入社会及科技发展的各个领域，与工农业生产、国防现代化、人们生活和人类社会发展等都有着密切联系。

社会科技的发展需要化学的发展。当今世界面临的人口膨胀、资源短缺、能源危机、粮食不足、环境污染五大问题；科学界关注的四大理论：天体、地球、生命、人类的起源与演化；六大科技热点：可控热核反应、信息高速公路、生命科学方面的人类基因、生物技术征服主要疾病（癌症、心脑血管疾病和艾滋病等）、纳米材料与技术、智能材料及环境问题，这都需要化学家的参与和解决。

当前化学发展的总体趋势大致是：从宏观到微观（纳米及单分子化学）；从静态到动态（飞秒化学）；从定性到定量（趋微量分析）；从经验合成向定向设计转化，进而开创新的研究层面。

在众多问题中，化学反应的性能问题、化学催化的问题、生命过程中的化学问题是关键性的三类问题，既是基础理论，又是直接与应用有关的重要问题，这些问题的研究都属于前沿领域。解决了这些关键性问题就可以带动解决其他问题，并可推进经济和生产的发展。

0.3 化学的分支

无机化学、有机化学、分析化学、物理化学是经典化学的四大分支。无机化学是研究元素、单质和无机化合物的来源、制备、结构、性质、变化和应用的一门科学。有机化学又称碳化合物的化学，是研究有机化合物的结构、性质、制备和应用的一门科学。分析化学是研究物质的组成、含量、结构和形态等化学信息的分析方法及理论的一门科学。但分析化学的重要分支——仪器分析，其原理基本上属于物理化学的范畴，或者说是物理化学原理的应用。物理化学是在物理和化学两大学科基础上发展起来的，它以丰富的化学现象和体系为对象，大量采纳物理学的理论成就与实验技术，探索、归纳和研究化学的基本规律和理论，构成化学科学的理论基础。

进入 20 世纪中期以后，化学的发展突飞猛进，形成了许多学科分支。高分子化学就是一个迅速发展起来的化学分支，三大人工合成工业(合成橡胶、塑料和合成纤维)成为人类物质生活中不可缺少的部分，它们为航天、能源、交通、国防提供了新材料。因此，系统地研究高分子的结构、功能、合成、应用等方面的一门新兴学科就是高分子化学。

化学与各学科交叉，在边缘地带形成了许多新的学科，如环境化学、核化学、地球化学、生物化学、农业化学、工业化学以及化学信息学、化学商品学等。凡是以化学为主词的这些交叉学科可看作纯化学与某一学科的交叉，学科的主体仍然是化学，而以化学为修饰词的学科可认为以化学为主要对象的其他相应学科的二级学科。

0.4 化学在自然科学中的地位

化学是自然科学的核心一级学科，是理论与应用并重的科学。化学是研究物质的组成、结构、性质及其变化规律和变化过程中能量关系的一门基础学科，在工农业生产和科学技术领域起着非常重要的作用。

早在 1993 年国际纯粹与应用化学联合会在北京召开了第 34 届学术大会，其中心议题就是"化学——21 世纪的中心科学"。党的二十大报告中指出："教育、科技、人才是全面建设社会主义现代化国家的基础性、战略性支撑。"作为未来的科教工作者，需要广泛掌握相关的化学知识及实验技能，能够把化学原理同工农业生产和技术有机地结合起来，解决生产实践中遇到的实际问题，同时提高自身的综合素质，以适应当前工农业发展的需要。

化学在自然科学中具有承上启下地中心地位(图 0-1)。

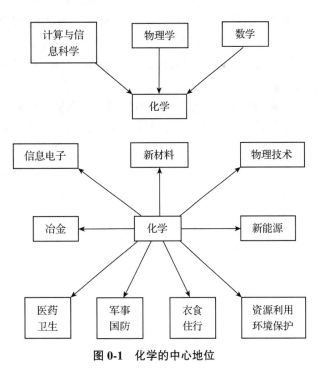

图 0-1 化学的中心地位

0.5 大学化学的学习方法

大学化学是工科、农科相关专业一年级的一门基础课，它包含了无机化学、物理化学、结构化学、高分子化学、环境化学等的基本内容。希望学生通过学习这门课，掌握科学研究的思想和方法，而不仅仅是化学知识本身。

做任何事情都需要有动力。动力的来源是多种多样的，有的短暂，有的久远；有的有崇高的目的，也有的仅仅是一种本能。压力、兴趣、爱好、责任感、敬业、创新精神、献身精神……都有可能产生学习的动力，因此在学习本课程之初，就要有一定的目标和动力。

深刻理解和掌握原子、分子的结构和性质，配位化合物的结构和性质，化学反应动力学，热力学基础，溶液中离子平衡及相关化学学科最基础的概念，了解物质状态的一般概念和知识，为后续课程打好基础。通过实验，掌握化学实验的基本操作，认识化学反应的直观变化，了解数据处理并能做简单的计算，提高理论联系实际的能力。

找到最适合自己的学习方法，学习方法既有通则，又无定则，应不断总结和交流学习方法，了解前人解决问题的思路和方法，提高自己独立思考和解决问题的能力。

中国科学院前院长卢嘉锡院士说："化学发展到今天，已经成为人类认识物质自然界，改造物质自然界，并从物质和自然的相互作用得到自由的一种极为重要的武器。就人类的生活而言，农轻重，吃穿用，无不密切地依赖化学。在新的技术革命浪潮中，化学更是引人瞩目的弄潮儿。"化学在提高人类的生活质量，满足人民各种需求的过程中具有极其重要的作用。

在学习化学的过程中，应努力学习前人是如何进行观察和实验的，是如何形成分类法及归纳成概念、原理、理论的，并不断体会和理解创造的过程，形成创新的意识，努力去尝试创新。

我们应在学习过程中努力把握学科发展的最新进展，努力用所学的知识、概念、原理和理论理解新的事实，思索其中可能存在的矛盾和问题，设计并参与新的探索。

习 题

1. 对化学的定义和化学的主要分支进行资料查阅和讨论。
2. 讨论学习大学化学的目的、态度和方法。

第1章 物质的聚集状态

教学目的和要求：

(1) 了解物质常温下的三种存在状态及其各种状态的特征和相互转化规律。

(2) 掌握溶液的组成标度表示方法和有关计算。

(3) 掌握难挥发非电解质稀溶液的依数性及有关计算，了解强电解质溶液理论。

(4) 了解胶体的特性及胶团结构式的书写，了解溶胶的稳定性与聚沉。

1.1 物质聚集状态的多样性

物质的凝聚态是指由大量粒子组成并且粒子间有很强的相互作用的系统。自然界中存在各种各样的凝聚态物质。它们深刻地影响着人们日常生活的方方面面。在最常见的三种物质形态——气态、固态和液态中，后两者就属于凝聚态。低温下的超流态、超导态、超固态、玻色-爱因斯坦凝聚态、磁介质中的铁磁性、反铁磁性等，也都是凝聚态。

随着温度降低，室温时气态的物质可以转化成液态和固态。如果升高温度至数百万摄氏度，气态可以转化为等离子体态，所有的原子和分子游离成带电的电子和正离子，称为等离子态，也称物质的第四态。一些金属、合金及金属间化合物和氧化物，当温度低于临界温度时出现超导电性(零电阻现象)和完全抗磁性(内部磁感应强度为零)。液氦在温度低于-271℃时还会出现超流现象，液体的黏度几乎为零，杯子内的液氦会沿器壁"爬"到杯子外面，这两种状态为物质的超导态和超流态，属于玻色-爱因斯坦凝聚态，也称物质的第五态(图1-1)。

超流态

物质的聚集状态不同，其特性也不相同且与外界条件密切相关，并在一定的条件下可以相互转化。本章主要讨论气体和溶液的重要性质。主要内容有理想气体状态方程、理想气体分压定律；溶液的组成标度、稀溶液的通性；胶体溶液的一般特性；表面活性剂和乳浊液的基本性质。

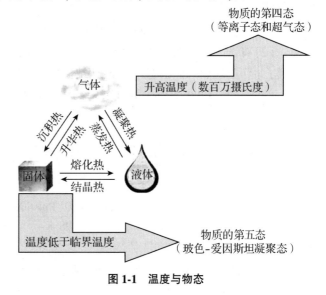

图1-1 温度与物态

1.2　气体

1.2.1　理想气体状态方程

气体有实际气体和理想气体之分。理想气体是以实际气体为依据抽象而成的气体模型（实际中并不存在）。它是为了研究方便而忽略气体分子的自身体积，将分子看作是有质量的质点。分子与分子、分子与器壁之间没有相互作用力，无动能损耗。当实际气体压力不大时，分子之间平均距离很大，气体分子本身的体积可以忽略不计，分子间吸引力相比之下也可以忽略不计，实际气体的行为就十分接近理想气体行为，可当作理想气体来处理。一般来说，沸点低的气体在较高的温度和较低的压力时，更接近理想气体，如氧气的沸点为−183℃、氢气的沸点为−253℃，它们在常温常压下摩尔体积与理想值仅相差 0.1% 左右；而二氧化硫的沸点为−10℃，在常温常压下摩尔体积与理想值相差达到 2.4%。

对于理想气体，气体的体积 V、压力 p、温度 T 和物质的量 n 之间符合下列关系：

$$pV = nRT \tag{1-1}$$

式(1-1)称为理想气体状态方程。在国际单位制中，p 用 Pa（帕斯卡，即 $N \cdot m^{-2}$）、V 用 m^3（立方米）、n 用 mol（摩尔）、T 用 K（开尔文）为单位，此时摩尔气体常数 R 的值[①]为 $8.314\ J \cdot mol^{-1} \cdot K^{-1}$。在应用理想气体状态方程时，要注意单位的统一。

不过，理想气体的定义和推导一直以来都有争议，为了解题方便，理想气体状态方程可有不同形式。理想气体状态方程在工业、农业、医学、生物学、气象学等领域，以及日常生活中都有广泛的应用。例如，研究大气压随海拔高度的变化而变化的状态；研究高山病的低气压生理效应和血红蛋白的氧离解曲线（高山病和高空缺氧症的产生原因）；将理想气体状态方程用于工业测量、塑料密度的测定，用于计算炸药的爆炸参数研究和核电厂设备密封性的评价等。

例 1-1　在 298 K 和 101.3 kPa 时，气体 A 的密度 ρ 为 $1.80\ g \cdot L^{-1}$。求：(1)气体 A 的摩尔质量；(2)将密闭容器加热到 400 K 时容器内的压强。

解：(1)由理想气体状态方程 $pV=nRT$ 的导出公式，得气体 A 的摩尔质量为

$$M = \frac{\rho RT}{V} = \frac{1.80 \times 10^3\ g \cdot m^{-3} \times 8.314\ Pa \cdot m^3 \cdot mol^{-1} \cdot K^{-1} \times 298\ K}{1.013 \times 10^5\ Pa} = 44.02\ g \cdot mol^{-1}$$

(2)由理想气体状态方程 $pV=nRT$，若 n 和 V 不变，得 $\dfrac{p_1}{T_1} = \dfrac{p_2}{T_2}$，则 400 K 时容器内的压强为

$$p_2 = \frac{p_1 T_2}{T_1} = \frac{1.013 \times 10^5\ Pa \times 400\ K}{298\ K} = 1.360 \times 10^5\ Pa$$

---

① R 的数值和单位会根据计算时代入的数值及单位发生相应变化。

$R = pV/nT = 8.314\ Pa \cdot m^3 \cdot mol^{-1} \cdot K^{-1} = 8.314 \times 10^{-3}\ Pa \cdot L \cdot mol^{-1} \cdot K^{-1} = 8.314\ J \cdot mol^{-1} \cdot K^{-1} = 1.987\ cal \cdot mol^{-1} \cdot K^{-1}$

1.2.2　理想气体分压定律

实际工作中，经常遇到两种或几种互不发生反应的理想气体组成的混合气体，组成混合气体的每种气体均称为该混合气体的组分气体，如空气就是混合气体，其中的氧气、氮气、二氧化碳等均是空气的组分气体。混合气体所占有的体积称为总体积，用 $V_\text{总}$ 表示，每种组分气体均充满整个容器，任一组分气体的压力不会因其他组分气体的存在而有所改变。当某组分气体单独存在且占有总体积时，其具有的压力称为该组分气体的分压，用 p_i 表示，有关系式：

$$p_i V_\text{总} = n_i RT \tag{1-2}$$

混合气体所具有的压力称为总压，用 p 表示。当某组分气体单独存在且具有总压时，其所占有的体积称为该组分气体的分体积，用 V_i 表示。$V_i/V_\text{总}$ 称为该组分气体的体积分数。此时：

$$pV_i = n_i RT \tag{1-3}$$

1801 年，英国化学家道尔顿（J. Dalton）通过大量实验指出，混合气体的总压 p 等于各组分气体的分压之和：

$$p = p_1 + p_2 + p_3 + \cdots + p_i = \sum_i p_i \tag{1-4}$$

该规律称为道尔顿气体分压定律。

理想气体混合时，由于分子间无相互作用，故在容器中碰撞器壁产生压力时，与独立存在时是相同的，即混合气体中组分气体是各自独立的，这是分压定律的实质。对于整个混合气体体系，应有 $pV_\text{总} = nRT$。

由道尔顿分压定律，因 $p_i V_\text{总} = n_i RT$，得

$$\frac{p_i}{p} = \frac{n_i}{n} = x_i \ \text{或}\ p_i = x_i p \tag{1-5}$$

式中，x_i 为某组分气体的物质的量分数。这是分压定律的重要结论：理想气体混合物中某组分气体的分压等于总压力与该组分气体物质的量分数的乘积。

例 1-2　在 273 K 时，将相同初压的氮气（N_2）4.0 L 和氧气（O_2）1.0 L 压缩到一个容积为 2.0 L 的真空容器中，混合气体的总压为 3.26×10^5 Pa。求：（1）两种气体的初压；（2）混合气体中各组分气体的分压；（3）各气体的物质的量。

解：（1）设两种气体的初压为 p，由 $p_1 V_1 = p_2 V_2$ 得

$$p = \frac{2.0\ \text{L} \times 3.26 \times 10^5\ \text{Pa}}{(4.0 + 1.0)\ \text{L}} = 1.30 \times 10^5\ \text{Pa}$$

（2）$p(N_2) = \dfrac{4}{5} \times 3.26 \times 10^5\ \text{Pa} = 2.61 \times 10^5\ \text{Pa}$

$$p(O_2) = \frac{1}{5} \times 3.26 \times 10^5\ \text{Pa} = 6.52 \times 10^4\ \text{Pa}$$

（3）根据理想气体状态方程 $pV = nRT$，则混合气体中

N_2 的物质的量为

$$n(\text{N}_2) = \frac{pV}{RT} = \frac{2.61 \times 10^5 \text{ Pa} \times 2.0 \times 10^{-3} \text{ m}^3}{8.314 \text{ Pa} \cdot \text{m}^3 \cdot \text{mol}^{-1} \cdot \text{K}^{-1} \times 273 \text{ K}} = 0.23 \text{ mol}$$

O_2 的物质的量为

$$n(\text{O}_2) = \frac{pV}{RT} = \frac{6.52 \times 10^4 \text{ Pa} \times 2.0 \times 10^{-3} \text{ m}^3}{8.314 \text{ Pa} \cdot \text{m}^3 \cdot \text{mol}^{-1} \cdot \text{K}^{-1} \times 273 \text{ K}} = 0.057 \text{ mol}$$

例 1-3 在 25℃ 和 100 kPa 时，于水面上方收集 10 L 空气，然后将其压缩到 200 kPa。已知 25℃ 时水的饱和蒸气压为 3 167 Pa，求：(1)压缩后气体的质量；(2)压缩后水蒸气的物质的量分数。

解：(1)气体压缩前空气的分压为

$$(100 \times 10^3 - 3\ 167) \text{ Pa} = 96\ 833 \text{ Pa}$$

将 $n \frac{m}{M}$ 代入混合气体的分压定律，得空气的质量为

$$m_{空} = \frac{p_空 V_总 M}{RT} = \frac{96\ 833 \text{ Pa} \times 10 \text{ L} \times 29.0 \text{ g} \cdot \text{mol}^{-1}}{8.314 \times 10^3 \text{ Pa} \cdot \text{L} \cdot \text{mol}^{-1} \cdot \text{K}^{-1} \times 298 \text{ K}} = 11.33 \text{ g}$$

气体压缩后空气的分压为

$$(200 \times 10^3 - 3\ 167) \text{ Pa} = 196\ 833 \text{ Pa}$$

气体压缩后的体积为

$$V = \frac{96\ 833 \text{ Pa} \times 10 \text{ L}}{196\ 833 \text{ Pa}} = 4.92 \text{ L}$$

气体压缩后水蒸气的质量为

$$m_水 = \frac{p_水 V_总 M_水}{RT} = \frac{3\ 167 \text{ Pa} \times 4.92 \text{ L} \times 18.0 \text{ g} \cdot \text{mol}^{-1}}{8.314 \times 10^3 \text{ Pa} \cdot \text{L} \cdot \text{mol}^{-1} \cdot \text{K}^{-1} \times 298 \text{ K}} = 0.11 \text{ g}$$

压缩后气体的质量为

$$m_气 = m_空 + m_水 = 11.33 \text{ g} + 0.11 \text{ g} = 11.44 \text{ g}$$

(2)压缩后水蒸气的物质的量为

$$n_水 = \frac{p_水 V_总}{RT} = \frac{3\ 167 \text{ Pa} \times 4.92 \text{ L}}{8.314 \times 10^3 \text{ Pa} \cdot \text{L} \cdot \text{mol}^{-1} \cdot \text{K}^{-1} \times 298 \text{ K}} = 6.29 \times 10^{-3} \text{ mol}$$

压缩后气体总的物质的量为

$$n_气 = \frac{p_总 V_总}{RT} = \frac{200 \times 10^3 \text{ Pa} \times 4.92 \text{ L}}{8.314 \times 10^3 \text{ Pa} \cdot \text{L} \cdot \text{mol}^{-1} \cdot \text{K}^{-1} \times 298 \text{ K}} = 0.397 \text{ mol}$$

压缩后水蒸气的摩尔分数为

$$x_水 = \frac{n_水}{n_总} = \frac{6.29 \times 10^{-3} \text{ mol}}{0.397 \text{ mol}} = 1.58 \times 10^{-2}$$

1.3 溶液

液体状态是分子由无序运动的气态到分子完全有序定位的固态之间的一种过渡状态。没

有确定的形状，往往受容器的影响。但它的体积在压力及温度不变的环境下，是固定不变的。

溶液是由至少两种物质组成的均一、稳定的混合物，被分散的物质（溶质）以分子或更小的质点分散于另一种物质（溶剂）中。物质在常温时有固体、液体和气体三种状态。因此，溶液也有三种状态，大气本身就是一种气体溶液，固体溶液混合物常称为固溶体（如合金），一般溶液只是专指液体溶液。其中，溶质相当于分散质，溶剂相当于分散剂。在生活中常见的溶液有蔗糖溶液、碘酒、澄清石灰水、稀盐酸、盐水等。

水是最常见的溶剂，本章主要介绍液体溶液中的水溶液，简称溶液。溶液不但在化学反应中，而且在生命过程和自然界中都极为重要。

溶液对动植物的生理活动也有很大意义。动物摄取食物里的养分，必须经过消化变成溶液才能吸收。在动物体内氧气和二氧化碳也是溶解在血液中进行循环的。在医疗上用的葡萄糖溶液和生理盐水、治疗细菌感染引起的各种炎症的注射液、各种眼药水等，都是按一定的要求配成溶液使用的。植物从土壤里获得各种养料，也要变成溶液才能由根部吸收。土壤里含有水分，溶解多种物质后形成土壤溶液，土壤溶液里就含有植物需要的养料。许多肥料，如人粪尿、牛马粪、农作物秸秆、野草等，在施用以前都要经过腐熟的过程，目的之一是使复杂的难溶的有机物变成简单的易溶的物质，这些物质能溶解在土壤溶液里，供农作物吸收。

许多反应也只有在溶液中才能以可观的速度进行。例如，常温下干燥的粉状氯化钡和硫酸钠混合后没有明显的反应发生，而将其放入水中，可立即看到有白色的硫酸钡沉淀产生。水能够从空气和土壤中溶解物质是自然界的重要变化过程之一，水把岩石转化为土壤，从而改变土壤的肥沃度和地球的形貌。此外，科学研究和工农业生产也与溶液密不可分。因此，研究溶液的性质及物质在溶液中的形式具有重要意义。

1.3.1 溶液浓度的表示方法

溶液的浓度是指给定量的溶剂或溶液中溶解的溶质的量。溶液中溶质的量越大，浓度就越大，溶液的性质常与溶液中溶质和溶剂的相对含量有关。而且浓度的大小既可以定性表示，也可以定量表示，通常所说的浓溶液或稀溶液就是定性表示方法，但"浓"和"稀"却没有明确的界定。

浓度的定量表示有多种，例如，实验室中硫酸试剂标签上标出的质量分数为 98%，密度 $1.84\ \mathrm{g\cdot cm^{-3}}$，这里的质量分数和密度都是浓度的表示方法。溶液浓度有时也用体积分数表达，例如，52% 的饮用白酒就是指每 100 体积的饮用白酒中含有 52 体积的乙醇。汽车水箱防冻液的体积分数为 40%，是将 40 mL 乙二醇用水稀释至 100 mL 得到的。用溶质质量和溶液体积组合表示浓度。例如，浓度为 5% 的葡萄糖注射液是指 100 mL 溶液中溶有 5 g 葡萄糖。

在此我们仅介绍化学上常用的几种表示方法，如物质的量浓度、质量摩尔浓度、物质的量分数等。这几种表示方法都以物质的量为基础，物质的量（amount of substance）是国际单位制（SI）的 7 个基本物理量之一，符号为 n。物质的量定义为该物质的质量（m_B）除以它的摩尔质量（M_B）：

$$n_B = \frac{m_B}{M_B} \tag{1-6}$$

（1）溶质 B 的物质的量浓度

单位体积溶液中所含溶质 B 的物质的量，称为溶质 B 的物质的量浓度。它是化学上使用较频繁的浓度表达方式，所以在不致引起混淆的情况下"浓度"一词专指溶质 B 的"物质的量浓度"。物质的量浓度用符号 c_B 表示：

$$c_B = \frac{n_B}{V} \tag{1-7}$$

式中，n_B 为溶质 B 的物质的量，SI 单位为 mol；V 为溶液的体积，SI 单位为 m^3。物质的量浓度的 SI 单位为 $mol \cdot m^{-3}$，常用单位为 $mol \cdot L^{-1}$。

（2）溶质 B 的质量摩尔浓度

单位质量的溶剂中所含溶质 B 的物质的量，称为溶质 B 的质量摩尔浓度。溶质 B 的质量摩尔浓度用 b_B 表示：

$$b_B = \frac{n_B}{m_A} \tag{1-8}$$

式中，n_B 为溶质 B 的物质的量，SI 单位为 mol；m_A 为溶剂的质量，SI 单位为 kg。质量摩尔浓度的 SI 单位为 $mol \cdot kg^{-1}$。

当溶剂为水时，1 L 稀溶液的质量接近 1 kg。这意味着，如果溶质的物质的量相同，式(1-7)中的 c_B 与式(1-8)中的 b_B 在数值上将十分接近。那么，既然有了物质的量浓度，为什么还要定义出一个质量摩尔浓度呢？因为前者是以溶液的体积为基础定义的，而后者则以溶剂的质量为基础定义。

以体积为基础的溶液浓度受温度变化影响，会给结果带来误差。物质的量浓度通常只用于化学计量测量，如滴定分析。在这类测量中，温度变化带来的误差往往不会超出方法本身的误差范围。质量摩尔浓度不随温度变化而变化，不会带来类似问题。

下面介绍的物质的量分数也不受温度影响，对于高精确度的测量（如溶液依数性的测量），则要使用物质的量分数。

（3）B 的物质的量分数

B 的物质的量与混合物的总物质的量之比，称为 B 的物质的量分数，也称摩尔分数。B 的物质的量分数用 x_B 表示：

$$x_B = \frac{n_B}{\sum_i n_i} \tag{1-9}$$

式中，n_B 为 B 的物质的量，SI 单位为 mol；$\sum_i n_i$ 为混合物的总物质的量，SI 单位为 mol。B 的物质的量分数没有单位，量纲为 1。

对于一个两组分的溶液系统来说，溶质的物质的量分数 x_B 与溶剂的物质的量分数 x_A 分别为

$$x_B = \frac{n_B}{n_A + n_B}, \quad x_A = \frac{n_A}{n_A + n_B}$$

所以

$$x_A + x_B = 1$$

若将这个关系推广到任何一个多组分系统中，则有：$\sum\limits_i x_i = 1$。

（4）B 的质量分数

溶液中 B 的质量与混合物的质量之比，称为 B 的质量分数。B 的质量分数用 ω_B 表示：

$$\omega_B = \frac{m_B}{\sum\limits_i m_i} \tag{1-10}$$

式中，m_B 为 B 的质量，SI 单位为 kg；$\sum\limits_i m_i$ 为混合物的质量，SI 单位为 kg。质量分数也没有单位，量纲为 1，也可用百分数表示。

质量分数是指混合物中某种物质的质量占总质量的百分比。例如，某 5.0 g 混合碱中含 Na_2CO_3 为 3.0 g，则该样品中的 Na_2CO_3 质量分数为 $\omega(Na_2CO_3) = 0.60$。也可以指化合物中各原子相对原子质量（须乘以系数）与总式量的比值，即某元素在某物质中所占比例。例如物质氧化铁（Fe_2O_3），则 Fe 的质量分数为：$56×2/160×100\% = 70\%$。

（5）溶质 B 的密度

单位体积溶液中所含溶质 B 的质量，称为溶质 B 的密度。溶质 B 的密度用 ρ_B 表示：

$$\rho_B = \frac{m_B}{V} \tag{1-11}$$

式中，m_B 为溶质 B 的质量，SI 单位为 kg；V 为溶液的体积，SI 单位为 m^3；密度的 SI 单位为 $kg \cdot m^{-3}$，常用单位 $g \cdot mL^{-1}$。

（6）几种溶液组成标度之间的相互换算

①物质的量浓度与质量分数

$$c_B = \frac{n_B}{V} = \frac{m_B}{M_B V} = \frac{m_B}{M_B m/\rho} = \frac{\rho m_B/m}{M_B} = \frac{\omega_B \rho}{M_B} \tag{1-12}$$

式中，ρ 为溶液的密度，单位 $g \cdot mL^{-1}$；M_B 为 B 的摩尔质量，单位 $kg \cdot mol^{-1}$。

②物质的量浓度与质量摩尔浓度

$$c_B = \frac{n_B}{V} = \frac{n_B}{m/\rho} = \frac{n_B \rho}{m} \tag{1-13}$$

若该体系是一个两组分体系，且 B 组分的含量较少，则溶液的质量 m 近似等于溶剂的质量 m_A，式（1-13）近似为

$$c_B = \frac{n_B \rho}{m} \approx \frac{n_B \rho}{m_A} = b_B \rho \tag{1-14}$$

若该溶液是稀的水溶液，则 $c_B(mol \cdot L^{-1}) \approx b_B(mol \cdot kg^{-1})$。

例 1-4　市售浓硫酸（H_2SO_4）的质量分数为 98%，其密度 $\rho = 1.84 \ g \cdot mL^{-1}$，计算：（1）$H_2SO_4$ 的物质的量浓度；（2）H_2SO_4 的质量摩尔浓度；（3）H_2SO_4 的物质的量分数。

解：已知 $M(H_2SO_4) = 98 \ g \cdot mol^{-1}$，$M(H_2O) = 18 \ g \cdot mol^{-1}$。

（1）H_2SO_4 的物质的量浓度：

$$c(H_2SO_4) = \frac{n(H_2SO_4)}{V(溶液)} = \omega(H_2SO_4)\rho(溶液)/M(H_2SO_4)$$

$$= 1.84 \ g \cdot mL^{-1} × 98\%/98 \ g \cdot mol^{-1} = 18.4 \ mol \cdot L^{-1}$$

（2）H_2SO_4 的质量摩尔浓度：

由式（1-14）可知：

$$b(H_2SO_4) = \frac{c(H_2SO_4)}{\rho} = \frac{18.4 \ mol \cdot L^{-1}}{1.84 \ kg \cdot L^{-1}} = 10 \ mol \cdot g^{-1}$$

（3）H_2SO_4 的物质的量分数：

若 100 mL H_2SO_4 溶液总质量为 $m = \rho V = 1.84 \ g \cdot mL^{-1} \times 100 \ mL = 184 \ g$

100 mL 溶液中含有 H_2SO_4：$184 \times 98\% = 180.32 \ g$

含有 H_2O：$184 - 180.32 = 3.68 \ g$

100 g 溶液中 H_2SO_4 和 H_2O 的物质的量分别为

$$n(H_2SO_4) = 180.32 \ g/98 \ g \cdot mol^{-1} = 1.84 \ mol$$

$$n(H_2O) = 3.68 \ g/18 \ g \cdot mol^{-1} = 0.2 \ mol$$

$$x(H_2SO_4) = \frac{n(H_2SO_4)}{n(H_2SO_4) + n(H_2O)} = \frac{1.84 \ mol}{2.04 \ mol} = 0.9$$

1.3.2 非电解质稀溶液的依数性

溶质在溶剂中溶解是物理化学过程，该过程中溶质和溶剂的某些性质也会发生变化。这些变化可以分为两类：一类变化与溶质和溶剂自身的性质有关，如溶液的颜色、溶液的体积、溶液的相对密度、导电性等；另一类变化仅与溶质的量有关，而与溶质本身的性质无关，如溶液的蒸气压下降、沸点上升、凝固点下降和渗透压等。这些性质只与溶质的粒子数目有关，是溶液的通性，我们又称这类性质为稀溶液的依数性。

本节重点讨论难挥发的非电解质稀溶液的依数性。

（1）溶液的蒸气压下降

①蒸气压　如图 1-2 所示，一定温度下，将纯溶剂置于密闭容器中，它将蒸发，液面上方的空间被溶剂分子占据，随着上方空间里溶剂分子个数的增加，蒸气密度增加。当蒸气分子与液面撞击时，则被捕获而进入液体中，这个过程叫作凝聚。当蒸发速度和凝聚速度相等

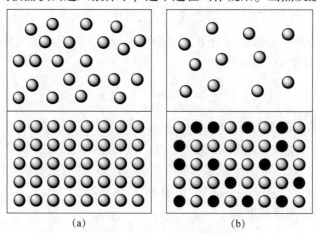

（a）　　　　　　　　（b）

图 1-2　纯溶剂（a）和溶液（b）蒸发凝聚示意图

◎ 溶剂分子　　● 溶质分子

时，气液间达到动态平衡。一定温度下，处于平衡状态的液面上方的蒸气称为饱和蒸气，饱和蒸气所产生的压力叫作饱和蒸气压，简称蒸气压，用 p^* 表示。

蒸气压是液体的重要性质，它与液体的本质及温度有关。表 1-1 列出了一些常见液体的蒸气压。

表 1-1　一些液体的蒸气压（20℃）

液体名称	水	乙醇	苯	乙醚	汞
蒸气压/kPa	2.339	5.853	9.959	57.73	$1.60×10^{-4}$

从表 1-1 可以看出，不同的液体有不同的蒸气压。有些物质的蒸气压很大，如乙醚、汽油等，有些物质的蒸气压很小，如汞、甘油、硫酸等。蒸气压的大小与液体分子间的吸引力有关，吸引力越大，蒸气压越小。极性分子的吸引力强，蒸气压小；非极性分子的吸引力小，蒸气压大。分子质量越大，分子间的作用力越强，蒸气压越小。温度一定，纯液体蒸气压恒定；同一物质在不同温度下有不同的蒸气压，随温度的升高而增大（图 1-3）。固体也有一定的蒸气压，而且也随温度的升高而上升。表 1-2 为水和冰在不同温度下的蒸气压数据。

表 1-2　水和冰在不同温度下的蒸气压

温度/℃	-60	-40	-20	0	20	40	60	100
水的蒸气压/Pa				611	2 339	7 384	19 946	101 420
冰的蒸气压/Pa	1.08	12.84	103.26	611				

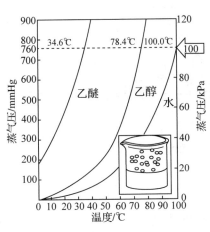

图 1-3　液体的蒸气压-温度曲线

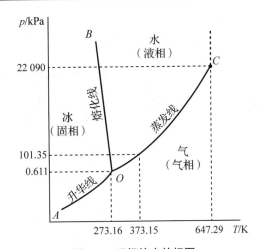

图 1-4　理想的水的相图

图 1-4 是理想的水的相图，其中 OC 线是液-气平衡线，即水的蒸气压曲线；OA 线是固-气平衡线，即冰的蒸气压曲线；OB 线是固-液平衡线，O 点是冰-水-气三相平衡的三相点，从图中可以看出，此时的温度和压力均已一定，温度为 273.16 K，压力为 0.611 kPa。这就是常说的水的相图有 3 个单相面、3 条两相平衡线、1 个三相点。

②蒸气压下降　在图 1-5 中，钟罩（a）内烧杯盛有一定体积的纯水。液体中的水分子不断离开液体表面进入气相，气相的水分子也不断回到液体表面，最终达到平衡状态。平衡状态下，钟罩内水蒸气的分压就是该温度下水的蒸气压。

钟罩(b)内烧杯盛有相同体积的蔗糖水溶液，平衡状态下，钟罩里水蒸气的分压是该温度下溶液的蒸气压，它小于钟罩(a)内纯溶剂的水的蒸气压。可解释为：一方面在稀溶液中，溶质对溶剂的作用可忽略不计；另一方面由于溶质分子占据着一部分溶剂的表面，结果使单位时间内逸出液面的溶剂分子数相应地减少。

水的冰点和三相点的区别

达到平衡时，溶液的蒸气压必然低于纯溶剂的蒸气压。如果把钟罩(a)和(b)内两个烧杯放在钟罩(c)内，可以观察到，溶剂杯中的液面逐渐下降，溶液杯中的液面则不断上升。只要时间足够长，溶剂杯中的水会全部转移到溶液杯中，使溶液杯中的液体体积加倍，即钟罩(d)显示的最终状态。图1-6是稀溶液蒸气压下降原理示意图。

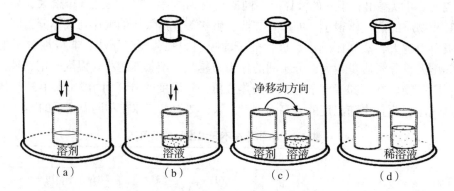

图 1-5　溶液的蒸气压小于纯溶剂的蒸气压

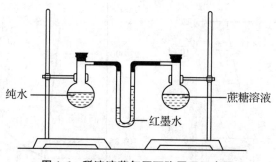

图 1-6　稀溶液蒸气压下降原理示意图

溶液的蒸气压低于纯溶剂的蒸气压，其压差是导致上述转移的驱动力。同一空间存在两个趋向平衡的过程，当纯水通过形成水蒸气试图达到自身的气–液平衡时，就为蔗糖溶液创造了条件，让更多的气体水分子回到溶液的液面。尽管移动过程中蔗糖溶液的浓度越来越低，但终归还是溶液。由于溶液的蒸气压总是低于纯溶剂的蒸气压，溶剂分子的移动就能够持续，直到耗尽。

溶液的蒸气压实际是指溶液中溶剂的蒸气压(因为溶质是难挥发的，其蒸气压可忽略不计)。纯溶剂的蒸气压与溶液的蒸气压之差，称为溶液的蒸气压下降。

溶液的浓度越大，溶液的蒸气压下降就越多。

1887年，法国物理学家拉乌尔(Raoult)从难挥发非电解质稀溶液中总结出一条重要的经验规律，即拉乌尔定律。该定律指出：在一定温度下，难挥发非电解质稀溶液的蒸气压等于纯溶剂的饱和蒸气压与溶液中溶剂物质的量分数的乘积。其数学表达式为

$$p = p^* x_A \tag{1-15}$$

式中，p 为溶液的蒸气压，p^* 为纯溶剂的饱和蒸气压，SI 单位均为 Pa；x_A 为溶剂的物质的量分数。由于 $x_A < 1$，所以 $p < p^*$，实际溶液特别是浓度较大的溶液不能精确地服从拉乌尔定律。

对于一个两组分的系统来说，则有 $x_A + x_B = 1$，即 $x_A = 1 - x_B$，所以：

$$p = p^*(1 - x_B) = p^* - p^* x_B$$
$$\Delta p = p^* - p = p^* x_B \tag{1-16}$$

式中，Δp 为溶液蒸气压的下降；x_B 为溶质的物质的量分数。因此，拉乌尔定律又可表述为：在一定温度下，难挥发非电解质稀溶液的蒸气压下降与溶质的物质的量分数成正比。而与溶质的自身的性质无关，如在一定量的水中，或溶解 1.0 mol 葡萄糖（非电解质），或溶解 1.0 mol 甘油（非电解质），其蒸气压的下降程度是相同的。

在稀溶液中，溶质 B 的物质的量分数为

$$x_B = \frac{n_B}{n_A + n_B} \approx \frac{n_B}{n_A} = \frac{n_B M_A}{n_A M_A} = \frac{n_B M_A}{m_A} = b_B M_A$$

即溶质 B 的物质的量分数与其质量摩尔浓度成正比。故：

$$\Delta p = p^* x_B = p^* b_B M_A = K b_B \tag{1-17}$$

式中，若 b_B 单位为 $mol \cdot kg^{-1}$，则 $K = p^* M_A$，其中 M_A 的单位为 $kg \cdot mol^{-1}$。

所以，拉乌尔定律还可表述为：在一定温度下，难挥发非电解质稀溶液的蒸气压下降与溶质的质量摩尔浓度成正比。

若溶质、溶剂都有挥发性，两者没有反应，可先分别考虑：

$$p_A = p_A^* x_A$$
$$p_B = p_B^* x_B$$

则溶液的蒸气压为：$p = p_A + p_B$。服从这个关系的溶液称为理想溶液。

对于挥发性溶质的溶液，溶液的蒸气压等于溶剂蒸气压与溶质蒸气压之和，可能比纯溶剂的蒸气压还高。但对于易挥发非电解质溶质的稀溶液，与之平衡的蒸气中气态溶剂的分压依然服从拉乌尔定律。

实验室常用氯化钙、五氧化二磷作干燥剂，是由于这些物质从潮湿的空气中吸收水蒸气后，在其表面形成一层溶液薄膜。由于其浓度较大，蒸气压显著下降，比空气中水的蒸气压低，导致空气中的水蒸气不断凝集在物质表面，这些物质发生潮解。在南方的梅雨季节，常可看到水泥地面十分潮湿，这也是空气中的水蒸气凝集的结果。

植物的抗旱性也与溶液的蒸气压下降有关。当外界气温升高时，有机体细胞内糖类水解增强，从而增大了细胞汁液的浓度，使细胞液的蒸气压下降，致使水分蒸发缓慢，这样，植物在较高温度下可以保持必要的水分，表现出一定的抗旱性。

（2）溶液的沸点升高和凝固点下降

当液体沸腾时，在其内部所形成的气泡中的饱和蒸气压必须与外界施予的压强相等，气泡才有可能变大并上升，所以，沸点也就是液体的饱和蒸气压等于外界压强时的温度。液体的沸点跟外部压强有关，当液体所受的压强增大时，它的沸点升高；压强减小时，沸点降低。液体的蒸气压等于 101.325 kPa 时的温度，称为液体的正常沸点。如果增加外界压力，沸点就高于正常沸点；反之，减小外界压力，沸点就低于正常沸点。例如，蒸汽锅炉里的蒸气压高，约有几十个大气压，锅炉里的水的沸点可达 200℃ 以上。又如，在高山上煮饭，水易沸腾，但饭不易熟。这是由于大气压随地势的升高而降低，水的沸点也随高度的升高而逐渐下降的缘故。减压蒸馏也是这个道理。

随着液体温度降低，分子运动逐渐变慢，当温度降低到分子所具有的平均动能不足以克服分子间的引力时，分子固定在晶格点上，此时物质开始凝固。液体的正常凝固点是 101.325 kPa 下液相与固相达到平衡时的温度。达到凝固点时，固-液平衡体系的温度一直保持恒定，直到液体完全凝固为止。

稀溶液的沸点比纯溶剂高，凝固点比纯溶剂低，这都是由于溶液蒸气压下降引起的。

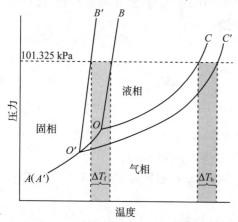

图 1-7　水和溶液的相图

前面图 1-4 是理想的水的三相图，溶液的相图也由 3 条曲线构成（图 1-7）。曲线 $O'A'$、$O'B'$、$O'C'$ 的含义分别与曲线 OA、OB、OC 相类似，O' 是溶液相图的三相点。可将图 1-7 看作水的相图与溶液的相图在纸面上的叠加。从叠加图上发现，曲线 $O'A'$ 与曲线 OA 的低温段相重叠。因为从水溶液中析出的固体是纯冰，而不是凝固的溶液。这里固相与气相之间的平衡依然是冰与水蒸气之间的平衡。

曲线 OC 上的任一点表示一定温度下的水的饱和蒸气压，当水的饱和蒸气压为标准态压力 101.325 kPa 时，对应的温度就是水的正常沸点。溶液的蒸气压下降导致曲线 $O'C'$ 只能处于曲线 OC 的下方，要使其蒸气压达到标准态压力，只能期待更高的温度，图中用 ΔT_b 表示沸点升高值。

纯水的凝固点和水溶液的凝固点应当是图中水平虚线与曲线 OB 和曲线 $O'B'$ 的两个交叉点对应的温度。两条曲线的重要特征之一是，都从各自的三相点出发向上延伸。由于溶液的蒸气压曲线 $O'C'$ 处于水的蒸气压曲线 OC 下方，与曲线 OA 或 $O'A'$ 只能在更低的温度相交。即溶液的三相点温度低于水的三相点温度，这正好能说明溶液的凝固点下降，图中用 ΔT_f 表示。

通过以上分析，溶液的沸点升高和凝固点下降的根本原因就是溶液的蒸气压下降，而蒸气压下降只与溶液的浓度有关。因此，拉乌尔指出：沸点升高和凝固点下降的程度也取决于溶液的浓度，而与溶质的本性无关。根据拉乌尔定律可证明，难挥发非电解质稀溶液沸点升高的数值和溶质的质量摩尔浓度成正比，即

$$\Delta T_b = K_b b_B \tag{1-18}$$

式中，ΔT_b 为难挥发非电解质稀溶液的沸点升高数值，它等于溶液的沸点减去纯溶剂的沸点所得的差；K_b 为溶剂沸点升高常数，单位为 $K \cdot kg \cdot mol^{-1}$ 或 $℃ \cdot kg \cdot mol^{-1}$。

同样非电解质稀溶液凝固点下降数值与溶质的质量摩尔浓度成正比，即

$$\Delta T_f = K_f b_B \tag{1-19}$$

式中，ΔT_f 为溶液的凝固点下降数值，它等于纯溶剂的凝固点减去溶液的凝固点所得的差；K_f 为溶剂凝固点下降常数，单位为 $K \cdot kg \cdot mol^{-1}$ 或 $℃ \cdot kg \cdot mol^{-1}$。

沸点升高常数 K_b 和凝固点下降常数 K_f 只与溶剂有关，而与溶质无关。常见溶剂的 K_b 和 K_f 可以从表 1-3 中查得。若已知溶剂的 K_b 或 K_f 值，就可以用沸点升高值 ΔT_b 或凝固点下降值 ΔT_f 求溶质的摩尔质量 M_B。

表 1-3　常用溶剂的 K_b 和 K_f 值

溶剂	沸点/K	$K_b/(K \cdot kg \cdot mol^{-1})$	凝固点/K	$K_f/(K \cdot kg \cdot mol^{-1})$
水	373.15	0.52	273.15	1.86
苯	353.25	2.53	278.63	5.12
氯仿	335.45	3.82	209.65	4.68
硝基苯	484.05	5.24	278.82	8.1
乙醇	351.65	1.22	158.35	1.99
四氯化碳	349.55	5.03	250.15	29.8
环己烷	353.95	2.79	279.45	20.2
樟脑	481.05	5.95	451.05	40.0
乙酸	391.65	3.07	289.75	3.90
萘	491.15	5.65	353.35	6.90

凝固点下降公式不仅适用于难挥发非电解质稀溶液，也适用于易挥发的非电解质稀溶液。又因同种溶剂的升华焓大于蒸发焓，使凝固点下降常数总是大于沸点升高常数，所以凝固点降低比沸点升高更明显，故利用凝固点下降来测定物质的摩尔质量，应用面广、准确度较高。

例 1-5　将 9.0 g 某物质溶于 60.0 g 水中，使凝固点下降 1.5℃，计算该物质的摩尔质量。已知水的 $K_f = 1.86$ $K \cdot kg \cdot mol^{-1}$。

解： $\Delta T_f = K_f b_B = K_f \dfrac{m_B}{M_B m_A}$

$$M_B = \frac{K_f m_B}{\Delta T_f m_A} = \frac{1.86 \ K \cdot kg \cdot mol^{-1} \times 9.0 \ g}{1.5 \ K \times 60.0 \times 10^{-3} \ kg} = 186 \ g \cdot mol^{-1}$$

该物质的摩尔质量为 186 $g \cdot mol^{-1}$。

在钢铁冶炼工业中，需要通过观测钢水的沸点来确定其他组分的含量：在纯铁水中加入另一种金属后沸点会升高，不同的组分含量就对应不同的沸点，通过沸点的变化值就可计算出在某一沸点时另一种金属的含量，对钢铁合金的调节方便又简捷。

利用稀溶液的沸点升高和凝固点下降还可以解释为什么小麦、玉米等作物会熬过严寒酷暑而不会冻死或旱死。当外界温度升高或降低时，在植物有机体细胞中可溶碳水化合物会发生变化，从而增加了细胞液的浓度。一方面，当细胞液的浓度增大时，蒸气压减小，蒸发过程减慢，体现出抗旱性；另一方面，浓度越大，凝固点越低，从而体现出耐寒性。

利用凝固点下降的原理可以得到低温实验室所需的低温。例如，用 30 g NaCl 和 100 g

冰的混合物作致冷剂，可以达到-22.4℃；用42.5 g CaCl$_2$ 和100 g冰的混合物作致冷剂，可以达到-55℃。这是由于冰表面存在少量水溶解了盐形成溶液，溶液的蒸气压低于冰的蒸气压，导致冰融化。冰融化要吸热，引起温度降低。依据同样的原理，食盐被用作道路的融雪剂；醇(如甲醇、乙醇、乙二醇、甘油等)的水溶液作为汽车的防冻液。在冬季，建筑工人经常在泥浆中加入食盐或氯化钙，也是这个道理。

（3）溶液的渗透压

在一个"U"形管中间放置一种允许溶剂水分子透过而不允许溶质分子透过的半透膜，如图 1-8(a)所示，两侧分别装入同体积的纯水和蔗糖水溶液，左右两侧的水分子都可以穿越半透膜。在单位时间里，从纯水进入蔗糖水溶液的水分子数目比蔗糖水溶液进入纯水的水分子数目多些。经过一段时间后，蔗糖水溶液的液面会上升，纯水的液面下降，当蔗糖水溶液液面比纯水液面高出 h 时，在单位时间内，从纯水进入水溶液的水分子数目与蔗糖水溶液进入纯水的水分子数目相等，渗透达到平衡。此时，两侧液面高度不再发生变化，如图 1-8(b)所示。

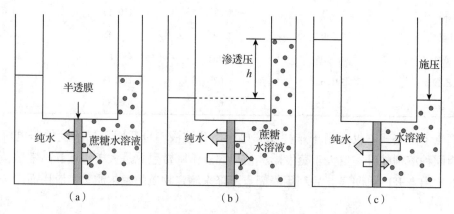

图 1-8　渗透和反渗透

这种溶剂分子通过半透膜单向扩散的现象称为渗透。渗透达到平衡时半透膜两侧溶液产生的压强差就是该溶液的渗透压，溶液浓度越大，渗透压越大，用符号 Π 表示。

渗透现象不仅发生在有半透膜隔开的纯溶剂和溶液之间，同样也发生在有半透膜隔开的不同浓度的溶液之间。所以，渗透现象的发生必须具备两个条件：一是有半透膜存在；二是半透膜两侧单位体积溶剂的分子数不同。如果半透膜两侧溶液浓度相同，则渗透压相同，这种溶液称为等渗溶液；如果半透膜两侧溶液浓度不同，则渗透压不同，渗透压高的称为高渗溶液，渗透压低的称为低渗溶液。

1886 年，荷兰物理化学家范特霍夫(J. H. Van't Hoff)总结出稀溶液的渗透压与溶液浓度和温度的关系为

$$\Pi = c_B RT \tag{1-20}$$

式中，Π 为渗透压；R 为摩尔气体常数；c_B 为物质的量浓度；T 为温度。

非电解质稀溶液的渗透压与溶液的物质的量浓度及温度成正比，而与溶质的自身性质无关。这一结论叫作范特霍夫定律。

当以水为溶剂，溶液很稀时，$c_B \approx b_B$，所以式(1-20)也可写成：

$$\Pi \approx b_B RT \qquad (1-21)$$

渗透压在生物学中具有重要意义。有机体的细胞膜大多具有半透膜的性质，渗透压是引起水在生物体中运动的重要推动力。渗透压的数值很可观，以 298.15 K 时，0.1 mol·L^{-1} 溶液的渗透压为例计算如下：

$$\Pi = c_B RT = 0.1 \times 10^3 \text{ mol·m}^{-3} \times 8.314 \text{ Pa·m}^3 \cdot \text{mol}^{-1} \cdot \text{K}^{-1} \times 298.15 \text{ K}$$
$$= 248 \times 10^3 \text{ Pa} = 248 \text{ kPa}$$

一般植物细胞液的渗透压约可达 2 000 kPa，有的大树可以长到 100 m 以上，渗透压就是它从地表汲取树冠养料和水分的动力。

渗透现象与动植物及人的生理活动也密切相关，如动物体内血液和细胞液内的物质交换，植物对水分和营养的吸收等。在动物机体中，如果组织之间由于渗透压不正常，体液失调，则会引起水肿；在人体内正常体温(37℃)时，血液的渗透压约为 780 kPa，当人体需要肌内注射或静脉输液时，必须是等渗溶液，如临床常用 0.9% 的生理盐水或 5.0% 的葡萄糖溶液，否则由于渗透压作用，可引起严重后果。如果红细胞处于渗透压较大(与正常血液相比)的溶液环境中，红细胞中水就会通过细胞膜渗透出来，甚至引起红细胞收缩并从悬浮状态沉降下来；如果红细胞处于渗透压较小的溶液环境中，水就会通过细胞膜渗入细胞中，使红细胞膨胀甚至破裂。植物也一样，当在它的根部施肥过多或生长在盐碱地中，就会造成植物脱水而枯萎。再如，渗透作用会使放在水中的蔫萝卜重新坚挺；放在食盐水中的黄瓜通过渗透作用失水并皱缩；用食盐腌制咸肉时，涂抹在肉表面的盐会使细菌细胞通过渗透失水而皱缩，并最终导致细菌死亡。

图 1-8(c)表示了海水脱盐的原理与渗透作用密切相关。如果"U"形管右侧的溶液是海水，而且在其上方施加的压力大于渗透压，则可导致水分子发生自右至左的迁移，即发生反渗透(reverse osmosis)。利用反渗透原理可在紧急状态下为海员提供饮用水，也可用于向居民正常供水。反渗透还可用于净化工业污 **思政案例** 水和生活污水，在排放前脱除溶解于其中的物质。

上述四种依数性原理上都可以用于物质摩尔质量的测定，但由于测定蒸气压和渗透压的技术比较困难，因此常用沸点升高和凝固点下降这两种依数性测定溶质的摩尔质量，只是对于摩尔质量特别大的物质(如血色素等生物大分子)才采用渗透压法。

例 1-6 把 1.09 g 葡萄糖溶于 20 g 水中，所得的溶液在 101 325 Pa 下沸点升高了 0.156 K。求葡萄糖的摩尔质量 M_B。已知水的 $K_b = 0.512$ K·kg·mol^{-1}。

解： 由公式 $\Delta T_b = K_b b_B$ 得

$$\Delta T_b = K_b b_B = K_b \frac{m_B}{M_B m_A}$$

$$0.516 \text{ K} = 0.512 \text{ K·mol}^{-1} \cdot \text{kg} \times \frac{1.09 \text{ g}}{M_B \times 20 \times 10^{-3} \text{ kg}}$$

$$M_B = \frac{1.09 \times 0.512}{0.02 \times 0.516} \text{ g·mol}^{-1} = 179 \text{ g·mol}^{-1}$$

因此，葡萄糖的摩尔质量为 179 g · mol^{-1}。

例 1-7 把 10.0 g 血红素溶于水中，配成 100 mL 溶液，25℃测得其渗透压为 3.66 kPa，计算：(1)血红素的摩尔质量；(2)此溶液的凝固点较纯水的凝固点下降多少？

解：(1)设血红素的摩尔质量为 M

由 $\Pi = c_B RT$ 得

$$M = \frac{m_B RT}{\Pi V} = \frac{10.0 \text{ g} \times 8.314 \text{ Pa} \cdot \text{m}^3 \cdot \text{mol}^{-1} \cdot \text{K}^{-1} \times 298.15 \text{ K}}{3.66 \times 10^3 \text{ Pa} \times 100 \times 10^{-6} \text{ m}^3} = 6.77 \times 10^4 \text{ g} \cdot \text{mol}^{-1}$$

即血红素的摩尔质量为 6.77×10^4 g · mol^{-1}。

(2)查表 1-3，水的 K_f = 1.86 K · kg · mol^{-1}，稀溶液中

$$c_B = \frac{m}{MV} = \frac{10.0 \text{ g}}{6.77 \times 10^4 \text{ g} \cdot \text{mol}^{-1} \times 0.1 \text{ L}} = 1.48 \times 10^{-3} \text{ mol} \cdot \text{L}^{-1}$$

所以 $$b_B \approx 1.48 \times 10^{-3} \text{ mol} \cdot \text{kg}^{-1}$$

$$\Delta T_f = K_f b_B = 1.86 \text{ K} \cdot \text{kg} \cdot \text{mol}^{-1} \times 1.48 \times 10^{-3} \text{ mol} \cdot \text{kg}^{-1} = 2.75 \times 10^{-3} \text{ K}$$

此溶液的凝固点较纯水的下降了 2.75×10^{-3} K。

例 1-8 某非电解质 6.89 g 溶于 100 g 水中，将溶液分成两份，一份测得凝固点为 -1.00℃，另一份测得渗透压在 0℃ 时为 1.22×10^3 kPa。根据凝固点降低实验计算该物质的分子质量，并判断渗透压实验是否基本准确。已知水的 K_f = 1.86 K · kg · mol^{-1}。

解：设该物质分子质量为 M

$$\Delta T_f = K_f b_B$$

$$1.00 \text{ K} = 1.86 \text{ K} \cdot \text{kg} \cdot \text{mol}^{-1} \times \frac{6.89 \text{ g} \times 10^3}{M \times 100 \text{ g}}$$

解得 $$M = 128 \text{ g} \cdot \text{mol}^{-1}$$

$$\Pi = c_B RT \approx b_B RT$$

$$\Pi = \frac{6.89 \text{ g} \times 10^3}{128 \text{ g} \cdot \text{mol}^{-1} \times 100 \text{ g}} \times 8.314 \text{ Pa} \cdot \text{m}^3 \cdot \text{mol}^{-1} \cdot \text{K}^{-1} \times 273 \text{ K} = 1\ 222 \text{ kPa}$$

实验值与理论计算值基本相等，说明渗透压实验基本准确。

由稀溶液性质的讨论可总结出一条稀溶液依数性定律：难挥发非电解质稀溶液的通性(蒸气压下降、沸点升高、凝固点下降及渗透压)与一定量溶剂中溶解的溶质的物质的量成正比，与溶质的自身的性质无关。非电解质溶液只有当溶解度很小时才符合稀溶液依数性定律。当溶液浓度较大时，溶质分子之间以及溶剂分子与溶质分子之间的相互作用增强，使得溶液的行为偏离稀溶液的依数性定律的定量关系式。但须注意，浓度较大时，溶液仍具有稀溶液的通性，只是不再符合稀溶液的依数性定律。例如，0.1 mol · L^{-1} 甘油水溶液的蒸气压下降、沸点升高、凝固点下降及渗透压值都相应比 1.0 mol · L^{-1} 甘油水溶液要小。即前者的蒸气压、凝固点比后者高，沸点比后者低，渗透压比后者小。当定性而不是定量地比较溶液的上述性质时，仍可依据浓度的相对大小判断。然而对于电解质溶液，情况远比非电解质溶液复杂。

1.4　强电解质溶液简介

1.4.1　电解质溶液的依数性

电解质溶液与非电解质溶液有所不同，要复杂得多。因为当电解质物质溶于水时，由于电解质的种类不同，有可以全部电离成离子的强电解质，也有只能部分电离成离子的弱电解质，它们在溶液中的粒子数、质量摩尔浓度等就不可能有一个统一的规律。电解质溶液的依数性，与非电解质溶液依数性的数学表达式大体相同，但考虑到上述原因，通常要加上一个系数 i。

$$\frac{\Delta p'}{\Delta p} = \frac{\Delta T'_f}{\Delta T_f} = \frac{\Delta T'_b}{\Delta T_b} = \frac{\Pi'}{\Pi} = i$$

式中，带上标"'"的表示实验值，不带的表示计算值，i 为校正系数，由范特霍夫首先用于渗透压的计算，因此也称范特霍夫系数。表 1-4 列出了部分电解质溶液的凝固点下降值的实验值与计算值及相应的范特霍夫系数。

表 1-4　部分电解质溶液的凝固点下降值及范特霍夫系数

$b_B/$	理论计算值/	NaCl		MgSO$_4$		CH$_3$COOH	
$(mol \cdot kg^{-1})$	K	实验值	i	实验值	i	实验值	i
0.010	0.018 6	0.036	1.93	0.030 0	1.61	0.019 5	1.05
0.050	0.093 0	0.176	1.89	0.129 0	1.39	0.094 9	1.02
0.100	0.186 0	0.348	1.87	0.242 0	1.30	0.188 0	1.01

弱电解质在溶液中部分离解。从表 1-4 可以看出，CH$_3$COOH 的浓度越小，i 值越大(其 i 值都大于 1)，说明离解度越大。

例 1-9　请比较质量摩尔浓度相同的下列溶液的沸点、凝固点及渗透压大小。

MgSO$_4$、C$_{12}$H$_{22}$O$_{11}$(蔗糖)、Na$_2$SO$_4$、CH$_3$COOH、AlCl$_3$

解：范特霍夫系数的理论计算值分别为 MgSO$_4$ 是 2、C$_{12}$H$_{22}$O$_{11}$(蔗糖)是 1、Na$_2$SO$_4$ 是 3、CH$_3$COOH 是弱电解质介于 1 和 2 之间、AlCl$_3$ 是 4，所以各溶液的沸点由高到低的顺序为：AlCl$_3$、Na$_2$SO$_4$、MgSO$_4$、CH$_3$COOH、C$_{12}$H$_{22}$O$_{11}$(蔗糖)；凝固点由高到低的顺序为：C$_{12}$H$_{22}$O$_{11}$(蔗糖)、CH$_3$COOH、MgSO$_4$、Na$_2$SO$_4$、AlCl$_3$；渗透压由高到低的顺序为：AlCl$_3$、Na$_2$SO$_4$、MgSO$_4$、CH$_3$COOH、C$_{12}$H$_{22}$O$_{11}$(蔗糖)。

NaCl 是强电解质，在水溶液中完全离解为 Na$^+$ 和 Cl$^-$ 离子，其粒子浓度为 0.2 mol·kg^{-1}，溶液的凝固点下降值应与 0.2 mol·kg^{-1} 非电解质溶液的凝固点下降值相同，即范特霍夫系数等于 2，但从表 1-4 中可看出 i 值均大于 1，小于 2。同样像 MgSO$_4$ 水溶液的 i 值也是大于 1，小于 2。K$_2$SO$_4$ 溶液的 i 值均大于 2，小于 3，似乎它们没有完全离解。

1.4.2　强电解质溶液理论简介

1923 年德拜和休克尔(Debye-Huckel)提出的强电解质溶液理论认为：强电解质在水溶

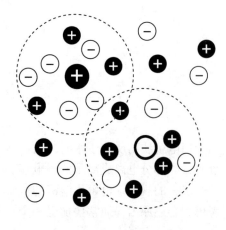

图 1-9 离子氛模型

液中是完全离解的，强电解质溶液中存在大量的正、负离子，溶液中的正、负离子由于静电引力作用，在某一离子周围，总是吸引着一些异号电荷的离子，形成"离子氛"，离子浓度越大，所带电荷越多，离子氛作用越显著(图 1-9)。

由于离子氛的存在，离子在溶液中不能完全自由运动，也就不能发挥完全独立的离子作用。因此，NaCl 水溶液的 i 值大于 1，小于 2，给人以未完全离解的假象，测得的离解度小于 100%。一般而言，离子氛存在时溶液中离子的有效浓度比实际浓度小。为了定量地描述溶液中离子的有效浓度，1907 年美国化学家路易斯(Gilbert Newton Lewis)提出了活度的概念，活度即有效浓度(用 α 表示)等于离子的实际浓度 c 乘以校正系数 γ，γ 也称活度系数。

$$\alpha = \gamma c$$

活度系数的大小反映了离子有效浓度与实际浓度的偏离程度。浓度越小，离子间相互作用越弱，离子运动的自由程度越大，有效浓度(活度 α)越接近实际浓度 c，γ 越大。当浓度无限稀趋于 0 时，γ 趋于 1，此时浓度与活度相等。

德拜和休克尔导出了一个活度系数的计算公式，但相当复杂，严格来说，电解质溶液的有关计算都应该用活度，但在进行一般计算和浓度不太高时，不考虑活度系数的影响，直接用浓度进行计算。

对于弱电解质溶液，由于其离解度很小，离子浓度低，相互作用很弱，其有效浓度与实际浓度相近，因此可以从弱电解质溶液的范特霍夫系数估算出其离解度。

1.5 胶体

胶体在工农业生产和日常生活中有重要的意义和广泛的应用，如土壤的形成与改良，医学上检验或治疗疾病，冶金工业的选矿，石油中原油的脱水，国防工业中有些火药、炸药的制备等。

1.5.1 分散系

一种或几种物质分散在另一种物质中所形成的体系叫作分散系。例如，黏土分散在水中成为泥浆；水滴分散在空气中成为云雾；奶油、蛋白质和乳糖分散在水中成为牛奶等都是分散系。在分散系中，被分散的物质叫作分散质，而容纳分散质的物质叫作分散剂。例如，泥浆中黏土是分散质，水是分散剂；云雾中水滴是分散质，空气是分散剂。分散质和分散剂的聚集状态不同或分散质粒子的大小不同，分散系的性质也不同。

根据分散质和分散剂的聚集状态进行分类，可以把分散系分为九类。见表 1-5 所列。按分散质粒子的大小，又可将分散系分为三类。

(1)粗分散系

分散质粒径>100 nm 的分散系称为粗分散系。它是极多个分子的聚集体，粒子不能透过滤纸，不扩散，在一般显微镜下可以看见。由于分散质粒子较大，容易聚沉和悬浮，分散质很容易从分散剂中分散出来，是极不稳定的多相体系。

常见的粗分散系按分散质的聚集状态不同，又可分为两类。一类是液体分散质分散在液体分散剂中，称为乳浊液，如牛奶；另一类是固体分散质分散在液体分散剂中，称为悬浊液，如泥浆。

表 1-5　按聚集状态分的分散系

分散质	分散剂	实　例	分散系名称
气	气	空气、煤气	混合气
液	气	云、雾	液气溶胶
固	气	烟、尘	固气溶胶
气	液	汽水、肥皂、泡沫	泡沫
液	液	酒、豆浆、牛奶、农药乳浊液	乳浊液
固	液	泥浆、农药悬浮液	溶胶、悬浊液
气	固	馒头、泡沫塑料	固体泡沫
液	固	珍珠、肉冻	凝胶
固	固	合金、红宝石	固溶胶

(2)胶体分散系

分散质粒径在 1~100 nm 的分散系称为胶体分散系。粒子能透过滤纸，但不能透过半透膜，扩散速度慢，在普通显微镜下看不见，在超显微镜下可以分辨。按分散质粒子的不同，又可以把胶体分散系分为两类。

一类是分散质粒子，由许多个一般分子组成的聚集体，这些难溶于分散剂的固体分散质高度分散在液体分散剂中，所形成的胶体分散系为溶胶。例如，氢氧化铁溶胶、硫化砷溶胶、碘化银溶胶和金溶胶等。这类溶胶中分散质和分散剂亲和力不强，不均匀，有界面，是高度分散、不稳定的多相体系。

另一类是高分子化合物溶于水或其他溶剂中所形成的胶体分散系，称为高分子化合物溶液，简称高分子溶液。例如，淀粉溶液、纤维素溶液、蛋白质溶液和动物胶溶液等。高分子溶液中，分散质粒子是单个的高分子，分散质和分散剂亲和力强，均匀，无界面，是高度分散、稳定的单相体系。

(3)分子或离子分散系

分散质粒径在 1 nm 以下的分散系称为分子或离子分散系，为真溶液，是单相系统。它们一般是分子或离子，扩散速度快，能透过滤纸和半透膜，无论普通显微镜还是超显微镜均看不见。例如，氯化钠溶液、蔗糖溶液。并且分散质和分散剂亲和力强，均匀，无界面，是高度稳定的单相体系。

1.5.2　固体在溶液中的吸附

在多相分散系中，分散质粒子与分散剂间存在界面。对于单位体积的物质来说，粒子越细小，粒子数就越多，分散度就越大。通常用比表面来表示分散系的分散度。比表面是单位体积物质所具有的表面积。当物质的总体积一定时，比表面随分散度的增大而增大。当边长 1 cm 的正方体分割到边长为 $10^{-7} \sim 10^{-5}$ cm 的小立方体即达到胶体分散系范围时，其总表面积可达 $6 \times 10^5 \sim 6 \times 10^7$ cm^2，比表面增大到原来的 10 万 ~ 1 000 万倍。因此，溶胶是高度分散的多相体系，具有很大的界面。

在相与相之间存在界面，在任意两相的界面上都存在表面能。一定量的物质，表面积越大，表面上的粒子就越多，表面能就越大。所以，溶胶也具有很大的表面能。能量高的体系是不稳定的，为了降低表面能，溶胶粒子除了互相聚沉以减少分散度之外，还会在分散剂中进行吸附。

一种物质的分子、原子或离子自动聚集到另一种物质表面上的现象称为吸附。吸附是一个放热过程，被吸附的物质叫作吸附质。而具有吸附能力，能使吸附质在其表面上聚集的物质叫作吸附剂。吸附作用与物质的表面有关，吸附剂的比表面积越大，吸附能力越强。硅胶用作干燥剂是对水蒸气的吸附作用，活性炭对有害气体的吸附等都是固体对气体的吸附。此类吸附一般是可逆的。

将固体吸附剂置于溶液中，在固液两相界面将发生吸附。这种吸附比较复杂，它既可能吸附溶质分子或离子，也可能吸附溶剂分子。根据吸附剂对溶液中各种粒子的吸附情况不同，可将固体在溶液中的吸附分为分子吸附和离子吸附两类。

（1）分子吸附

固体吸附剂在非电解质溶液中或弱电解质溶液中吸附主要是分子吸附。这类吸附与溶质、溶剂及吸附剂的性质都有关，一般表现出相似相吸的特点：极性吸附剂容易吸附极性的溶质或溶剂；非极性吸附剂容易吸附非极性的溶质或溶剂。吸附剂与溶剂的极性相差越小，它在溶液中吸附的溶质就越少；吸附剂与溶剂的极性相差越大，它在溶液中吸附的溶质就越多。例如，活性炭能很好地从有色素的水溶液中吸附色素，使溶液脱色。这是由于活性炭是非极性吸附剂，水是极性分子，而色素的极性很弱，与活性炭相近，因此，活性炭能有效地脱出色素。被活性炭吸附的色素可用适当的溶剂（如乙醇）洗下来，因为乙醇能溶解色素，这个过程称为洗脱。

（2）离子吸附

固体吸附剂在强电解质溶液中的吸附主要是离子吸附。离子吸附又可分为离子选择吸附和离子交换吸附。

①离子选择吸附　固体吸附剂从溶液中选择吸附某种离子的现象称为离子选择吸附。

固体吸附剂在什么情况下选择吸附正离子，在什么情况下选择吸附负离子，主要由固体吸附剂和电解质的性质、种类决定。实验证明：固体在溶液中优先吸附与它组成相关的离子。例如，在 KBr 溶液中加入过量的 $AgNO_3$ 溶液，生成 AgBr 沉淀后，溶液中还有过剩的 Ag^+ 和 NO_3^-，由于 Ag^+ 是与 AgBr 组成相关的离子，故 AgBr 表面将优先吸附 Ag^+ 而带正电荷，而 NO_3^- 则聚集在 AgBr 表面附近的溶液中。相反，如果在 $AgNO_3$ 溶液中加入过量的 KBr 溶液，生成 AgBr 沉淀后，溶液中有过剩的 K^+ 和 Br^-，由于 Br^- 是与 AgBr 组成相关的离子，故 AgBr 表面将优先吸附 Br^- 而带负电荷，而 K^+ 则聚集在 AgBr 表面附近的溶液中。

②离子交换吸附　固体吸附剂从溶液中吸附某种离子的同时，本身将等量的电荷符号相同的另一种离子释放到溶液中，这种离子吸附称为离子交换吸附或离子交换。离子交换是一个可逆过程，能进行离子交换的吸附剂称为离子交换剂，如人工合成的离子交换树脂。离子

交换吸附与土壤中养分的保持和释放及植物养分的吸收有着密切关系。例如，当把 $(NH_4)_2SO_4$ 施入土壤中时，NH_4^+ 便与吸附在土壤上的可交换离子（Ca^{2+}、Mg^{2+}、K^+、Na^+ 等）进行交换：

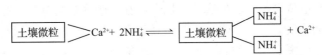

通过这样的离子交换吸附，植物所需的养分就可以贮存在土壤中，当植物需要养分时，根系就分泌出酸性物质（用 HA 表示），与这些养分进行交换：

$$\boxed{土壤微粒} \!\!-\!\! NH_4^+ + HA \Longrightarrow \boxed{土壤微粒} \!\!-\!\! H^+ + A^- + NH_4^+$$

交换的结果，使吸附在土壤上的 NH_4^+ 释放出来，然后被植物吸收。

1.5.3　胶团结构

（1）溶胶粒子带电的原因

溶胶是一种高度分散的多相体系，溶胶粒子具有很大的表面能，表现出很强的吸附作用。一旦溶胶粒子吸附其他离子，它的表面就会带电。溶胶粒子带电的主要原因是：

①吸附带电　溶胶粒子在分散剂中有选择地吸附正离子，即带正电；吸附负离子即带负电，这种现象称为吸附带电。

例如，把 $FeCl_3$ 稀溶液逐滴加到煮沸的水中制备 $Fe(OH)_3$ 溶胶，其反应为：

$$FeCl_3 + 3H_2O \Longrightarrow Fe(OH)_3 + 3HCl$$

部分 $Fe(OH)_3$ 与 HCl 反应生成 $FeOCl$：

$$Fe(OH)_3 + HCl \Longrightarrow FeOCl + 2H_2O$$

$FeOCl$ 离解生成 FeO^+ 和 Cl^-：

$$FeOCl \Longrightarrow FeO^+ + Cl^-$$

由于 FeO^+ 与 $Fe(OH)_3$ 组成相似，因此优先吸附与其组成有关的 FeO^+，使 $Fe(OH)_3$ 溶胶粒子带正电，而 Cl^- 则留在分散剂中，使分散剂带负电。

②离解带电　溶胶粒子通过表面分子的离解而带电的现象称为离解带电。例如，硅酸溶胶，在溶胶粒子表面上的 H_2SiO_3 分子能离解出 H^+、$HSiO_3^-$ 和 SiO_3^{2-}：

$$H_2SiO_3 \Longrightarrow H^+ + HSiO_3^-$$

$$HSiO_3^- \Longrightarrow H^+ + SiO_3^{2-}$$

这时 H^+ 进入分散剂，而在溶胶粒子表面上留下 $HSiO_3^-$ 和 SiO_3^{2-}，使溶胶粒子带负电，分散剂带正电。

（2）胶团结构

溶胶的许多性质都与内部结构有关，根据大量的实验结果，证明溶胶具有扩散双电层结构。

例如，$Fe(OH)_3$ 溶胶的形成过程，首先是由许多个 $Fe(OH)_3$ 聚集成直径为 $1 \sim 100$ nm 的固相颗粒作为分散质，它是溶胶的核心，称为胶核。胶核具有很大的表面能，它吸附 FeO^+ 而使表面带正电，FeO^+ 称为电位离子，它被牢固地吸附在胶核表面上。而与 FeO^+ 离子

带相反电荷的 Cl^- 则称为反离子，它分布在胶核表面周围。这时反离子受到两个方向的作用：一是胶核表面电位离子的静电引力，力图把它们拉向胶核表面；二是它们本身的热运动，使它们向分散剂中扩散。这样反离子分为两部分：一部分受电位离子的吸引力较大而被束缚在胶核表面，与电位离子一起形成吸附层，电泳时吸附层与胶核一起移动，这个运动单位称为胶粒；另一部分反离子由于本身的热运动较强烈而离开胶核表面扩散到分散剂中，它们疏散地分布在胶粒周围直至电位离子的吸引力不能及之处的液相层，这个液相层称为扩散层。胶粒与扩散层一起构成胶团。胶团内的反离子电荷总数与电位离子的电荷总数相等，所以胶团是电中性的。当然，胶粒内的反离子电荷总数少于电位离子的电荷总数，因此胶粒是带电的，带电符号必定与电位离子相同，而扩散层（分散剂）则带相反的电荷，这就是溶胶的双电层结构。

$Fe(OH)_3$ 溶胶的胶团结构如图 1-10 所示。

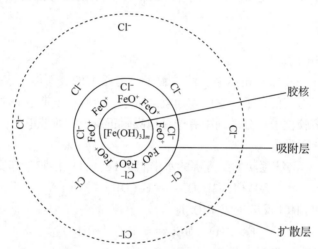

图 1-10　Fe(OH)₃ 溶胶的胶团结构示意图

胶团结构可用胶团结构式表示。$Fe(OH)_3$ 胶团结构式为：

$$\{[Fe(OH)_3]_m \cdot nFeO^+ \cdot (n-x)Cl^-\}x^+ \cdot xCl^-$$

胶核　电位离子　束缚的反离子　自由的反离子

吸附层

胶粒扩散层

胶团

式中，m 为形成胶核物质的分子个数，数值很大，通常在 10^3 左右；n 为吸附在胶核表面的电位离子数；$(n-x)$ 为吸附层的反离子数；x 为扩散层的反离子数。

又如，用过量 KI 溶液与 $AgNO_3$ 溶液作用制备 AgI 溶胶［图 1-11(a)］，胶团结构式为：

$$[(AgI)_m \cdot nI^- \cdot (n-x)K^+]^{x-} \cdot xK^+$$

如果 $AgNO_3$ 溶液过量［图 1-11(b)］，胶团结构式则为：

$$[(AgI)_m \cdot nAg^+ \cdot (n-x)NO_3^-]^{x+} \cdot xNO_3^-$$

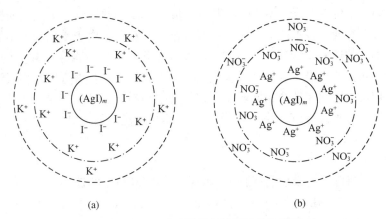

(a)　　　　　　　　(b)

图 1-11　AgI 溶胶粒子的胶团结构示意图

1.5.4　溶胶的性质

溶胶的许多性质与其高度分散及多相共存的特点有关。溶胶的性质包括光学性质、动力学性质和电学性质。

（1）光学性质

当一束光线通过溶胶时，在与入射光垂直的方向上，可以清楚地看到一条发亮的圆锥体，这种现象称为丁达尔（Tyndall）效应。清晨，在茂密的树林中，常常可以看到从枝叶间透过的一道道光柱，类似于这种自然界现象，就是丁达尔效应。

光线照射到分散系时，除了光的吸收之外，还可以发生两种现象：当分散粒子的直径小于入射光波长时，就发生光的散射；当分散粒子的直径大于入射光波长时，就发生光的反射。由于照射溶胶的光是可见光（波长 $400\sim780$ nm），而胶体粒子的直径是 $1\sim100$ nm，小于可见光的波长，光照射到胶粒上，必然发生散射。丁达尔效应是许许多多溶胶粒子共同发出的散射光的总效应。分子或离子分散系中，分散质粒子太小，散射现象微弱，基本上发生的是光的透射作用，因此溶液呈透明状态。粗分散系主要发生光的反射，因此有浑浊感。丁达尔效应是溶胶特有的光学性质，可以用来区别溶液和胶体。

胶体粒子在普通显微镜下看不见，在超显微镜下可以间接观察它们的存在。超显微镜是利用溶胶粒子对光的散射现象设计而成的。看到的是光在溶胶粒子表面散射后的光点，而不是溶胶粒子本身。虽然超显微镜不能直接看到溶胶粒子的大小和形状，却能观察到溶胶粒子的行踪。利用近代电子显微镜观察溶胶就能清楚地看到溶胶粒子的大小、形状和在介质中的分布情况。

（2）动力学性质

在超显微镜下观察溶胶，可以看到代表溶胶粒子的发光点不停地移动，这种移动是由于溶胶粒子受到分散剂分子从各个方向的撞击而引起的。这种不断改变方向、不断改变速度的无规则运动，称为布朗（Brownian）运动（图 1-12）。

布朗运动是分散质粒子本身热运动和分散

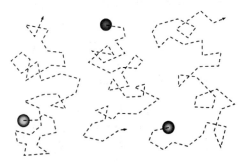

图 1-12　溶胶粒子的布朗运动

介质对它不均匀撞击的总结果。对于溶胶粒子，除了本身的热运动，分散介质分子的热运动也会不断地由各个方向、以不同大小的力同时撞击溶胶粒子，由于受到的力不平衡，所以溶胶粒子时刻以不同的速率、沿着不同的方向做无秩序运动。粗分散系中较大的分散质颗粒，瞬间受到不同方向上的撞击次数要远远多于较小的溶胶粒子，合力可以互相抵消。并且质量大的颗粒惯性较大，因此运动非常微弱而不容易观察到布朗运动。当半径大于 5 mm 时，布朗运动基本消失。对于真溶液，由于粒子太小，具有高速的热运动，因此也观察不到布朗运动。

（3）电学性质

①电泳　如果将两个电极插入溶胶中，则会发生溶胶粒子的迁移，在外电场中，分散粒子在分散剂中定向移动的现象称为电泳。电泳在电泳管中进行，如图1-13所示。

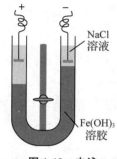

图1-13　电泳

在电泳管中装入 $Fe(OH)_3$ 溶胶（棕红色），接通电源后，可看到负极附近红色变深，而正极附近颜色变浅。这说明有溶胶粒子向负极方向移动。故 $Fe(OH)_3$ 溶胶粒子是带正电的，称为正溶胶。

在电泳管中装入 As_2S_3 溶胶（黄色），接通电源后，可看到正极附近黄色变深，而负极附近黄色变浅。这说明有溶胶粒子向正极方向移动。故 As_2S_3 溶胶粒子是带负电的，称为负溶胶。

通过电泳实验可以判断溶胶粒子所带电性。电泳可以用来涂漆、除尘、镀橡胶、分离蛋白质等。

②电渗　与电泳不同，使溶胶粒子固定不动而分散剂在电场作用下定向移动的现象称为电渗。电渗在电渗管中进行，如图1-14所示。

电渗管中间用隔膜隔开，隔膜可用素陶瓷片、玻璃纤维等多孔性固体物质制成。管两端各直立一条毛细管以便观察液面的升降。

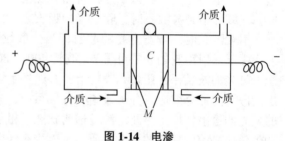

图1-14　电渗

在电渗管内装入 $Fe(OH)_3$ 溶胶，接通电源后，可看到正极这端液面升高，而负极这端液面降低。这说明分散剂向正极方向移动，故 $Fe(OH)_3$ 溶胶中分散剂是带负电的。

在电渗管内装入 As_2S_3 溶胶，接通电源后，可看到负极这端液面升高，而正极这端液面降低。这说明分散剂向负极方向移动，故 As_2S_3 溶胶中分散剂是带正电的。

电渗技术在溶胶的净化、海水淡化等领域已获得实际应用。

电泳和电渗现象统称为电动现象，电动现象的存在表明溶胶粒子是带电的。

1.5.5　溶胶的稳定性和聚沉

（1）溶胶的稳定性

在溶胶体系中，溶胶粒子由于本身的重力作用向下沉淀，在沉淀过程中形成粒子浓度的不均匀状态，即下部较浓而上部较稀。此时，由布朗运动引起的扩散作用会使粒子由下部较浓的地方向上部较稀的地方扩散。这种扩散作用在一定程度上抵消了由于胶体粒子的重力作用而引起的沉淀，使胶体具有一定的稳定性，这种稳定性称为动力学稳定性。

溶胶可以稳定地存在一定时间，如经纯化后的 $Fe(OH)_3$ 溶胶可以存放数年才聚沉。使溶胶稳定存在的原因有两个：一个是溶胶粒子都带有相同的电荷，由于同种电荷之间的相互排斥作用而阻止了它们的靠近；另一个是溶胶粒子的溶剂化作用，使溶胶粒子表面形成一层溶剂化膜，阻止了溶胶粒子之间的直接接触，从而保持了溶胶的稳定性。溶胶粒子所带电荷越多，溶剂化膜越厚，溶胶就越稳定。

（2）溶胶的聚沉

溶胶的稳定性是相对的、暂时的、有条件的，而聚沉不稳定性是溶胶的本性。一旦稳定性的条件遭到破坏，溶胶粒子就会聚结变大，最后从分散剂中分离出来，这个过程称为溶胶的聚沉。

影响聚沉的因素很多，下面仅介绍几个主要因素。

①电解质对溶胶的聚沉作用　溶胶对电解质非常敏感，在溶胶中加入少量电解质，常常很快出现聚沉现象。这是由于随着电解质的加入，离子浓度增大，被电位离子吸入吸附层的反离子就会增多，减少了溶胶离子所带的电荷或完全被中和，结果胶粒间电荷排斥减小。同时，加入的电解质有很强的溶剂化作用，夺取了胶粒表面溶剂化膜中的溶剂分子，破坏胶粒的溶剂化膜，失去了溶剂化膜的保护作用，因此在碰撞过程中合并变大发生聚沉。

电解质对溶胶的聚沉能力通常用聚沉值表示。聚沉值是指在一定时间内，使一定量的溶胶完全聚沉所需电解质的最小浓度，一般用 $mmol \cdot L^{-1}$ 表示。电解质对溶胶的聚沉值越小，聚沉能力越大；而聚沉值越大，聚沉能力就越小。

电解质对溶胶的聚沉作用不仅与电解质的性质和浓度有关，还与胶粒所带的电性有关。电解质负离子对正溶胶起主要聚沉作用，正离子对负溶胶起主要聚沉作用，而聚沉能力随离子电荷的升高而增大。例如，$NaCl$、$MgCl_2$、$AlCl_3$ 对 As_2S_3 负溶胶起主要聚沉作用的是电解质正离子，离子电荷越高，聚沉能力越大，聚沉值分别为 51.0、0.717、0.093，聚沉能力的相对大小为：$NaCl < MgCl_2 < AlCl_3$。带有相同电荷的离子对溶胶的聚沉能力也存在差异，随着离子半径的减小，电荷密度增加，其水化半径也相应增加，聚沉能力就会减弱。例如，碱金属离子对 As_2S_3 负溶胶的聚沉能力大小顺序为：$Rb^+ > K^+ > Na^+ > Li^+$。

②溶胶的相互聚沉　如果将两种电性相反的溶胶按适当比例混合，也会发生聚沉，这种现象称为溶胶的相互聚沉。溶胶的相互聚沉按照等电量原则进行，即只有当两种溶胶粒子所带的总电荷数相等，恰好完全中和时，才会发生完全聚沉，否则只有部分聚沉，甚至不聚沉。

溶胶的相互聚沉有很大的实际意义。用明矾净水就是这个道理。水浑浊的主要原因是水中含有硅酸等负溶胶，加入明矾后，能水解生成 $Al(OH)_3$ 正溶胶，两者相遇，电性中和而聚沉，从而使水变清。在土壤中有带正电的 $Fe(OH)_3$、$Al(OH)_3$ 溶胶，也有带负电的黏土、腐殖质形成的溶胶，它们之间相互聚沉对土壤团粒结构的形成具有很重要的作用。

③温度对溶胶稳定性的影响　加热可使很多溶胶聚沉。这是由于加热能加快粒子的运动速度，因而增加胶粒的相互碰撞的机会，同时也降低胶核对电位离子的吸附能力，减少胶粒所带电荷，即减弱溶胶的主要稳定因素，发生聚沉。例如，将 $Fe(OH)_3$ 溶胶适当加热后可使红棕色 $Fe(OH)_3$ 沉淀析出。

④高分子化合物对溶胶的保护作用　有时需要加入某种物质来保护胶体，使胶体保持稳

定，例如，照相用的胶卷的感光层，是用明胶或高分子涂层来保护的。明胶保护着极细的溴化银悬浮粒子，阻止它们结合为较粗的粒子而聚沉，使溶胶同时兼备聚结稳定性和动力稳定性。高分子化合物对溶胶也有一定的保护作用。高分子化合物的大小与胶体粒子的大小相仿，当它们被吸附在胶体粒子表面上，易形成网状和凝胶状结构的吸附层，略有弹性和机械强度，能阻碍胶体粒子的结合和聚沉，因而对溶胶具有保护作用。

这种保护作用对悬浮液和乳状液也有效。例如，在地质钻探中，钻井中的泥浆（悬浮液）加入淀粉等高分子化合物来予以保护，阻碍其聚沉。

1.5.6 表面活性剂和乳浊液

（1）表面活性剂

凡加入少量能显著降低液体表面能的物质叫作表面活性剂。其降低表面能的特性叫作表面活性。日用洗涤剂、金属表面清洗剂等都是表面活性剂。表面活性剂的分子由极性基团（亲水）和非极性基团（疏水）两大部分组成。极性部分通常是—OH、—COOH、—COO⁻、—NH₂、—SO₃H 等基团，而非极性部分主要是由碳氢组成的长链或芳香基团。由于表面活性剂特殊的分子结构，既可以进入水相，也可以进入油相，降低了油相和水相的表面能。现就表面活性剂的作用原理以普通肥皂为例进行说明：普通肥皂的主要成分是硬脂酸钠，其疏水基是—$C_{17}O_{35}$，亲水基是—COO^-，如图 1-15 所示，当用肥皂洗涤衣服上的油污时，亲油基进入油污；亲水基与水分子之间存在较强的作用力而溶于水，伸入水中，这样通过肥皂分子时水分子包围了油污，降低了油污与衣服之间的表面能，再经搓洗、振动便可去除衣服上的油污。

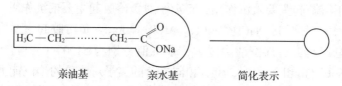

图 1-15 双亲分子结构及表面活性剂在两相界面的排列

表面活性剂可起洗涤、乳化、发泡、湿润、浸透、分散、防腐、抗静电等多种作用，是较理想的化学用品，因此在生产上和科学研究中都有重要的应用。

（2）乳浊液

乳浊液是一种液体以小液滴的形式分散在与它互不相溶的液体中所形成的粗分散系。生产实际中常遇到的乳浊液，其组成中的一种液体多半是水，另一种是不溶于水的有机物，如煤油、苯等，习惯上统称为"油"。乳浊液分为两大类：一类是油分散在水中，称为"水包油"型乳浊液，用 O/W 表示，如牛奶、豆浆；另一类是水分散在油中，称为"油包水"型乳浊液，用 W/O 表示，如新开采的原油。

在水中加入一些油，通过搅拌使油成为细小的油珠，均匀分散在水中，即可形成乳浊液。但是这样得到的乳浊液并不稳定，稍置片刻便使油水分离形成两个互不相溶的液层。要想得到稳定的乳浊液，必须加入乳化剂。乳化剂大多是表面活性物质。乳化剂所起的作用叫作乳化作用。将它们加入油-水体系后，它们集中在油与水的界面上，极性基伸入水中，非极性基伸入油中，定向排列，从而显著降低了油与水的界面能，使体系趋于稳定。乳化剂分子定向排列在界面上，形成了具有一定强度的保护膜，阻碍了分散的水滴或油滴的相互合并变大，从而增大了稳定性。

常用的亲水性乳化剂有：钾肥皂、蛋白质、动物胶等，适用于 O/W 型乳浊液；亲油性乳化剂有：高价金属离子肥皂、高级醇类、高级酸类等，适用于 W/O 型乳浊液。绝大多数有机农药、植物生长调节剂的使用都离不开乳化剂，例如，有机农药的水溶性较差，不能与水很好地混合。为了使农药与水较好地混合，加入适量的乳化剂，便于均匀喷洒，降低成本，提高了杀虫治病的效果。在生理上，乳化剂也起着重要作用。例如，食物中的脂肪在消化液（水溶液）中不溶，但经过胆汁的乳化作用，使脂肪乳化，利于肠壁的吸收。乳浊液在医药、食品、涂料、化妆品及合成树脂等工业生产中也广泛应用。

在生产中也常遇到一些有害的乳浊液，如以 W/O 型乳浊液形式存在的含水原油会加速石油设备的腐蚀，也不利于石油的蒸馏，因此需要破坏这种乳浊液，使油水两相分开。乳浊液的破坏叫作破乳，常用的方法有升高温度、加入电解质、破乳剂、高速离心分离、静电破乳和加压过滤等。

拓展阅读

等离子体

等离子体（plasma）是不同于固体、液体和气体的物质第四态。物质由分子构成，分子由原子构成，原子由带正电的原子核和围绕它的带负电的电子构成。当被加热到足够高的温度或其他原因，外层电子摆脱原子核的束缚成为自由电子，就像下课后的学生跑到操场上随意玩耍一样。电子离开原子核，这个过程就叫作"电离"。这时，物质就变成了由带正电的原子核和带负电的电子组成的、一团均匀的"浆糊"，因此人们戏称它为离子浆，这些离子浆中正负电荷总量相等，因此它是近似电中性的，所以又称等离子体。

在地球上，等离子体物质远比固体、液体、气体物质少。在宇宙中，等离子体是物质存在的主要形式，占宇宙中物质总量的 99% 以上，如恒星（包括太阳）、星际物质以及地球周围的电离层等，都是等离子体。等离子体是一种很好的导电体，利用经过巧妙设计的磁场可以捕捉、移动和加速等离子体。

等离子体物理的发展为材料、能源、信息、环境空间、空间物理、地球物理等科学的进一步发展提供了新的技术和工艺。等离子体主要用于以下四方面。

（1）等离子体冶炼：用于冶炼普通方法难以冶炼的材料，如高熔点的锆（Zr）、钛（Ti）、钽（Ta）、铌（Nb）、钒（V）、钨（W）等金属；还用于简化工艺过程，如直接从 $ZrCl$、MoS、TaO 和 $TiCl$ 中分别获得 Zr、Mo、Ta 和 Ti；用等离子体熔化快速固化法可开发硬的高熔点粉末，如 W-Co-C、Mo-Co、Mo-Ti-Zr-C 等粉末。等离子体冶炼的优点是产品成分及微结构的一致性好，可免除容器材料的污染。

（2）等离子体喷涂：许多设备的部件应能耐磨、耐腐蚀、抗高温，为此需要在其表面喷涂一层具有特殊性能的材料。用等离子体沉积快速固化法可将特种材料粉末喷入热等离子体中熔化，并喷涂到基体（部件）上，使之迅速冷却、固化，形成接近网状结构的表层，这可大大提高喷涂质量，如制作火箭喷管、头锥及回收卫星的天线等。

（3）等离子体焊接：可用于焊接钢、合金钢，铝、铜、钛等及其合金。特点是焊缝平整，可以再加工，没有氧化物杂质，焊接速度快。用于切割钢、铝及其合金，切割厚度大。

（4）在医学手术中：等离子体也能代替现有的手术刀，利用一个只有钢笔大小的发生器，产生精致而形状不变的等离子体炬对人体进行手术。因焰流温度高，能做到绝对无菌，当人体组织被切开时，其边缘瞬间因高温封闭，可以做到基本无出血；又因温度梯度大，切口附近的组织不受影响。

由于等离子体应用前景非常广阔，包括国内学者在内的越来越多的学者投入等离子体应用研究中。

习　题

一、选择题

1. 实际气体与理想气体性质接近的条件是（　　）。

A. 高温高压　　　　　B. 低温高压　　　　　C. 高温低压　　　　　D. 低温低压

2. 下列实际气体中，性质最接近理想气体的是（　　）。

A. H_2　　　　　　　B. He　　　　　　　　C. N_2　　　　　　　D. O_2

3. 温度 T 时，将 A、B 两种气体在体积为 V 的容器中混合。混合后气体的压强为 p，V_A、V_B 分别为两气体的分体积，p_A、p_B 分别为两气体的分压，下列式子中不正确的是（　　）。

A. $pV_A = n_A RT$　　　B. $p_A V = n_A RT$　　　C. $pV = (n_A + n_B)RT$　　　D. $pV = n_A RT$

4. 溶液的下列性质中，决定稀溶液具有依数性质的是（　　）。

A. 溶液蒸气压下降　　B. 溶液凝固点降低　　C. 溶液沸点升高　　D. 溶液有渗透压

5. 浓度均为 $0.1 mol \cdot L^{-1}$ 的下列溶液中，沸点最高的是（　　）。

A. NaCl　　　　　　　B. $MgCl_2$　　　　　　C. $AlCl_3$　　　　　　D. $Fe_2(SO_4)_3$

二、填空题

1. 采取不同的单位时，摩尔气体常量 R 的数值为_____ $J \cdot mol^{-1} \cdot K^{-1}$、_____ $kJ \cdot mol^{-1} \cdot K^{-1}$、_____ $Pa \cdot L \cdot mol^{-1} \cdot K^{-1}$、_____ $Pa \cdot m^3 \cdot mol^{-1} \cdot K^{-1}$、_____ $kPa \cdot L \cdot mol^{-1} \cdot K^{-1}$ 等。

2. 水的正常冰点是_____℃，是指在标准大气压_____蒸气压相等时的温度；水的正常沸点是_____℃，在该温度下_____和_____相等。

3. 分别将 10 g 吡啶（$M_r = 79$）和 10 g 甘油（$M_r = 92$）溶于 100 g 水中，用"＞"和"＜"号填空：

沸点：吡啶_____甘油；　　　凝固点：吡啶_____甘油；

蒸气压：吡啶_____甘油；　　渗透压：吡啶_____甘油。

4. 葡萄糖水溶液的凝固点是 -0.452℃（已知葡萄糖的相对分子质量为 180，水的凝固点降低常数为 $1.86 K \cdot kg \cdot mol^{-1}$），则此溶液的质量摩尔浓度为_____。

5. 临床上，常用质量分数 0.9% 的生理盐水和质量分数 5% 的葡萄糖溶液输液。这是由于此溶液与人体体液具有相同的_____，故此溶液称为人体体液的_____。

三、判断题

1. 水的三相点和水的凝固点在相图上为同一点。　　　　　　　　　　　　　　（　　）

2. 溶质是难挥发物质的溶液，在不断沸腾时，它的沸点是恒定的。　　　　　　（　　）

3. 植物在较高温度下耐旱，是由于细胞液的蒸气压下降所致。　　　　　　　　（　　）

4. 只有在高温高压下，实际气体才接近于理想气体。　　　　　　　　　　　　（　　）

5. 电解质的聚沉值越大，它对溶胶的聚沉能力越强。　　　　　　　　　　　　（　　）

四、简答题

1. 四氢呋喃、甘油、乙二醇和甲醇都可用作汽油防冻剂，选用哪种物质更合适？并简要说明原因。

2. 为什么油汤烫伤比开水烫伤更严重？为什么可口可乐越喝越渴？

3. 为什么海水鱼和淡水鱼互换生存环境会死亡？

4. 卤水"点浆"制豆腐的原理是什么？

5. 江河入海口为什么常易形成三角洲？

6. 表面活性剂在分子结构上有何特点？为什么表面活性剂能有洗涤、乳化和起泡的作用？

7. 硫化砷溶胶是由 H_2AsO_3 和 H_2S 溶液作用制得的（其电位离子是 HS^-），试说明 $NaCl$、$MgCl_2$、$AlCl_3$ 三种电解质对该溶胶的聚沉能力大小并说明原因。

五、计算题

1. 在 500 mL 甘油（$C_3H_8O_3$）的水溶液中含有甘油 28 g（溶液密度为 1.1 g·mL^{-1}）。求该溶液的质量摩尔浓度和摩尔分数。

2. 通过计算比较 5%乙二醇（$C_2H_6O_2$）溶液、8%葡萄糖（$C_6H_{12}O_6$）溶液和 12%蔗糖（$C_{12}H_{22}O_{11}$）溶液的蒸气压的大小。

3. 将 7.00 g 结晶草酸（$H_2C_2O_4 \cdot 2H_2O$）溶于 93 g 水中，所得溶液的密度为 1.025 g·mL^{-1}。求该溶液的质量百分浓度、物质的量浓度、质量摩尔浓度和物质的量分数。

4. 将 10 g 葡萄糖（$M_r = 180$）和甘油（$M_r = 92$）分别溶于 100 g 水中，所得溶液的凝固点各为多少？若将 0.1 mol 葡萄糖和甘油分别溶于 100 g 水中，所得溶液的凝固点是否相同？

5. 今有两种溶液，一种为 1.50 g 尿素（NH_2）$_2CO$ 溶于 200 g 水中，另一种为 42.8 g 未知物溶于 1 000 g 水中，这两种溶液在同一温度开始结冰，计算这个未知物的摩尔质量。

6. 一种化合物含碳 40%，氢 6.6%，氧 53.4%，实验表明 9.0 g 这种化合物溶解于 500 g 水中，水的沸点上升 0.052 K。已知水的 $K_b = 0.52$ K·kg·mol^{-1}。求：（1）该物质实验式；（2）摩尔质量；（3）化学式。

7. 某碳氢化合物的水溶液，在 500 mL 此溶液中含有溶质 0.2 g，在 300 K 时测得该溶液的渗透压为 0.50 kPa。求该碳氢化合物的相对分子质量。

8. 在 26.6 g 氯仿（$CHCl_3$）中溶有 0.402 g 萘（$C_{10}H_8$），该溶液的沸点比纯氯仿的沸点升高了 0.455 K。求氯仿的沸点升高常数。

习题解答

第 2 章　化学热力学

教学目的和要求:

(1)掌握系统、环境、热力学能、热力学、状态、状态函数、热力学标准态、等压热效应、等容热效应、标准生成等基本概念;了解它们之间的相互关系。

(2)熟悉热力学第一定律;掌握化学反应标准焓变的计算方法。

(3)理解和掌握反应自发性的判据,能利用自发性判据判断化学反应的方向。

(4)理解和掌握吉布斯函数和吉布斯函数变的简单计算方法。

党的二十大报告指出,要强化国家战略科技力量,加快推动能源结构调整优化,近年来,随着科学技术的发展,我国能源结构组成也由传统的煤炭向太阳能及风能水力发电等清洁能源转换。传统的燃油车也逐渐被新能源汽车所取代,这一切成绩的取得,都离不开热力学基础理论的支持。作为化学学科中重要的章节内容,化学热力学是科学理论中的基础理论之一,是培养科技人才过程中不可或缺的重要内容。热力学是在研究提高热机效率的实践中发展起来的。19 世纪建立起来的热力学第一、第二两个定律奠定了热力学的基础,使热力学成为研究热能和机械能及其他形式能量之间转化规律的一门科学。用热力学的理论和方法研究化学,就产生了化学热力学。化学热力学可以解决化学反应中能量变化问题,也可以解决化学反应进行的方向和限度问题。20 世纪初建立的热力学第三定律使得热力学臻于完善。

化学热力学的许多有用的结论,是在讨论物质变化时,不涉及物质的微观结构,而是着眼于宏观性质的变化。只需知道研究对象的起始状态和最终状态,就可以运用化学热力学方法研究化学问题,没有时间概念,不需要知道变化过程的机理,就对许多化学过程的一般规律进行探讨。化学热力学的应用局限性在于,用化学热力学讨论化学变化过程不能解决化学变化的速率及其他和时间有关的问题。

化学热力学涉及的内容既广且深,在大学化学课程中只介绍化学热力学最基本的概念、理论、方法和应用。

2.1　热力学基本概念

2.1.1　系统和环境

为了明确研究对象,人为地将一部分物质与其余物质分开,被划定的研究对象称为系统,或称体系;系统之外,与系统密切相关的部分称为环境。例如,在烧杯中有 NaOH 溶液,把 NaOH 溶液当成研究对象,则 NaOH 溶液就是系统,而烧杯、周围的空气及放烧杯的桌面等和系统相关的就是环境。

按照系统和环境之间物质和能量的交换情况，通常可将系统分为三类：孤立系统、封闭系统和敞开系统。

孤立系统是指系统和环境之间既没有物质交换，也没有能量交换。

封闭系统是指系统与环境之间没有物质交换，但有能量交换。

敞开系统是指系统和环境之间既有物质交换，又有能量交换。

例如，盛有一定量热水的茶杯，既有水分子逸入空气中（环境），又可以把热量散发出去和环境交换能量，为敞开系统。带盖子的盛有一定量热水的茶杯水分子不能扩散出去，和环境之间只有热量交换，为封闭系统。保温杯，水分子不能扩散到环境里，能量也不能和环境交换，则此系统就为孤立系统。应当指出，真正的孤立系统是不存在的。

但要注意的是，若将化学反应（包括作用物和产物）作为研究对象，那就属于封闭系统。在研究化学反应时，不加特殊说明，都是按封闭系统处理。

2.1.2　相

相是指在一个系统中，物理性质和化学性质完全相同并且组成均匀的部分。均匀是指分散度达到分子或离子大小的数量级。相与相之间有明确的界面。超过此相界面，一定有某些宏观性质（如密度、折射率、组成等）要发生突变。对于气态系统，只有一个相，是单相系统，如 CO、H_2、CO_2、O_2 的混合气体，虽然有 4 种气体，但是为一相；对于液态系统，纯液体物质为单相系统，如纯水、乙醚；两种或两种以上的液态组分，看其是否互溶，互溶为一相，不互溶的为不同的相，如水和乙醇，二者互溶，所以为单相；水和乙醚，二者不互溶，分层，则为两相；对于固态物质，如果系统中不同固体达到了分子程度的均匀混合，就形成了"固溶体"，一个固溶体就是一个相。否则，无论这些固体研磨得多么细，其分散度也远远达不到分子、离子级，系统中含有多少种固体物质，就有多少个固相。系统若按相的组成来分，可分为单相系统和多相系统。

2.1.3　状态与状态函数

系统的状态是指用来描述系统的诸如压力 p、体积 V、温度 T、质量 m 和组成等各种宏观性质的综合表现。用来描述系统状态的物理量称为状态函数。

或者说系统的宏观性质的总和确定了系统的状态。当这些性质有确定值时，系统就处于一定的状态；当系统的某一个性质发生变化时，系统的状态也随之改变。所以，系统的各种宏观性质之间并不是孤立的，它们之间存在一定的联系，状态函数之间的定量关系称为状态方程式，如 $pV=nRT$ 就是理想气体的状态方程等。上述提到的压力 p、温度 T、体积 V，以及后面要介绍的热力学能 U、焓 H、熵 S 和吉布斯函数 G 等都是状态函数。状态函数具有以下特点：

①系统状态一定，则状态函数一定。

②系统状态变化时，状态函数的变化只取决于系统的初始状态和终止状态，与变化途径（即变化过程）无关。

③系统一旦恢复到原来的状态，状态函数即恢复原值。

例如，一定量的气体由 298 K 和 5 kPa 变到 350 K 和 1 kPa，完成这一变化的途径很多，

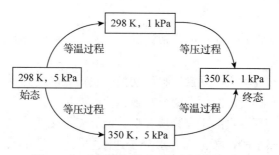

图 2-1   一定量的气体完成变化的两条途径

两条具体的途径如图 2-1 所示。

用宏观可测的性质来描述系统的热力学状态，这些性质又称热力学变量，可以分为广度性质和强度性质。

①广度性质(又称容量性质)   当将系统分割成若干部分时，系统的某性质等于各部分该性质之和，即广度性质的量值与系统中物质的量成正比，具有加和性。体积、热容、质量、熵、焓和热力学能等均是广度性质。

②强度性质   此类性质不具有加和性，其量值与系统中物质的量多少无关，仅决定于系统本身的特性。例如，两杯30℃的水混合，水温仍是30℃，不是60℃。温度与压强、密度、黏度等均是强度性质。

很明显，系统的某种广度性质除以物质的量或质量(或任何两个广度性质相除)之后就称为强度性质。例如，体积、焓是广度性质，而摩尔体积(体积除以物质的量)、摩尔焓(焓除以物质的量)、密度(质量除以体积)、比热容(热容除以质量)和摩尔分数(某种物质的量除以全部物质的量)就是强度性质。强度性质不必指定物质的量就可以确定。

2.1.4   化学计量数和反应进度

对于一般化学反应方程

$$v_aA+v_bB \Longrightarrow v_eE+v_fF$$

式中，v_a、v_b、v_e、v_f分别是物质 A、B、E、F 的化学计量数，其量纲为 1，在化学反应过程中，随着反应的进行，反应物是减少的，产物是增加的。因此，对反应物取负值，对产物取正值。

对于同一个化学反应，化学计量数因化学反应方程式的写法不同而不同。例如合成氨反应，写作式：

$$N_2(g) + 3H_2(g) \Longrightarrow NH_3(g) \tag{2-1}$$

则反应物和产物的计量数分别为 $v(N_2) = -1$，$v(H_2) = -3$，$v(NH_3) = 2$。

若写作式：

$$\frac{1}{2}N_2(g) + \frac{3}{2}H_2(g) \Longrightarrow NH_3(g) \tag{2-2}$$

反应物和产物的计量数分别为 $v(N_2) = -\frac{1}{2}$，$v(H_2) = -\frac{3}{2}$，$v(NH_3) = 1$。

由此可知，化学计量数只表示按计量反应式反应时各物质转化比例数，并不是反应过程中各相应物质实际所转化的量。为了描述化学反应进行的程度，需要引进反应进度的概念。反应进度 ξ 的定义式为

$$d\xi = \frac{dn_B}{v_B}$$

式中，n_B 为任一物质 B 的物质的量；v_B 为 B 的化学计量数，故反应进度的 SI 单位为 mol。对于有限的变化，有 $\Delta\xi = \frac{\Delta n_B}{v_B}$。

对于化学反应来讲，一般选尚未反应时，$\xi = 0$，因此：

$$\xi = \frac{n_B(\xi) - n_B(0)}{v_B}$$

式中，$n_B(0)$ 为 $\xi = 0$ 时物质 B 的物质的量；$n_B(\xi)$ 为 $\xi = \xi$ 时物质 B 的物质的量。

当反应按所给反应式的系数比例进行了一个单位的化学反应时，即 $\Delta n_B / 1\ \text{mol} = v_B$，这时反应进度 ξ 就等于 1 mol。进行了 1 mol 化学反应或简称摩尔反应。所以，对于反应式(2-1)，$\xi = 1$ mol，即表示 1 mol N_2 与 3 mol H_2 反应生成 2 mol NH_3；而对于反应式(2-2)，$\xi = 1$ mol，即表示 $\frac{1}{2}$ mol N_2 与 $\frac{3}{2}$ mol H_2 反应生成 1 mol NH_3。所以，反应进度与反应方程式写法有关，它是按反应式为单元来表示反应进行的程度。

2.1.5 热力学能、热和功

在化学热力学中，研究的是宏观静止系统，不考虑系统整体运动的动能和系统在外力场（如电磁场、离心力场等）中的位能，只着眼于系统的热力学能（内能）。热力学能是指系统内分子的平动能、转动能、振动能、分子间势能、原子间键能、电子运动能、核内基本粒子间核能等能量的总和，符号为 U，单位是 J 或者 kJ，是一种广度性质，有加和性，其值与物质的量成正比。热力学能既然是系统内部能量的总和，所以是系统自身的性质，是状态函数。系统处于一定的状态，其热力学能就有一定的数值，其变化量只决定于系统的始态和终态，而与变化的途径无关。即热力学能具有状态函数的特点：①状态一定，其值一定；②殊途同归，值变相等；③周而复始，值变为零。

由于系统内部粒子运动及粒子之间相互作用的复杂性，所以迄今为止无法确定系统处于某一状态下热力学能的绝对值。但是，实际计算各种过程的能量转换关系时，即系统与环境交换的热与功的数值时，涉及的仅是热力学能的变化量（热力学正是通过状态函数的变化量来解决实际问题的），并不需要某状态下系统热力学能的绝对数值。

"热"究竟是什么

热力学中将能量的交换形式分为热和功，它们都不是状态函数，其数值与途径有关。热是系统与环境因温度不同而传递的能量。功是除热以外的其他形式传递的能量。热力学中规定，系统从环境吸收热量 Q 为正值；系统放热 Q 为负值。热量的符号用 Q 表示，单位是 J 或者 kJ。功的符号为 W 表示，单位是 J 或者 kJ，系统对环境做功时，W 取负值；环境对系统做功时，W 取正值。热力学中将功分为体积功（膨胀功）和非体积功（有用功，以 w' 表示），即 $W = W_{体} + w'$。热力学系统中把体积变化时对环境所做的功称为体积功。把除体积功以外的功称为非体积功（或称有用功），如电功、表面功等。由于液体和固体在变化过程中体积变化较小，因此体积功的讨论经常是对气体而言的。

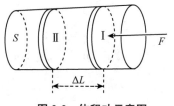

图2-2 体积功示意图

用活塞将气体密封在截面积为 S 的圆柱形筒内，如图2-2所示，且忽略活塞自身的质量及其与筒壁间的摩擦力。

在外力 F 的作用下活塞从 I 位移到 II 位，位移为 ΔL。按功的定义，环境对体系所做的功 W 等于力 F 与其方向上位移 ΔL 的乘积，即

$$W = F\Delta L \tag{2-3}$$

式(2-3)中的外力 F 可用外部压强 $p_{外}$ 与受力面积 S 表示，即

$$F = p_{外}S$$

体系的 $V_{始}$ 大于 $V_{终}$，故过程的 $\Delta V = V_{终} - V_{始}$ 为负值，即 $\Delta V = -\Delta L S$。故有

$$\Delta L = -\frac{\Delta V}{S}$$

于是式(2-3)可以写成

$$W = p_{外} \cdot S \cdot \frac{-\Delta V}{S}$$

$$W = -p_{外}\Delta V \tag{2-4}$$

式(2-4)即为体积功的表达式，从式中可以看出，若外压 $p_{外} = 0$ 或体积改变量 $\Delta V = 0$，体积功 $W = 0$。本章中研究的过程都是只做体积功的，即过程中所做的功全是体积功。

2.1.6 热力学第一定律

将能量守恒定律应用到热力学上，就是热力学第一定律：自然界的一切物质都有能量，能量有各种不同形式，只能从一种形式转化成另一种形式，在转化中能量的总值不变。

我们可以设想，系统由状态 I（热力学能为 U_1）变化到状态 II（热力学能为 U_2），在过程中系统从环境吸热 Q，同时对环境做功 W，根据能量守恒定律，系统热力学能的变化是：

$$\Delta U = U_2 - U_1 = Q + W \tag{2-5}$$

式(2-5)就是热力学第一定律的数学表达式。它表示：变化过程中系统内能的变化量等于系统所吸收的热与环境对系统所做的功的总和，这也是能量守恒定律。在孤立系统中，系统与环境间既无物质交换，又无能量交换，所以无论系统发生了怎样的变化，始终有 $Q = 0$，$W = 0$，$\Delta U = 0$，即在孤立系统中，热力学能守恒。

例如，某系统在一定的变化中从环境吸热 40 kJ，同时对环境做功 15 kJ，那么内能的变化量为：

$$\Delta U = U_2 - U_1 = Q + W = 40 - 15 = 25 \text{ kJ}$$

说明在变化过程中净增加了 25 kJ 的内能。

2.2 热化学

通常把只做体积功，且始态和终态具有相同温度时，系统吸收或放出的热量叫作化学反应的热效应，简称反应热。反应热有多种形式，如生成热、燃烧热、中和热等。化学反应热是重要的热力学数据，它是通过实验测定的，所用的主要仪器称为量热计。根据反应条件的

不同，反应热分为两种：恒(等)容反应热和恒(等)压反应热。

2.2.1　恒容反应热 Q_v

在恒温、恒容，不做非体积功的条件下，$\Delta V=0$，$w'=0$，所以，$W=-p\Delta V+w'=0$。根据热力学第一定律：

$$\Delta U = Q_v \tag{2-6}$$

式中，Q_v 就是恒容反应热，左下脚标字母 V 表示恒容过程。式(2-6)表明，恒容反应热全部用于改变系统的内能。当 $\Delta U<0$ 即 $Q_v<0$，该反应是放热的；当 $\Delta U>0$ 即 $Q_v>0$，该反应是吸热反应。Q_v 只与始态和终态有关，而与途径无关。发生恒温恒容反应时，系统与环境没有功交换，反应热效应等于反应前后系统的热力学能的变化量。

通常用来测定恒容反应热的装置为弹式量热计，如图 2-3 所示。化学反应在一个可以完全密闭的厚壁钢制容器内进行，该容器的形状像小炸弹，所以称为钢弹，用于测定燃烧反应的恒容反应热。在实验进行前必须向钢弹中通入一定量燃烧反应所需的高压氧气，所以又称氧弹。钢弹盖由细密螺纹旋紧，整个钢弹位于有绝热外套的水浴之中。钢弹内样品池中的试样与引燃线相接触，样品燃烧时所放热量等于水浴中水所吸收的热量和钢弹、搅拌器、器壁等各部件所吸收热量的总和。钢弹是密闭容器，反应过程中总体积可认为是不变的，这样，测定的热效应是恒容反应热 Q_v。

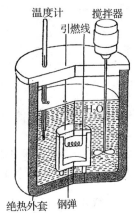

图 2-3　弹式量热计

$$Q_{放} = Q_{吸}, \quad Q_v = Q_{水} + Q_{弹}$$

2.2.2　恒压反应热 Q_p 和焓

在恒温、恒压，不做非体积功的条件下，热力学第一定律可写成：

$$Q_p = \Delta U - W_{体}$$

式中，Q_p 为恒压反应热。$W_{体}=-p_{外}\Delta V=-p_{外}(V_2-V_1)$，故上式可以写成

$$Q_p = \Delta U + p_{外}\Delta V \tag{2-7}$$

式(2-7)可写成

$$Q_p = (U_2-U_1)+p_{外}(V_2-V_1)$$

由于恒压过程，即

$$p_{外}=p_1=p_2$$

$$Q_p = (U_2+p_2V_2)-(U_1+p_1V_1)$$

如令

$$H \equiv U+pV \tag{2-8}$$

则

$$Q_p = H_2-H_1 = \Delta H$$

式中，H 为热力学函数焓；ΔH 为焓变。

式(2-8)是焓的定义式。H 是状态函数 U、p、V 的组合，所以 H 也是状态函数，单位是 J 或者 kJ。因为焓的定义式中包含有内能，所以焓的绝对值也是无法确定的，但是焓变的数值在恒温、恒压条件下等于恒压反应热。根据 Q 符号的规定，当 $\Delta H<0$ 即 $Q_p<0$，恒压反应系统放热；当 $\Delta H>0$ 即 $Q_p>0$，恒压反应系统吸热。

本书中提到的化学反应，大部分是在 100 kPa 下，在敞口容器中进行的，而且许多反应都伴有明显的体积变化。所以，我们遇到的反应大部分是在恒压下进行的，其反应热是恒压

反应热，刚好和焓变数值相同。故通过焓变值 ΔH 就可以知道恒压反应热的大小了。因此就用 ΔH 表示恒压反应热。

由于恒压反应热 ΔH 与途径无关，所以可以用易测的反应热来求算难测的反应热，这就给化学反应中热效应的计算带来了极大的方便。

2.2.3　Q_p 和 Q_v 的关系

同一反应的恒压反应热 Q_p 和恒容反应热 Q_v 是不相同的，但二者之间存在有一定的关系。不过许多情况下，ΔH 和 ΔU 差值很小，特别是当化学反应的反应物和产物都是液体或固体时，反应所发生的体积变化很小，$p_外 \Delta V$ 可以忽略不计，ΔH 在数值上基本等于 ΔU，恒压反应热 Q_p 的数值基本上等于恒容反应热 Q_v。如果反应有气体参加或有气体产生，把气体看成理想气体，设反应前、后气体物质的量分别为 n_1 和 n_2，则在恒温、恒压条件下：

$$p_外 \Delta V = p_外(V_2 - V_1) = (n_2 - n_1)RT = \Delta nRT$$

根据

$$Q_p = \Delta U + p_外 \Delta V$$

则

$$Q_p = \Delta U + \Delta nRT \tag{2-9}$$

或

$$\Delta H = \Delta U + \Delta nRT$$

此式说明 ΔH 和 ΔU 相差 ΔnRT。对有气体参加或产生气体的反应来说，乘积 $p\Delta V = \Delta nRT$。

例 2-1　在 100℃ 和 100 kPa 时，1 mol H_2 和 0.5 mol O_2 反应生成 1 mol 水蒸气，放出 241.8 kJ 热量。求生成每摩尔 $H_2O(g)$ 时的 ΔH 和 ΔU。

解： 由于反应 $H_2(g) + \dfrac{1}{2}O_2(g) =\!=\!= H_2O(g)$ 是在恒压条件下进行的，所以

$Q_p = \Delta H = -241.8 \text{ kJ} \cdot \text{mol}^{-1}$，由式(2-9)得

$$\begin{aligned}
\Delta U &= \Delta H - \Delta nRT \\
&= -241.8 \text{ kJ} \cdot \text{mol}^{-1} - (1 - 0.5 - 1) \times 8.314 \text{ J} \cdot \text{mol}^{-1} \cdot \text{K}^{-1} \times 373 \text{ K} \times 10^{-3} \\
&= -240.3 \text{ kJ} \cdot \text{mol}^{-1}
\end{aligned}$$

故生成每摩尔 $H_2O(g)$ 时的 ΔH 和 ΔU 分别为 $-241.8 \text{ kJ} \cdot \text{mol}^{-1}$ 和 $-240.3 \text{ kJ} \cdot \text{mol}^{-1}$，可以认为 $\Delta H \approx \Delta U$。

2.2.4　盖斯定律

化学反应的热效应不难测定，但有些反应常伴随副反应，如 $2C(s) + O_2(g) =\!=\!= 2CO(g)$ 的反应就难免有 $CO_2(g)$ 生成。所以很难测准由石墨与氧气反应，生成 $CO(g)$ 的反应热。但我们可以借助下面两个反应来求算由石墨单质生成 1 mol $CO(g)$ 的反应热(详见例 2-2)。

$$C(s) + O_2(g) =\!=\!= CO_2(g)$$

$$CO(s) + \frac{1}{2}O_2(g) =\!=\!= CO_2(g)$$

例 2-2　在等温 T、压力 p 及非体积功 $w' = 0$ 的条件下，求反应 $CO(s) + \dfrac{1}{2}O_2(g) =\!=\!= CO_2(g)$ 的反应热。

解： 在上述条件下，要实验测得反应 $CO(s) + \dfrac{1}{2}O_2(g) =\!=\!= CO_2(g)$ 的反应热是很困难

的。因为无法保证只生成 CO，而没有 CO_2 生成。但我们可以设计如下反应：

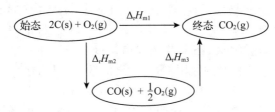

因为 $\Delta_r H_m$ 与途径无关，故有：

$$\Delta_r H_{m1} = \Delta_r H_{m2} + \Delta_r H_{m3}$$
$$\Delta H_1 = \Delta H_2 + \Delta H_3$$

式中，r 表示化学反应；m 表示化学反应进度是 1 mol。在 100 kPa 和 298 K 下，已经测得反应(1)和反应(3)的等压反应热(这应是可以做到的)分别是

(1) $C(s) + O_2(g) = CO_2(g)$ 　　　　$\Delta_r H_{m1} = -393.5 \text{ kJ} \cdot \text{mol}^{-1}$

(3) $CO(g) + \dfrac{1}{2} O_2(g) = CO_2(g)$ 　　$\Delta_r H_{m3} = -283.0 \text{ kJ} \cdot \text{mol}^{-1}$

所以反应 (2) $C(s) + \dfrac{1}{2} O_2(g) = CO(g)$ 的 $\Delta_r H_{m2} = \Delta_r H_{m1} - \Delta_r H_{m3} = -393.5 - (-283.0) = -110.5 \text{ kJ} \cdot \text{mol}^{-1}$。

上面的例子表明，一个总反应的 $\Delta_r H_m$ 等于其所有分步反应 $\Delta_r H_{m,i}$ 的总和，这就是 1840 年盖斯从大量热化学实验数据总结出来的反应热总值一定定律，后来称为盖斯定律。他为热力学第一定律的建立起了不可磨灭的作用，而在热力学第一定律建立(1850 年)后，它就成为其必然推论。盖斯定律是热化学的基本规律，其用处很多，它使热化学方程式可以像普通代数方程那样进行加减运算，利用已精确测定的反应热数据来求算难以测定的反应热。

例 2-3　在某状态下，已知：

(1) $MnO_2(s) = MnO(s) + \dfrac{1}{2} O_2(g)$ 　　$\Delta_r H_m(1) = 134.8 \text{ kJ} \cdot \text{mol}^{-1}$

(2) $MnO_2(s) + Mn(s) = 2MnO(s)$ 　　$\Delta_r H_m(2) = -250.18 \text{ kJ} \cdot \text{mol}^{-1}$

求生成 1 mol MnO_2 时反应的焓变。

解：式(2)$-2×$式(1)得

$$Mn(s) + O_2(g) = MnO_2(s)$$

由盖斯定律得

$$\Delta_r H_m = \Delta_r H_m(2) - 2\Delta_r H_m(1)$$
$$= -250.18 - 2 \times 134.8$$
$$= -519.8 \text{ kJ} \cdot \text{mol}^{-1}$$

盖　斯

2.2.5　热力学标准态

热力学标准状态是指在温度 T 和标准压力 $p^{\ominus}$ (100 kPa) 下该物质的状态，简称标准态。应该注意的是，标准态只规定了标准压力 $p^{\ominus}$ (100 kPa)，而没有指定温度。纯理想气体的标准态是指该气体处于标准压力 $p^{\ominus}$ (100 kPa) 下的状态。而混合理想气体中任一组分的标准态是指该气体组分的分压力为 $p^{\ominus}$ 时的状态。纯液体(或纯固体)物质的标准态是指压力 p 下的

纯液体(纯固体)的状态。关于溶液中溶质各组分的标准态另有规定，较为复杂，这里选其浓度 1 mol·L^{-1} 为标准态(严格地说是溶质浓度为 1 mol·kg^{-1} 的理想溶液)。

因此，处于 $p^{\ominus}$ 下的各种物质，在不同温度下就有不同的标准态。但是国际纯粹与应用化学联合会(IUPAC)推荐选择 298.15 K 作为参考温度。所以通常从手册或专著查到的有关热力学数据一般都是 298.15 K 时的数据(本书附录的数据也是如此)。

在标准态时，化学反应的反应热用 $\Delta_r H_m^{\ominus}$ 表示，称为标准摩尔反应焓变。符号中的下标"r"表示反应，"$\ominus$"表示标准态，"m"表示摩尔反应。本书所用的数据如不加以说明，一般都是 $T=298.15$ K 时的数据，此时温度就不标明了。

标准态是一种非常重要的状态，这种状态是与化学平衡相联系的。

2.2.6 标准摩尔生成焓

化学热力学规定，一定温度下，由处于标准状态的各种元素的指定单质生成标准状态的 1 mol 某纯物质的热效应，叫作该温度下该物质的标准摩尔生成热，简称标准摩尔生成焓，用符号 $\Delta_f H_m^{\ominus}$ 表示，其单位为 kJ·mol^{-1}。当然，处于标准状态的各种元素的指定单质的标准摩尔生成热为零(即指定单质的 $\Delta_f H_m^{\ominus}=0$)。标准摩尔生成热的符号 $\Delta_f H_m^{\ominus}$ 中，"m"表示此生成反应物的产物必定是"单位物质的量"(即 1 mol)，下标"f"是英文单词 formation 的词头，"$\ominus$"表示物质处于标准状态。生成焓是说明物质性质的重要数据，但并不是化合物的绝对值，它是相对于生成它的指定单质的相对值，生成焓的负值越大，表明该物质键能越大，对热越稳定。

例如： $$C(石墨)+O_2(g)\Longrightarrow CO_2(g)$$

其中，C(石墨)为碳的指定单质，$O_2(g)$ 为氧的指定单质，此反应是生成 1 mol CO_2 的反应。所以此反应的焓变即是 $CO_2(g)$ 的标准摩尔生成焓：

$$\Delta_r H_m^{\ominus}(T) = \Delta_f H_m^{\ominus}(CO_2, g, T)$$

定义中的"指定单质"通常为选定稳定温度 T 和标准压力 p 的最稳定单质。例如，氢是 $H_2(g)$，氮是 $N_2(g)$，氧是 $O_2(g)$，氯是 $Cl_2(g)$，溴是 $Br_2(l)$，钠是 $Na(s)$，铁是 $Fe(s)$ 等。如果某种单质有几种不同的同素异构体，当它本身结构改变时，也会产生热效应。例如，在标准条件下石墨和金刚石，石墨是最稳定单质。磷比较特殊，指定单质为白磷，而不是热力学上更稳定的红磷。

如果是氯化氢(HCl)和硫酸钠(Na_2SO_4)这类电解质，它们在水中将解离成正、负离子，而各种正、负离子在水溶液中都有不同程度的水合，形成水合离子。显然，这些水合离子总是正、负离子同时存在。因此，不可能测定任意单独水合正离子和水合负离子的焓值。在化学热力学中，对于水合离子规定其浓度(确切地说应为活度，关于活度的概念可以查相关资料了解，这里不再赘述)为 1 mol·L^{-1} 的条件为标准态，并规定 298.15 K 时，水合 H^+ 离子的标准摩尔生成焓值为零。水合离子的标准摩尔生成焓用符号 $\Delta_f H_m^{\ominus}(H^+, aq)$ 表示，即规定

$$\Delta_f H_m^{\ominus}(H^+, aq, 298.15 \text{ K})=0$$

本书附录中列出了一些常见单质、化合物和水合离子在 298.15 K 时的标准摩尔生成焓的数据，有了标准生成焓就可以计算化学反应的标准焓变了。

2.2.7 化学反应的标准摩尔焓变的计算

应用物质的标准摩尔生成焓数据可以计算化学反应的热效应。如图 2-4 所示，一个化学

反应从参加反应的指定单质直接转变为生成物（Ⅰ），与从参加反应的指定单质先生成反应物（Ⅱ），再变化为生成物（Ⅲ），根据盖斯定律的结论，两种途径的反应热相等。

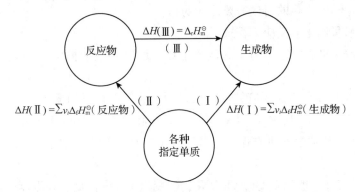

图 2-4　化学反应的标准摩尔焓变和标准摩尔生成焓的关系

根据盖斯定律：$\qquad\qquad \Delta H(\text{Ⅰ}) = \Delta H(\text{Ⅱ}) + \Delta H(\text{Ⅲ})$

即　　　　　　　　　　　　$\Delta H(\text{Ⅲ}) = \Delta H(\text{Ⅰ}) - \Delta H(\text{Ⅱ})$

即对一个化学反应，其化学反应热可按下式计算

$$\Delta_r H_m^\ominus = \sum v_i \Delta_f H_m^\ominus (\text{生成物}) - \sum v_i \Delta_f H_m^\ominus (\text{反应物}) \qquad (2\text{-}10)$$

计算时要注意反应方程式中的化学计量数（即每一个分子式前的系数）。如对任一化学反应：

$$a\text{A} + f\text{F} = g\text{G} + d\text{D}$$

则有　　　　$\Delta_r H_m^\ominus = g\Delta_f H_m^\ominus(\text{G}) + d\Delta_f H_m^\ominus(\text{D}) - a\Delta_f H_m^\ominus(\text{A}) - f\Delta_f H_m^\ominus(\text{F})$

利用上述关系式即可计算化学反应的热效应。

例 2-4　在 298.15 K、标准状态下，计算下列反应中的反应焓变。

$$3H_2(g) + CO(g) = CH_4(g) + H_2O(g)$$

$\Delta_f H_m^\ominus / (\text{kJ} \cdot \text{mol}^{-1})$　　　0　　　-110.5　　　-74.6　　　-241.8

　　解：$\Delta_r H_m^\ominus(298.15\ \text{K}) = \Delta_f H_m^\ominus(CH_4,\ g) + \Delta_f H_m^\ominus(H_2O,\ g) - 3\Delta_f H_m^\ominus(H_2,\ g) - \Delta_f H_m^\ominus(CO,\ g)$

$\qquad\qquad\qquad = (-74.6) + (-241.8) - 3 \times 0 - 110.5$

$\qquad\qquad\qquad = -205.9\ \text{kJ} \cdot \text{mol}^{-1}$

例 2-5　试用标准摩尔生成焓的数据，计算电池反应 $Zn(s) + Cu^{2+}(aq) = Zn^{2+}(aq) + Cu(s)$ 的 $\Delta_r H_m^\ominus$，并简单说明其意义。

　　解：　　　　$Zn(s) + Cu^{2+}(aq) = Zn^{2+}(aq) + Cu(s)$

$\Delta_f H_m^\ominus / (\text{kJ} \cdot \text{mol}^{-1})$　　　0　　　64.8　　　-153.9　　　0

$\Delta_r H_m^\ominus = \Delta_f H_m^\ominus(Zn^{2+},\ aq) + \Delta_f H_m^\ominus(Cu,\ s) - \Delta_f H_m^\ominus(Zn,\ s) - \Delta_f H_m^\ominus(Cu^{2+},\ aq)$

$\qquad\quad = -153.9 + 0 - 0 - 64.8$

$\qquad\quad = -218.7\ \text{kJ} \cdot \text{mol}^{-1}$

这表明该氧化还原反应能放出相当大的热量。利用此反应组成的电池放电时，热量大部分可转化为电功（但无序能不能全部变成有序能），比一般的热机（如内燃机）的热功转化效率要高得多。

从上面的一些计算说明，如果希望反应放出较大的热量，则要求反应产物的标准生成焓 $\Delta_f H_m^{\ominus}$ 负值越大越好；反应物的标准生成焓 $\Delta_f H_m^{\ominus}$ 负值越小越好，甚至为正值更好。

在进行计算化学反应热的时候需要注意的是：

①必须正确书写热化学反应方程式。

②由于内能(U)和焓(H)与物质的量成正比，所以必须依据配平的化学方程式来计算 ΔU 和 ΔH。

③正反应的 ΔU、ΔH 与逆反应的 ΔU、ΔH 数值相等而符号相反。

④$\Delta_f H_m^{\ominus}$(298.15 K)是热力学基本数据，可查书末附录，单位：kJ·mol^{-1}。

⑤由于 $\Delta_r H_m^{\ominus}$ 与热化学反应方程式的书写形式有关，所以在进行计算时物质 B 的化学计量数 ν_B 不可忽略。

⑥化学反应的 ΔH 一般随温度(T)而变化，但变化不大。因此，在温度变化不是很大，物态不发生变化，计算精度要求不高的情况下，可以不考虑温度对 ΔH 的影响，即 $\Delta_r H_m^{\ominus}(T) \approx \Delta_r H_m^{\ominus}$(298.15 K)，后面如不加特殊说明，都按此处理。为了简化书写，对于与温度有关的热力学量(如 H 及后面要提到的熵 S 等)，如不标明温度，均指温度为 298.15 K。

化学反应热不仅可以通过计算得到，也可以通过实验测得，实际上实验测定是基础。上面我们讲的都是化学反应热带来的好处。其实化学反应热也有有害的一面，如爆炸、温室效应等。环境污染中，有一种热污染，一般是以烧煤或燃油为燃料的热电厂，由于只有 1/3 的热量转变为电能，而 2/3 的热量随冷却水流走或排入大气白白浪费掉。热污染引起水温升高，水中溶解氧减少，使水中某些生物死亡或者影响水中生物的生长。若能综合利用热能，就可化害为利。例如，现在的集中供热很多都是利用热电厂的余热，再进一步升温。所以，如何合理使用反应热是科技工作者十分关心的问题。

2.3 化学反应进行的自发性

大量事实证明，自然界中发生的变化都有一定的方向性。要想了解它的规律，必须研究自发变化的共同特点，从中找出判断自发过程方向和限度的准则。实际经验告诉我们，水总是从高处向低处流，水位差(Δh)为水流方向的判据，当 $\Delta h = 0$ 时，水流停止。充满高压空气的轮胎，如果扎一个小孔，轮胎就会瘪下来，压力差(Δp)为气流方向的判据。热从高温物体向低温物体传递，热传递方向的判据为温差(ΔT)，当 $\Delta T = 0$ 时，达到平衡。铁器暴露于潮湿的空气中会生锈；氢和氧可化合成水，这些都是自发过程，它们的逆过程是不会自动进行(非自发)的，这是不是意味着它们根本不可能逆向进行呢？

以上例子都是自发进行的，"自发"是指没有任何外力作用下能够"自动"进行。自发过程可以很快，但也不一定很快，在有催化剂或引发剂的情况下，反应可以加速。"非自发"是不是绝对不发生呢？

这类反应的自发性判据是什么？会不会是反应或过程的热效应 ΔH？当 $\Delta H < 0$ (放热)时，反应就能自发进行？确实，在一百年前，人们也曾用热效应来衡量反应的自发性，此判据虽然可以解释不少现象，但是，后来的研究表明，反应的焓变不是决定反应是否自发的唯

一判据。

2.3.1　焓变与化学反应进行方向的关系

上面提到过，反应的焓变不是决定反应是否自发的唯一判据。不是所有的放热反应都能自发进行，也不是所有吸热反应都不能自发进行。例如，反应 $CH_4(g)+2O_2(g) \Longrightarrow CO_2(g)+2H_2O(l)$ 的 $\Delta_r H_m^{\ominus} = -890.5$ kJ·mol^{-1}<0，这一反应是放热反应，并且可以自发进行。但反应 $KNO_3(s) \Longrightarrow K^+(aq)+NO_3^-(aq)$ 的 $\Delta_r H_m^{\ominus} = 34.8$ kJ·mol^{-1}>0，是吸热反应，也可以自发进行。再如，当温度在 0℃以上，冰可以融化成水，即 $H_2O(s) \Longrightarrow H_2O(l)$ 是自发的，其 $\Delta_r H_m^{\ominus} = 7.2$ kJ·mol^{-1}>0，是正值。

从以上的例子可以说明，不能简单地用 ΔH 的正负来判断过程的自发性。所以，单纯的热效应不是化学反应方向的判断依据。能否找到一个统一的标准，用来判断一个变化的方向呢？除了反应热以外，化学反应变化的方向还与什么有关呢？

2.3.2　熵变与化学反应进行方向的关系

(1)混乱度和熵

首先来看一些日常生活中的自发过程：墨水滴到水杯里，水杯里的水都变成了墨水的颜色；自己的书桌如果经常不整理，东西就会乱七八糟；无论我们坐在教室里哪个位置，空气里的氧含量都是均匀的……所以，在自然现象中，系统有从有序自发地转变为无序的倾向，与有序相比，说明无序系统"更加稳定"。这个"无序"就是混乱度，上述自发的过程，都是混乱度增加的过程。这些事实也说明自发过程除了受反应热影响以外，还受系统混乱度的影响。混乱度在热力学中用熵(S)来描述。系统的熵值越大，系统内物质微观粒子的混乱度越大。在统计热力学中：

$$S = k \ln \Omega$$

上式叫作玻尔兹曼(Boltzmann)公式。式中，Ω 为热力学概率(或称混乱度)，是与一定宏观状态对应的微观状态总数；k 为玻尔兹曼常数(约为 1.38×10^{-23} J·K^{-1})。此式将系统的宏观性质熵与微观状态总数即混乱度联系了起来。在孤立系统中，由比较有秩序的状态向无秩序的状态变化，是自发变化的方向。

热力学第二定律的统计表达为：在孤立系统中发生的自发进行反应必伴随熵的增加，或孤立系统的熵总是趋向于极大值。这就是自发过程的热力学判据，称为熵增加原理。对于孤立系统表示如下：

　　　　　$\Delta S > 0$　　　过程自发

　　　　　$\Delta S < 0$　　　过程非自发(或逆向自发)

　　　　　$\Delta S = 0$　　　过程处于平衡状态

上述关系表明：在孤立系统中，能使系统熵值增大的过程是自发进行的；熵值保持不变的过程，系统处于平衡状态(即可逆过程)。这就是孤立系统的熵判据。

系统内物质微观粒子的混乱度与其聚集态和温度等有关。在绝对零度时，理想晶体内分子的各种运动都将停止，物质微观粒子处于完美有序的状态。根据一系列低温实验事实和推测，1912 年普朗克(M. Planck)提出热力学第三定律：在 0 K 温度下，一切纯物质的完美晶体的熵值都等于零。其数学表达式为

$$S(0 \text{ K}) = 0$$

按照统计热力学的观点，0 K 时，纯物质完美晶体的无序度为最小，微观分布方式数为 1，即热力学概率 $\Omega=1$，所以

$$S(0\ K)=k\ \ln1=0$$

依此为基准就可以求出其他温度时的熵值（即知 1 mol 的任何物质的完美晶体从 0 K 升到 T K 时过程的熵变就是此时的熵值，称为规定熵或绝对熵（这与焓是不同的，焓没有绝对值）。

单位物质的量（1 mol 物质）的纯物质在标准状态下的规定熵叫作该物质的标准（摩尔）熵，以 $S_m^\ominus$ 表示，其单位为 $J \cdot mol^{-1} \cdot K^{-1}$，指定单质的标准熵值不是零。本书的附录中给出了一些单质和化合物在 298.15 K 时的标准（摩尔）熵值。

与标准摩尔生成焓相似，对于水合离子，因溶液中同时存在正、负离子，规定处于标准状态下水合 H^+ 离子的标准熵值为零，通常把温度选定为 298.15 K，即 $S_m^\ominus(H^+,\ aq,\ 298.15\ K)=0\ J \cdot mol^{-1} \cdot K^{-1}$，从而得出其他水合离子在 298.15 K 时的标准摩尔熵。

根据上面讨论并比较标准熵，可以得出下面的一些规律：

①对于同一物质而言，$S(高温)>S(低温)$，$S(g)>S(l)>S(s)$，例如：

$$S_m^\ominus(Fe,\ s,\ 500\ K)>S_m^\ominus(Fe,\ s,\ 298.15\ K)$$

又如，冰里 H_2O 分子的排列是很有序的，水里 H_2O 分子能在液体体积范围内做无序运动，而水蒸气中的 H_2O 分子则能在更大的空间自由运动。可以说水蒸气的混乱度最大，水的次之，而冰的混乱度最小，即 $S(冰)<S(水)<S(气)$。

②相同条件下，不同物质分子结构越复杂，熵值越大，例如：

$$S_m^\ominus(C_3H_8,\ g,\ 298.15\ K)>S_m^\ominus(C_2H_6,\ g,\ 298.15\ K)>S_m^\ominus(CH_4,\ g,\ 298.15\ K)$$

③混合物或溶液的熵值往往比相应的纯物质的熵值大，即 $S(混合物)>S(纯净物)$。

④同类物质，摩尔质量 M 越大，$S_m^\ominus$ 越大，因为原子数、电子数越多，微观数目也越多，熵就越大。例如：

$$S_m^\ominus(I_2,\ g,\ 298.15\ K)>S_m^\ominus(Br_2,\ g,\ 298.15\ K)>S_m^\ominus(Cl_2,\ g,\ 298.15\ K)$$

⑤摩尔质量相同的不同物质，结构越复杂，$S_m^\ominus$ 越大。例如，乙醇（CH_3CH_2OH）和二甲醚（CH_3OCH_3）是同分异构体，在 298.15 K 它们气态的分别是 283 $J \cdot mol^{-1} \cdot K^{-1}$ 和 267 $J \cdot mol^{-1} \cdot K^{-1}$，因为乙醇分子的对称性不如二甲醚。

⑥同一种物质，其熵随着温度升高而增大。因为温度升高，动能增加，微粒运动的自由度增加，熵相应增大。例如，$CS_2(l)$ 在 161 K 和 298.15 K 时 $S_m^\ominus$ 分别为 103 $J \cdot mol^{-1} \cdot K^{-1}$ 和 150 $J \cdot mol^{-1} \cdot K^{-1}$。

⑦压力对固态、液态物质的熵的影响较小，而对气态物质的熵的影响较大。压力越大，微粒运动的自由程度越小，熵就越小。例如，298.15 K 时，O_2 在 101 kPa 和 606 kPa 的 $S_m^\ominus$ 分别是 205 $J \cdot mol^{-1} \cdot K^{-1}$ 和 190 $J \cdot mol^{-1} \cdot K^{-1}$。

利用这些简单规律，可得出一条定性判断过程熵变的有用规律：对于物理或化学变化而言，几乎没有例外，一个导致气体分子数增加的过程或反应总伴随熵值增大，即 $\Delta S>0$；如果气体分子数减少，则 $\Delta S<0$。

（2）熵变与化学反应进行的方向

当系统由状态 1 变到状态 2 时，其熵值的改变量为 $\Delta S=S_2-S_1$，ΔS 就是熵变。从上面的

一些例子可以知道，混乱度（熵变）也和变化的方向有关。$\Delta_r S > 0$ 时，有利于过程或反应的自发进行；而 $\Delta_r S < 0$ 时，不利于过程或反应自发进行。食盐溶解于水、香水的扩散等就是向着熵值增加的方向进行的。是否仅用熵值增加情况就可以对所有的过程或反应的方向做出判断呢？

熵与焓一样都是状态函数，所以化学反应的熵变也与化学反应的焓变计算方法相同，只与反应的始态和终态有关，与变化过程无关。

对任一化学反应
$$aA + fF \Longrightarrow gG + dD$$
则有
$$\Delta_r S_m^{\ominus} = g S_m^{\ominus}(G) + d S_m^{\ominus}(D) - a S_m^{\ominus}(A) - f S_m^{\ominus}(F)$$
$$= \sum v_i S_m^{\ominus}(\text{生成物}) - \sum v_i S_m^{\ominus}(\text{反应物})$$

一般情况下，温度升高，熵值增加不多。对于一个反应，温度升高，生成物和反应物的熵值同时相应增加，所以标准摩尔熵变随温度变化较小，在近似计算中可以忽略，即
$$\Delta_r S_m^{\ominus}(T) = \Delta_r S_m^{\ominus}(298.15\ \text{K})$$
那么仅用标准熵变能否判断恒温、恒压条件下变化的方向呢？

例 2-6　计算反应　　$2NO(g) \Longrightarrow N_2(g) + O_2(g)$ 的标准熵变 $\Delta_r S_m^{\ominus}$。

$S_m^{\ominus}/(\text{J} \cdot \text{mol}^{-1} \cdot \text{K}^{-1})\quad 210.8 \qquad\quad 191.6 \quad\ 205.2$

解：$\Delta_r S_m^{\ominus} = S_m^{\ominus}(N_2, g) + S_m^{\ominus}(O_2, g) - 2 S_m^{\ominus}(NO, g)$
$$= 191.6 + 205.2 - 2 \times 210.8 = -24.8\ \text{J} \cdot \text{mol}^{-1} \cdot \text{K}^{-1} < 0$$

这一反应的标准熵变虽然小于零，但仍可以自发进行。这是因为前面已经计算该反应的标准焓变也小于零，即是放热反应，从能量角度来看该反应应该可以自发进行。由这一个例子可以看出，在恒温、恒压条件下，应该从能量和混乱度两方面综合考虑一个化学反应的方向。

例 2-7　计算反应　　$2NH_3(g) \Longrightarrow N_2(g) + 3H_2(g)$ 的标准熵变 $\Delta_r S_m^{\ominus}$。

解：由查表可知　　$2NH_3(g) \Longrightarrow N_2(g) + 3H_2(g)$

$S_m^{\ominus}/(\text{J} \cdot \text{mol}^{-1} \cdot \text{K}^{-1})\quad 192.8 \qquad\quad 191.6 \qquad 130.7$

$\Delta_r S_m^{\ominus} = S_m^{\ominus}(N_2, g) + 3 S_m^{\ominus}(H_2, g) - 2 S_m^{\ominus}(NH_3, g)$
$$= 191.6 + 3 \times 130.7 - 2 \times 192.8$$
$$= 198.1\ \text{J} \cdot \text{mol}^{-1} \cdot \text{K}^{-1} > 0$$

无处不在
的熵增定律

对于这一反应，从混乱度（熵变）来看，是熵值增加的，有利于自发进行。

2.3.3　功与化学反应进行的方向

自发过程"水往低处流"是可以做功的。长江三峡水利枢纽、小浪底水利枢纽都是我国著名的水利枢纽工程，是将上游的水聚集起来，到一定的程度利用水位的落差来发电，将水的位能转化为电能的工程，做的是有用功。自发的化学反应也是如此。金属的置换反应是很常见的化学反应，例如：
$$Zn + Cu^{2+} \Longrightarrow Cu + Zn^{2+}$$
人们可以利用此反应，组装成原电池（参见氧化还原反应），就可以将化学能转化为电能。对所有的自发过程进行研究，都会发现此规律，即自发过程可以对外做有用功。

既然焓变和熵变都不能单独用作判断反应方向性的判据，那么，用什么来进行判断呢？吉布斯(Gibbs)通过大量的研究，最终找到了能够判断化学反应进行方向的判据。

2.3.4　吉布斯函数变与化学反应进行的方向

(1)吉布斯函数与吉布斯函数变

判断一个过程或者反应的方向，考虑焓变 ΔH 的同时还要考虑熵变 ΔS。1876 年，美国物理学家吉布斯，提出一个把焓和熵归结到一起的热力学函数，称为吉布斯自由能，用符号 G 表示，其定义为

$$G \equiv H - TS$$

根据以上定义，1882 年德国生物学家亥姆霍兹(Helmholts)总结吉布斯的理论，提出了一个综合了系统的焓变、熵变和温度三者关系的方程式，即吉布斯–亥姆霍兹等温方程式：

$$\Delta G = \Delta H - T\Delta S \tag{2-11}$$

吉布斯

在化学研究工作中，这是一个非常重要而实用的方程。由于 H、T 和 S 都是状态函数，所以，G 也是状态函数，它具有状态函数的各种特点，G 为广度量。

ΔG 是吉布斯函数变，或称吉布斯自由能变，它是封闭系统在恒温、恒压条件下向环境能做的最大有用功，或者说二者在数值上相等，即 $\Delta G = W_{最大有用功}$。

当 $W_{最大有用功} < 0$ 时，是系统对环境做功，应是自发进行，此时 $\Delta G < 0$；

当 $W_{最大有用功} = 0$ 时，是系统的平衡状态，此时 $\Delta G = 0$；

当 $W_{最大有用功} > 0$ 时，是环境对系统做功，应是不自发的，此时 $\Delta G > 0$。

因此又可以作为恒温、恒压条件下化学反应进行方向的判断标准。

(2)吉布斯函数变与化学反应方向之间的关系

由吉布斯–亥姆霍兹等温方程可以看出，ΔG 和温度有关(这与 ΔH、ΔS 不同)。对于恒温、恒压不做非体积功的化学反应，自发进行方向的判据是：

$$\Delta G < 0 \qquad 自发进行$$
$$\Delta G = 0 \qquad 平衡状态$$
$$\Delta G > 0 \qquad 不能自发进行$$

这就是说，在 T、p 一定的条件下，自发过程总是朝 G 减小的方向进行，直到 G 值减至最小。

2.3.5　反应的吉布斯函数变的计算

(1)标准摩尔生成吉布斯函数(自由能)

吉布斯函数是状态函数。与物质的焓相似，物质的吉布斯函数也采用相对值。在一定温度、标准状态下，由元素的指定单质生成单位物质的量(1 mol)的纯物质时反应的吉布斯函数变叫作该物质的标准摩尔生成吉布斯函数。而任何指定单质的标准摩尔生成吉布斯函数为零。对于水合离子，规定水合 H^+ 离子的标准摩尔生成吉布斯函数 $\Delta_f G_m^{\ominus}(H^+, aq, 298.15\ K) = 0$。物质的标准摩尔生成吉布斯函数用符号 $\Delta_f G_m^{\ominus}$ 表示，常用单位为 $kJ \cdot mol^{-1}$。例如：

$$H_2(g) + \frac{1}{2}O_2(g) =\!=\!= H_2O\ (g)$$

$$\Delta_r G_m^{\ominus} = -228.6 = \Delta_f G_m^{\ominus}(H_2O，g)$$

本书的附录中给出了一些物质在 298.15 K 时的标准生成吉布斯函数变的数据。从这些数据可以看出，绝大多数物质的标准摩尔生成吉布斯自由能都是负值，只有少数物质是正值。

（2）标准状态下，298.15 K 反应吉布斯函数变的计算

利用各种物质的 $\Delta_f G_m^{\ominus}$ 可以计算一般化学反应的标准吉布斯函数变 $\Delta_r G_m^{\ominus}$。对于反应

$$aA + fF \Longrightarrow gG + dD$$

和反应的焓变、熵变一样，吉布斯函数变也有

$$\Delta_r G_m^{\ominus} = g\Delta_f G_m^{\ominus}(G) + d\Delta_f G_m^{\ominus}(D) - a\Delta_f G_m^{\ominus}(A) - f\Delta_f G_m^{\ominus}(F)$$

$$= \sum v_i \Delta_f G_m^{\ominus}(生成物) - \sum v_i \Delta_f G_m^{\ominus}(反应物) \tag{2-12}$$

例 2-8　在标准状态和 298 K 下，求 1 mol 甲烷燃烧时的 $\Delta_r G_m^{\ominus}$。（可由附录查找 CH_4、O_2、CO_2 及 H_2O 的 $\Delta_f G_m^{\ominus}$ 进行计算）

解：
$$CH_4(g) + 2O_2(g) \Longrightarrow CO_2(g) + 2H_2O(l)$$

$$\Delta_r G_m^{\ominus} = \Delta_f G_m^{\ominus}(CO_2，g) + 2\Delta_f G_m^{\ominus}(H_2O，l) - \Delta_f G_m^{\ominus}(CH_4，g) - 2\Delta_f G_m^{\ominus}(O_2，g)$$

$$= -394.4 + 2 \times (-237.1) - (-50.5) - 0$$

$$= -818.1 \text{ kJ} \cdot \text{mol}^{-1}$$

（3）恒压标准状态下，任意温度（T）时反应的标准吉布斯函数变的计算

在无相变，且 ΔT 不大时，ΔH、ΔS 随 T 的变化较小，可忽略；而 ΔG 随 T 变化较大。若求其他温度下的反应标准吉布斯函数变，还要利用吉布斯等温方程。

$$\Delta_r G_m^{\ominus}(T) = \Delta_r H_m^{\ominus}(T) - T\Delta_r S_m^{\ominus}(T) \approx \Delta_r H_m^{\ominus}(298.15 \text{ K}) - T\Delta_r S_m^{\ominus}(298.15 \text{ K}) \tag{2-13}$$

所以，可以用式（2-13）估算任意温度时反应的标准摩尔吉布斯函数变。

例 2-9　通过计算判断下列化学反应在标准状态及 298.15 K 时的自发性。

$$2NO(g) \Longrightarrow N_2(g) + O_2(g)$$

$\Delta_f H_m^{\ominus} / (\text{kJ} \cdot \text{mol}^{-1})$	91.3	0	0
$S_m^{\ominus} / (\text{J} \cdot \text{mol}^{-1} \cdot \text{K}^{-1})$	210.8	191.6	205.2

解： $\Delta_r H_m^{\ominus} = \Delta_f H_m^{\ominus}(N_2，g) + \Delta_f H_m^{\ominus}(O_2，g) - 2\Delta_f H_m^{\ominus}(NO，g)$

$$= -2 \times 91.3$$

$$= -182.6 \text{ kJ} \cdot \text{mol}^{-1} < 0$$

$\Delta_r S_m^{\ominus} = S_m^{\ominus}(N_2，g) + S_m^{\ominus}(O_2，g) - 2S_m^{\ominus}(NO，g)$

$$= 191.6 + 205.2 - 2 \times 210.8$$

$$= -24.8 \text{ J} \cdot \text{mol}^{-1} \cdot \text{K}^{-1} < 0$$

$\Delta_r G_m^{\ominus} = \Delta_r H_m^{\ominus} - T\Delta_r S_m^{\ominus}$

$$= -182.6 - 298.15 \times (-0.024\ 8)$$

$$= -175.20 \text{ kJ} \cdot \text{mol}^{-1} < 0$$

或者

$$2NO(g) \Longrightarrow N_2(g) + O_2(g)$$

$\Delta_f G_m^{\ominus} / (\text{kJ} \cdot \text{mol}^{-1})$	87.6	0	0

$\Delta_r G_m^{\ominus} = \Delta_f G_m^{\ominus}(O_2，g) + \Delta_f G_m^{\ominus}(N_2，g) - 2\Delta_f G_m^{\ominus}(NO，g)$

$$= -2 \times 87.6 = -175.2 \text{ kJ} \cdot \text{mol}^{-1} < 0$$

故该反应是可以自发进行的，而且推动力还很大，事实也确实如此，该题采用了两种不同的计算方法，第一种方法和第二种方法的区别是第二种方法只能计算温度为 298.15 K 时的自由能变。第一种方法则可以计算任意温度的自由能变。在实际应用中，要根据题目已知条件选用合适的方法进行计算。并且，实际上吉布斯-亥姆霍兹等温方程 $\Delta G = \Delta H - T \Delta S$，当知道 T 时，ΔG、ΔH 和 ΔS 三者知道两个即可求出第三个。

例 2-10　用 CaO (s) 吸收高炉废气中的 SO_3 气体，其反应方程式为：

$$CaO(s) + SO_3(g) \Longrightarrow CaSO_4(s)$$

根据下列热力学数据计算该反应 373 K 时的 $\Delta_r G_m^{\ominus}$，以说明反应进行的可能性；并计算反应的温度，进一步说明应用此反应防止 SO_3 污染环境的合理性。

物质	$\Delta_f H_m^{\ominus} / (\text{kJ} \cdot \text{mol}^{-1})$	$S_m^{\ominus} / (\text{J} \cdot \text{mol}^{-1} \cdot \text{K}^{-1})$
$CaSO_4$	−1 434.5	106.5
CaO	−634.9	38.1
SO_3	−395.7	256.8

解：

$$
\begin{aligned}
\Delta_r H_m^{\ominus} &= \Delta_f H_m^{\ominus}(CaSO_4, \text{ s}) - \Delta_f H_m^{\ominus}(CaO, \text{ s}) - \Delta_f H_m^{\ominus}(SO_3, \text{ g}) \\
&= -1\,434.5 - (-634.9) - (-395.7) \\
&= -403.9 \text{ kJ} \cdot \text{mol}^{-1}
\end{aligned}
$$

$$
\begin{aligned}
\Delta_r S_m^{\ominus} &= S_m^{\ominus}(CaSO_4, \text{ s}) - S_m^{\ominus}(CaO, \text{ s}) - S_m^{\ominus}(SO_3, \text{ g}) \\
&= 106.5 - 38.1 - 256.8 \\
&= -188.4 \text{ J} \cdot \text{mol}^{-1} \cdot \text{K}^{-1}
\end{aligned}
$$

$T = 373$ K 时

$$
\begin{aligned}
\Delta_r G_m^{\ominus} &= \Delta_r H_m^{\ominus} - T \Delta_r S_m^{\ominus} \\
&= -403.9 - 373 \times (-188.4) \times 10^{-3} \\
&= -333.6 \text{ kJ} \cdot \text{mol}^{-1}
\end{aligned}
$$

由于 $\Delta_r G_m^{\ominus} < 0$，故反应可以自发进行。

此反应为放热反应，升高温度时有利于向 $CaSO_4$ 分解方向进行。当 $\Delta_r G_m^{\ominus} = 0$ 时，反应将以可逆方式进行，这时

$$\Delta_r H_m^{\ominus} = T \Delta_r S_m^{\ominus}$$

$$T = \frac{\Delta_r H_m^{\ominus}}{\Delta_r S_m^{\ominus}}$$

$$= 2\,144 \text{ K}$$

只有当温度高于 2 144 K 时，$CaSO_4$ 才能分解，而高炉废气的温度远小于反应的逆转温度，所以，用此反应吸收高炉废气中的 SO_3，以防止其污染环境是合理的。

恒温下，ΔG 受 ΔH、ΔS 两个因素影响，或者说，化学反应的推动力由焓变和熵变两项组成，只是在不同的条件下两者产生的影响大小不同而已，表 2-1 给出了 ΔH、ΔS 及 T 对反应自发性的影响。

表 2-1 ΔH、ΔS 及 T 对反应自发性的影响

类型	ΔH	ΔS	$\Delta G = \Delta H - T\Delta S$	温度	反应的自发性随温度的变化
Ⅰ	−	+	−	任意温度	正向自发
Ⅱ	+	−	+	任意温度	正向非自发
Ⅲ	+	+	低温(+) 高温(−)	低温 高温	正向非自发 正向自发
Ⅳ	−	−	低温(−) 高温(+)	低温 高温	正向自发 正向非自发

(4)任意状态下的吉布斯函数变的计算

前面所涉及的吉布斯函数变的计算都是指标准状态下，对于非标准状态，反应的吉布斯函数变的计算可以用范特霍夫等温式计算。

在恒温、恒压及非标准态条件下，对任一反应：

$$\Delta_r G_m(T) = \Delta_r G_m^\ominus(T) + RT\ln Q \tag{2-14}$$

式中，$\Delta_r G_m(T)$ 是某温度下非标准状态的吉布斯函数变；$\Delta_r G_m^\ominus(T)$ 是某温度下标准状态的吉布斯函数变；Q 称为反应商，它是各生成物的相对分压(对气体而言)或相对浓度(对溶液而言)的相应次方的乘积与各反应物的相对分压(对气体而言)或相对浓度(对溶液而言)的相应次方的乘积之比，若反应中有纯固体及纯液体，则其浓度以 1 表示。

对于一般的反应： $a\mathrm{A}(\mathrm{aq}) + b\mathrm{B}(\mathrm{l}) \Longrightarrow d\mathrm{D}(\mathrm{g}) + e\mathrm{E}(\mathrm{s})$

$$Q = \frac{(p_\mathrm{D}/p^\ominus)^d \times 1}{(c_\mathrm{A}/c^\ominus)^a \times 1}$$

例 2-11 已知反应 $\mathrm{N_2(g)} + 3\mathrm{H_2(g)} \Longrightarrow 2\mathrm{NH_3(g)}$，$\mathrm{NH_3}$ 的 $\Delta_f G_m^\ominus = -16.48\ \mathrm{kJ \cdot mol^{-1}}$，试问在 $p(\mathrm{N_2}) = 100\ \mathrm{kPa}$，$p(\mathrm{H_2}) = p(\mathrm{NH_3}) = 1\ \mathrm{kPa}$，$T = 298\ \mathrm{K}$ 时，合成氨反应是否自发？

解： $\Delta_r G_m^\ominus(298.15\ \mathrm{K}) = 2\Delta_f G_m^\ominus(298.15\ \mathrm{K}) = 2 \times (-16.48) = -32.96\ \mathrm{kJ \cdot mol^{-1}}$

由范特霍夫方程 $\Delta_r G_m(298.15\ \mathrm{K}) = \Delta_r G_m^\ominus(298.15\ \mathrm{K}) + RT\ln Q$

$$\ln Q = \ln \frac{[p(\mathrm{NH_3})/p^\ominus]^2 \times 1}{[p(\mathrm{N_2})/p^\ominus][p(\mathrm{H_2})/p^\ominus]^3} = \ln \frac{(1/100)^2 \times 1}{(100/100)(1/100)^3} = 4.605$$

故

$$\Delta_r G_m(298.15\ \mathrm{K}) = -32.96 + 8.314 \times 10^{-3} \times 298.15 \times 4.605$$
$$= -21.55\ \mathrm{kJ \cdot mol^{-1}} < 0$$

所以，在该条件下合成氨反应是自发的。

2.3.6 吉布斯函数变的应用

标准和非标准状况下反应的吉布斯函数变可以通过不同的方法进行计算，从而判断化学反应进行的方向。另外，对于一些比较特殊的反应，如低温自发高温非自发，或者高温自发、低温非自发的反应，还可以利用吉布斯函数变计算出转变(换)温度。

(1)标准状态下反应的自发转换温度

标准状态下，$\Delta_r G_m^\ominus(T) = \Delta_r H_m^\ominus(T) - T\Delta_r S_m^\ominus(T)$

$$\approx \Delta_r H_m^\ominus(298.15\ \text{K}) - T\Delta_r S_m^\ominus(298.15\ \text{K})$$

当 $\Delta_r G_m^\ominus(T) < 0$，反应自发。

即转变温度：

$$T \geqslant \frac{\Delta_r H_m^\ominus(298.15\ \text{K})}{\Delta_r S_m^\ominus(298.15\ \text{K})} \tag{2-15}$$

(2) 非标准状态下反应的自发转换温度

非标准状态下，$\Delta_r G_m(T) = \Delta_r G_m^\ominus(T) + RT\ln Q$

$$= \Delta_r H_m^\ominus(T) - T\Delta_r S_m^\ominus(T) + RT\ln Q$$

$$= \Delta_r H_m^\ominus(298.15\ \text{K}) - T\Delta_r S_m^\ominus(298.15\ \text{K}) + RT\ln Q$$

当 $\Delta_r G_m(T) < 0$，反应自发。

即转变温度：

$$T \geqslant \frac{\Delta_r H_m^\ominus(298.15\ \text{K})}{\Delta_r S_m^\ominus(298.15\ \text{K}) - R\ln Q} \tag{2-16}$$

例 2-12 求下列条件下，反应 $CaCO_3(s) = CaO(s) + CO_2(g)$ 自发进行的温度。(1) 标准状态；(2) $p(CO_2) = 10^{-3}p^\ominus$。

解：

	$CaCO_3(s) =$	$CaO(s) +$	$CO_2(g)$
$\Delta_f H_m^\ominus/(\text{kJ} \cdot \text{mol}^{-1})$	−1 207.6	−634.9	−393.5
$S_m^\ominus/(\text{J} \cdot \text{mol}^{-1} \cdot \text{K}^{-1})$	91.7	38.1	213.8

$\Delta_r H_m^\ominus(298.15\ \text{K}) = \Delta_f H_m^\ominus(CaO,\ s) + \Delta_f H_m^\ominus(CO_2,\ g) - \Delta_f H_m^\ominus(CaCO_3,\ s)$

$\qquad = (-634.9) + (-393.5) - (-1\ 207.6)$

$\qquad = 179.2\ \text{kJ} \cdot \text{mol}^{-1}$

$\Delta_r S_m^\ominus(298.15\ \text{K}) = S_m^\ominus(CaO,\ s) + S_m^\ominus(CO_2,\ g) - S_m^\ominus(CaCO_3,\ s)$

$\qquad = (38.1 + 213.8) - 91.7$

$\qquad = 160.2\ \text{J} \cdot \text{mol}^{-1} \cdot \text{K}^{-1}$

(1) 标准状态下，$\Delta_r G_m^\ominus < 0$，反应自发。

即

$$T \geqslant \frac{\Delta_r H_m^\ominus(298.15\ \text{K})}{\Delta_r S_m^\ominus(298.15\ \text{K})} = 1\ 118.6\ \text{K}$$

(2) $p(CO_2) = 10^{-3}p^\ominus$ 时，$Q = p(CO_2)/p^\ominus = 10^{-3}$

当 $\Delta_r G_m(T) < 0$，反应自发。

即

$$T \geqslant \frac{\Delta_r H_m^\ominus(298.15\ \text{K})}{\Delta_r S_m^\ominus(298.15\ \text{K}) - R\ln Q} = 823.4\ \text{K}$$

要研究和利用一个化学反应，仅知道它进行的方向还不够，还应该知道它进行的限度。即当反应达到平衡时，产物有多少。因此，我们还要研究化学反应的限度，即化学平衡问题。

拓展阅读

永动机的梦想能实现吗?

在这个世界上, 除了穿越时空, 相信还有一个幻想的机器令人好奇和着迷, 那就是永动机。从古至今, 关于永动机的想法和制造层出不穷, 但是最终都以失败告终。如果永动机能够被制造出来, 世界的能源问题将在一夜之间得到解决。顾名思义, 永动机是一种永远运动的机器。这意味着它永远不会停止。为什么永动机这么难实现? 还是说它根本是无法实现的?

印度一位名叫婆什伽罗的数学家, 制造出了一个婆什伽罗轮, 号称可以永远转下去。这个奇异的装置, 就是永动机。在 13 世纪传到欧洲后, 一波又一波的匠人甚至科学家为了获得永恒的免费能量, 都去对这个轮子进行了改进。最终以失败告终。之后的 600 年间从违反能量守恒定律的第一类永动机到不违反能量守恒定律, 却违反热力学第二定律的第二类永动机, 均以失败告终, 他们为什么会失败?

人们对第一类永动机彻底放弃后, 又在琢磨不违反能量守恒定律的第二类永动机, 其代表是美国人约翰·嘎姆吉为海军设计的零发动机, 他的思想是利用海水中的热量, 将发动机中的液氨气化推动机械运转做功, 但这装置无法持续工作, 气化后的液氨在没有低温热源存在的条件下, 也无法重新液化, 因而不能循环。这也是热力学第二定律的表述之一, 即不可能从单一热源吸收热量, 使之变成有用功而不产生其他影响。

综上所述, 第二类永动机的失败是自然规律使然, 虽说不消耗能量而工作的永动机不能制造出来, 那么, 不用人为地输入能量, 能量又取之不尽, 用之不竭, 在很长时间内不断运动下去的第三类永动机, 是否可以实现呢? 大家都知道, 海洋中蕴含着巨大的能量, 以潮汐能、波浪能及温差等形式存在。其中, 温差能是利用水体垂向温度差异汲取能量, 在全球海洋中储量最大。那么, 随着人类文明的不断进步, 不知道第三类永动机能否全方位的实现呢?

习 题

一、选择题

1. 下列热力学表达式中, 恒温、恒压条件下有非体积功时不成立的是 ( )。

A. $\Delta G = \Delta H - T\Delta S$　　　B. $W = -p\Delta V$　　　C. $\Delta H = \Delta U - \Delta(pV)$　　　D. $Q_p = \Delta H$

2. 标准状态下, 温度高于 18℃时, 白锡较灰锡稳定, 反之, 灰锡较白锡稳定, 则反应 Sn(白) ══ Sn(灰)为 ( )。

　　A. 放热、熵减　　　　B. 放热、熵增　　　　C. 吸热、熵减　　　　D. 吸热、熵增

3. 理想气体向真空膨胀, 下面的结论中不正确的是( )。

A. $Q=0$　　　　　　　B. $W=0$　　　　　　　C. $\Delta H=0$　　　　　　　D. $\Delta S=0$

4. 某反应在高温时能自发进行, 低温时不能自发进行, 则其( )。

A. $\Delta H>0$, $\Delta S<0$　　　B. $\Delta H>0$, $\Delta S>0$　　　C. $\Delta H<0$, $\Delta S>0$　　　D. $\Delta H<0$, $\Delta S<0$

5. 将固体 NaOH 溶于水中，溶液变热，则该过程的 ΔG、ΔH、ΔS 的符号依次是(　　)。

A. + - -　　　　　　　　B. + + -　　　　　　　　C. - - +　　　　　　　　D. - + +

6. 下面的物理量中，不属于体系的广度性质的物理量是(　　)。

A. 压强 p　　　　　　B. 热力学能 U　　　　　　C. 焓 H　　　　　　D. 自由能 G

7. 对于反应 $2\,NO_2 \Longrightarrow N_2O_4$ 和 $NO_2 \Longrightarrow \dfrac{1}{2}N_2O_4$ 下面叙述中正确的是(　　)。

A. 两个反应的 $\Delta_r G_m^{\ominus}$ 相等

B. 两个反应的 $\Delta_r H_m^{\ominus}$ 相等

C. 对两个反应而言，$\xi = 1$ mol 时表示都消耗了 1 mol NO_2

D. $\xi = 1$ mol 时表示第一个反应增加了 1 mol N_2O_4，第二个反应减少了 1 mol NO_2

8. 下列物质中，摩尔熵最大的是(　　)。

A. $CaO(s)$　　　　B. $CaCl_2(s)$　　　　C. $CaSO_4(s)$　　　　D. $CaCO_3(s)$

9. 下列反应中，$\Delta_r H_m^{\ominus}$ 与产物的 $\Delta_f H_m^{\ominus}$ 相同的是(　　)

A. $P(红) \Longrightarrow P(白)$　　　　　　　　　　B. $N_2(g) + 3H_2(g) \Longrightarrow 2NH_3(g)$

C. $2H_2(g) + C(石墨) \Longrightarrow CH_4(g)$　　　D. $NO(g) + \dfrac{1}{2}O_2(g) \Longrightarrow NO_2(g)$

10. 反应 $N_2(g) + 3H_2(g) \Longrightarrow 2NH_3(g)$ 生成 3.14 mol NH_3 时放热 129.8 kJ，反应进度为(　　)。

A. 1.57 mol　　　　B. 1 mol　　　　C. 2 mol　　　　D. 3.14 mol

二、填空题

1. 如果环境对系统做功 160 J，系统内能增加了 200 J，则该过程的 Q 为_____ J。

2. 比较大小(用">"或"<"填空)。

(1) $S_m^{\ominus}$: O_2_____ Cl_2，　　　　$MgSO_4$_____ $MgCl_2$；

(2) $\Delta_f H_m^{\ominus}$: O_2_____ O_3，　　　　$MgCO_3$_____ $MgSO_4$。

3. 100℃，101.325 kPa 下，液态水的气化热为 44.0 kJ·mol^{-1}，则该温度下水气化过程的 $\Delta_r S_m^{\ominus}$ = _____，$\Delta_r U_m^{\ominus}$ = _____，$\Delta_r G_m^{\ominus}$ = _____，若有 2 mol 水气化，则功 W = _____。

4. 温度为 298.15 K 条件下，$Na(s)$、$NaCl(s)$、$Na_2CO_3(s)$ 和 $CO_2(g)$ 的摩尔熵由大到小的顺序为_____。

5. 工业上利用反应 $2H_2S(g) + SO_2(g) \Longrightarrow 3S(s) + 2H_2O(g)$ 除去废气中的剧毒气体 H_2S，此反应为_____反应(填"吸热"或"放热")。

三、判断题

1. 纯单质的 $\Delta_f H_m^{\ominus}$、$\Delta_f G_m^{\ominus}$、$S_m^{\ominus}$ 皆为零。　　　　　　　　　　　　　　(　　)

2. 某一反应 $\Delta_r H_m^{\ominus} < 0$，$\Delta_r S_m^{\ominus} > 0$，则此反应低温下自发，高温下非自发。　(　　)

3. 若生成物的分子数比反应物的分子数多，则该反应的 $\Delta_r S_m^{\ominus} > 0$。　　　　(　　)

4. 凡 $\Delta G > 0$ 的过程均不能进行。　　　　　　　　　　　　　　　　　　(　　)

5. 273.15 K，101.325 kPa 冰融化成水，其过程的 $\Delta S > 0$，$\Delta G = 0$。　　　(　　)

6. 对于熵增反应，提高温度，则该反应的 $\Delta_r G_m$ 值一定减小。　　　　　　(　　)

7. 298.15 K，标准状态下，由元素的最稳定单质生成 1 mol 某纯物质时的热效应，称为该物质的标准摩尔生成焓。　　　　　　　　　　　　　　　　　　　　　　(　　)

8. 在孤立体系中，$\Delta S > 0$ 的反应为自发反应。　　　　　　　　　　　　　(　　)

9. 热力学中规定的"标准状态"是 298.15 K，100 kPa 时物质所处的状态。　　(　　)

10. 系统从状态(Ⅰ)到状态(Ⅱ)可以有许多途径，所以某一状态函数的变化值也有许多个。　(　　)

四、计算题

1. 在 300 K 时，1.0 mol 理想气体反抗 100.0 kPa 恒外压，1.0 L 膨胀到 10.0 L，试计算此过程体系吸收的热量。

2. 化学反应 $N_2(g)+3H_2(g)\Longrightarrow2NH_3(g)$ 在恒容热量计内进行，生成 2 mol NH_3 时放热 82.7 kJ，求反应的 Δ_rH_m。

3. 已知：$\Delta_fH_m^{\ominus}(Hg, l)=0$，$\Delta_fH_m^{\ominus}(HgO, s)=-90.8\ kJ\cdot mol^{-1}$

$S_m^{\ominus}(Hg, l)=75.9\ J\cdot mol^{-1}\cdot K^{-1}$，$S_m^{\ominus}(HgO, s)=70.3\ J\cdot mol^{-1}\cdot K^{-1}$

$S_m^{\ominus}(O_2, g)=205.2\ J\cdot mol^{-1}\cdot K^{-1}$

(1) 通过计算，判断反应 $2HgO(s)\Longrightarrow2Hg(l)+O_2(g)$ 在 298.15 K 时是否自发进行？

(2) 近似计算反应能自发进行的最低温度。

习题解答

第3章　化学平衡

教学目的和要求：

(1)熟悉平衡常数的表达方法，不同平衡常数的含义及其相互关系，以及平衡常数的物理意义。

(2)熟练掌握平衡移动的原理和有关平衡常数的计算。

(3)掌握影响化学平衡的因素。

党的二十大报告指出，要消除重污染天气，推送以国家公园为主题的自然保护地体系建设，基本消除城市黑臭水体系，建立良好的生态平衡体系，为达到以上目标，就必须依靠科技的发展，学好科学技术，为建立良好的生态平衡系统添砖加瓦。化学平衡这章，就是从化学平衡的角度研究化学反应在指定的条件下，反应物可以转变成生成物的最大限度。化学热力学一章中，着重介绍了几个重要的热力学状态函数，讨论了各种条件下化学反应进行方向的判据。本章将进一步学习和深化化学热力学相关知识的应用，并讨论各种化学热力学数据之间的关系，使化学热力学知识更完整。化学热力学除了要解决反应的自发性和方向性问题外，还要解决自发进行的反应所能达到的最大限度，即化学平衡。

高炉炼铁的主要反应为：

$$Fe_2O_3(s) + 3CO(g) \underline{\underline{}} 2Fe(s) + 3CO_2(g)$$

按此方程式计算炼制 1 t 生铁需要的焦炭，计算结果与实际情况有较大差别。因为在高炉中 C 和 O_2 不能全部转化为 CO_2。19 世纪时，人们就发现炼铁炉出口含有大量的 CO，当时认为这是由于 CO 和铁矿石接触时间不够，为使反应完全，在英国曾造起 30 多米的高炉，但是出口气体中 CO 的含量并未减少，这说明 Fe_2O_3 和 CO 也不能全部转化为 Fe 和 CO_2。也就是说，该反应尽管可以自发发生，但反应进行的程度是有限的。在同一条件下，既能向一个方向进行，又能向相反方向进行的反应称为可逆反应。几乎所有的化学反应都具有可逆性。仍以上述炼钢反应过程为例，在高温下，反应刚开始时，以生成 Fe 和 CO_2 为主，而且反应速率很快；而一旦有 CO_2 和 Fe 生成，则逆反应也开始进行，由于生成物很少，逆反应速率很慢。随着反应的进行，反应物逐渐减少，生成物逐渐增多，则正反应速率逐渐减慢，最后，正逆反应速率相等，此时系统处于平衡状态，反应物和生成物的浓度不再变化；化学平衡状态实质是一个动态的、相对的、暂时的、有条件的平衡，而不平衡是绝对的、永恒的。

处在平衡状态的物质浓度称为平衡浓度。反应物和生成物平衡浓度之间的定量关系可用平衡常数来表示。平衡常数是表明化学反应限度的一种特征值。化学反应进行的限度决定于反应的化学性质和温度，化学平衡的移动受压力及浓度等因素的影响。本章首先介绍平衡常数和 $\Delta_r G_m^{\ominus}(T)$ 的关系，然后应用平衡常数讨论化学反应的限度和化学平衡的移动问题。

3.1　平衡常数

3.1.1　平衡常数的定义

大量实验结果表明，当反应 $a\mathrm{A}+f\,\mathrm{F} \rightleftharpoons g\mathrm{G}+d\mathrm{D}$ 达到平衡时，其反应物和生成物的平衡浓度(或平衡分压)按一种形式的特殊组合是一个常数——平衡常数。平衡常数可由实验测得，称为实验平衡常数；也可由热力学计算求得，称为标准平衡常数。实验平衡常数又分为浓度平衡常数和压力平衡常数，下面分别加以介绍。

3.1.1.1　浓度平衡常数

$$K_c = \frac{c_{\mathrm{G}}^{g} \cdot c_{\mathrm{D}}^{d}}{c_{\mathrm{A}}^{a} \cdot c_{\mathrm{F}}^{f}}$$

上式就是以平衡浓度表示的平衡常数的表达式，K_c 称为浓度平衡常数。若浓度的单位采用 $\mathrm{mol \cdot L^{-1}}$，则 K_c 的单位会因不同的反应而不同的。化学平衡状态最重要的特点是存在一个平衡常数。它是反应限度的一种表示，K_c 越大，反应进行的越完全。其值大小与物质起始浓度无关，只与反应的本质和温度有关。

3.1.1.2　压力平衡常数

若反应 $a\mathrm{A}+f\,\mathrm{F} \rightleftharpoons g\mathrm{G}+d\mathrm{D}$ 为气相反应，则在一定温度下达到化学平衡状态时，参与反应的各物质的平衡分压按下式组合也是一个常数，以 K_p 表示，称为压力平衡常数，即

$$K_p = \frac{p_{\mathrm{G}}^{g} \cdot p_{\mathrm{D}}^{d}}{p_{\mathrm{A}}^{a} \cdot p_{\mathrm{F}}^{f}}$$

式中，p_{G}、p_{D}、p_{A}、p_{F} 分别表示物质 G、D、A、F 在平衡时的分压。

气体分压是指混合气体中某一种气体在与混合气体处于相同温度下时，单独占有整个容积时所呈现的压力。混合气体的总压等于各种气体分压的代数和：

$$p_{\text{总}} = p_{\mathrm{A}} + p_{\mathrm{B}} + p_{\mathrm{C}} + \cdots = \sum_{i} p_i$$

若压力采用 Pa，则 K_p 的单位将随着 $(g+d-a-f)$ 的值的不同而不同。

上述给出的 K_c 和 K_p 都是由实验得到的，称为实验平衡常数。由于实验平衡常数有单位，在使用中很不方便，现在均改用标准平衡常数。

3.1.1.3　标准平衡常数

由范特霍夫等温式

$$\Delta_{\mathrm{r}} G_{\mathrm{m}}(T) = \Delta_{\mathrm{r}} G_{\mathrm{m}}^{\ominus}(T) + RT\ln Q$$

对于反应 $a\mathrm{A}+f\mathrm{F} \rightleftharpoons g\mathrm{G}+d\mathrm{D}$ 若为气相反应，则

$$Q = \frac{(p_{\mathrm{G}}/p^{\ominus})^{g} \cdot (p_{\mathrm{D}}/p^{\ominus})^{d}}{(p_{\mathrm{A}}/p^{\ominus})^{a} \cdot (p_{\mathrm{F}}/p^{\ominus})^{f}}$$

若系统中只有溶液，则

$$Q = \frac{(c_G/c^\ominus)^g \cdot (c_D/c^\ominus)^d}{(c_A/c^\ominus)^a \cdot (c_F/c^\ominus)^f}$$

若系统中既有气相又有液相，则气相用相应物质的相对分压，溶液用相应物质的相对浓度表示即可。

当反应在恒温、恒压条件下达到化学平衡时，则应有 $\Delta_r G_m = 0$，此时范特霍夫等温式可以写为

$$\Delta_r G_m^\ominus + RT\ln Q_{平衡} = 0$$

对于一个指定反应，在一定温度下 $\Delta_r G_m^\ominus$ 是一个常数，因此 $Q_{平衡}$ 也是常数。那么平衡时的反应熵就称为标准平衡常数（或热力学平衡常数），用 $K^\ominus$ 表示，即 $K^\ominus \equiv Q_{平衡}$。

$$\Delta_r G_m^\ominus(T) = -RT\ln K^\ominus \tag{3-1}$$

标准平衡常数 $K^\ominus$ 是一个无量纲的纯数，它只与反应的本质和温度有关，温度不变，平衡常数不变。

书写标准平衡常数时应注意：

①在平衡常数表达式中，必须是平衡时各物质的相对浓度或相对分压。平衡常数与起始浓度或分压无关。

②平衡常数的大小随化学反应方程式的书写形式的变化而变化，例如：

$$2NO(g) \Longrightarrow N_2(g) + O_2(g)$$

$$K_1^\ominus = \frac{[p(N_2)/p^\ominus] \cdot [p(O_2)/p^\ominus]}{[p(NO)/p^\ominus]^2}$$

若将方程式写成：$NO(g) \Longrightarrow \frac{1}{2}N_2(g) + \frac{1}{2}O_2(g)$

$$K_2^\ominus = \frac{[p(N_2)/p^\ominus]^{1/2} \cdot [p(O_2)/p^\ominus]^{1/2}}{p(NO)/p^\ominus}$$

显然 $K_1^\ominus$ 与 $K_2^\ominus$ 的关系为：$K_1^\ominus = (K_2^\ominus)^2$。

③在反应体系中，纯液体、水和纯固体物质不写入平衡常数表达式中。例如：

$$MgCO_3(s) \Longrightarrow MgO(s) + CO_2(g)$$

$$K^\ominus = p(CO_2)/p^\ominus$$

$$MnO_4^-(aq) + 8H^+(aq) \Longrightarrow Mn^{2+}(aq) + 4H_2O(l)$$

$$K^\ominus = \frac{[c(MnO_4^-)/c^\ominus] \cdot [c(H^+)/c^\ominus]^8}{c(Mn^{2+})/c^\ominus}$$

3.1.2　判断化学反应的方向

把式(3-1)代入式(2-14)中，可得

$$\Delta_r G_m = -RT\ln K^\ominus + RT\ln Q \tag{3-2}$$

$$\Delta_r G_m = RT\ln \frac{Q}{K^\ominus} \tag{3-3}$$

由式(3-3)可以看出：用 $K^\ominus$ 和 Q 的对比可以判断反应进行的方向。

当 $Q < K^\ominus$　　$\Delta_r G_m < 0$　　反应正向自发进行；

当 $Q > K^\ominus$　　$\Delta_r G_m > 0$　　反应逆向自发进行；

当 $Q = K^\ominus$　　$\Delta_r G_m = 0$　　反应达到平衡。

从理论上讲，化学反应的方向是由 ΔG 的正负来判断的，但如果 $|\Delta_r G_m^\ominus|$ 很大，就很可能用 $\Delta_r G_m^\ominus$ 来判断非标态时化学反应方向，一般认为：

当 $\Delta_r G_m^\ominus < -41.8\ kJ \cdot mol^{-1}$ 时，反应可以自发(此时可以算出其 $K^\ominus = 2.2 \times 10^7$，说明反应可以进行的很完全)；

当 $\Delta_r G_m^\ominus > 41.8\ kJ \cdot mol^{-1}$ 时，反应不能自发进行(此时 $K^\ominus = 4.7 \times 10^{-8}$，产物很少，实际就相当不能进行)；

当 $\Delta_r G_m^\ominus$ 为 $0 \sim 41.8\ kJ \cdot mol^{-1}$ 时，有可能改变条件使 Q 减小；只要达到 $Q < K^\ominus$，反应就能正向进行。

但需要具体问题具体分析。

3.2　化学平衡的有关计算

许多重要的工程实际过程，都涉及化学平衡或须借助平衡产率以衡量实践过程的完善程度。因此，掌握有关化学平衡的计算显得十分重要。此类计算的重点是：从标准热力学函数或实验数据求平衡常数；利用平衡常数求各物质的平衡组分(分压、浓度、最大产率)；以及条件变化如何影响反应的方向和限度等。

有关平衡计算中，应特别注意：

①写出配平的化学反应方程式，并注明物质的聚集状态(如果物质有多种晶型，还应注明是哪一种)。这对查找标准热力学函数的数据及进行运算，或正确书写 $K^\ominus$ 表达式都是十分必要的。

②当涉及各物质的初始量、变化量、平衡量时，关键是要搞清各物质的变化量之比，即反应式中各物质的化学计量数之比。

例 3-1　查热力学数据表，分别计算下面反应在 298.15 K 和 700 K 时的 $K^\ominus$。

$$CO(g) + \frac{1}{2}O_2(g) \rightleftharpoons CO_2(g)$$

物质	$\Delta_f H_m^\ominus/(kJ \cdot mol^{-1})$	$S_m^\ominus/(J \cdot mol^{-1} \cdot K^{-1})$	$\Delta_f G_m^\ominus/(kJ \cdot mol^{-1})$
CO	−110.5	197.7	−137.2
O_2	0	205.2	0
CO_2	−393.5	213.8	−394.4

解：(1)298.15 K 时的标准平衡常数

$$\Delta_r G_m^\ominus = \Delta_f G_m^\ominus(CO_2, g) - \Delta_f G_m^\ominus(CO, g) - \frac{1}{2}\Delta_f G_m^\ominus(O_2, g)$$

$$= [-394.4 - (-137.2) - 0]$$

$$= -257.2\ kJ \cdot mol^{-1}$$

由 $\Delta_r G_m^\ominus = -RT \ln K^\ominus$，得

$$\ln K^\ominus = -\frac{\Delta_r G_m^\ominus}{RT} \tag{3-4}$$

将数据代入得

$$\ln K^\ominus = -\frac{-257.2 \times 1\,000}{8.314 \times 298.15} = 103.76$$

故 298.15 K 时，$K^\ominus(298.15\ \text{K}) = 1.2 \times 10^{45}$。

可见，该反应推动力很大，进行的很完全。也就是说，在常温下，CO 很容易和 O_2 反应生成 CO_2。

（2）700 K 的标准平衡常数

要求 700 K 时的标准平衡常数，必须知道 700 K 时的 $\Delta_r G_m^\ominus(700\ \text{K})$。而要求 700 K 时的 $\Delta_r G_m^\ominus$，可用吉布斯等温方程，用 298.15 K 时的 $\Delta_r H_m^\ominus$ 和 $\Delta_r S_m^\ominus$ 即可得到其近似值。

$$\begin{aligned}
\Delta_r H_m^\ominus &= \Delta_f H_m^\ominus(CO_2,\ g) - \Delta_f H_m^\ominus(CO,\ g) - \frac{1}{2}\Delta_f H_m^\ominus(O_2,\ g) \\
&= -393.5 - (-110.5) - \frac{1}{2} \times 0 \\
&= -283.0\ \text{kJ} \cdot \text{mol}^{-1}
\end{aligned}$$

$$\begin{aligned}
\Delta_r S_m^\ominus &= S_m^\ominus(CO_2,\ g) - S_m^\ominus(CO,\ g) - \frac{1}{2}S_m^\ominus(O_2,\ g) \\
&= 213.8 - 197.7 - \frac{1}{2} \times 205.2 \\
&= -86.5\ \text{J} \cdot \text{mol}^{-1} \cdot \text{K}^{-1}
\end{aligned}$$

$$\begin{aligned}
\Delta_r G_m^\ominus(700\ \text{K}) &= \Delta_r H_m^\ominus(298\ \text{K}) - 700 \times \Delta_r S_m^\ominus(298\ \text{K}) \\
&= -283.0 - 700 \times (-86.5 \times 10^{-3}) \\
&= -222.5\ \text{kJ} \cdot \text{mol}^{-1}
\end{aligned}$$

$$\ln K^\ominus = -\frac{\Delta_r G_m^\ominus}{RT} = -\frac{-222.5 \times 1\,000}{8.314 \times 700} = 38.23$$

故 700 K 时，$K^\ominus = 4.0 \times 10^{16}$。

可见，升高温度对这一反应的平衡常数反而减小，这和反应的 $\Delta_r H_m^\ominus$ 为负值，是放热反应相对应。

例 3-2 某反应 A(s) $\Longleftrightarrow$ B(s) + C(g)，已知 $\Delta_r G_m^\ominus(298\ \text{K}) = 40.0\ \text{kJ} \cdot \text{mol}^{-1}$。试求：（1）该反应在 298 K 时的 $K^\ominus$；（2）当 $p_C = 1.0\ \text{Pa}$ 时，该反应自发的方向。

解：（1）用式（3-4）求 $K^\ominus$

$$\ln K^\ominus = -\frac{\Delta_r G_m^\ominus}{RT} = -\frac{40 \times 1\,000}{8.314 \times 298} = -16.14$$

$$K^\ominus(298\ \text{K}) = 9.7 \times 10^{-8}$$

（2）当 $p_C = 1.0\ \text{Pa}$ 时，$Q = \dfrac{p_C}{p^\ominus} = \dfrac{1}{100 \times 10^3} = 10^{-5}$

用式（3-3）求 $\Delta_r G_m$

$$\Delta_r G_m = RT\ln\frac{Q}{K^\ominus} = 8.314\times298\times\ln\frac{1.0\times10^{-5}}{9.7\times10^{-8}}$$

$$= 11.5\ \text{kJ}\cdot\text{mol}^{-1}$$

以上计算结果说明：当 $\Delta_r G_m^\ominus = 40\ \text{kJ}\cdot\text{mol}^{-1}$ 时，$K^\ominus = 9.7\times10^{-8}$，反应进行的程度相当小，可以认为该反应不能正向自发进行。即使当产物 C 的分压由标准状态降为 1.0 Pa 时，$\Delta_r G_m$ 仍为正值，未能改变反应的方向，也就是说，即使 Q 值降低 5 个量级也不影响 $\Delta_r G_m$ 的正负号，反应逆向自发。

3.3　多重平衡

前面我们所讨论的都是单一体系的化学平衡问题，但实际的化学过程往往有若干种平衡状态同时存在，一种物质同时参与几种平衡，这种现象就叫作多重平衡。通常我们见到的化学平衡系统，往往同时包含多个相互有关的平衡。

例如，C 在 O_2 中燃烧，在达到平衡时，系统内含有以下三个有关的平衡：

$(1)\ C(s)+\dfrac{1}{2}O_2(g)\Longrightarrow CO(g)$

$$K_1^\ominus = \frac{p(CO)/p^\ominus}{\left[p(O_2)/p^\ominus\right]^{\frac{1}{2}}}$$

$(2)\ CO(g)+\dfrac{1}{2}O_2(g)\Longrightarrow CO_2(g)$

$$K_2^\ominus = \frac{p(CO_2)/p^\ominus}{\left[p(O_2)/p^\ominus\right]^{\frac{1}{2}}\cdot\left[p(CO)/p^\ominus\right]}$$

$(3)\ C(s)+O_2(g)\Longrightarrow CO_2(g)$

$$K_3^\ominus = \frac{p(CO_2)/p^\ominus}{p(O_2)/p^\ominus}$$

其中，O_2 同时参与了 (1)(2)(3) 三个平衡。由于处在同一系统中，所以 O_2 的相对分压只可能有一个，且其必然同时要满足三个平衡，即在反应(1)、反应(2)、反应(3)的标准平衡常数表达式中的 $p(O_2)$ 是相同的。同样道理，反应(1)及反应(2)的标准平衡常数表达式中的 $p(CO)$ 相同；反应(2)和反应(3)的标准平衡常数表达式中的 $p(CO_2)$ 相同。因此，相关的三个反应的标准平衡常数 $K_1^\ominus$、$K_2^\ominus$ 和 $K_3^\ominus$ 间必定具有确定的关系，现证明如下：

对反应(1)、反应(2)、反应(3)，它们的标准平衡常数和反应的标准摩尔吉布斯自由能的关系分别为

$$\Delta_r G_m^\ominus(1) = -RT\ln K_1^\ominus$$

$$\Delta_r G_m^\ominus(2) = -RT\ln K_2^\ominus$$

$$\Delta_r G_m^\ominus(3) = -RT\ln K_3^\ominus$$

由于反应(3)可看作为反应(1)、反应(2)的总反应，即

$$\Delta_r G_m^\ominus(3) = \Delta_r G_m^\ominus(1)+\Delta_r G_m^\ominus(2)$$

$$-RT\ln K_3^\ominus = -RT\ln K_1^\ominus - RT\ln K_2^\ominus$$

$$K_3^\ominus = K_1^\ominus K_2^\ominus$$

有了 $K_1^\ominus$ 和 $K_2^\ominus$ 可以求 $K_3^\ominus$，有了 $K_1^\ominus$ 和 $K_3^\ominus$ 可以求 $K_2^\ominus$，同样，有了 $K_2^\ominus$ 和 $K_3^\ominus$ 可以求 $K_1^\ominus$。利用这个结论，可以十分方便地根据已知反应的标准平衡常数求算相关较复杂反应的标准平衡常数。

例 3-3 已知：（1）$CO_2(g) + H_2(g) \rightleftharpoons CO(g) + H_2O(g)$ $K_1^\ominus(823\ K) = 0.14$

（2）$CoO(s) + H_2(g) \rightleftharpoons Co(s) + H_2O(g)$ $K_2^\ominus(823\ K) = 67$

试求在 823 K，反应（3）$CoO(s) + CO(g) \rightleftharpoons Co(s) + CO_2(g)$ 的 $K_3^\ominus$。

解：分析题意知，CoO、Co、CO、CO_2、H_2 与 H_2O 共处于一个反应体系，参加上述三个反应的化学平衡，其中 CoO 和 Co 是固相。由于反应（2）减去反应（1）即可求得反应（3）的 $K_3^\ominus$，由多重平衡规则：

$$K_1^\ominus = \frac{[p(CO)/p^\ominus] \cdot [p(H_2O)/p^\ominus]}{[p(H_2)/p^\ominus] \cdot [p(CO_2)/p^\ominus]}$$

$$K_2^\ominus = \frac{p(H_2O)/p^\ominus}{p(H_2)/p^\ominus}$$

$$K_3^\ominus(823\ K) = K_2^\ominus/K_1^\ominus = \frac{p(CO_2)/p^\ominus}{p(CO)/p^\ominus}$$

$$K_3^\ominus(823\ K) = \frac{67}{0.14} = 4.8 \times 10^2$$

由 $K_2^\ominus$ 和 $K_3^\ominus$ 可知，CO 和 H_2 都可以作还原剂，使 CoO 变成 Co，且 CO 的还原程度大于 H_2。

3.4　化学平衡的移动——影响化学平衡的因素

任何化学平衡都是在一定温度、压力、浓度条件下形成的动态平衡。一旦反应条件发生变化，原有的平衡状态就被破坏，而向另一个新的平衡状态转化。学习化学平衡的目的不是等待一个平衡状态的出现，或者维持一个平衡状态的不变，而是要学会利用条件的改变，破坏旧平衡建立新平衡。或者说，人们感兴趣的是随着反应条件的变化，化学平衡向什么方向移动？移动的程度如何？化学平衡的移动，在工业生产中有着重要意义，人们研究化学平衡，就是要做平衡的转化工作，使化学平衡尽可能向着有利于生产需要的方向转化。勒沙特列（Henry Louis Chatelier）根据各种因素对平衡的影响，总结出一条普遍规律：任何达到平衡的体系，假如改变平衡体系的条件之一（如温度、压力或浓度等），平衡就向着减弱这种改变的方向移动。这就是勒沙特列原理。本节将分别讨论浓度、压力、温度对化学平衡的影响。

勒沙特列

3.4.1　浓度对化学平衡的影响

勒沙特列原理能够定性地说明浓度对化学平衡的影响；而利用平衡常数的概念，对比 $K^\ominus$ 与 Q 的大小，可以判断系统中的反应混合物是否达到平衡，以及平衡将向哪个方向移动。

例 3-4　反应 $CO(g)+H_2O(g) \Longrightarrow H_2(g)+CO_2(g)$ 的 $K^{\ominus}=1.0$。若起始浓度 $c(CO)=2 \ mol \cdot L^{-1}$，$c(H_2O)=3 \ mol \cdot L^{-1}$，问 CO 转化为 CO_2 的百分率为多少？若向上述平衡体系中加入 $3.2 \ mol \cdot L^{-1} \ H_2O(g)$，当再次达到平衡时，CO 转化率为多少？

解：假设平衡时生成物 H_2 和 CO_2 的浓度为 $x \ mol \cdot L^{-1}$。

$$K^{\ominus}=\frac{[c(H_2)/c^{\ominus}] \cdot [c(CO_2)/c^{\ominus}]}{[c(CO)/c^{\ominus}] \cdot [c(H_2O)/c^{\ominus}]}$$

$$CO(g)+H_2O(g) \Longrightarrow H_2(g)+CO_2(g)$$

初始态/$(mol \cdot L^{-1})$	2	3	0	0
平衡时/$(mol \cdot L^{-1})$	$2-x$	$3-x$	x	x

$$K^{\ominus}=\frac{x^2}{(2-x)(3-x)}$$

解得 $x=1.2 \ mol \cdot L^{-1}$。CO 转化为 CO_2 的百分率为

$$\frac{1.2}{2} \times 100\% = 60\%$$

$$CO(g)+H_2O(g) \Longrightarrow H_2(g)+CO_2(g)$$

假设平衡时生成物 H_2 和 CO_2 的浓度为 $y \ mol \cdot L^{-1}$。

$$CO(g)+H_2O(g) \Longrightarrow H_2(g)+CO_2(g)$$

初始态/$(mol \cdot L^{-1})$	2	6.2	0	0
平衡时/$(mol \cdot L^{-1})$	$2-y$	$3-y$	y	y

$$K^{\ominus}=\frac{y^2}{(2-y)(6.2-y)}$$

解得，$y=1.512 \ mol \cdot L^{-1}$

CO 转化为 CO_2 的百分率为

$$\frac{1.512}{2} \times 100\% = 75.6\%$$

可见浓度对平衡的影响是：在恒温下增加反应物的浓度或减小生成物的浓度，反应商 Q 的数值减小，使 $Q<K^{\ominus}$。这时平衡被破坏，反应向着正反应方向进行，重新达到平衡，即平衡右移；相反，减小反应物的浓度或增加生成物的浓度，使 $Q>K^{\ominus}$，平衡向着逆反应方向移动。

3.4.2　压力对化学平衡的影响

由于压力对固体和液体的体积影响很小，因此，压力变化对没有气体参与的液态反应和固体反应的平衡影响很小。但是，对于有气体参加的反应，压力的改变往往会引起平衡移动。以合成氨反应为例：

$$N_2(g) + 3H_2(g) \Longrightarrow 2NH_3(g)$$

当 1 mol N_2 和 3 mol H_2 反应时，就生成了 2 mol NH_3，反应前后气体的总摩尔数发生了改变。

在一定温度下，当反应达到平衡时，设各组分的平衡分压为 $p(NH_3)$、$p(H_2)$、$p(N_2)$，则

$$K^{\ominus} = \frac{\left[p(\mathrm{NH_3})/p^{\ominus} \right]^2}{\left[p(\mathrm{H_2})/p^{\ominus} \right]^3 \cdot \left[p(\mathrm{N_2})/p^{\ominus} \right]}$$

若将平衡体系的总压力增大到原来的 2 倍，这时各组分的任意分压变为原来平衡分压的 2 倍，体系的 Q 为

$$Q = \frac{\left[2p(\mathrm{NH_3})/p^{\ominus} \right]^2}{\left[2p(\mathrm{H_2})/p^{\ominus} \right]^3 \cdot \left[2p(\mathrm{N_2})/p^{\ominus} \right]}$$

即 $Q < K^{\ominus}$，反应将向生成氨的方向自发进行，直到 Q 重新等于 $K^{\ominus}$，达到新的平衡。

人工固氮——
合成氨工业

由此可知，恒温下增加总压力，平衡向着气体摩尔数减少的方向移动。反之，降低总压力，平衡向着气体摩尔数增多的方向移动。

对于反应前后气体的摩尔数没有改变的反应，例如：

$$\mathrm{C\,(s) + O_2(g) \Longrightarrow CO_2(g)}$$

当反应达平衡时：

$$K^{\ominus} = \frac{p(\mathrm{CO_2})/p^{\ominus}}{p(\mathrm{O_2})/p^{\ominus}}$$

若改变体系的总压，各组分分压改变的倍数相等，即 $Q = K^{\ominus}$，因此，压力对反应前后气体摩尔数不改变的平衡体系没有影响。

3.4.3 温度对化学平衡的影响

浓度、总压、惰性气体等因素对化学平衡的影响都只能改变平衡的组成，不能改变标准平衡常数 $K^{\ominus}$。但温度对化学平衡的影响是 $K^{\ominus}$ 要发生改变，因为 $K^{\ominus}$ 是温度的函数。要了解温度对化学平衡的影响，首先要知道平衡常数随温度的变化关系。标准平衡常数 $K^{\ominus}$ 与温度 T 有如下关系：

$$\Delta_{\mathrm{r}} G_{\mathrm{m}}^{\ominus} = -RT \ln K^{\ominus}$$

在一定温度区间内，$\Delta_{\mathrm{r}} H_{\mathrm{m}}^{\ominus}$ 和 $\Delta_{\mathrm{r}} S_{\mathrm{m}}^{\ominus}$ 基本保持不变，由

$$\Delta_{\mathrm{r}} G_{\mathrm{m}}^{\ominus} = -RT \ln K^{\ominus}$$

和

$$\Delta_{\mathrm{r}} G_{\mathrm{m}}^{\ominus} = \Delta_{\mathrm{r}} H_{\mathrm{m}}^{\ominus} - T \Delta_{\mathrm{r}} S_{\mathrm{m}}^{\ominus}$$

可得

$$-RT \ln K^{\ominus} = \Delta_{\mathrm{r}} H_{\mathrm{m}}^{\ominus} - T \Delta_{\mathrm{r}} S_{\mathrm{m}}^{\ominus}$$

$$\ln K^{\ominus}(T) = \frac{-\Delta_{\mathrm{r}} H_{\mathrm{m}}^{\ominus}}{RT} + \frac{\Delta_{\mathrm{r}} S_{\mathrm{m}}^{\ominus}}{R} \tag{3-5}$$

如对于 T_1、T_2 两个不同温度，则有

$$\ln K^{\ominus}(T_1) = \frac{-\Delta_{\mathrm{r}} H_{\mathrm{m}}^{\ominus}}{RT_1} + \frac{\Delta_{\mathrm{r}} S_{\mathrm{m}}^{\ominus}}{R}$$

$$\ln K^{\ominus}(T_2) = \frac{-\Delta_{\mathrm{r}} H_{\mathrm{m}}^{\ominus}}{RT_2} + \frac{\Delta_{\mathrm{r}} S_{\mathrm{m}}^{\ominus}}{R}$$

两式相减可得

$$\ln \frac{K^{\ominus}(T_2)}{K^{\ominus}(T_1)} = \frac{\Delta_{\mathrm{r}} H_{\mathrm{m}}^{\ominus}}{R} \left(\frac{1}{T_1} - \frac{1}{T_2} \right) \tag{3-6}$$

式(3-6)称为范特霍夫等压方程式。它表明了 $\Delta_r H_m^\ominus$、T 与 $K^\ominus$ 间的相互关系，是说明温度对平衡常数影响十分有用的公式。温度对平衡常数影响的关系式不仅可以定性解释温度对平衡移动的影响，更重要的是可以利用它来进行定量的计算。

例 3-5 已知下列反应在 298.15 K 时，有关物质的热力学数据如下：

$$CO\ (g) + 3H_2(g) \Longrightarrow CH_4(g) + H_2O(g)$$

$\Delta_f H_m^\ominus/(kJ \cdot mol^{-1})$	-110.5	0	-74.8	-241.8
$S_m^\ominus/(J \cdot mol^{-1} \cdot K^{-1})$	197.7	130.7	186.3	188.8

(1)判断上述反应在 298.15 K 时的反应方向并计算 $K^\ominus$；(2)计算 523 K 时的 $K^\ominus$。

解： (1) $\Delta_r H_m^\ominus = \Delta_f H_m^\ominus(CH_4, g) + \Delta_f H_m^\ominus(H_2O, g) - \Delta_f H_m^\ominus(CO, g) - 3\Delta_f H_m^\ominus(H_2, g)$

$\qquad\qquad = -74.8 - 241.8 - (-110.5)$

$\qquad\qquad = -206.1\ kJ \cdot mol^{-1}$

$\Delta_r S_m^\ominus = S_m^\ominus(CH_4, g) + S_m^\ominus(H_2O, g) - S_m^\ominus(CO, g) - 3S_m^\ominus(H_2, g)$

$\qquad\quad = 186.3 + 188.8 - (3 \times 130.7 + 197.7)$

$\qquad\quad = -214.7\ J \cdot mol^{-1} \cdot K^{-1}$

$\Delta_r G_m^\ominus = \Delta_r H_m^\ominus - T\Delta_r S_m^\ominus$

$\qquad\quad = -206.1 - 298.15 \times (-214.7) \times 10^{-3}$

$\qquad\quad = -142.1\ kJ \cdot mol^{-1}$

反应正向进行。

$\Delta_r G_m^\ominus = -RT \ln K^\ominus$

$K^\ominus(298.15\ K) = 7.87 \times 10^{24}$

(2) $\Delta_r G_m^\ominus(523\ K) = \Delta_r H_m^\ominus - T\Delta_r S_m^\ominus$

$\qquad\qquad\qquad = -206.1 - 523 \times (-214.7) \times 10^{-3}$

$\qquad\qquad\qquad = -93.8\ kJ \cdot mol^{-1}$

$$\ln \frac{K^\ominus(T_2)}{K^\ominus(T_1)} = \frac{\Delta_r H_m^\ominus}{R}\left(\frac{1}{T_1} - \frac{1}{T_2}\right)$$

$$\ln \frac{K^\ominus(523\ K)}{7.87 \times 10^{24}} = \frac{-206.1 \times 10^3}{8.314}\left(\frac{1}{298.15} - \frac{1}{523}\right)$$

$K^\ominus(523\ K) = 2.35 \times 10^9$

通过计算可以看出，对于放热反应，升高温度会提高反应速率，平衡左移；而降低温度，反应速率降低，平衡右移。

拓展阅读

人体内的水平衡

自然界中存在着多种平衡，从宏观到微观，人体也不例外，人体内也存在多种平衡，其中，水平衡和酸碱平衡尤为重要。

水对人体十分重要，如果没有水，人体会出现细胞代谢紊乱及发育停止等，因此，人体内必须保持适当的水平衡。那么如何保持水平衡呢？先要弄清人体水分损失情况。人体水分的流失主要有以下途径：①排泄。人体每天都需要排泄代谢出的废物，排泄量与饮水量及气温有密切关系，人体平均每天要排泄 1 500 mL 左右的水分。排泄水分过少，代谢废物滞留体内容易引起中毒。②呼吸。人体每时每刻都要呼吸，呼出的空气是有一定湿度的。人体平均每天要通过呼吸损失 400 mL 水分。③皮肤蒸发。冬春季节，一昼夜一个人平均丧失 600 mL 水分，夏季天气炎热时，通过出汗一个人可丧失 2 500 mL 水分。为维持人体内水分的平衡，人每天都应补充足够的水才能供人体正常生理代谢需要。如果饮水不足，身体就会产生脱水症状，身体脱水的早期症状有疲劳、食欲不佳、皮肤潮红、胃部发热、轻微头痛、口干及嗓子干等。当人体损失体重 10% 的水分就会出现恶心、虚弱及高热等临床症状；严重脱水的症状表现为吞咽困难、身体摇摆、笨拙、皮肤起皱、眼睛下沉和视力模糊、排尿疼痛、皮肤麻木等，损失水分超过体重的 20% 时就会危及生命。与食欲相反，人们喝水的欲望不太强烈，只有损失 2% 体重的水分的时候，人才会有口渴的感觉，也就是说，只有在轻度脱水的情况下才会产生口渴，因此，等到口渴才饮水常常会导致饮水不足。所以，为了保持人体水平衡和身体健康，即使是不感到口渴的情况下，也应当适时饮水，给机体补充充足的水分。

世界卫生组织（WHO）调查发现，80% 的人类疾病与饮水有关。研究表明，慢性、轻度脱水和液体摄入差影响身体健康和机能，具体表现为身体功能、精神机能减退，罹患多种疾病，如肾结石、尿道癌、结肠癌、乳腺癌、儿童肥胖和二尖瓣膜脱垂等。研究发现，液体的摄入与一些癌症的发生有直接关系。如果摄入的水分充足，发生膀胱、肾脏、输尿管等癌症的风险会降低。饮水充分的女性患乳腺癌的风险降低 79%。一天喝水多于 5 杯的女性比一天喝 2 杯或更少水的女性患结肠癌的风险降低 45%；男性一天喝水多于 4 杯比喝 1 杯或更少水的男性患癌症的风险降低 32%。因此，科学饮水在人的一生中是非常重要的。

习　题

一、选择题

1. 下列说法正确的是（　　）。

A. 达到平衡时各反应物和生成物的浓度相等

B. 达到平衡时各反应物和生成物的浓度不变

C. 增大压力，平衡向着分子数减小的方向运动

D. 化学平衡状态是 $\Delta_r G_m^\ominus = 0$ 的状态

2. 已知反应 $C(s) + CO_2(g) \rightleftharpoons 2CO(g)$ 的 $K^\ominus$ 在 767 K 为 4.6，在 667 K 为 0.5。则该反应（　　）。

A. $\Delta_r H_m^\ominus < 0$ 　　　　B. $\Delta_r H_m^\ominus > 0$ 　　　　C. $\Delta_r H_m^\ominus = 0$ 　　　　D. $\Delta_r S_m^\ominus < 0$

3. 已知某一可逆反应 $AB(g) \rightleftharpoons A(g) + B(g)$ 的 $\Delta_r H_m^\ominus > 0$，则该反应在达到平衡后哪组条件能使平衡向右移动（　　）。

A. 降温、减压 　　　　B. 升温、加压 　　　　C. 降温、加压 　　　　D. 升温、减压

4. 硫酸铜有多种水合物，一定温度下，它们脱水反应的 $K^\ominus$ 分别为

$$CuSO_4 \cdot 5H_2O(s) \rightleftharpoons CuSO_4 \cdot 3H_2O(s) + 2 H_2O(g); K_1^\ominus$$

$$CuSO_4 \cdot 3H_2O(s) \rightleftharpoons CuSO_4 \cdot H_2O(s) + 2 H_2O(g); K_2^\ominus$$

$$CuSO_4 \cdot H_2O(s) \rightleftharpoons CuSO_4(s) + H_2O(g); K_3^\ominus$$

在该温度下，为保证 $CuSO_4 \cdot 3H_2O$ 既不潮解又不风化，容器中水蒸气的相对分压应为（　　）。

A. $K_1^\ominus < p(H_2O)/p^\ominus < K_2^\ominus$ 　　　　　　　　B. $(K_2^\ominus)^{1/2} > p(H_2O)/p^\ominus > K_3^\ominus$

C. $(K_1^\ominus)^{1/2} > p(H_2O)/p^\ominus > (K_2^\ominus)^{1/2}$ 　　　　D. $(K_1^\ominus)^{1/2} < p(H_2O)/p^\ominus < (K_2^\ominus)^{1/2}$

5. 298 K 时，对反应 $2AB(g) \rightleftharpoons A_2(g) + B_2(g)$，保持 T 不变增大容器体积，降低总压力时，反应物转

化率(　　)。

    A. 增大　　　　　　　　B. 减少　　　　　　　　C. 不变　　　　　　　　D. 不能确定

二、填空题

1. 已知 298 K 时 $N_2(g) + 3H_2(g) \Longleftrightarrow 2NH_3(g)$ 的 $K^\ominus = 6.1 \times 10^5$，则 $2NH_3(g) \Longleftrightarrow N_2(g) + 3H_2(g)$ 的 $K^\ominus =$ _____。

2. 在等温下，若化学平衡发生移动，其平衡常数 _____ 。

3. 若反应 $C(s) + H_2O(g) \Longleftrightarrow CO(g) + H_2(g)$，$\Delta_r H_m^\ominus = 121 \text{ kJ} \cdot \text{mol}^{-1}$，达到平衡时，若增加体系的总压力，平衡将 _____ 移动；若提高体系的温度，平衡将 _____ 移动(填"向左"，"向右"或"不")。

4. 已知 $\Delta_f H_m^\ominus(\text{NO}) = 90.25 \text{ kJ} \cdot \text{mol}^{-1}$，在 2 273 K 时，反应 $N_2(g) + O_2(g) \Longleftrightarrow 2NO(g)$ 的 $K^\ominus$ 为 0.1，则在 3 000 K 时 $K^\ominus =$ _____ 。

5. 已知反应 $A(g) + B(g) \Longleftrightarrow C(g)$ 的 $\Delta_r H_m^\ominus > 0$，反应温度为 T_1 时标准平衡常数为 $K_1^\ominus$，当温度由 T_1 升高到 T_2 时，标准平衡常数 $K_2^\ominus$ 与 $K_1^\ominus$ 的大小关系为 _____ 。

三、判断题

1. 化学平衡发生移动时，平衡常数也可能改变，也可能不变。　　　　　　　　　　(　　)

2. 对于一个可逆反应来说，所谓的化学平衡状态就是 $\Delta_r G_m = 0$ 的状态。　　　　(　　)

3. 平衡常数 K 值可以直接由反应的 ΔG 值求得。　　　　　　　　　　　　　　(　　)

4. 一个化学反应的平衡常数会随着反应温度及反应物的浓度发生变化。　　　　　　(　　)

5. 标准平衡常数就是化学反应在标准状态下达到平衡时的反应商。　　　　　　　　(　　)

四、计算题

1. 试计算反应 $2NO(g) \Longleftrightarrow N_2(g) + O_2(g)$ 在 298.15 K 和 1 000 K 时的 $K^\ominus$。

物质	$\Delta_f H_m^\ominus / (\text{kJ} \cdot \text{mol}^{-1})$	$S_m^\ominus / (\text{J} \cdot \text{mol}^{-1} \cdot \text{K}^{-1})$	$\Delta_f G_m^\ominus / (\text{kJ} \cdot \text{mol}^{-1})$
N_2	0	191.6	0
O_2	0	205.2	0
NO	90.3	210.8	86.6

2. 计算在 373 K、标准状态下，反应 $Fe_2O_3(s) + 3CO(g) \Longleftrightarrow 2Fe(s) + 3CO_2(g)$ 的 $\Delta_r G_m^\ominus$，说明反应进行的方向，计算该反应的 $K^\ominus$。

在 298.15 K 时的数据：

	$Fe_2O_3(s)$	$+ 3CO(g)$	$\Longleftrightarrow 2Fe(s)$	$+ 3CO_2(g)$
$\Delta_f H_m^\ominus / (\text{kJ} \cdot \text{mol}^{-1})$	-824.2	-110.5	0	-393.5
$S_m^\ominus / (\text{J} \cdot \text{K}^{-1} \cdot \text{mol}^{-1})$	87.4	197.7	27.3	213.8

3. 已知反应 $N_2(g) + 3H_2(g) \Longleftrightarrow 2NH_3(g)$ 的 $\Delta_r S_m^\ominus = -198.1 \text{ J} \cdot \text{mol}^{-1} \cdot \text{K}^{-1}$，$\Delta_r H_m^\ominus = -91.8 \text{ kJ} \cdot \text{mol}^{-1}$，试计算反应在 298 K、800 K 时的 $K^\ominus$。

习题解答

第4章　化学反应速率

教学目的和要求：

（1）理解化学反应速率的表示方法、质量作用定律、速率方程、速率常数、反应级数等概念。

（2）掌握影响化学反应速率的因素（浓度、温度和催化剂）和阿伦尼乌斯方程的简单应用。

（3）了解化学反应速率的碰撞理论和过渡状态理论的要点。

一个化学反应能否被利用，需要考虑两个问题，一是反应的可能性，即反应进行的方向和限度，这是化学热力学研究的问题；二是反应的现实性，即反应进行需要的时间，这是化学动力学研究的问题。热力学研究的是化学反应客观上的可能性，不涉及化学反应时间，也不能告诉我们该反应在实际情况下能否发生，如果反应能发生，反应速率又是多少。如汽车尾气中的 CO 和 NO 会对环境造成污染，它们之间有这样的反应：

$$CO(g) + NO(g) = CO_2(g) + \frac{1}{2}N_2(g) \qquad \Delta_r G_m^\ominus = -336.4 \text{ kJ} \cdot \text{mol}^{-1}$$

反应进行的趋势相当大，但因其反应速率太小，要利用这个反应治理或改善汽车尾气的污染，就必须设法提高反应速率，因而对该反应的催化剂研究已成为当今的研究热点。

又如，常温标准条件下 H_2 和 O_2 化合成水的反应

$$H_2(g) + \frac{1}{2}O_2(g) = H_2O(l) \qquad \Delta_r G_m^\ominus = -237.1 \text{ kJ} \cdot \text{mol}^{-1}$$

从热力学的角度来看，该反应自发进行的趋势很大，但因反应速率太小，常温条件下，将 H_2 和 O_2 放在同一容器中很久，也看不到生成水的迹象。诸如此类问题必须依靠化学动力学来解决。

本章将介绍有关反应速率理论、影响反应速率因素等基本内容。

4.1　化学反应速率概述

4.1.1　化学反应速率的概念

不同的化学反应，反应速率千差万别。有些化学反应进行得非常快，几乎在一瞬间就能完成，如炸药的爆炸、酸碱中和反应等。也有些反应进行得很慢，例如，煤炭、石油的形成，许多有机化合物之间的反应进行得较缓慢。有些反应需要采取一定的措施来提高反应速

率以缩短生产时间，如钢铁冶炼及氨、树脂、橡胶的合成等；但对于另一些反应，则要设法抑制其进行，如铁生锈、橡胶和塑料的老化、机体的衰老等反应。

为了定量地比较化学反应的快慢，需要引入化学反应速率的概念。

化学反应速率(rate of chemical reaction)是指在一定条件下，反应物转变为生成物的速率。它是衡量化学反应快慢的物理量。化学反应速率常用单位时间内反应物浓度的减少或生成物浓度的增加来表示。浓度常用 $mol \cdot L^{-1}$ 表示，时间常用单位有 s、min 或 h 等，因此反应速率的常用单位为 $mol \cdot L^{-1} \cdot s^{-1}$、$mol \cdot L^{-1} \cdot min^{-1}$、$mol \cdot L^{-1} \cdot h^{-1}$ 等。

绝大多数化学反应在反应过程中的速率是不同的，因此在描述化学反应速率时，有两种表示方法：平均速率(average rate)和瞬时速率(instantaneous rate)。

4.1.2　平均速率

平均速率是指在一定时间间隔内反应物浓度或生成物浓度变化的平均值。例如，N_2O_5 在室温(298.15 K)条件下可以按下面的反应方程式分解：

$$2N_2O_5 \rightleftharpoons 4NO_2 + O_2$$

用浓度改变量表示化学反应速率，即平均速率：

$$\bar{v}(N_2O_5) = -\frac{c(N_2O_5)_2 - c(N_2O_5)_1}{t_2 - t_1} = -\frac{\Delta c(N_2O_5)}{\Delta t}$$

式中的负号是为了使反应速率保持正值。表 4-1 给出了在不同时间内 N_2O_5 浓度的测定值和相应的反应速率。

表 4-1　N_2O_5 的分解速率(298.15 K)

反应时间 t/s	Δt/s	$c(N_2O_5)/(mol \cdot L^{-1})$	$-\Delta c(N_2O_5)/(mol \cdot L^{-1})$	反应速率 $\bar{v}/(mol \cdot L^{-1} \cdot s^{-1})$
0	0	2.10	—	—
100	100	1.95	0.15	1.5×10^{-3}
300	200	1.70	0.25	1.3×10^{-3}
700	400	1.31	0.39	0.99×10^{-3}
1 000	300	1.08	0.23	0.77×10^{-3}
1 700	700	0.76	0.32	0.45×10^{-3}
2 100	400	0.62	0.14	0.35×10^{-3}
2 800	700	0.37	0.19	0.27×10^{-3}

从表 4-1 中数据中可以看出，不同时间间隔里，反应的平均速率不同。该反应的反应速率也可以用 NO_2 或 O_2 的浓度的改变来表示：

$$\bar{v}(NO_2) = \frac{\Delta c(NO_2)}{\Delta t}, \quad \bar{v}(O_2) = \frac{\Delta c(O_2)}{\Delta t}$$

化学动力学规定，以各个不同的速率项除以各自在反应方程式中的计量系数的值来表示某反应的速率。即上述反应速率为

$$\bar{v} = \frac{1}{2}\bar{v}(N_2O_5) = \frac{1}{4}\bar{v}(NO_2) = \bar{v}(O_2)$$

对于一般的化学反应　　　　　　$aA + bB \rightleftharpoons cC + dD$

则有
$$\bar{v} = \frac{1}{a}\bar{v}(A) = \frac{1}{b}\bar{v}(B) = \frac{1}{c}\bar{v}(C) = \frac{1}{d}\bar{v}(D)$$

上述反应速率为该反应在一段时间内的平均速率 $\bar{v}$。

4.1.3 瞬时速率

实验证明，几乎所有化学反应的速率都随反应时间的变化而不断变化。一般来说，反应刚开始时速率较快，随着反应进行，反应物浓度逐渐减少，反应速率不断减慢。因此，有必要应用瞬时速率的概念精确表示化学反应在某一指定时刻的速率。

瞬时速率是指某一反应在某一时刻的真实速率，它等于时间间隔趋于无限小时的平均速率的极限值。

用作图的方法可以求出反应的瞬时速率。将表 4-1 中的 N_2O_5 的浓度对时间作图，如图 4-1 所示。图中曲线的分割线 AB 的斜率表示时间间隔 $\Delta t = t_B - t_A$ 内反应的平均速率 $\bar{v}$，而过 C 点曲线的切线的斜率，则表示该时间间隔内时刻 t_C 时反应的瞬时速率，瞬时速率用 v 表示，若以 N_2O_5 的消耗速率表示，写成 $v(N_2O_5)$。图 4-1 中所示的 DF 线，其切线的斜率 k 表示 $v(N_2O_5)$，故有

$$v(N_2O_5) = \frac{DE}{EF}$$

当 A、B 两点沿曲线向 C 点靠近时，即时间间隔 $\Delta t = t_B - t_A$ 越来越小时，割线 AB 越来越接近切线，割线的斜率 $-\dfrac{\Delta c(N_2O_5)}{\Delta t}$ 越来越接近切线的斜率，当 $\Delta t \to 0$ 时，割线的斜率则变为切线的斜率。因此，瞬时速率 $v(N_2O_5)$ 可以用极限的方法来表达出其定义式：

$$v(N_2O_5) = \lim_{\Delta t \to 0} -\frac{\Delta c(N_2O_5)}{\Delta t}$$

由于瞬时速率真正反映了某时刻化学反应进行的快慢，所以比平均速率更重要，有着更广泛的应用。故以后提到反应速率，一般指瞬时速率。

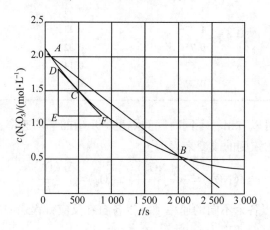

图 4-1　瞬时速度的作图求法

4.2　化学反应速率理论简介

4.2.1　化学反应的碰撞理论

早在 1918 年，路易斯(Lewis)等人运用气体分子运动的理论成果，对气相双分子反应提出了反应速率的碰撞理论(collision theory)。其理论要点为：

(1)发生化学反应的先决条件是反应物分子间必须相互碰撞

是否所有的碰撞都能发生化学变化呢? 下面以碘化氢气体的分解为例，对碰撞理论进行讨论。

$$2HI(g) \Longrightarrow H_2(g) + I_2(g)$$

通过理论计算，浓度为 $1.0×10^{-3}$ mol·L^{-1} 的 HI 气体，在 973 K 时，分子碰撞次数约为 $3.5×10^{28}$ L^{-1}·s^{-1}。如果每次碰撞都发生反应，反应速率应约为 $5.8×10^4$ mol·L^{-1}·s^{-1}。但实验测得，在这种条件下实际反应速率仅约为 $1.2×10^{-8}$ mol·L^{-1}·s^{-1}。实验证明，大多数碰撞并不能引起反应，能够发生反应的碰撞称为有效碰撞(effective collision)。

(2)只有活化分子间的碰撞才可能发生化学反应

碰撞中发生化学反应的分子首先必须具备足够高的能量，才有可能使旧的化学键断裂，形成新的化学键，即发生化学反应。化学动力学中把具有足够能量能发生有效碰撞的分子称为活化分子(activated molecule)；活化分子具有的平均能量与反应物分子平均能量之差称为活化能(energy of activation)，用 E_a 表示。活化分子在全部分子中所占比例及活化分子碰撞次数占碰撞总数的比例符合麦克斯韦-波耳兹曼分布:

$$f = e^{-\frac{E_a}{RT}} \tag{4-1}$$

式中，f 为能量因子，其意义是能量满足要求的碰撞占总碰撞次数的分数；e 为自然对数的底；R 为气体常数；T 为绝对温度；E_a 为反应的活化能。图 4-2 横坐标表示能量在 E 值的气体分子分数，图中阴影面积代表能量在 E_a 以上的活化分子占总分子数的百分率。从图中可以看出活化能越大，活化分子占总分子数的百分率越小，即阴影部分的面积越小。

(3)只有当活化分子采取合适的取向进行碰撞时化学反应才能发生

活化分子间能引起化学反应的碰撞为有效碰撞，如 $NO_2+CO \Longrightarrow NO+CO_2$，只有当 CO 分子中的碳原子与 NO_2 分子中的氧原子相碰撞时才能发生化学反应；而碳原子与氮原子相碰撞的这种取向，则不会发生化学反应，如图 4-3 所示。

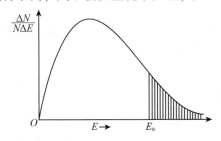

图 4-2　气体分子动能分布曲线

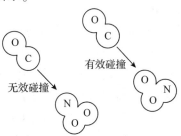

图 4-3　分子碰撞的不同取向

因此，碰撞理论认为，能量只是有效碰撞的一个必要条件，只有取向适当的活化分子间的碰撞才能发生化学反应。对于一个化学反应，其反应速率 v 与分子间的碰撞频率 Z、活化分子百分率 f 及取向因子 P 有关，可用下式表示：

$$v = ZPf = ZPe^{-\frac{E_a}{RT}} \tag{4-2}$$

从图 4-2 和式(4-2)可以看出，活化能 E_a 越高，活化分子比例越小，反应速率 v 越小。活化能 E_a 的单位为 $kJ \cdot mol^{-1}$。每个分子的能量因碰撞而不断改变，因此活化分子并不是固定不变的，但由于当温度一定时分子的能量分布是不变的，所以活化分子的比例，在一定的温度下是固定的。对于不同的反应，活化能是不同的。不同类型的反应，活化能 E_a 相差很大，所以反应速率差别很大。

碰撞理论虽然在处理理想气体分子双分子反应中较为成功，但只是简单地将反应物分子看成没有内部结构的刚性球体，对于涉及结构复杂分子的反应，这个理论适应性则较差。

4.2.2 化学反应的过渡状态理论

随着原子和分子结构理论的发展，20 世纪 30 年代艾林(Eyring)、波兰尼 (Polanyi)等在量子力学和统计力学的基础上提出了化学反应速率的过渡状态理论(transition state theory)。

勇做"活化分子"敢当时代的弄潮儿

过渡状态理论认为，发生化学反应的过程就是具有足够平均能量的反应物分子逐渐接近，旧化学键逐步削弱以至断裂，新化学键逐步形成的过程。在此过程中反应物分子先经过一个中间过渡状态，中间过渡状态的物质称为活化配合物。活化配合物处于高能状态，极不稳定，很快就会分解成产物分子，也可能分解成反应物分子。例如，CO 和 NO_2 的反应，当具有较高能量的 CO 和 NO_2 分子彼此以适当的取向相互靠近时，就形成了一种活化配合物，如图 4-4 所示。

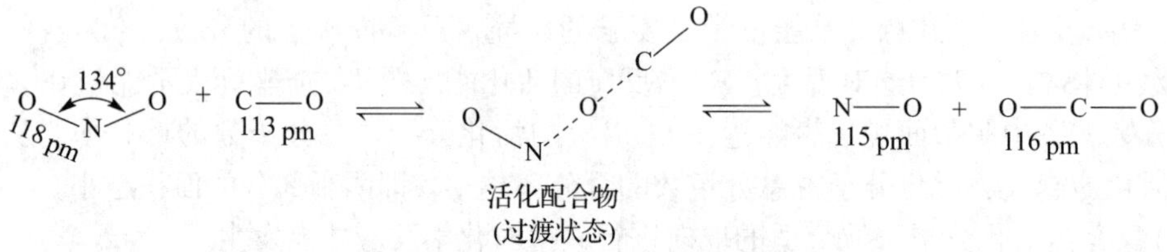

图 4-4 CO 和 NO_2 的反应过程

该反应的速率与下列三个因素有关：活化配合物的浓度，活化配合物分解的概率，活化配合物的分解速率。

过渡状态理论将反应中涉及的物质的微观结构与反应速率结合起来，这是比碰撞理论先进的一面。然而，由于许多反应的活化配合物的结构尚无法从实验上加以确定，同时计算又过于复杂，因此使该理论的应用受到限制。

应用过渡状态理论讨论化学反应时，可将反应过程中体系势能的变化用反应历程–势能图来表示。例如，反应 A + BC → AB + C 的能量变化(图 4-5)，A+BC 和 AB+C 分别表示反应物分子和生成物分子所具有的平均势能，[A···B···C]表示活化配合物所具有的势能，它与反应物和产物之间存在一道能量很高的势垒。反应的活化能就是超越势垒所需的最低能量，等于活化配合物的势能与反应物分子的平均势能的差值。图中 E_a 为正反应活化能，$E_a{'}$ 为逆反应活化能，两者之差就是化学反应的摩尔反应热 ΔH，即

$$\Delta H = E_a - E_a{'}$$

若 $E_a < E_a{'}$ 时，$\Delta H < 0$，反应是放热反应；若 $E_a > E_a{'}$ 时，$\Delta H > 0$，反应是吸热反应。无论反应正向还是逆向进行，都一定经过同一活化配合物状态。由图 4-5 可见，如果正反应是经过一步即可完成的反应，则其逆反应也可以经过一步完成，而且正逆反应经过同一个活化配合物中间体。这就是微观可逆性原理。

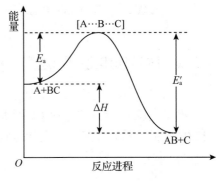

图 4-5　反应的能量变化

碰撞理论考虑了分子的有效碰撞频率等因素，过渡状态理论考虑到了物质内部的微观结构，揭示了化学反应的本质。不同的理论对活化能的定义不同，但都说明了活化能属于物质的本性，是影响反应速率快慢的内因，其数值大小由反应物的本质与反应途径决定，而与反应物的浓度无关。

活化能均为正值，多数反应的活化能大小与破坏一般化学键所需的能量相近，一般化学反应的活化能为 $40 \sim 400\ kJ \cdot mol^{-1}$，大多数为 $60 \sim 250\ kJ \cdot mol^{-1}$。活化能小于 $40\ kJ \cdot mol^{-1}$ 的化学反应通常很快，反应可瞬间完成，如溶液中的中和反应；活化能大于 $400\ kJ \cdot mol^{-1}$ 的反应，通常条件下反应进行得极慢，以致难以觉察。由此可见，活化能是决定化学反应速率大小的重要因素。

4.3　浓度对化学反应速率的影响

大量实验表明，在一定的温度下，增加反应物的浓度可以提高反应速率。这个现象可用碰撞理论进行解释。因为在恒定的温度下，对某一化学反应来说，反应物中活化分子的百分率是一定的。增加反应物浓度时，单位体积内活化分子数目增多，从而增加了单位时间单位体积内反应分子有效碰撞的频率，反应速率加大。

4.3.1　基元反应与复杂反应

实验证明，有些反应从反应物转化为生成物是一步完成的，这样的反应称为基元反应。例如：

$$NO_2 + CO =\!=\!= NO + CO_2$$
$$2NO_2 =\!=\!= 2NO + O_2$$

这些反应都是基元反应（elementary reaction）。而大多数反应是多步完成的，这些反应称为非基元反应（non-elementary reaction）或复杂反应（complex reaction）。

例如，反应 $2N_2O_5 =\!=\!= 4NO_2 + O_2$ 是由以下三个步骤完成的：

$$N_2O_5 =\!=\!= N_2O_3 + O_2（慢）\tag{1}$$
$$N_2O_3 =\!=\!= NO_2 + NO（快）\tag{2}$$

$$N_2O_5 + NO \Longrightarrow 3NO_2(快) \tag{3}$$

将这三个基元反应所表示的总反应所经历的具体途径称为反应机理(reaction mechanism)或反应历程。上述反应(1)是慢反应,限制和决定了整个复杂反应的速率,称为定速步骤或速率控制步骤。化学动力学的重要任务之一就是研究反应机理,确定反应历程,揭示反应速率的本质。

4.3.2 质量作用定律和速率方程

1863 年,挪威化学家古德贝格(Guldberg)和瓦格(Waage)总结了前人的大量工作,并结合自己的实验提出了:在一定温度下,基元反应的化学反应速率与反应物浓度以其计量数为指数的幂的连乘积成正比。这就是质量作用定律(law of mass action)。如基元反应:

$$aA + bB \Longrightarrow gG + hH$$
$$v \propto c^a(A)\,c^b(B)$$
$$v = kc^a(A)c^b(B) \tag{4-3}$$

式(4-3)是质量作用定律的数学表达式,也是基元反应的速率方程。式中,k 为速率常数(rate constant),与反应物的本性、温度和催化剂等因素有关,与反应物浓度无关。

由式(4-3)可知,当 $c(A)$ 和 $c(B)$ 均为 $1\ mol \cdot L^{-1}$ 时,有 $v = k$,所以 k 在数值上等于各反应物浓度均为 $1\ mol \cdot L^{-1}$ 时的反应速率,k 是表示反应速率快慢的特征常数,其单位为 $mol^{1-(a+b)} \cdot L^{(a+b)-1} \cdot s^{-1}$,因此可以看出,速率常数的单位与 $(a+b)$ 有关。

质量作用定律仅适用于基元反应。所以在写反应速率方程时,可直接根据此定律写出其速率方程,且速率方程中指数与化学反应方程式中的反应系数相一致。但大多数化学反应不是基元反应,而是由两个或多个基元反应构成的复杂反应,其反应速率是由最慢的一个基元反应定速步骤所决定的,如 $A_2 + B \Longrightarrow A_2B$ 的反应,是由两个基元反应构成的:

$$A_2 \Longrightarrow 2A \qquad (慢反应)$$
$$2A + B \Longrightarrow A_2B \qquad (快反应)$$

该反应的速率方程为:$v = kc(A_2)$,对于这种复杂反应,其反应的速率方程只有通过实验来确定。同时,在书写速率方程时还要注意:纯固态、液态物质的浓度可视为常数,不列入反应方程式中。而且在稀溶液中溶剂参与的反应,速率方程中也不必标出溶剂的浓度。因为在稀溶液中,溶剂的量很大,在整个变化过程中,溶剂的相对变化量非常小,所以其浓度可近似地看作常数。例如,在稀的蔗糖溶液中,蔗糖水解生成葡萄糖和果糖的反应,当温度和酸度一定时,反应速率与蔗糖的浓度成正比:

$$C_{12}H_{22}O_{11}(蔗糖) + H_2O \xrightarrow{\text{酶催化}} C_6H_{12}O_6(果糖) + C_6H_{12}O_6(葡萄糖)$$

由质量作用定律,得出 $v = kc(蔗糖)$。

例 4-1 303 K 时,乙醛分解反应 $CH_3CHO(g) \Longrightarrow CH_4(g) + CO(g)$ 为一非基元反应,反应速率与乙醛浓度的关系如下:

$c(CH_3CHO)/(mol \cdot L^{-1})$	0.10	0.20	0.30	0.40
$v/(mol \cdot L^{-1} \cdot s^{-1})$	0.025	0.102	0.228	0.406

(1)写出反应的速率方程;(2)求速率常数 k;(3)求 $c(CH_3CHO) = 0.25\ mol \cdot L^{-1}$ 时的

反应速率。

解：（1）设速率方程为 $v=kc^n(CH_3CHO)$，可以任选两组数据，代入速率方程求 n 值，如选第一、第四组数据得

$$0.025=k\times(0.10)^n,\ 0.406=k\times(0.40)^n$$

两式相除得

$$\frac{0.025}{0.406}=\frac{(0.10)^n}{(0.40)^n}=\left(\frac{1}{4}\right)^n$$

解得 $n\approx2$，故该反应的速率方程为

$$v=kc^2(CH_3CHO)$$

（2）将任一组实验数据（如第三组）代入速率方程：

$$0.228=k\times(0.30)^2$$

得

$$k=2.53\ mol^{-1}\cdot L\cdot s^{-1}$$

（3）当 $c(CH_3CHO)=0.25\ mol\cdot L^{-1}$ 时，

$$v=kc^2(CH_3CHO)=2.53\times(0.25)^2=0.158\ mol\cdot L^{-1}\cdot s^{-1}$$

4.3.3　反应分子数和反应级数

反应分子数是指基元反应或复杂反应的基元步骤中发生反应所需要的微粒（分子、原子、离子或自由基）的数目。反应分子数只能对基元反应或复杂反应的基元步骤而言，非基元反应不能谈反应分子数，不能认为反应方程式中，反应物的计量数之和就是反应的分子数。根据参加反应的分子数可将反应划分为单分子反应、双分子反应和三分子反应，除此之外，四分子或更多分子的反应尚未发现。

反应级数（reaction order）是指反应的速率方程中各反应物浓度的指数之和。

表 4-2 列出了几个反应和它们的速率方程和反应级数。

表 4-2　某些化学反应的速率方程和反应级数

反应	反应的速率方程	反应级数
①　$2NH_3\rightarrow3H_2+N_2$	$v_1=k$	0
②　$SO_2Cl_2\rightarrow SO_2+Cl_2$	$v_2=kc(SO_2Cl_2)$	1
③　$NO_2+CO\rightarrow NO+CO_2$	$v_3=kc(NO_2)c(CO)$	2
④　$2H_2+2NO\rightarrow2H_2O+N_2$	$v_4=kc(H_2)c^2(NO)$	3

各反应的反应级数等于速率方程式中该反应物浓度的方次数，如表中反应④，对于 H_2 的反应级数为 1，对 NO 的反应级数为 2，总反应级数为 3。

反应级数是通过实验测得的。一般而言，基元反应中反应物的反应级数等于反应式中的反应物计量系数之和。而复杂反应中这两者往往不同，且反应级数可能因实验条件改变而发生变化。反应级数可以是整数，也可以是分数或零。应该注意的是，即使由实验测得的反应级数与反应式中反应物计量数之和相等，该反应也不一定是基元反应。

例如反应：

$$H_2(g)+I_2(g)\Longrightarrow2HI(g)$$

实验测得速率方程为：

$$v=kc(H_2)c(I_2)$$

它却是个复杂反应，反应由两个基元反应完成：

$$I_2 \Longrightarrow I+I \quad (快) \tag{1}$$

$$H_2+2I \Longrightarrow 2HI \quad (慢) \tag{2}$$

反应速率是由反应(2)决定的,其速率方程为:

$$v=k_2 c(H_2) \ c^2(I)$$

由于(1)是快反应,(2)又进行的比较慢,故反应(1)会很快达到平衡状态,可知

$$v_1(正)=v_1(逆), \quad 即 \ k_1(正) \ c(I_2)=k_1(逆) \ c^2(I)$$

所以 $v=-\dfrac{\mathrm{d}c}{\mathrm{d}t}=kc$,代入速率方程得

$$v=\frac{k_1(正)}{k_1(逆)}k_2 c(H_2) c(I_2)$$

令 $k=\dfrac{k_1(正)}{k_1(逆)}k_2$,可得总反应的速率方程 $v=kc(H_2) \ c(I_2)$

4.3.4 一级反应

凡是反应速率与反应物浓度的一次方成正比的反应即为一级反应,其速率方程可表示为:

$$v=-\frac{\mathrm{d}c}{\mathrm{d}t}=kc \tag{4-4}$$

式(4-4)为速率方程式的微分形式,其意义是间隔微小的时间内的浓度变化,表明了速率 v 与浓度 c 之间的关系。将式(4-4)分离变量得

$$-\frac{\mathrm{d}c}{c}=k\mathrm{d}t \tag{4-5}$$

再将式(4-5)定积分:

$$\int_{c_0}^{c} -\frac{\mathrm{d}c}{c} = \int_{0}^{t} k\mathrm{d}t \tag{4-6}$$

得

$$\ln \frac{c_0}{c}=kt \tag{4-7}$$

即

$$\ln c = -kt+\ln c_0 \quad 或 \ \lg c=-\frac{kt}{2.303}+\lg c_0 \tag{4-8}$$

式中, c_0 为反应物的初始浓度; c 为某一时刻的反应物浓度。

反应物恰好消耗掉一半时所需要的时间为半衰期,用 $t_{1/2}$ 表示,由式(4-7)可得

$$t_{1/2}=\frac{1}{k}\ln \frac{c_0}{c}=\frac{1}{k}\ln 2=\frac{0.693}{k} \tag{4-9}$$

从式(4-9)可以看出:一级反应的半衰期与反应物起始浓度无关;知道了速率常数 k,就可以求出半衰期 $t_{1/2}$;同样知道了半衰期 $t_{1/2}$,也可以求出速率常数 k,在众多的化学反应中一级反应是较为常见的。例如,放射性元素的蜕变,某些热分解反应,一些分子的重排反应,都属于一级反应。

例 4-2 对某山洞内一堆带有灰烬的木材分析发现,其 ^{14}C 含量为总碳量的 $8.8\times10^{-14}\%$,已知在植物活体中 ^{14}C 含量为总碳量的 $1.1\times10^{-13}\%$, ^{14}C 的半衰期为 5 720 年,试判断此堆带有灰烬的木材的年代。

解：由 $t_{1/2} = \dfrac{0.693}{k}$，得

$$k = \frac{0.693}{5720} = 1.21 \times 10^{-4} \text{年}$$

再据 $\ln \dfrac{c_0}{c} = kt$，得

$$t = \frac{1}{k} \ln \frac{c_0}{c} = \frac{1}{1.21 \times 10^{-4}} \ln \frac{1.1 \times 10^{-13}\%}{8.8 \times 10^{-14}\%} = 1\,844 \text{ 年}$$

所以，此堆带有灰烬的木材距今已有 1 844 年。

4.4　温度对化学反应速率的影响

温度对化学反应速率的影响特别显著。例如，夏季食物易变质；压力锅将温度上升到 120℃，食物更易煮熟；氢气与氧气化合生成液态水的反应，在室温条件下作用极慢，但是将温度升高到 1 073 K，它们立即起反应，甚至发生爆炸。这些现象表明，多数情况下，升高温度可使化学反应的速率加快。

范特霍夫依据大量实验提出经验规则：温度每升高 10 K，反应速率就增大到原来的 2~4 倍，即

范特霍夫

$$\frac{k_{T+10}}{k_T} = 2 \sim 4$$

这就是范特霍夫规则。可以认为，温度升高时分子运动速率增大，分子间碰撞频率增加，反应速率加快。另外一个重要的原因是温度升高，活化分子的百分率增大，有效碰撞的百分率增加，使反应速率大大加快。无论是吸热反应还是放热反应，温度升高时反应速率都是增加的。

1889 年阿伦尼乌斯总结了大量实验事实，指出反应速率常数和温度间的定量关系为

$$k = A \mathrm{e}^{-\frac{E_a}{RT}} \tag{4-10}$$

对式(4-10)取自然对数，得

阿伦尼乌斯

$$\ln k = -\frac{E_a}{RT} + \ln A \tag{4-11}$$

对式(4-10)取常用对数，得

$$\lg k = -\frac{E_a}{2.303RT} + \lg A \tag{4-12}$$

式(4-10)~式(4-12)均称为阿伦尼乌斯公式。式中，k 为反应速率常数；E_a 为反应活化能；R 为气体常数；T 为热力学温度；A 为一常数，称为指前因子(preexponential factor)或频率因子(frequency factor)。在浓度相同的情况下，可以用速率常数来衡量反应速率。

对于同一反应，在温度 T_1 和 T_2 时，反应速率常数分别为 k_1 和 k_2。则

$$k_1 = Ae^{-\frac{E_a}{RT_1}}$$

$$k_2 = Ae^{-\frac{E_a}{RT_2}}$$

结合以上二式，得

$$\ln \frac{k_2}{k_1} = \frac{-E_a}{R}\left(\frac{1}{T_2} - \frac{1}{T_1}\right) \tag{4-13}$$

即

$$\ln \frac{k_2}{k_1} = \frac{E_a}{R}\left(\frac{T_2 - T_1}{T_1 T_2}\right) \tag{4-14}$$

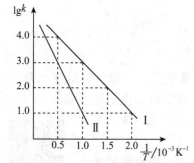

图 4-6　温度与反应速率常数的关系

阿伦尼乌斯公式不仅说明了反应速率与温度的关系，还可以说明活化能对反应速率的影响。这种影响可以通过图 4-6 看出。

式(4-12)是阿伦尼乌斯公式的对数形式，从此式可得，$\lg k$ 对 $\frac{1}{T}$ 作图应为一直线，直线的斜率为 $-\frac{E_a}{2.303R}$，截距为 $\lg A$。图 4-6 中两条斜率不同的直线，分别代表活化能不同的两个化学反应。斜率较小的直线 Ⅰ 代表活化能较小的反应，斜率较大的直线 Ⅱ 代表活化能较大的反应。利用作图方法，可以求得反应的活化能，因为直线的斜率为 $-\frac{E_a}{2.303R}$，知道了图中直线的斜率，便可求出 E_a，得到的是实验数据的平均值。

图 4-6 可以说明，活化能较大的反应，其反应速率随温度的升高增加较快，所以升高温度更有利于活化能较大的反应进行。例如，当温度从 1 000 K 升高到 2 000 K 时(图中横坐标 1.0 到 0.5)，活化能较小的反应(Ⅰ)，k 值从 1 000 增大到 10 000，扩大 10 倍；而活化能较大的反应(Ⅱ)，k 值从 10 增大到 1 000，扩大 100 倍。对一给定反应如反应(Ⅰ)，如果要把反应速率扩大 10 倍，在低温区使 k 值从 10 增加到 100，只需升温 166.7 K；而在高温区使 k 值从 1 000 增加到 10 000，则需升温 1 000 K。这说明一个反应在低温时速率随温度的变化比在高温时显著得多。

同时，温度对反应速率的影响与活化能的大小也有关：在相同的温度区间升高相同的温度，活化能大的反应，其速率常数扩大的倍数较大，而活化能小的速率常数扩大的倍数较小。

例 4-3　已知某反应的活化能 $E_a = 180\ \text{kJ} \cdot \text{mol}^{-1}$，在 600 K 时速率常数 $k_1 = 1.3 \times 10^{-8}\ \text{L} \cdot \text{mol}^{-1} \cdot \text{s}^{-1}$，求 700 K 时的速率常数 k_2。

解：

$$\ln \frac{k_2}{k_1} = \frac{E_a}{R}\left(\frac{T_2 - T_1}{T_1 T_2}\right)$$

代入数据：

$$\ln \frac{k_2}{1.3 \times 10^{-8}} = \frac{180 \times 10^3}{8.314}\left(\frac{700 - 600}{700 \times 600}\right)$$

得

$$k_2 = 2.25 \times 10^{-6}\ \text{L} \cdot \text{mol}^{-1} \cdot \text{s}^{-1}$$

4.5　催化剂对化学反应速率的影响

4.5.1　催化剂的概念

催化剂（catalyst，缩写为 cat）是一种能改变化学反应速率，其本身在反应前后质量和化学组成均不改变的物质。凡能加快反应速率的催化剂叫作正催化剂，凡能减慢反应速率的催化剂叫作负催化剂。一般提到催化剂时，若不明确指出是负催化剂时，则均指有加快反应速率作用的正催化剂。

许多实验测定指出，催化剂能加快反应速率的原因是因为催化剂参与了化学反应，改变了反应历程，降低了活化能，如图 4-7 所示。E_a 是反应的活化能，E_{ac} 是加催化剂后反应的活化能，$E_a > E_{ac}$。催化剂降低了活化能，增加

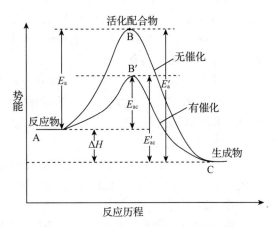

图 4-7　催化反应和原反应的能量图

了活化分子百分率，加快了反应速率。从图 4-7 可以看出逆反应的活化能 E_a' 降为 E_{ac}'，这表明催化剂不仅加快正反应的速率，同时也加快逆反应的速率。

从图 4-7 还可以看出，催化剂既不改变反应物和生成物的相对能量，也不改变反应始态和终态，只改变反应途径，即不改变原反应的 $\Delta_r H_m$ 和 $\Delta_r G_m$，这说明催化剂只能加速热力学上认为可能进行的反应。

4.5.2　催化剂的特点

催化剂具有一定选择性，某种催化剂只能催化某一个或某几个反应，不存在万能催化剂。某些物质对催化剂的性能有很大的影响，有些物质可以大大增强催化剂的能力，我们把这些物质叫作助催化剂。有些物质可以严重降低甚至完全破坏催化剂的活性，这些物质称为催化剂毒物，这种现象称为催化剂中毒。

催化剂按与反应物相与相之间的关系，分为均相催化反应和多相催化反应。

均相催化：是指催化剂与反应物处于同一相内的催化反应。在均相催化中，最普遍而又重要的一种是酸碱催化反应。例如，在酯的水解中，强酸可作催化剂。

$$CH_3COOCH_3 + H_2O \xrightarrow{\;H^+\;} CH_3COOH + CH_3OH$$

强碱可催化 H_2O_2 的分解：

$$2H_2O_2 \xrightarrow{\;OH^-\;} 2H_2O + O_2$$

在均相催化反应中也有一类不需另加催化剂而自动发生催化作用的。例如，向含有硫酸的 H_2O_2 溶液中加入 $KMnO_4$，开始反应很慢，但经过一段时间，反应速率逐渐加快，$KMnO_4$ 颜色迅速褪去，这是由于反应生成的 Mn^{2+} 离子对反应具有催化作用。

多相催化：又称非均相催化，指的是催化剂与反应物处于不同相内的催化反应。最常见

的催化剂是固体，反应物为气体或液体。重要的化工生产如合成氨反应、接触法制硫酸、氨氧化法生产硝酸等，由于催化反应发生在固体表面，所以又称表面催化反应。

酶催化反应广泛地存在于生物体内，是介于均相催化反应和多相催化反应之间的一类反应。

酶催化：酶是生物体内产生的具有高效催化性能的蛋白质。几乎一切生命现象都与酶有关，可以说，没有酶催化就没有生命。酶催化反应应用于工业生产，可简化工艺，降低能耗，减少污染，现已可用酶法生产乙醇、氨基酸、抗生素等重要的化工和医药产品。

酶催化反应为零级反应，其速率只与酶浓度有关，与反应物浓度无关。酶催化反应与一般催化反应相比，具有以下特点：

①选择性高　如脲酶只能专一催化尿素水解为 CO_2 和 NH_3，对别的反应不起作用。

②催化效率高　酶能显著降低活化能，其催化效率一般为酸碱催化剂的 $10^8 \sim 10^{11}$ 倍。例如，H_2O_2 的分解反应在 0℃ 时用过氧化氢酶催化是无机催化剂钯催化的 5.7×10^{11} 倍，是不用催化剂的 6.3×10^{12} 倍。

③反应条件温和　一般在常温常压下进行，介质为中性或接近中性。例如，某些植物内部的固氮酶在常温常压下能固定空气中的 N_2 并将其转化为 NH_3，而以铁系催化剂的合成氨工业则需高温高压。

由于酶催化的诸多优点，使模拟生物酶成为催化研究的一个活跃领域，酶学研究及其催化功能的实际应用也将会在不久的将来有重大突破和广泛的应用。

拓展阅读

缓蚀剂

缓蚀剂是一种以适当的浓度和形式存在于环境中时，可以防止或减缓腐蚀的化学物质或几种化学物质的混合物。一般来说，缓蚀剂是指那些用在金属表面起防护作用的物质，加入微量或少量这类化学物质，可使金属材料在该介质中的腐蚀速度明显降低直至为零，同时还能保持金属材料原来的物理、力学性能不变。合理使用缓蚀剂，是防止金属及其合金在环境介质发生腐蚀的有效方法。

由于具有良好的效果和较高的经济效益，缓蚀剂技术已成为金属防腐蚀的主要手段之一，广泛应用在化学清洗、大气环境、工业用水、仪器仪表制造及石油化工等领域。

缓蚀剂按照化学组成分类，可以分为：

①无机缓蚀剂　包括亚硝酸/硝酸盐、铬酸/重铬酸盐、磷酸盐、硅酸盐、钼酸盐、含砷化合物等。

②有机缓蚀剂　包括胺类、醛类、炔醇类、有机磷化合物、有机硫化合物、羧酸及其盐类、磺酸及其盐类、杂环化合物等。

无机缓蚀剂多半使金属生成不溶性钝化膜层或反应膜层；有机缓蚀剂大部分主要因为吸附在金属表面，改变金属表面的状态而起缓释作用，苯甲酸钠与无机缓蚀剂作用相似。

缓蚀剂按电化学机理分类，可以分为：

①阳极型缓蚀剂　又称阳极抑制型缓蚀剂，主要是抑制阳极过程而使腐蚀速度减缓。它们能增加阳极极化，从而使腐蚀电位正移。通常是缓蚀剂的阴离子移向金属阳极使金属钝化。该类缓蚀剂属于危险型缓蚀剂，用量不足会加快腐蚀。

亚硝酸盐、硝酸盐、苯甲酸钠属于此类；铬酸盐、磷酸盐、钼酸盐、钨酸盐等在酸性溶液中也属于此类。

②阴极型缓蚀剂　能使阴极过程减慢，增大酸性溶液中氢析出的过电位，减小腐蚀电位、减弱金属的腐蚀，如酸式碳酸钙、聚磷酸盐、硫酸锌、砷离子、锑离子等。该类缓蚀剂属于安全型缓蚀剂。

③混合型缓蚀剂　指同时抑制阳极反应和阴极反应的缓蚀剂，如含氮、含硫以及既含氮又含硫的有机化合物、琼脂、生物碱、硅酸钠、铝酸钠等。

习　　题

一、选择题

1. 对于一个给定条件下的反应，随着反应的进行（　　）。

A. 速率常数 k 变小　　　　　　　　　　B. 平衡常数 $K^{\ominus}$ 变大

C. 正反应速率降低　　　　　　　　　　　D. 逆反应速率降低

2. 催化剂改变反应速率的原因（　　）。

A. 降低反应热　　　　　　　　　　　　　B. 改变活化能

C. 增加分子碰撞概率　　　　　　　　　　D. 使反应正方向移动

3. 当反应 $A_2 + B_2 =\!=\!= 2AB$ 的反应速率方程式为 $v = kc(A_2) \cdot c(B_2)$ 时，则此反应（　　）。

A. 一定是基元反应　　　　　　　　　　　B. 一定是非基元反应

C. 无法肯定是否是基元反应　　　　　　　D. 对 A 来说是二级反应

4. 某反应在温度为 T_1 时的反应速率常数为 k_1，T_2 时的反应速率常数为 k_2，且 $T_2 > T_1$，$k_1 < k_2$，则必有（　　）。

A. $E_a < 0$　　　　　　B. $E_a > 0$　　　　　　C. $\Delta_r H_m^{\ominus} < 0$　　　　　　D. $\Delta_r H_m^{\ominus} > 0$

5. 增大反应物浓度，使反应速率加快的原因为（　　）。

A. 分子数目增加　　　　　　　　　　　　B. 反应系统混乱度增加

C. 反应的活化能下降　　　　　　　　　　D. 单位体积内高能量分子数增加

二、填空题

1. 已知基元反应 $A(g)+B(g)=\!=\!=C(g)$，其速率方程式为_____，反应级数为_____，速率常数的单位为_____。

2. 已知各基元反应的活化能见下表

序号	A	B	C	D	E
正反应活化能/(kJ·mol⁻¹)	70	16	40	20	20
逆反应活化能/(kJ·mol⁻¹)	20	35	45	80	30

在相同温度时：

(1)正反应是吸热反应的是_____。

(2)放热最多的是_____。

(3)正反应速率常数最大的是_____。

(4)反应可逆程度最大的反应是_____。

(5)正反应的速率常数随温度变化最大的是_____。

3. 某温度下反应 $2A(g)+B(g)=\!=\!=2C(g)$ 的速率常数 $k = 8.8 \times 10^{-2}\ mol^{-2} \cdot L^2 \cdot min^{-1}$，已知反应对 B 来

说是为一级反应，则对 A 来说为_____级反应，速率方程为_____，当反应物的浓度都是 $0.05\ mol \cdot L^{-1}$ 时，其反应速率为_____。

4. 已知反应 $S_2O_8^{2-}(aq)+3I^-(aq)\!\!=\!\!\!=\!\!2SO_4^{2-}(aq)+I_3^-(aq)$ 在某温度下的速率常数为 $0.50\ L \cdot mol^{-1} \cdot s^{-1}$，则该反应的反应级数为(填数字)_____。

5. 由实验测得 $2NH_3(g)\!\!=\!\!\!=\!\!N_2(g)+3H_2(g)$ 的反应速率与 NH_3 的分压无关，故其速率方程为_____。

6. 催化剂改变了_____，降低了_____，从而增加了_____，使反应速率增大。

三、判断题

1. 温度升高，使活化分子百分数增多，反应物分子有效碰撞增多，反应速率增大。　　　　( )

2. 活化分子的碰撞是有效碰撞。　　　　( )

3. 在一定温度下，对于某化学反应，随着化学反应的进行，反应速率逐渐减慢，反应速率常数逐渐变小。　　　　( )

4. 反应的活化能越小，反应速率越小。　　　　( )

5. 催化剂不能改变反应的 ΔG、ΔH、ΔU、ΔS。　　　　( )

四、计算题

1. 在某处高山上测得纯水 90℃ 沸腾。100℃ 下 3 min 可煮熟的鸡蛋，在这样的高山上需多少时间方可煮熟？假定鸡蛋被煮熟(即蛋白质变质)过程的活化能为 $5.18×10^2\ kJ \cdot mol^{-1}$。

2. ^{203}Hg 可用于进行肾扫描。某医院购入 $0.200\ mg\ ^{203}Hg\,(NO_3)_2$ 试样，6 个月 (182 d) 后，未发生衰变的试样还有多少？已知 ^{203}Hg 的半衰期为 46.1 d。

3. 实验测定下列反应 $Br_2(g)+2NO(g)\!\!=\!\!\!=\!\!2NOBr(g)$ 对 Br_2 为一级反应，对 NO 是二级反应，某温度下速率常数等于 $0.050\ L^2 \cdot mol^{-2} \cdot s^{-1}$。(1)求反应的总反应级数。(2)温度不变，当 Br_2 浓度为 $0.10\ mol \cdot L^{-1}$，NO 浓度为 $0.050\ mol \cdot L^{-1}$ 时，求反应速率。

4. 600 K 时，反应 $2NO+O_2\!\!=\!\!\!=\!\!2NO_2$ 的实验数据如下：

初始浓度/(mol·L⁻¹)		初始速率/(mol·L⁻¹·s⁻¹)
$c(NO)$	$c(O_2)$	(NO 浓度降低的速率)
0.010	0.010	$2.5×10^{-3}$
0.010	0.020	$5.0×10^{-3}$
0.030	0.020	$4.5×10^{-2}$

(1)写出上述反应的速率方程式，反应级数是多少？ (2)试计算速率常数。 (3)当 $c(NO)=0.015\ mol \cdot L^{-1}$，$c(O_2)=0.025\ mol \cdot L^{-1}$ 时反应速率是多少？

5. 合成氨反应一般在 773 K 下进行，没有催化剂时反应的活化能约为 $326\ kJ \cdot mol^{-1}$，使用还原剂铁粉作催化剂时，活化能降低至 $175\ kJ \cdot mol^{-1}$。计算加入催化剂后，反应速率扩大了多少倍？

习题解答

第 5 章　原子结构与元素周期律

教学目的和要求：

(1)了解氢原子结构模型，了解微观粒子运动的特征。

(2)了解原子轨道、电子云等概念，掌握四个量子数的取值及物理意义。熟悉 s、p、d 原子轨道与电子云的形状和空间伸展方向。

(3)掌握多电子原子轨道近似能级图和核外电子排布，并能确定它们在周期表中的位置。

(4)掌握元素周期表的分区，熟悉元素基本性质的周期性变化规律。

物质是由分子组成的，分子是由原子构成的，原子是构成物质的基本单元。不同的物质之所以表现出各自不同特征的性质，其根本原因在于物质微观结构的差异。因此，要从根本上阐明物质发生变化的本质，就必须从微观的角度来研究物质，掌握物质的内部组成和结构。

本章将简要介绍微观粒子的特殊性和独特运动规律，讨论氢原子模型、多电子原子核外电子的排布与周期律，以及元素基本性质的周期性变化等知识。

5.1　原子结构理论发展概况

5.1.1　原子结构模型

人们对原子的组成和核外电子运动特征的认识，随着社会进步和科学技术的发展，原子结构模型也在不断发展。大约在公元前 400 年，古希腊哲学家德谟克利特(Democritus)就认为，原子是组成宇宙万物的最小的、不可再分的、永存不变的微粒。随着质量守恒定律、当量定律等的发现，人们对原子的概念有了新的认识。1803 年，英国化学及物理学家道尔顿(Dalton)提出了近代原子学说，认为原子是不可再分的实心球体，是组成所有物质的不能毁灭的最小粒子。单质由相同的原子组成，化合物由不同的原子组成，不同元素的原子质量和性质不同。1897 年，英国科学家汤姆生(J. J. Thomson)进行了测定阴极射线荷质比的低压气体放电实验，测定了电子的荷质比。1904 年提出"葡萄干面包式"的原子结构模型。1911 年，英国物理学家卢瑟福(E. Rutherford)根据 α 粒子散射实验结果，提出了新的原子模型——有核原子模型。1913 年，丹麦物理学家玻尔(Bohr)在有核原子模型的基础上附加了量子化条件，建立了著名的玻尔原子结构模型，成功地解释了氢原子光谱，促进了量子论在原子结构理论中的应用。玻尔理论是经典物理学向量子力学发展的重要过渡阶段。20 世纪

20 年代中后期，已经揭示了微观粒子运动的特殊性，取代了经典力学，1926 年量子力学模型诞生。

5.1.2 氢原子光谱

太阳光或白炽灯发出的白光，是一种混合光，它通过三棱镜折射后，便分成红、橙、黄、绿、蓝、紫等不同波长的光谱。这种光谱叫作连续光谱。一般白炽的固体、液体、高压下的气体都能给出连续光谱。当原子被激发时，发出的光辐射经过三棱镜后只能看到几条亮线，这种光谱叫作不连续光谱，或称线状光谱。氢原子光谱就是一种最简单的不连续光谱，如图 5-1 所示。每种原子都有自己的特征不连续光谱，称为原子光谱。这使我们认识到原子光谱与原子结构之间势必存在着一定的关系。

1913 年瑞典物理学家里德堡(J. R. Rydberg)在巴尔麦(J. J. Balmer)工作的基础上，找出了能概括谱线的波数之间普遍联系的经验公式——里德堡公式：

$$\nu = R\left(\frac{1}{n_1^2} - \frac{1}{n_2^2}\right) \tag{5-1}$$

式中，ν 为频率；R 为里德堡常数，其值为 3.289×10^{15} s^{-1}；n_1 和 n_2 为正整数，而且 $n_2 > n_1$。后来根据里德堡常数在氢光谱的紫外线区和红外线区分别发现了莱曼(T. Lyman)线系和帕邢(F. Parschen)线系。这些谱线系中，各谱线的频率都符合式(5-1)所表示的关系。事实证明，该经验公式在一定程度上反映了原子光谱的规律性。

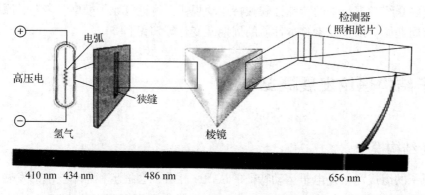

图 5-1 氢原子光谱的形成

5.1.3 玻尔理论

1900 年，德国物理学家普朗克(M. Planck)首先提出了著名的量子化理论。普朗克认为能量像物质微粒一样是不连续的，它具有最小的能量单位——量子。物质吸收或发射的能量总是量子能量的整倍数。能量以光的形式传播时，其最小单位又称光量子，也称光子。光子能量的大小与光的频率成正比：

$$E = h\nu \tag{5-2}$$

式中，E 为光子的能量；ν 为光的频率；h 为普朗克常数，其值为 6.626×10^{-34} J·s。物质以光的形式吸收或放出的能量只能是光量子能量的整数倍，即称这种能量是量子化的。

　　电量的最小单位是一个电子的电量，故电量也是量子化的。量子化的概念只有在微观领域里才有意义，量子化是微观领域的重要特征。而在宏观世界中，以一个光子的能量为单位去计算能量或以一个电子的电量去计算电量都是没有意义的。

　　为了解释氢原子光谱不是连续光谱而是线状光谱，1913 年丹麦物理学家玻尔在普朗克量子论、爱因斯坦（Einstein）光子学说和卢瑟福有核原子模型的基础上，提出了新的原子结构理论，即玻尔理论。

　　玻尔理论的三点假设：

　　①电子不是在任意轨道上绕核运动，而是在一些符合一定条件的轨道上运动。这些轨道的角动量 P，必须等于 $h/2\pi$ 的整数倍，即

$$P = mvr = n\frac{h}{2\pi} \tag{5-3}$$

式中，m 为电子的质量；v 为电子运动的速度；r 为轨道半径；h 为普朗克常数；π 为圆周率；n 为正整数，式(5-3)称为玻尔的量子化条件。这些符合量子化条件的轨道称为稳定轨道，它具有固定的能量 E。电子在稳定的轨道上运动时，并不放出能量。

　　②电子在离核越远的轨道上运动，其能量越大。在正常情况下，原子中的各电子尽可能处在离核最近的轨道上。这时原子的能量最低，即原子处于基态。当原子从外界获得能量时（如灼热、放电、辐射等），电子可以跃迁到离核较远的轨道上，即电子被激发到较高能量的轨道上。这时原子和电子处于激发态。根据量子化条件，氢原子各原子轨道的能量可由下式计算：

$$E_n = \frac{-13.6}{n^2}\,\text{eV} = -\frac{2.179\times10^{-18}}{n^2}\,\text{J} \qquad n = 1,\ 2,\ 3,\ \cdots \tag{5-4}$$

　　③处于激发态的电子不稳定，可以跃迁到离核较近的轨道上，这时会以光子的形式放出能量，即释放出光能。光的频率决定于能量较高的轨道的能量与能量较低的轨道的能量之差：

$$h\nu = E_2 - E_1 \tag{5-5}$$

式中，E_2 为电子处于激发态时的能量；E_1 为低能量轨道的能量；ν 为频率；h 为普朗克常数。

　　玻尔理论成功地解释了氢光谱产生的原因和规律性，根据玻尔理论，在通常条件下，氢原子中的电子在特定的稳定轨道上运动，这时它不会放出能量。同时氢原子也不会发生自发毁灭的现象。但是，当氢原子受到放电等能量激发时，核外电子获得能量从基态跃迁到激发态。处于激发态的电子极不稳定，它会迅速地回到能量较低的轨道，并以光子的形式放出能量。

　　玻尔理论虽然成功地解释了原子的发光现象、氢原子光谱的规律性，但它的原子模型仍然有局限性。玻尔理论虽然引用了普朗克的量子化概念，但它毕竟还属于旧量子论的范畴。旧量子论在某些方面反映了微观世界的特征，所以它能部分地解释某些现象。但旧量子论是不彻底的，它只是在经典力学连续性概念的基础上，加上了一些人为的量子化条件。虽然它不能正确反映微粒运动的规律，然而它显示出量子假说的生命力，为经典物理学向量子物理学发展铺平了道路。

5.2　微观粒子运动的特征

5.2.1　微观粒子的波粒二象性

（1）光的波粒二象性

20 世纪初，人们根据光的干涉、衍射和光电效应等各种实验结果认识到光既具有波的性质，又具有粒的性质，即光具有波粒二象性。普朗克的量子论和爱因斯坦的光子学说中提出了关系式(5-2)。结合相对论中的质能联系定律 $E=mc^2$，可以推出光子的波长 λ 和动量 P 之间的关系

$$P=mc=\frac{E}{c}=\frac{h\nu}{c}=\frac{h}{\lambda} \tag{5-6}$$

式 (5-2) 和式(5-6)中，左边是表征粒子性的物理量能量 E 和动量 P，右边是表征波动性的物理量频率 ν 和波长 λ，这两种性质通过普朗克常数定量地联系起来了，从而很好地揭示了光的本质。波粒二象性是光的属性，在一定条件下，波动性比较明显；在另一种条件下，粒子性比较明显。

（2）电子的波粒二象性

1924 年，法国物理学家德布罗意(Louis de Broglie)提出了微观粒子具有波粒二象性的假设，并根据波粒二象性的关系式(5-6)预言高速运动的电子的波长 λ 符合公式

$$\lambda = \frac{h}{P} = \frac{h}{mv} \tag{5-7}$$

式中，m 是电子的质量；v 是电子的速度；P 是电子的动量；h 是普朗克常数。这种波通常叫作物质波，又称德布罗意波。

1927 年，美国物理学家戴维森(C. J. Davisson)和革末(L. H. Germer)的电子衍射实验证实了德布罗意的假设。当高速电子流穿过薄晶体片投射到感光屏幕上，得到一系列明暗相间的环纹，这些环纹像单色光通过小圆孔一样发生衍射现象。电子衍射实验示意图如图 5-2 所示。电子衍射实验，证实了德布罗意的假设——微观粒子是有波粒二象性。由于微观粒子与宏观物体不同，它具有波粒二象性，因此描述电子等微粒的运动规律不能沿用经典的牛顿力学，而要用描述微粒运动的量子力学。

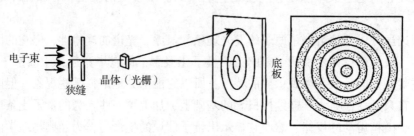

电子束　狭缝　晶体（光栅）　底板

图 5-2　电子衍射示意图

5.2.2 不确定原理

经典物理学告诉我们，物体有确定的位置和动量，物体按照确定的运动轨迹运动。但量子力学认为，对于具有波粒二象性的微观粒子，人们不可能同时准确地测定它的空间位置和动量。1927 年，德国物理学家海森堡(W. Heisenberg)提出了不确定原理，对于具有波粒二象性的微观粒子的运动进行了描述。其数学表达式为

$$\Delta x \cdot \Delta P \geqslant \frac{h}{2\pi} \tag{5-8}$$

式中，Δx 为微观粒子位置的测量偏差；ΔP 为微观粒子动量的测量偏差。测不准关系式的含义是：当用位置和动量两个物理量来描述微观粒子的运动时，只能达到一定的近似程度。即微观粒子在某一方向上的位置测量偏差和在此方向上的动量测量偏差的乘积一定大于或等于常数 $\frac{h}{2\pi}$。这说明微观粒子位置的测定准确度越大(Δx 越小)，则其相应的动量的准确度就越小(ΔP 越大)，反之亦然。但是要明确一点：不确定性是物质的本性，与测量技术并无必然联系。不确定原理给人们一个非常重要的启示：对微观粒子运动状态的描述，不能采用牛顿力学中利用确定的轨道描述宏观物体运动规律的方法。可见，由于微观粒子具有物理量的量子化和波粒二象性这两个有别于宏观物体的运动特征，所以经典的牛顿力学完全不能适用于微观世界，电子不可能按照玻尔模型中行星绕太阳那样的轨道运动。旧量子论虽然引入了量子化条件，但依然用确定的轨道对电子的运动状态进行描述，这正是其失败的原因。

5.2.3 波粒二象性的统计解释

海森堡不确定原理，否定了玻尔提出的原子结构模型。为了能够建立起一种适用于微观世界的全新的力学体系，必须对微观粒子波粒二象性有正确的理解。通过电子衍射实验人们发现，如果用较强的电子流经过晶体衍射，在较短的时间得到电子衍射图像，如果用较弱的电子流进行实验，也可得到同样的衍射图像，但需要较长的时间。若电子流很弱，弱到电子一个一个地通过小孔到达底片上，每个电子到达后，都只会在底片上留下一个感光点，当感光点不是很多的时候，这些点并不能完全重合，从底片上看不出电子落点具有规律性。这说明单个或少量的电子并不能表现出波动性，某一个电子经过小孔后，究竟落在底片的哪个位置上，是无法准确预言的；但是，只要衍射时间足够长，大量感光点在底片上同样会形成一张完整的衍射图像，显示了电子的波动性。

由此可见，电子等微观粒子运动的波动性，是大量微观粒子运动的统计性规律的表现：就大量粒子的行为而言，在空间某点波的强度大，则电子在该点处单位微体积内出现的概率大，即概率密度大；反之，空间某点波的强度小，则电子在该点处单位微体积内出现的概率小，即概率密度小。所以，空间任何一点电子波的强度和电子在该处单位微体积内出现的概率密切相关。从这个意义上说，实物的微粒波是概率波，是性质上不同于光波的一种波。

根据微观粒子波粒二象性的统计解释，人们建立了一种全新的力学体系，用来对微观粒子的运动状态进行研究。

5.3　核外电子运动状态的描述

5.3.1　波函数(ψ)

在经典力学中，点在某一瞬间的状态，可以用坐标(位置)和动量(或速度)来表示。而在量子力学中，任何原子(或分子)体系的运动状态都可以用一个与体系粒子的位置有关的函数表达式——波函数(ψ)来描述。微观体系的波函数可以通过求解薛定谔(E. Schrodinger)方程而得到。薛定谔方程的一般形式为

$$\frac{\partial^2\psi}{\partial x^2}+\frac{\partial^2\psi}{\partial y^2}+\frac{\partial^2\psi}{\partial z^2}+\frac{8\pi^2 m}{h^2}(E-V)\psi=0 \tag{5-9}$$

式中，ψ 是波函数；E 是体系的总能量；V 是势能；h 是普朗克常数；m 是粒子的质量。

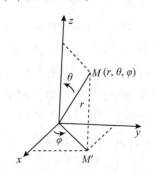

图 5-3　直角坐标与球坐标的关系

薛定谔方程是描述微观粒子运动状态变化规律的基本方程。波函数是描述微观体系中粒子运动状态的数学表达式，它是粒子坐标的函数，记作 $\psi_{n,l,m}(x,y,z)$，借用经典力学中描述物体运动的"轨道"的概念，把波函数称作原子轨道。求解薛定谔方程的过程非常复杂，在此只要求了解量子力学处理原子结构问题的大致思路和求解薛定谔方程得到的一些重要结论。

为了有利于薛定谔方程的求解和原子轨道的表示，需要把直角坐标(x,y,z)转换成球坐标(r,θ,φ)，转换关系如图 5-3 所示。

三维直角坐标系中变量与球坐标系中变量的关系式：

$$x=r\sin\theta\cos\varphi$$
$$y=r\sin\theta\sin\varphi$$
$$z=r\cos\theta$$
$$r=\sqrt{x^2+y^2+z^2}$$

通过薛定谔方程求解可以得到描述核外电子运动状态的波函数 ψ 和能量 E。能量 E 为

$$E=-13.6\frac{Z^2}{n^2}\text{ eV}$$

式中，Z 为核电荷数。

波函数 $\psi_{n,l,m}(r,\theta,\varphi)$ 是 $R_{n,l}(r)$ 函数和 $Y_{l,m}(\theta,\varphi)$ 函数的乘积。

$$\psi_{n,l,m}(r,\theta,\varphi)=R_{n,l}(r)Y_{l,m}(\theta,\varphi) \tag{5-10}$$

式中，$R_{n,l}(r)$ 称为波函数 ψ 的径向部分；$Y_{l,m}(\theta,\varphi)$ 称为波函数的角度部分。

5.3.2　四个量子数

解薛定谔方程求得的三变量波函数(ψ)，涉及三个量子数 (n,l,m)，由这三个量子数所确定下来的一套参数即可表示一种波函数。除了求解薛定谔方程的过程中直接引入的这 3

个量子数之外，还有一个描述电子自旋特征的量子数 m_s。这些量子数对所描述的电子的能量，原子轨道或电子云的形状和空间伸展方向，以及多电子原子核外电子的排布是非常重要的。下面我们分别讨论这 4 个量子数。

（1）主量子数（n）

主量子数（n）的取值为正整数，即 $n=1$，2，3，4，5，6，7…用它来描述原子中电子出现概率最大区域离核的远近，或者说它是决定电子层数的。在光谱学上常用大写字母 K，L，M，N，O，P…代表 $n=1$，2，3，4，5，6…电子层数。主量子数（n）的另一个重要意义是：n 是决定电子能量高低的重要因素。对单电子原子或离子来说，n 值越大，电子的能量越高。例如，氢原子各电子层电子的能量为

$$E = -\frac{13.6}{n^2} \text{ eV}$$

式中，E 为轨道能量；n 为主量子数。

量子力学中，原子中能量相同的轨道称为简并轨道。单原子电子中，主量子数（n）相同的轨道，即同层的轨道为简并轨道。n 值越大，轨道能量越高，电子出现概率最大的区域离核越远。所以，常用 n 代表电子层数，$n=1$，$n=2$，$n=3$ 等轨道称为第一、第二、第三等电子层轨道。

（2）角量子数（l）

角量子数（l）的取值受 n 限制，取值为 0，1，2，3，…，$(n-1)$ 的整数。如当 $n=1$ 时，l 只能为 0；而 $n=2$ 时，l 可以为 0，也可以为 1，决不能为 2。按光谱学上的习惯常将 $l=0$，1，2，3…的原子轨道用符号 s，p，d，f…来表示。

角量子数（l）的一个重要物理意义就是它表示原子轨道或电子云的形状。

$l=0$，表示 s 轨道，其轨道或电子云呈球形分布；

$l=1$，表示 p 轨道，其轨道或电子云呈哑铃形分布；

$l=2$，表示 d 轨道，其轨道或电子云呈花瓣形分布。

对于单电子体系的氢原子或类氢离子来说，各种状态的电子的能量只与 n 有关。当 n 不同，l 相同时，其能量关系式为

$$E_{1s} < E_{2s} < E_{3s} < E_{4s}$$

而当 n 相同，l 不同时，其能量关系式为

$$E_{4s} = E_{4p} = E_{4d} = E_{4f}$$

但是对于多电子原子来说，l 与电子能量有关。由于原子中各电子之间的相互作用，当 n 相同，l 不同时，各种状态的电子的能量也不相同。一般主量子数（n）相同时，角量子数（l）越大，能量越高。例如，$E_{4s} < E_{4p} < E_{4d} < E_{4f}$。

因此，角量子数（l）与多电子原子中的电子的能量有关，即多电子原子中电子的能量决定于主量子数（n）和角量子数（l）。

（3）磁量子数（m）

磁量子数（m）是与原子轨道的空间伸展方向有关的参数，其取值范围为 $m=0$，±1，±2，…，±l。对于 $l=1$ 的轨道，m 可取 0，+1，−1，即 np 轨道有三条，它们的形状相同，但分别沿 x，y，z 三个方向伸展，分别称为 np$_x$、np$_y$、np$_z$ 轨道。$l=2$、$l=3$ 的轨道，m 分别可取 5 个、7 个数值，即 nd、nf 轨道分别有 5 条、7 条，而且每条轨道均有确定的空间伸展方向。n 和 l 值相同的条件下，m 值不同的轨道具有相同的能级，这种能量相同的轨道为简

并轨道。单原子电子中，主量子数 (n) 相同的轨道，即同层的轨道为简并轨道。

由于 l 相同、m 不同的简并原子轨道在核外空间有不同的伸展方向，所以当外加磁场存在时，它们必然要发生能级的分裂，造成原子发射光谱在外磁场中的分裂现象。

综上所述，n，l，m 一组量子数可以决定一个原子轨道的离核远近、形状和空间伸展方向。例如，由 $n=2$，$l=0$，$m=0$ 所表示的原子轨道位于核外第二电子层，呈球形对称分布，即 $2s$ 轨道；而 $n=3$，$l=1$，$m=0$ 所表示的原子轨道位于核外第三电子层，呈哑铃形沿 z 轴方向分布，即 $3p_z$ 轨道。

（4）自旋量子数（m_s）

光谱实验证明，原子中的电子除了绕核运动外，还存在自旋运动。通过量子力学的处理，得到了与电子自旋运动状态相联系的自旋量子数 (m_s)。它只能有两个取值 $+\dfrac{1}{2}$ 或 $-\dfrac{1}{2}$。在轨道表示式中，一般用"↑"或"↓"表示，在语言叙述中常用"正旋"和"反旋"来描述电子这两种不同的自旋状态。同一轨道中自旋不同的电子，能量相差极小，一般可忽略不计。

有了 n，l，m 三个量子数，就可以确定一个原子轨道 ψ，即确定了电子可能采取的一种空间运动状态：在单电子原子中，主量子数 (n) 决定了轨道的能量，角量子数 (l) 决定了轨道的形状，磁量子数 (m) 决定了轨道的空间伸展方向。自旋量子数 (m_s) 决定了电子的自旋运动状态，所以 n，l，m，m_s 四个量子数共同确定了核外某个电子的运动状态（表 5-1）。

表 5-1　量子数与电子的运动状态

n	l	m	电子层轨道总数（n^2）	m_s	状态总数（$2n^2$）
1	0(1s)	0	1	$\pm\dfrac{1}{2}$	2
2	0(2s)	0	4	$\pm\dfrac{1}{2}$	8
	1(2p)	−1, 0, +1			
3	0(3s)	0	9	$\pm\dfrac{1}{2}$	18
	1(3p)	−1, 0, +1			
	2(3d)	−2, −1, 0, +1, +2			
4	0(4s)	0	16	$\pm\dfrac{1}{2}$	32
	1(4p)	−1, 0, +1			
	2(4d)	−2, −1, 0, +1, +2			
	3(4f)	−3, −2, −1, 0, +1, +2, +3			

5.3.3　原子轨道角度分布图

原子轨道角度分布图表示波函数的角度部分 $Y_{l,m}(\theta, \varphi)$ 随 θ 和 φ 变化的图形，这种图形对理解原子间成键形成分子的过程非常有用。这种图的做法是：借助球坐标，选原子核为原点，引出方向为 (θ, φ) 的直线，使其长度等于 $|Y(\theta, \varphi)|$，连接所有这些线段的端点，就可在空间得到某些闭合的立体曲面，这个曲面就是波函数或原子轨道的角度分布图。

例如，对 p_z 作原子轨道角度分布图，求解薛定谔方程可得

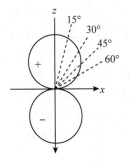

图 5-4　p_z的原子轨道
角度分布图

$$Y_{p_z} = \sqrt{\frac{3}{4\pi}}\cos\theta$$

　　图 5-4 为 p_z 的原子轨道角度分布图。同样可做出其他原子轨道的角度分布图(图 5-5)。s 轨道为球形，p 轨道为哑铃形，d 轨道为花瓣形。原子轨道角度分布图突出地表示了原子轨道的极大值方向和原子轨道的正、负号(对称性，正、负号是根据 Y 的表达式计算的结果)，它在化学键的成键方向和能否成键方面有着重要的意义，这部分将在分子结构中加以讨论。

　　这里的角度分布图不是原子轨道的真实形状，它没有考虑波函数的径向分布，又称轮廓图。

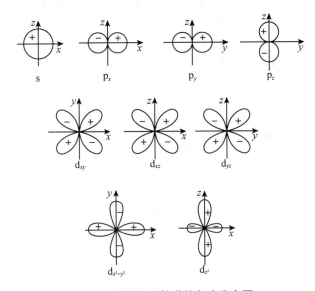

图 5-5　其他原子轨道的角度分布图

5.3.4　电子云和径向分布图

　　(1)电子云

　　从求解薛定谔方程得到的波函数(Ψ)本身没有直观的物理意义，其物理意义是通过 $|\Psi|^2$ 体现的。$|\Psi|^2$ 表示电子在核外空间某单位体积内出现的概率，即电子出现的概率密度。

　　为了形象化地表示核外电子运动的概率密度，化学上习惯用小黑点分布的疏密来表示电子出现概率密度的相对大小。小黑点较密的地方，表示概率密度较大，单位体积内出现的机会多。用这种方法来描述电子在核外出现的概率密度分布所得的空间图像称为电子云。图 5-6 是基态氢原子的 1s 电子云示意图。因此，电子云是原子中电子概率密度 $|\Psi|^2$ 分布的具体形象。当然，电子云只不过是一种形象化的描绘。

　　将 $|\Psi|^2$ 的角度分布部分 $|Y|^2$ 随 θ，φ 变化作图，所得图像就称为电子云角度分布图，简称电子云图，它们只是一种近似的图像(图 5-7)。

电子云

图 5-6　氢原子的 1s
电子云示意图

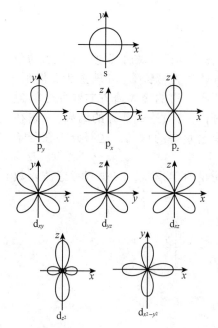

图 5-7 s，p，d 电子云角度分布图

这种图形只能表示出电子在空间不同角度所出现的概率密度大小，并不能表示电子出现的概率密度和离核远近的关系。它们和相应的原子轨道角度分布图的形状基本相似，但有两点区别：①原子轨道角度分布有正、负号之分，而电子云角度分布均为正值（习惯不标出正号）；②电子云角度分布要比原子轨道的角度分布"瘦"一些，因为 $|Y|$ 值一般是小于 1 的，所以 $|Y|^2$ 值更小些。

（2）径向分布图

为了表示离核 r 处电子在球壳 $(r+dr)$ 的体积微元内出现的概率随半径 r 变化的情况，引入径向分布函数 $D(r)$：

$$D(r) = r^2 R^2(r)$$

则半径为 r，厚度为 dr 的薄球壳体积微元内电子出现的概率与径向分布函数 $D(r)$ 有关，以 $D(r)$ 对 r 作图就可得到电子云的径向分布图（图 5-8）。

从图 5-8 可以看出，对氢原子的 1s 状态，在 $r = 52.9\ \text{pm}$ 处出现了最大值，这正好就是玻尔半径。因此，

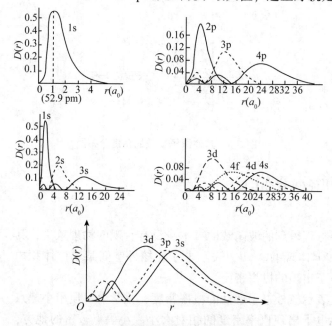

图 5-8 氢原子的几种径向分布图

从量子力学的概念理解，玻尔半径就是电子出现概率最大球壳离核的距离。从图 5-8 还可以看出 1s 有一个峰，2s 有两个峰，ns 有 n 个峰……由各轨道最大峰离核的远近，可以看出轨道能量高低的规律：

$$1\text{s} < 2\text{s} < 3\text{s} < \cdots < n\text{s}$$
$$2\text{p} < 3\text{p} < 4\text{p} < \cdots < n\text{p}$$

即 n 值越大，轨道的能量越高，电子出现的概率最大值离核越远。

5.4　基态原子的电子排布

在多电子原子中，对某一指定电子而言，它除了受到核的引力之外，还受到其他电子的排斥作用。多个电子间相互排斥是很复杂的，以致多电子原子的薛定谔方程很难建立，且无法精确求解，故可使用一种近似的方法——中心力场模型对多电子原子做近似处理，使问题简单化。中心力场模型把所有电子对所研究电子的斥力平均起来看作是球形对称的，减弱了原子核发出的正电场对该指定电子的作用。指定电子可看作只受一个处于原子中心的正电荷的作用，类似于单电子原子情况。因此，对薛定谔方程近似求解，取得的结果与单电子有许多相似之处，但多电子原子的轨道能级则复杂得多。

5.4.1　多电子原子轨道能级

（1）屏蔽效应对轨道能级的影响

利用中心力场模型建立和求解多电子原子的波动方程，结果证明轨道能级可依下式计算：

$$E = -13.6 \frac{(Z-\sigma)^2}{n^2} = -13.6 \frac{(Z^*)^2}{n^2}\ \text{eV} \tag{5-11}$$

此式与单电子原子轨道能级公式相似，只是将式中的核电荷 Z 换为 Z^*。Z^* 表示指定电子实际受到的、发自原子中心的正电荷，称为有效核电荷。由于屏蔽作用，有效核电荷要小于核电荷：$Z^* = Z - \sigma$，σ 代表屏蔽造成的核电荷数减少或被抵消的部分，称为屏蔽常数。σ 值越大，表明指定电子受其他电子的屏蔽作用越大，轨道能量越高。简单地说，越是内层的电子，对外层电子的屏蔽作用越大，同层电子间的屏蔽作用较小，外层电子对内层电子的作用不必考虑。从径向分布图（图 5-8）可以看出，l 值相同、n 值不同的轨道中，n 值越大电子出现概率最大的区域离核越远，所受屏蔽作用越强，能量越高，即同一原子中：

$$E_{1s} < E_{2s} < E_{3s} < \cdots;$$
$$E_{2p} < E_{3p} < E_{4p} < \cdots;$$
$$E_{3d} < E_{4d} < E_{5d} < \cdots;\ \text{等等。}$$

主量子数（n）相同，角量子数（l）不同的轨道能级，在单电子原子中是相同的，属于简并轨道；但在多电子原子中，随着 l 值的增大轨道能级升高，这是由电子运动的径向特点所决定的。

（2）钻穿效应对轨道能级的影响

多电子原子中的钻穿效应，可以借用氢原子的径向分布函数图来加以解释。由图 5-8 可知，3s，3p，3d 轨道的径向分布有很大差别。3s 有 3 个峰，其中最小的峰离核最近，这表明 3s 电子能穿透内层电子空间而靠近原子核，这种作用称为钻穿作用。3p 有 2 个峰，最小峰与核的距离比 3s 最小峰要远一些，这说明 3p 电子钻穿作用小于 3s。同理 3d 钻穿作用更小。钻穿作用的大小对轨道有明显的影响。不难理解，电子钻得越深，受其他电子屏蔽的作用越小，受核的吸引力越强，因而能量就越低。由于电子钻穿作用的不同导致 n 相同而 l 不同的轨道能级发生分裂的现象，称为钻穿效应。钻穿效应使得同一原子中：

$$E_{2s} < E_{2p};$$
$$E_{3s} < E_{3p} < E_{3d};$$
$$E_{4s} < E_{4p} < E_{4d} < E_{4f} < \cdots;\ \text{等等。}$$

钻穿效应使得多电子原子中同一电子层不同亚层的轨道发生"能级分裂"，即主量子数相同而角量子数不同的轨道能量不同。所以，在多电子原子中，n 相同、l 也相同的原子轨道才是简并轨道。显然，由于屏蔽和钻穿效应的存在，多电子原子的轨道能级也不像单电子原子那么简单。

（3）原子轨道的能级交错

在氢原子中，电子的能量只与主量子数（n）有关，n 相同的各轨道，其能量都相同。

在多电子原子中，因为屏蔽效应和钻穿效应的影响，n 相同的各轨道能量不一定相同，只有 n 和 l 全部相同的轨道能量相等，才是简并轨道。所以，多电子原子中电子的能量要由 n 和 l 两个量子数决定。

原子中各原子轨道能级的高低主要是根据光谱实验决定的，原子轨道能级的相对高低情况，如果用图示法近似表示，这就是近似能级图。1939 年美国化学家鲍林（L. Pauling）根据光谱实验的结果，总结出多电子原子中各轨道能级相对高低的情况，并用图近似地表示出来（图 5-9）。

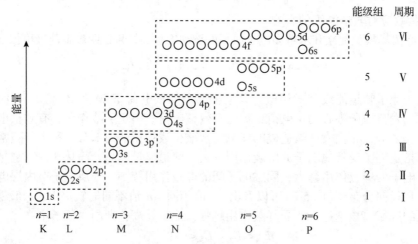

图 5-9　原子轨道近似能级图

近似能级图按照能量由低到高的顺序排列，并将能量近似的能级划归一组，称为能级组，以虚线框起来。相邻能级组之间能量相差比较大。每个能级组（除第一能级组外）都从 s 能级开始，p 能级终止。能级组数等于核外电子层数。从图 5-9 可以看出：

①同一原子中的同一电子层内，各亚层之间的能量次序为：

$$ns < np < nd < nf$$

②同一电子中的不同电子层内，相同类似亚层的能量次序为：

$$1s < 2s < 3s < \cdots$$

③同一原子中的第三层以上的电子层中，不同类型的亚层之间，在能级组中常出现能级交错现象。例如：

$$4s < 3d < 4p;\ 5s < 4d < 5p;\ 6s < 4f < 5d < 6p$$

鲍林近似能级图反映了多电子原子中原子轨道能量的近似高低，不能认为所有元素原子中能级高低都是一成不变的，更不能用它来比较不同元素原子轨道能级的相对高低。轨道能级的影响因素是多方面的、是复杂的，n 和 l 都不同的各轨道能级的高低不是固定不变的，而是随着原子序数的改变而改变。轨道能级的高低与原子序数的关系如图 5-10 所示。

对于多电子原子能级高低次序，我国化学家徐光宪曾经提出近似规则。对于一个能级，其$(n+0.7l)$值越大，则能量越高；而且该能级所在能级组的组数就是$(n+0.7l)$的整数部分。这一规则称为$(n+0.7l)$规则。

5.4.2　核外电子排布的一般规律

根据原子光谱实验和量子力学理论，原子核外电子排布一般遵循以下三条原则：

（1）泡利不相容原理

1925 年瑞士物理学家泡利（W. Pauli）提出，在一个原子中不可能有四个量子数完全相同的两个电子存在。这就是泡利不相容原理。根据泡利不相容原理每条原子轨道上最多只能容纳 2 个自旋状态相反的电子。依此可计算出 s，p，d，f 电子亚层最多可分别容纳 2，6，10，14 个电子数，而每个电子层所容纳的电子数最多为$2n^2$个。

（2）能量最低原理

能量越低越稳定，这是一个自然界的普遍规律。原子中的电子也是如此，电子在原子中所处状态总是尽可能使整个体系的能量最低，这样的体系最稳定。多电子原子在基态时，核外电子总是尽可能分布到能量最低的轨道，这称为能量最低原理。例如，一个基态氢原子或一个基态氦原子，电子就是处于能量最低的 1s 轨道中。

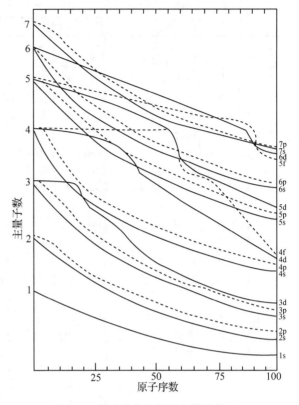

图 5-10　轨道能级与原子序数的关系

徐光宪　　　　　思政案例

（3）洪特规则

洪特规则，是德国物理学家洪特（F. Hund）根据大量光谱数据在 1925 年总结出来的规律。洪特规则指出，电子分布到能量相同的等价轨道时，总是先以自旋相同的状态，单独占据能量相同的轨道。或者说在等价轨道中自旋状态相同的单电子越多，体系就越稳定。洪特规则有时也称等价轨道原理。碳原子 2p 亚层的两个电子，只能采取↑ ↑ ＿方式，而不会按↑ ↓ ＿方式排布。作为洪特规则的特例，当简并轨道被全充满（如 p^6，d^{10}，f^{14}）、半充满（如 p^3，d^5，f^7）和全空（如 p^0，d^0，f^0）时的状态比较稳定。

根据原子轨道近似能级图和泡利不相容原理、能量最低原理及洪特规则，就可以准确地写出大多数元素原子基态的核外电子排布式，即电子排布构型，如 N $1s^2 2s^2 2p^3$、Na $1s^2 2s^2 2p^6 3s^1$、Cu $1s^2 2s^2 2p^6 3s^2 3p^6 3d^{10} 4s^1$。为了避免书写过繁，常把电子排布已达到稀有气体结构的内层，以相应的稀有气体元素符号加方括号（称为原子实）表示。例如，Na 的电子构型可写成[Ne] $3s^1$；Cu 的电子构型写成[Ar] $3d^{10} 4s^1$。然而有些副族元素如 41 号铌（Nb）元素、74 号钨（W）等不能用上述规则予以完美解释，这种情况在第六、七周期中较多，说明电子排布规则还有待发展完善，使它更加符合实际。元素基态原子内电子的排布见表 5-2 所列。

表 5-2 元素基态原子内电子的排布

原子序数	元素名称	元素符号	电子层结构	原子序数	元素名称	元素符号	电子层结构	原子序数	元素名称	元素符号	电子层结构
1	氢	H	$1s^1$	41	铌	Nb	$[Kr]4d^45s^1$	81	铊	Tl	$[Xe]4f^{14}5d^{10}6s^26p^1$
2	氦	He	$1s^2$	42	钼	Mo	$[Kr]4d^55s^1$	82	铅	Pb	$[Xe]4f^{14}5d^{10}6s^26p^2$
3	锂	Li	$[He]2s^1$	43	锝	Tc	$[Kr]4d^55s^2$	83	铋	Bi	$[Xe]4f^{14}5d^{10}6s^26p^3$
4	铍	Be	$[He]2s^2$	44	钌	Ru	$[Kr]4d^75s^1$	84	钋	Po	$[Xe]4f^{14}5d^{10}6s^26p^4$
5	硼	B	$[He]2s^22p^1$	45	铑	Rh	$[Kr]4d^85s^1$	85	砹	At	$[Xe]4f^{14}5d^{10}6s^26p^5$
6	碳	C	$[He]2s^22p^2$	46	钯	Pd	$[Kr]4d^{10}$	86	氡	Rn	$[Xe]4f^{14}5d^{10}6s^26p^6$
7	氮	N	$[He]2s^22p^3$	47	银	Ag	$[Kr]4d^{10}5s^1$	87	钫	Fr	$[Rn]7s^1$
8	氧	O	$[He]2s^22p^4$	48	镉	Cd	$[Kr]4d^{10}5s^2$	88	镭	Ra	$[Rn]7s^2$
9	氟	F	$[He]2s^22p^5$	49	铟	In	$[Kr]4d^{10}5s^25p^1$	89	锕	Ac	$[Rn]6d^17s^2$
10	氖	Ne	$[He]2s^22p^6$	50	锡	Sn	$[Kr]4d^{10}5s^25p^2$	90	钍	Th	$[Rn]6d^27s^2$
11	钠	Na	$[Ne]3s^1$	51	锑	Sb	$[Kr]4d^{10}5s^25p^3$	91	镤	Pa	$[Rn]5f^26d^17s^2$
12	镁	Mg	$[Ne]3s^2$	52	碲	Te	$[Kr]4d^{10}5s^25p^4$	92	铀	U	$[Rn]5f^36d^17s^2$
13	铝	Al	$[Ne]3s^23p^1$	53	碘	I	$[Kr]4d^{10}5s^25p^5$	93	镎	Np	$[Rn]5f^46d^17s^2$
14	硅	Si	$[Ne]3s^23p^2$	54	氙	Xe	$[Kr]4d^{10}5s^25p^6$	94	钚	Pu	$[Rn]5f^67s^2$
15	磷	P	$[Ne]3s^23p^3$	55	铯	Cs	$[Xe]6s^1$	95	镅	Am	$[Rn]5f^77s^2$
16	硫	S	$[Ne]3s^23p^4$	56	钡	Ba	$[Xe]6s^2$	96	锔	Cm	$[Rn]5f^76d^37s^2$
17	氯	Cl	$[Ne]3s^23p^5$	57	镧	La	$[Xe]5d^16s^2$	97	锫	Bk	$[Rn]5f^97s^2$
18	氩	Ar	$[Ne]3s^23p^6$	58	铈	Ce	$[Xe]4f^15d^16s^2$	98	锎	Cf	$[Rn]5f^{10}7s^2$
19	钾	K	$[Ar]4s^1$	59	镨	Pr	$[Xe]4f^36s^2$	99	锿	Es	$[Rn]5f^{11}7s^2$
20	钙	Ca	$[Ar]4s^2$	60	钕	Nd	$[Xe]4f^46s^2$	100	镄	Fm	$[Rn]5f^{12}7s^2$
21	钪	Sc	$[Ar]3d^14s^2$	61	钷	Pm	$[Xe]4f^56s^2$	101	钔	Md	$[Rn]5f^{13}7s^2$
22	钛	Ti	$[Ar]3d^24s^2$	62	钐	Sm	$[Xe]4f^66s^2$	102	锘	No	$[Rn]5f^{14}7s^2$
23	钒	V	$[Ar]3d^34s^2$	63	铕	Eu	$[Xe]4f^76s^2$	103	铹	Lr	$[Rn]5f^{14}6d^17s^2$
24	铬	Cr	$[Ar]3d^54s^1$	64	钆	Gd	$[Xe]4f^75d^16s^2$	104	𬬻	Rf	$[Rn]5f^{14}6d^27s^2$
25	锰	Mn	$[Ar]3d^54s^2$	65	铽	Tb	$[Xe]4f^96s^2$	105	𬭶	Db	$[Rn]5f^{14}6d^37s^2$
26	铁	Fe	$[Ar]3d^64s^2$	66	镝	Dy	$[Xe]4f^{10}6s^2$	106	𬭳	Sg	$[Rn]5f^{14}6d^47s^2$
27	钴	Co	$[Ar]3d^74s^2$	67	钬	Ho	$[Xe]4f^{11}6s^2$	107	𬭛	Bh	$[Rn]5f^{14}6d^57s^2$
28	镍	Ni	$[Ar]3d^84s^2$	68	铒	Er	$[Xe]4f^{12}6s^2$	108	𬭶	Hs	$[Rn]5f^{14}6d^67s^2$
29	铜	Cu	$[Ar]3d^{10}4s^1$	69	铥	Tm	$[Xe]4f^{13}6s^2$	109	鿏	Mt	$[Rn]5f^{14}6d^77s^2$
30	锌	Zn	$[Ar]3d^{10}4s^2$	70	镱	Yb	$[Xe]4f^{14}6s^2$	110	𫓧	Ds	
31	镓	Ga	$[Ar]3d^{10}4s^24p^1$	71	镥	Lu	$[Xe]4f^{14}5d^16s^2$	111	轮	Rg	
32	锗	Ge	$[Ar]3d^{10}4s^24p^2$	72	铪	Hf	$[Xe]4f^{14}5d^26s^2$	112	鿔	Cn	
33	砷	As	$[Ar]3d^{10}4s^24p^3$	73	钽	Ta	$[Xe]4f^{14}5d^36s^2$	113	鿭	Nh	
34	硒	Se	$[Ar]3d^{10}4s^24p^4$	74	钨	W	$[Xe]4f^{14}5d^46s^2$	114	𫓧	Fl	
35	溴	Br	$[Ar]3d^{10}4s^24p^5$	75	铼	Re	$[Xe]4f^{14}5d^56s^2$	115	镆	Mc	
36	氪	Kr	$[Ar]3d^{10}4s^24p^6$	76	锇	Os	$[Xe]4f^{14}5d^66s^2$	116	𫟼	Lv	
37	铷	Rb	$[Kr]5s^1$	77	铱	Ir	$[Xe]4f^{14}5d^76s^2$	117	鿬	Ts	
38	锶	Sr	$[Kr]5s^2$	78	铂	Pt	$[Xe]4f^{14}5d^96s^1$	118	鿫	Og	
39	钇	Y	$[Kr]4d^15s^2$	79	金	Au	$[Xe]4f^{14}5d^{10}6s^1$				
40	锆	Zr	$[Kr]4d^25s^2$	80	汞	Hg	$[Xe]4f^{14}5d^{10}6s^2$				

注：表中虚线内是过渡元素，实线内是内过渡元素——镧系和锕系元素。

当原子失去电子成为阳离子时，其电子是按 $np \to ns \to (n-1)d \to (n-2)f$ 的顺序失去电子的，如 Cu^{2+} 的电子构型为 $[Ar]3d^9 4s^0$，而不是 $[Ar]3d^8 4s^1$。原因是同一元素的阳离子比原子的有效核电荷多，造成基态阳离子的轨道能级与基态原子的轨道能级有所不同。

5.5　原子结构与元素基本性质的周期性

研究基态原子核外电子排布发现，随着核电荷的递增，原子最外层电子排布呈现周期性变化，即原子结构呈现周期性变化，正是这种规律导致了元素性质的周期性变化。

5.5.1　元素周期表

元素周期表是元素周期规律的具体表现形式。元素周期表有多种形式，现在常用的是长式周期表。长式周期表分为 7 行、18 列，每行称为一个周期。表中 18 列分为 16 个族（第Ⅷ为 3 列）：7 个主族（ⅠA～ⅦA）和 7 个副族（ⅠB～ⅦB）、第Ⅷ族和零族。表下方列出镧系和锕系元素。

（1）周期

周期表共分 7 个周期，第一周期只有 2 种元素，为特短周期；第二周期和第三周期各有 8 种元素，为短周期；第四周期和第五周期共有 18 种元素，为长周期；第六、七周期有 32 种元素，为特长周期；根据图 5-10 可知，各周期的元素数目是与其对应的能级组中的电子数目相一致的。即每建立一个新的能级组，就出现一个新的周期。周期数即为能级组数或核外电子层数。各周期的元素数目等于该能级组中各轨道所能容纳的电子总数。

每个周期中的元素随着原子序数的递增，总是从活泼的碱金属开始（第一周期例外），逐渐过渡到稀有气体为止。对应于其电子结构的能级组则总是从 ns^1 开始至 $ns^2 np^6$ 结束，如此周期性地重复出现。在长周期或特长周期中，其电子层结构还夹着 $(n-1)d$ 或 $(n-2)f$，出现了过渡金属和镧系、锕系元素。

由此可见，元素划分为周期的本质在于能级组的划分。元素性质周期的变化，是原子核外电子层结构周期性变化的反映。

（2）族和区

元素原子的价电子层结构，决定该元素在周期表中所处的族数。原子的价电子是原子参加化学反应时能够用于成键的电子。主族元素（ⅠA～ⅦA）的价电子数等于最外层 s 和 p 电子的总数。但稀有气体根据习惯称为零族。副族元素情况比较复杂，需要具体分析。ⅠB 和 ⅡB 副族元素的价电子数等于最外层 s 电子的数目，ⅢB～ⅦB 副族元素的价电子数等于最外层 s 和次外层 d 层中的电子总数。将最外层 s 和次外层 d 层中的电子总数在 8～10 的元素称为Ⅷ族。镧系、锕系在周期表中都排在ⅢB 族。可见，元素原子的价电子层结构与元素所在的族数对应。

例如，ns^1 属于ⅠA，$ns^2 np^5$ 属于ⅦA，$(n-1)d^5 ns^2$ 属于ⅦB，等等。在同一族中的各元素，虽然它们的电子层数不同，但却有相同的价电子构型和相同的价电子数。

根据元素原子价电子层结构的不同，可以把周期表中的元素所在的位置分成 s 区、p 区、d 区、ds 区和 f 区（图 5-11）。

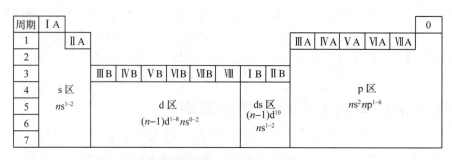

图 5-11　周期表中元素分区示意图

s 区元素：指最后一个电子填在 ns 能级上的元素，包括 I A 和 II A。价层电子构型为 ns^1、ns^2。

p 区元素：指最后一个电子填充在 np 能级上的元素，它包括 III A ~ VII A 和零族元素。价层电子构型为 $ns^2np^{1\sim6}$。

d 区元素：指最后一个电子填充在 $(n-1)d$ 能级上的元素，往往把 d 区进一步分为 d 区和 ds 区，d 区元素包括 III B ~ VIII，价层电子构型为 $(n-1)d^{1\sim10}ns^{0\sim2}$，ds 区元素包括 I B 和 II B，价层电子构型为 $(n-1)d^{10}ns^{1\sim2}$。

f 区元素：指最后一个电子填在 $(n-2)f$ 能级上的元素，即镧系、锕系元素。价层电子构型为 $(n-2)f^{0\sim14}(n-1)d^{0\sim2}ns^2$。

5.5.2　元素基本性质的周期性

由于元素的电子组态呈现周期性，元素的基本性质如原子半径、电离能、电子亲和能、电负性等也呈现明显的周期性变化。

（1）原子半径

除零族元素外，其他任何元素的原子总是以键合形式存在于单质或化合物中。原子在形成化学键时，总要有一定程度的轨道重叠，而且某原子在与不同元素分别成化学键时，原子轨道重叠的程度又各有不同。因此，单纯地把原子半径理解成最外层电子到原子核的距离是不严格的。通常所说的原子半径，总是以相邻原子的核间距为基础而定义的。根据原子与原子间的作用力不同，原子半径一般可分为共价半径、金属半径和范德华半径三种。

以共价单键结合的两个相同原子的核间距的一半称为该元素的共价半径。

把金属晶体中两个相接触的金属原子的核间距的一半称为该元素的金属半径。

对于稀有气体元素，其原子之间没有共价键和金属键，只靠分子间的范德华力互相接近。因此，定义低温下稀有气体以晶体存在时，两相邻非键合原子核间距离的一半称为范德华半径。

一般来说，原子的金属半径比共价半径大些，这是因为形成共价键时，轨道的重叠程度大些。而范德华半径的值总是较大，这是因为分子间力不能将单原子分子拉得很紧密。

在讨论原子半径的变化规律时，我们采用的是共价半径，但稀有气体只能用范德华半径代替。周期系中各元素的原子半径见表 5-3 所列。

表 5-3　原子半径　　　　　　　　　　　　　　　　　　pm

H																	He
37.1																	122
Li	Be											B	C	N	O	F	Ne
152	111.3											88	77	70	66	64	160
Na	Mg											Al	Si	P	S	Cl	Ar
186	160											143.1	117	110	104	99	191
K	Ca	Sc	Ti	V	Cr	Mn	Fe	Co	Ni	Cu	Zn	Ga	Ge	As	Se	Br	Kr
227.2	197.3	160.6	144.8	132.1	124.9	124	124.1	125.3	124.6	127.8	133.2	122.1	122.5	121	117	114.2	198
Rb	Sr	Y	Zr	Nb	Mo	Tc	Ru	Rh	Pd	Ag	Cd	In	Sn	Sb	Te	I	Xe
247.5	215.1	181	160	142.9	136.2	135.8	132.5	134.5	137.6	144.4	148.9	162.6	140.5	141	137	133.3	217
Cs	Ba	La	Hf	Ta	W	Re	Os	Ir	Pt	Au	Hg	Tl	Pb	Bi	Po	At	Rn
265.4	217.3		156.4	143	137.1	137.0	134	135.7	138	144.2	160	170.4	175.0	154.7	167	145	
Fr	Ra	Ac															
270	220																

镧系	La	Ce	Pr	Nd	Pm	Sm	Eu	Gd	Tb	Dy	Ho	Er	Tm	Yb	Lu
	187.7	182.5	182.5	182.1	181.0	180.2	204.2	180.2	178.2	177.3	176.6	175.7	174.6	194.0	173.4
锕系	Ac	Th	Pa	U	Np	Pu	Am	Cm	Bk	Cf	Es	Fm	Md	No	Lr
	187.8	179.8	160.6	138.5	131	151	184								

注：1. 非金属元素为共价半径，金属元素为金属半径，稀有气体为范德华半径。

2. 许多元素的半径值在不同书籍中差异较大，其原因如下：原子半径的单位有皮米(pm)和埃(Å)两种；原子半径的测定方法不同；原子半径的种类不同。

由表 5-3 可知，原子半径随原子序数的增加而呈周期性变化。原子半径在周期表中的变化规律可归纳为：

①同周期主族元素，从左到右随着原子序数的递增，每增加一个核电荷，核外最外层就增加一个电子。由于同层电子间的屏蔽作用小，故作用与最外层电子的有效核电荷明显增大，原子半径明显减小，相邻元素原子半径平均减少约 10 pm，致使元素的金属性明显减小，非金属性明显增大，直至形成 s^2p^6 结构的稀有气体。之所以稀有气体元素的原子半径突然变大，是因为采用的范德华半径。

②同周期过渡元素，从左到右随着原子序数的递增，每增加一个核电荷，核外所增加的一个电子依次在次外层 d 轨道上填充，对最外层电子产生较大的屏蔽作用，使作用于最外层电子的有效核电荷增加较小，因而原子半径减小较为缓慢，不如主族元素变化明显，相邻元素原子半径平均减少约 5 pm，致使元素的金属性递减缓慢，使整个过渡元素都保持着金属的性质。当 d 电子充满到 d^{10} 时(ⅠB、ⅡB 族)，由于全满的 d 亚层对最外层 s 电子产生较大的屏蔽作用，作用于最外层电子的有效核电荷反而减小，原子半径突然增大。对于内过渡元素(f 区元素)如镧系元素，电子填入次次外层的 f 轨道，产生的屏蔽作用更大，原子半径从左至右收缩的平均幅度更小(不到 1 pm)。镧系元素原子半径逐渐缓慢减小的现象，称为镧系收缩。镧系收缩是无机化学中一个非常重要的现象，不仅是造成镧系元素性质相似的重要原因之一，还对镧后第三系列过渡元素的性质有极大影响。

③同一主族元素，从上到下电子层数依次增多，外层电子随着主量子数的增大，运动空间向外扩展；虽然核电荷明显增加，但由于多了一层电子的屏蔽作用，使作用于最外层电子

的有效核电荷的增加并不显著，故原子半径依次增大，金属性依次增强。

④同一副族的过渡元素中，ⅢB 族从上到下原子半径依次增大，这与主族的变化趋势一致。而后面的各副族却是：从第一系列过渡元素到第二系列过渡元素，原子半径增大，而由第二系列到第三系列过渡元素，原子半径基本不变，甚至缩小。如 Hf 的半径（156.4 pm）小于 Zr（160 pm）；Ta（143 pm）与 Nb（142.9 pm）、W（137 pm）与 Mo（136.2 pm），半径十分接近。这种反常现象主要是由于镧系收缩影响所致。第三系列过渡元素，从 La 到相邻的 Hf，中间实际还包含从 Ce 到 Lu 14 个元素。虽然相邻镧系元素的原子半径变化很小，原子半径收缩的总和却是明显的：从 La 到 Lu 原子半径累计共减小 15 pm，所以从 La 到 Hf 原子半径减小了 32 pm，远大于相应的第二系列元素 Y 到 Zr 原子半径的降低值 21 pm。因为镧系之后的每一个过渡元素都已经填满了 4f 电子，因此镧系收缩的结果影响镧后所有第三系列过渡元素，形成与相应的第二系列过渡元素原子半径相近的情形。

（2）电离能

元素的一个基态的气态原子失去一个电子形成 +1 价的气态离子时所需要的能量，叫作该元素的第一电离能。常用符号 I_1 表示元素的第一电离能。

从 +1 价离子再失去一个电子形成 +2 价离子时，所需要的能量叫作元素的第二电离能，依此类推，元素可以有第三、第四……电离能，分别用 I_3，I_4……表示。电离能的大小反映原子失去电子的难易程度，电离能越大，失去电子越难。

元素的第一电离能最重要，是衡量元素的原子失去电子的能力和元素金属性的一种尺度。元素的第一电离能可由发射光谱实验得到，表 5-4 中列出了周期表中各元素的第一电离能数据。元素的第一电离能随着原子序数的增加呈明显的周期性变化，如图 5-12 所示。

电离能的大小主要取决于原子核电荷数、原子半径和原子的电子层结构。电子层数相同（同一周期）的元素，核电荷数越多，半径越小，原子核对外层的引力越大，因此不易失去电

表 5-4　元素的第一电离能

1	H 1 312.0																He 2 372.3
2	Li 520.2	Be 899.5											B 800.6	C 1 086.5	N 1 402.3	O 1 313.9	F 1 681.0	Ne 2 080.7
3	Na 495.8	Mg 737.7											Al 577.5	Si 786.5	P 1 011.8	S 999.6	Cl 1 251.2	Ar 1 520.6
4	K 418.8	Ca 589.8	Sc 633.1	Ti 658.8	V 650.9	Cr 652.9	Mn 717.3	Fe 762.5	Co 760.4	Ni 737.1	Cu 745.5	Zn 906.4	Ga 578.8	Ge 762.2	As 944.5	Se 941.0	Br 1 139.9	Kr 1 350.8
5	Rb 403.0	Sr 549.5	Y 599.9	Zr 640.1	Nb 652.1	Mo 684.3	Tc 702.4	Ru 710.2	Rh 719.7	Pd 804.4	Ag 731.0	Cd 867.8	In 558.3	Sn 708.6	Sb 830.6	Te 869.3	I 1 008.4	Xe 1 170.3
6	Cs 375.7	Ba 502.9	La 538.1	Hf 658.5	Ta 728.4	W 758.8	Re 755.8	Os 814.2	Ir 865.2	Pt 864.4	Au 890.1	Hg 1 007.1	Tl 589.4	Pb 715.6	Bi 702.9	Po 812.2	At	Rn 1 037.1
7	Fr 393.0	Ra 509.3	Ac 519.2															

La	Ce	Pr	Nd	Pm	Sm	Eu	Gd	Tb	Dy	Ho	Er	Tm	Yb	Lu
538.1	534.4	528.1	533.1	538.6	544.5	547.1	593.4	565.8	573.0	581.0	589.3	596.7	603.4	523.5
Ac	Th	Pa	U	Np	Pu	Am	Cm	Bk	Cf	Es	Fm	Md	No	Lr
498.8	608.5	568.3	597.6	604.5	581.4	576.3	578.1	598.0	606.1	614.4	627.2	634.9	641.6	478.6

注：摘自 W. M Haynes. CRC Handbook of Chemistry and Physics, 97th ed. Boca Raton：CRC Press Inc, 2016—2017：1-16. 原表中数据单位为电子伏特（eV），本表将其乘以 96.485 3，所得数据单位即为 kJ·mol^{-1}。

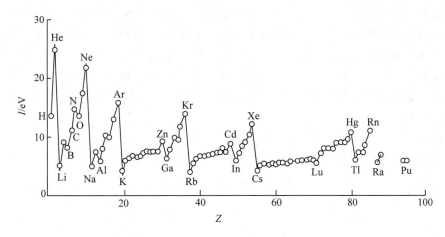

图 5-12　元素第一电离能的周期性变化

子，电离能就大；如果电子层数不同，最外层电子数相同（同一族）的元素，则原子半径越大，原子核对电子的引力越小，越易失去电子，电离能就小；电子层结构对电离能也有很大的影响，如各周期末尾的稀有气体的电离能最大，其部分原因是稀有气体元素的原子具有相对稳定的 8 电子结构的缘故。

由表 5-4 可知，同一主族元素，从上到下随着原子半径的增大，元素的第一电离能在减小。由此可知，各主族元素的金属性从上到下依次增强。副族元素的电离能变化幅度较小，而且不规则。这是由于它们新增加的电子填入 $(n-1)d$ 轨道，且 $(n-1)d$ 与 ns 轨道能量比较接近的缘故。副族元素中除ⅢB 族外，从上到下金属性一般有逐渐减小的趋势。

同一周期中，从左到右元素的第一电离能在总趋势上依次增加，其原因是原子半径依次减小而核电荷数依次增大，因而原子核对外层电子的约束力变强。但是有些反常现象，从第二周期看，B 的第一电离能反而比 Be 的小些，O 的电离能又比 N 的小些。这是由于 B 的电子结构式为 $1s^2 2s^2 2p^1$，易失去 1 个 p 电子而达到 $2s^2$ 的稳定结构的缘故；同样 O 的最外层有 $2s^2 2p^4$ 结构，易失去 1 个 p 电子而达到 $2p^3$ 的半充满的稳定结构。

电离能数据除了可以说明元素的金属活泼性之外，也可以说明元素呈现的氧化态。例如，Na 的第一电离能较小，为 496 kJ·mol^{-1}，而其第二电离能扩大数倍，为 4 562 kJ·mol^{-1}，这说明 Na 只易于形成+1 氧化态。Mg 的第一电离能和第二电离能较低且相近，分别为 738 kJ·mol^{-1} 和 1 451 kJ·mol^{-1}，而第三电离能和第二电离能相比扩大了数倍，为 7 733 kJ·mol^{-1}，这表明 Mg 易于形成+2 氧化态。但是不管变化的幅度大小，总有第二电离能大于第一电离能，第三电离能大于第二电离能。

（3）电子亲和能

某元素的一个基态的气态原子得到一个电子形成 −1 价离子时所放出的能量叫作该元素的电子亲和能。电子亲和能常用 E 表示，上述亲和能的定义实际上是元素的第一电子亲和能 E_1。与此相类似，可以得到第二电子亲和能 E_2 及第三电子亲和能 E_3 的定义。非金属元素一般有较大的电离能，难于失去电子，但它有明显的得电子倾向。非金属元素的电子亲和能越大，表示其得电子的倾向越大即变成负离子的可能性越大。

电子亲和能的单位和电离能的单位一样，一般用 kJ·mol^{-1} 表示。常用的数据表中正值表示放出能量，负值表示吸收能量(由于历史原因，这和第 2 章热力学中关于热的符号规定不一致)。一般元素的第一电子亲和能为正值，表示得到一个电子形成负离子时放出能量，也有元素的 E_1 为负值，表示得到电子时要吸收能量，这说明这种元素的原子变成负离子很困难。元素的第二电子亲和能一般均为负值，说明由负一价的离子变成负二价的离子也是要吸热的。碱金属和碱土金属元素的电子亲和能都是负的，说明它们形成负离子的倾向很小，非金属性相当弱。

元素的电子亲和能见表 5-5 所列，电子亲和能的数值一般较电离能的数值小一个数量级，而且已知元素的电子亲和能数据较少，测定的准确性也差，所以其重要性不如电离能。

表 5-5　元素的电子亲和能

周期	1	2	3	4	5	6	7	8	9	10	11	12	13	14	15	16	17	18
1	H 72.77																	He (—)
2	Li 59.63	Be (—)											B 26.99	C 121.78	N —	O 140.98	F 328.16	Ne (—)
3	Na 52.87	Mg (—)											Al 41.76	Si 134.07	P 72.04	S 200.41	Cl 348.57	Ar (—)
4	K 48.38	Ca 2.37	Sc 18.14	Ti 7.62	V 50.65	Cr 64.26	Mn (—)	Fe 14.57	Co 63.87	Ni 111.54	Cu 119.16	Zn —	Ga 41.49	Ge 118.94	As 77.57	Se 194.96	Br 324.54	Kr (—)
5	Rb 46.88	Sr 4.63	Y 29.62	Zr 41.10	Nb 88.38	Mo 72.17	Tc (53.07)	Ru (101.31)	Rh 109.70	Pd 54.22	Ag 125.62	Cd —	In 28.95	Sn 107.30	Sb 100.92	Te 190.16	I 295.15	Xe (—)
6	Cs 45.50	Ba 13.95	La 45.35	Hf (1.35)	Ta 31.07	W 78.76	Re (14.47)	Os (106.13)	Ir 150.88	Pt 205.32	Au 222.75	Hg —	Tl 36.37	Pb 35.12	Bi 90.92	Po (183.32)	At (270.16)	Rn (—)
7	Fr (44.38)	Ra (9.65)	Ac (33.77)	Uuo (5.40)	Ubu (55.00)													

注：摘自 W M Haynes. CRC Handbook of Chemistry and Physics, 97th ed. Boca Raton：CRC Press Inc, 2016—2017：10-147~10-149. 表中未加括号的数据为实验值，加扩号的为理论值，"—"表示不稳定(not stable)。原表中数据单位为电子伏特(eV)，本表将其乘以 96.485 3，所得数据单位即为 $kJ \cdot mol^{-1}$。

一般来说，电子亲和能随原子半径的减小而增大，因为半径小时，核电荷对电子的引力增大。因此，电子亲和能在同周期元素中从左到右呈增加趋势，而同族中从上到下呈减小趋势。

从表 5-5 可知，ⅥA 族和ⅦA 族的第一种元素 O 和 F 的电子亲和能并非最大，而是比同族中第二元素的要小些。这种现象的出现是因为 O 和 F 原子半径过小，电子云密度过高，以致当原子结合一个电子形成负离子时，由于电子间的互相排斥使放出的能量减少。而 S 和 Cl 原子半径较大，接受电子时，相互之间的排斥力小，故电子亲和能在同族中是最大的。

（4）元素的电负性(X)

元素的电离能表示元素的原子失去电子的可能性，而电子亲和能则表示元素的原子得到电子的可能性。但在许多化合物形成时，元素的原子既不失电子也不得电子。因此，仅从电离能和电子亲和能来衡量元素的金属性或非金属性是不全面的。

1932 年鲍林提出了电负性的概念。元素电负性是指在分子中原子吸引成键电子的能力。鲍林是以最活泼的非金属 F 为标准，假定其电负性 XF 为 4.0，并根据热化学数据比较元素原子吸引电子的能力，得出其他元素电负性数值。原子的电负性见表 5-6 所列。元素的电负性数值越大，表示原子在分子中吸引电子的能力越强。在周期表中，电负性也呈有规律的变化。同一周期中，从左到右(零族除外)，从碱金属到卤素，原子的有效核电荷逐渐增大，原子半径逐渐减小，原子在分子中吸引电子的能力在逐渐增加，因而元素的电负性逐渐增大。同一主族中，从上到下，电子层构型相同，有效核电荷相差不大，原子半径增大的影响占主导地位，因此，元素的电负性依次减小。所以，除了稀有气体，电负性最高的元素是周期表右上角的 F，电负性最低的元素是周期表左下角的铯（Cs）和钫（Fr）。一般来说，金属元素的电负性在 2.0 以下，非金属元素的电负性在 2.0 以上。

表 5-6　元素的电负性

H 2.1																
Li 1.0	Be 1.5											B 2.0	C 2.5	N 3.0	O 3.5	F 4.0
Na 0.9	Mg 1.2											Al 1.5	Si 1.8	P 2.1	S 2.5	Cl 3.0
K 0.8	Ca 1.0	Sc 1.3	Ti 1.5	V 1.6	Cr 1.6	Mn 1.5	Fe 1.8	Co 1.9	Ni 1.9	Cu 1.9	Zn 1.6	Ga 1.6	Ge 1.8	As 2.0	Se 2.4	Br 2.8
Rb 0.8	Sr 1.0	Y 1.2	Zr 1.4	Nb 1.6	Mo 1.8	Tc 1.9	Ru 2.2	Rh 2.2	Pd 2.2	Ag 1.9	Cd 1.7	In 1.7	Sn 1.8	Sb 1.9	Te 2.1	I 2.5
Cs 0.7	Ba 0.9	镧系 1.0~1.2	Hf 1.3	Ta 1.5	W 1.7	Re 1.9	Os 2.2	Ir 2.2	Pt 2.2	Au 1.9	Hg 1.9	Tl 1.8	Pb 1.9	Bi 1.9	Po 2.0	At 2.2
Fr 0.7	Ra 0.9	Ac 1.1														

拓展阅读

量子通信

　　2016 年 8 月 16 日 01 时 40 分，我国自主研制的世界首颗量子科学实验卫星"墨子号"在酒泉卫星发射中心用长征二号丁运载火箭成功发射升空。次日，"墨子号"把来自天边的消息轻轻松松地传回了地面。"墨子号"的成功发射，将我国自主研发的量子通信设备带上了太空，它将产生并发出光量子，与地面信号接收系统实现超高精度对接。这意味着一个通信新时代——量子通信时代即将到来。

　　量子通信虽然听起来高大上，其实很接地气。量子通信是利用量子叠加态和纠缠效应进行信息传递的新型通信方式，主要分为量子隐形传态和量子密钥分发两种。量子通信最大的特点是所有的数据和信号传输都是绝对保密的，再也不必担心信息被窃取。

　　经典通信相较光量子通信，其安全性和高效性都无法与之相提并论。为什么量子通信是最安全的通信？主要在于它的三个特性：①不可分割性，量子是目前已探测到的微观物理世界中最小的单元，没有办法再进行更小的分割；②不可复制性，某个任意的量子态是不能够百分之百精确地复制的；③量子纠缠效应，处于纠缠态中的两个量子就像双胞胎一样，即使相隔万里也能心灵相通，其中一个状态发生改变，另一个也会相应改变。量子通信的高效性：被传输的未知量子态在被测量之前会处于纠缠态，即同时代表多个状态，如一个量子态可以同时表示 0 和 1 两个数字，7 个这样的量子态就可以同时表示 128 个状态或 128 个数字（0~127）。光量子通信的这样一次传输，就相当于经典通信方式速率的 128 倍。

量子通信具有传统通信方式所不具备的绝对安全特性，在国家安全、金融等信息安全领域有着重大的应用价值和前景，也逐渐走进人们的日常生活。

2010年，合肥城域量子通信试验示范网正式开工实施。合肥市政府将其努力建成国内"首个开工、首个建成、首个使用"的规模化城域量子通信网络。

2012年，金融信息量子通信验证网在北京开通。金融信息量子通信验证网的开通，是量子通信网络技术保障金融信息传输安全的第一次技术验证和典型应用示范，对加快建设国家级金融信息量子通信网、大力提升我国金融信息传递的安全性和便捷性，具有十分重要的意义。

2013年，济南量子保密通信试验网建成投入使用，山东省50个省直机关事业单位、金融机构实现了语音电话、传真、文本通信和文件传输等量子保密传输业务，这是我国第一套实用化的大型量子通信城域网，也是世界上规模最大、功能最全的量子保密通信试验网络。

2021年，由重庆国科量子通信网络有限公司建设的国家广域量子保密通信"成渝干线"已于10月全线贯通，目前正在建设重庆通向武汉的量子通信"汉渝干线"。

2022年，中国科学技术大学潘建伟院士科研团队与中国科学院大学杭州高等研究院院长王建宇院士团队，通过"天宫二号"和4个卫星地面站上的紧凑型量子密钥分发终端，实现了空—地量子保密通信网络的实验演示。

习　题

一、选择题

1. 波函数的空间图形是(　　)。

A. 概率密度　　　　　　　B. 原子轨道　　　　　　C. 电子云　　　　　　D. 概率

2. 与多电子原子中电子的能量有关的量子数是(　　)。

A. n, m　　　　　　　　B. l, m_s　　　　　　　C. l, m　　　　　　　D. n, l

3. 下列原子中第一电离能最大的是(　　)。

A. 锂　　　　　　　　　　B. 氮　　　　　　　　　C. 硼　　　　　　　　D. 氧

4. 元素原子的电子分布有的出现"例外"，主要是由于(　　)。

A. 电子分布的三条原则不适用于该元素的原子

B. 泡利不相容原理有不足之处

C. 通常使用的能级图有近似性

D. 该元素原子的电子分布必须服从四个量子数的规定

5. 下列电子构型中违背泡利不相容原理的是(　　)。

A. $1s^1 2s^1 2p^1$　　　　　B. $1s^2 2s^2 2p^1$　　　　C. $1s^2 2s^2 2p^3$　　　　D. $1s^2 2s^2 2p^7$

二、填空题

1. 填写合理的量子数：

① $n = $ _____　　$l = 2$　　　$m = 0$　　　$m_s = +\dfrac{1}{2}$

② $n = 2$　　　$l = $ _____　　$m = +1$　　$m_s = -\dfrac{1}{2}$

③ $n = 4$　　　$l = 2$　　　$m = 0$　　　$m_s = $ _____

④ $n=2$　　　　$l=0$　　　　$m=$ _____　　$m_s=+\dfrac{1}{2}$

2. 位于 Kr 前某元素，当该元素的原子失去了 3 个电子之后，在它的角量子数为 2 的轨道内电子为半充满的状态，该元素是 _____，原子外层电子构型是 _____，位于 _____ 周期、_____ 族，属于 _____ 区。+3 价离子的电子层构型属于 _____ 电子构型。

3. 元素的性质随着 _____ 的递增而呈现周期性的变化，这是原子的 _____ 的反映。

4. 原子序数为 24 的原子，其价电子层结构是 _____，元素符号为 _____。

5. 波函数(Ψ)是描述 _____ 的数学函数式，它和 _____ 是同义词，$|Y|^2$ 的物理意义是 _____，电子云是 _____ 分布的形象表示。

三、判断题

1. 电子具有波粒二象性，故每个电子都既是粒子，又是波。　　　　　　　　　　（　　）

2. 核外电子的能量只与主量子数有关。　　　　　　　　　　　　　　　　　　（　　）

3. 将氢原子的一个电子从基态激发到 4s 或 4f 轨道所需要的能量相同。　　　　（　　）

4. 波函数(Ψ)的角度分布图中，负值部分表示电子在此区域内不出现。　　　　（　　）

5. He$^+$ 的 4s、4p、4d、4f 四条轨道能量相同。　　　　　　　　　　　　　（　　）

四、简答题

1. 什么是屏蔽效应和钻穿效应？怎样解释同一主层中的能级分裂即不同主层中的能级交错现象？

2. Na 的第一电离能小于 Mg，Na 的第二电离能却大于 Mg，为什么？

3. 具有下列外电子层结构的元素，位于周期表中的哪一周期？哪一族？哪一区？

① $2s^2 2p^6$　② $3d^5 4s^2$　③ $4d^{10} 5s^2$　④ $4f^1 5d^1 6s^2$

习题解答

第6章　化学键与分子结构

教学目的和要求：

（1）了解离子键理论要点。

（2）熟悉共价键的形成、本质和特征；掌握价键理论、杂化轨道理论；了解价层电子对互斥理论。

（3）了解分子间力、氢键的概念以及它们对物质性质的影响。

（4）了解晶体的基本类型。

物质是由分子组成的，物质的性质主要决定于分子的性质，而分子的性质又是由分子内部的结构决定的，因此学习分子结构的一些基本理论，对了解物质的性质和化学反应的规律是必要的。

分子结构主要研究的问题为：分子或晶体中相邻原子间的强相互作用力，即化学键；分子或晶体的空间构型；分子间的相互作用力；分子的结构与物质的物理、化学性质的关系。

根据原子间作用力性质的不同，化学键分为离子键、共价键和金属键三种基本类型。本章将主要讨论化学键和分子间力的形成及其对物质性质的影响等基本知识。

6.1　离子键理论

张青莲

1916 年德国化学家柯塞尔（W. Kossel）根据稀有气体具有较稳定结构的事实，提出了离子键理论。根据这一理论，原子形成化合物时通过失去或获得电子而形成正、负离子，这两种离子通过静电引力形成离子型分子。

6.1.1　离子键的形成

当活泼金属原子和活泼非金属原子相遇时，由于电负性相差较大，所以在两原子之间发生电子转移。例如，Na 原子与 Cl 原子相遇时，Na 原子失去电子变成正离子 Na^+，Cl 原子得到电子变成负离子 Cl^-。正、负离子之间由于静电引力相互吸引，当它们充分接近时，电子层还产生斥力作用，使两个离子不能极端靠近，而是保持在一定距离的平衡位置上振动，从而使正、负离子的电子云保持各自的独立性。这种正、负离子间通过静电引力形成的化学键称为离子键。

以 NaCl 的形成来简单表示离子键的形成过程如下：

$$nNa(3s^1) \xrightarrow{-ne} nNa^+(2s^2 2p^6)$$

$$nCl(3s^2 3p^5) \xrightarrow{+ne} nCl^-(3s^2 3p^6)$$

$$\searrow nNaCl$$

由离子键形成的化合物或晶体称为离子化合物或离子晶体。通常 IA、IIA（Be 除外）金属元素的氧化物、氟化物及某些氯化物等是典型的离子化合物。

在离子键的模型中，将正、负离子看成半径大小不同的球体。根据库仑定律，带有相反电荷（q^+ 和 q^-）离子之间的静电引力（F）与离子电荷和离子的核间距离（R）的关系为

$$F = k\frac{q^+ q^-}{R^2}(k \text{ 为比例系数}) \tag{6-1}$$

显然，离子电荷越高或离子核间距离越小，正、负离子间吸引力越大，离子键的强度越大，形成的化合物越稳定。

6.1.2　离子键的强度

离子键的强度用晶格能（U）表示。通常不用键能表示，晶格能越大，离子键强度越大，离子晶体越稳定。

离子晶体的晶格能（U）是指在标准状态下，由气态正离子和气态负离子形成 1 mol 离子晶体时所放出的能量，单位为 $kJ \cdot mol^{-1}$。晶格能的数值可以通过化学热力学数据（波恩-哈伯循环）间接地计算出来。

离子型化合物的晶格能越大，离子键越强，相应的晶体熔点越高，硬度越大。这是因为离子晶体是一个整体，晶格能较大，要破坏分子内部离子排列方式就得由外部提供较大能量，因此离子化合物涉及状态变化的性质（如熔点、沸点、熔化热、汽化热等）都比较高。破坏晶格能需要较强的外力，所以其硬度也高。

6.1.3　离子键的特点

（1）离子键的本质是静电引力

离子键是由原子得失电子后，形成的正、负离子之间通过静电吸引作用而形成的化学键。因此，离子所带的电荷越多，离子半径越小，离子间静电引力越强，所形成的离子键越强。

（2）离子键无方向性

由于离子的电场分布是球形对称的，可在空间各个方向上吸引带异性电荷的离子，因此离子键是没有方向性的。

（3）离子键无饱和性

只要空间条件许可，离子总是从各个方向上尽可能多地吸引异性电荷离子，所以离子键是无饱和性的。无饱和性并不是说可以吸引任意多个带相反电荷的离子。一个离子能吸引相反电荷离子的数目，取决于正离子和负离子的半径比值 $r_{正}/r_{负}$，比值大，正离子吸引负离子的数目就多，这就是在不同离子型晶体中，每种离子周围含有不同的相反电荷离子数目（配位数）。例如，在 NaCl 晶体中，配位数为 6，而 CsCl 晶体中，配位数为 8。

6.1.4　离子特征

离子化合物的性质主要取决于离子键的强弱，而离子键的强弱又与离子的特征有关。离子特征，主要是指离子电荷、离子半径、离子的电子层结构。

（1）离子电荷

离子电荷数是指形成离子键时原子失去或得到的电子数。离子电荷的多少直接影响着离子键的强弱，一般来说，正、负离子所带的电荷越高，离子化合物越稳定，其晶体的熔点和沸点就越高。离子的电荷数不仅影响离子化合物的物理性质（如熔点、沸点、颜色等），也影响离子化合物的化学性质，如 Fe^{2+} 和 Fe^{3+} 形成的相应化合物的性质就不同。

（2）离子半径

离子半径是指离子在晶体中的接触半径。把晶体中的正、负离子看作相互接触的两个球，两个原子核之间的平均距离，即核间距就可看作正、负离子半径之和。离子半径的大小可以近似地反映离子的相对大小，主要是由核电荷对核外电子的吸引强弱决定的。离子半径大致变化规律如下：

各主族元素中，从上到下电子层数依次增多，具有相同电荷数的同族离子半径依次增大。

同一周期中，当离子的电子构型相同时，随着离子电荷数的增加，正离子半径减小，负离子半径增大，如 $r(Na^+)>r(Mg^{2+})>r(Al^{3+})$、$r(F^-)<r(O^{2-})<r(N^{3-})$。

同一元素形成的离子，$r_{正离子}<r_{原子}<r_{负离子}$，且随着正电荷的增大离子半径减小，如 $r(Fe^{3+})<r(Fe^{2+})<r(Fe)$。

周期表中处于相邻的左上方和右下方斜对角线上的正离子半径近似相等，如 $r(Na^+)(95\ pm)\approx r(Ca^{2+})(99\ pm)$。

（3）离子的电子层结构

离子化合物中，简单负离子电子层构型如同稀有气体的电子层构型，即 8 电子构型。

正离子情况比较复杂，可归纳以下几种情况：

2 电子构型（$1s^2$）：最外层有 2 个电子，如 Li^+、Be^{2+}；

8 电子构型（ns^2np^6）：最外层有 8 个电子，如 Na^+、K^+、Ca^{2+}；

18 电子构型（$ns^2np^6nd^{10}$）：最外层有 18 个电子，如 Cu^+、Ag^+、Zn^{2+}；

（18+2）电子构型 $[(n-1)s^2(n-1)p^6(n-1)d^{10}ns^2]$：次外层有 18 个电子，最外层有 2 个电子，如 Sn^{2+}、Pb^{2+}；

（9~17）电子构型（$ns^2np^6nd^{1~9}$）：最外层为 9~17 个电子，如 Fe^{2+}、Fe^{3+}、Mn^{2+}。

总之，离子电荷、离子半径和离子的电子层结构对于离子键的强弱及有关离子化合物的性质（如熔点、沸点、溶解度及化合物的颜色等）都起着决定性的作用。

6.2　共价键理论

离子键理论可以较好地解释电负性差值较大的离子型化合物的形成和性质，但无法解释电负性相差较小或几乎相等的原子所形成的分子（如 H_2、Cl_2、HCl、H_2O 等），为了阐述这类分子的化学键问题，提出了共价键理论。

早在 1916 年美国化学家路易斯（G. N. Lewis）提出了原子间共用电子对的共价键理论，他认为原子结合成分子时，原子间可以共用一对或几对电子，从而使每个原子都具有稀有气体的 8 电子稳定电子构型，称为八隅规则。在原子间通过共用电子对结合而成的化学键称为共价键，由共价键形成的化合物称为共价化合物，这是早期的共价键理论。

路易斯的共价键理论解释了一些简单非金属原子间形成分子的过程，但无法阐明共价键的本质和特征，也无法解释 PCl_5、SF_6、BF_3 等含有非 8 电子构型原子的分子结构。

1927 年，德国物理学家海特勒（W. Heitler）和伦敦（F. London）运用量子力学求解氢分子的薛定谔方程后，揭示了共价键的本质。这是现代共价键理论的开端，后经鲍林和斯莱特（J. G. Slater）推广到其他双原子分子或多原子分子中，发展成现代共价键理论。由于价键理论起源于路易斯的电子配对概念，因此，价键理论又称电子配对理论，简称 VB 法。

6.2.1　价键理论

（1）价键理论的本质

海特勒和伦敦用量子力学方法处理 H_2 分子的结构，揭示了共价键的本质。H_2 分子是由两个 H 原子构成的。每个 H 原子在基态时各有一个 1s 电子，根据泡利不相容原理，一个 1s 轨道上最多能容纳两个自旋方向相反的电子，那么每个 H 原子的 1s 轨道上都可以接受一个自旋方向相反的电子。当具有自旋状态相反的未成对电子的两个 H 原子相互靠近时，它们之间产生强烈的吸引作用，自旋方向相反的未成对电子相互配对，形成了共价键，从而形成了稳定的 H_2 分子。

量子力学处理 H_2 分子的成键过程中，得到了两个 H 原子相互作用能量（E）与它们核间距（R）之间的关系，如图 6-1 所示。结果表明，若两个 H 原子的电子自旋方向相反，两个 H 原子靠近时两核间的电子云密度大，系统的能量 E_I 逐渐降低，并低于两个孤立的 H 原子的能量之和，称为吸引态[图 6-2（a）]。当两个 H 原子的核间距 $R = 74$ pm 时，其能量达到最低点 $E = -436$ kJ·mol^{-1}，两个 H 原子之间形成了稳定的共价键，形成了 H_2 分子。此时的能量实际就是 H_2 分子的共价键键能。若两个 H 原子的核外电子自旋方向相同，两原子相互靠近时两核间电子云密度小，系统能量 E_{II} 始终高于两个孤立 H 原子的能量之和，称为排斥态[图 6-2（b）]。此状态不能形成 H_2 分子。

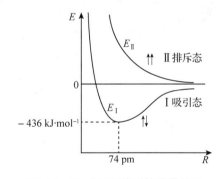

图 6-1　H_2 分子形成时的能量关系

H_2 分子的吸引态之所以能成键是由于两个氢原子的 1s 原子轨道相互叠加（即原子轨道的重叠），核间距的电子云密度增大，在两个原子核间出现了一个电子云较大的区域，一方面降低了两核间的正电排斥；另一方面又增强了两核对核间负电区的吸引，使体系的能量降低，有利于形成稳定的化学键。

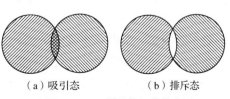

（a）吸引态　　　（b）排斥态
图 6-2　H_2 分子的两种状态

（2）价键理论的要点

将量子力学研究 H_2 分子的结构推广应用到其他分子体系，发展为价键理论。它的基本要点如下：

①两个原子相互靠近时，具有自旋方向相反的未成对电子可以相互配对，形成稳定的共价键。一个原子有几个未成对电子，便可和几个自旋相反的未成对电子配对成键。

②两个原子结合成分子时，成键电子的原子轨道相互重叠。轨道重叠总是沿着重叠最大的方向进行，这就是共价键的方向性。重叠越多，两核间电子出现的概率密度越大，形成的共价键越牢固，即原子轨道最大重叠原理。

（3）共价键的特点

与离子键不同，共价键是既有饱和性又有方向性的化学键。

①饱和性　根据泡利不相容原理，未成对电子配对后就不能再与其他原子的未成对电子配对。例如，当两个氢原子自旋方向相反的单电子配对成键后，已不存在成单电子，不可能再与第三个 H 原子结合成 H_3。

②方向性　根据原子轨道最大重叠原理，在形成共价键时，原子间总是尽可能地沿着原子轨道最大重叠方向成键。成键电子的原子轨道重叠程度越高，电子在两核间出现的概率也越大，形成的共价键就越牢固。除了 s 轨道呈球形对称外，其他的原子轨道（p、d、f）在空间都有一定的伸展方向。因此，在形成共价键的时候，除了 s 轨道和 s 轨道之间在任何方向上都能达到最大限度的重叠外，p、d、f 原子轨道只有沿着一定的方向才能发生最大限度地重叠。例如，HCl 分子形成时，H 原子的 1s 轨道和 Cl 原子的 $2p_x$ 轨道有 4 种重叠方式，如图 6-3 所示。其中，只有 1s 轨道沿 p_x 轨道的对称轴（x 轴）方向进行同号重叠才能发生最大重叠而形成稳定的共价键，如图 6-3（a）所示。原子轨道最大重叠就决定了共价键的方向性。

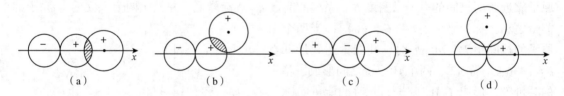

图 6-3　s 和 p_x 轨道重叠示意图

（4）共价键的类型

由于原子轨道重叠的情况不同，可以形成不同类型的共价键。共价键可分为 σ 键和 π 键。

①σ 键　如果两个原子轨道沿着键轴方向以"头碰头"的方式重叠，所形成的共价键叫 σ 键。例如，s-s 轨道重叠（H_2 分子）、s-p 轨道重叠（HCl 分子）、p_x-p_x 轨道重叠（Cl_2 分子）都形成 σ 键，如图 6-4（a）所示。由于轴向重叠最大，电子云密集在两核中间，两核对负电区有强烈的吸引，所以 σ 键的键能较大，稳定性高。

②π 键　如果两个原子轨道沿着键轴方向以"肩并肩"的方式重叠，所形成的共价键叫 π 键。如图 6-4（b）所示，除了 p-p 轨道重叠可形成 π 键外，p-d、d-d 轨道重叠也可以形成 π 键。π 键轨道重叠程度要比 σ 键轨道重叠程度低，π 键的键能小于 σ 键的键能，所以 π 键

的稳定性要比 σ 键的稳定性低，π 键的电子活动性较高，是化学反应的积极参加者。

如果两个原子间可形成多重键，其中必有一条 σ 键，其余为 π 键；如果只形成单键，那肯定是 σ 键。

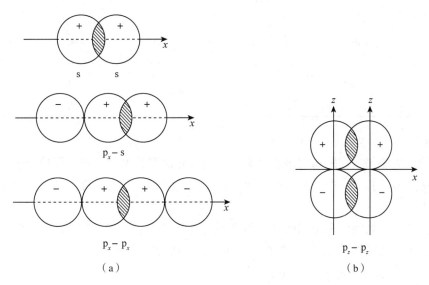

图 6-4　σ 键和 π 键的形成

6.2.2　键参数

能表征化学键性质的物理量称为键参数，如键能、键长、键角等物理量。

（1）键能

键能是表征共价键强弱的物理量。在 100 kPa 和 298.15 K 条件下，将 1 mol 气态分子 AB 解离成为气态原子 A 和 B 时的焓变值称为键能。单位为 $kJ \cdot mol^{-1}$，用符号 $E(A-B)$ 表示。

对于双原子分子来说，键能就是其离解能 $D(A-B)$。如氢分子的 $E(H-H) = D(H-H) = 436\ kJ \cdot mol^{-1}$。

对于多原子分子来说，键能不同于离解能，要断裂其中的化学键成为单个的原子，需要多次离解，故键能不等于离解能，而是多次离解能的平均值。例如：

$$NH_3(g) \Longrightarrow NH_2(g) + H(g) \qquad D_1 = 435\ kJ \cdot mol^{-1}$$
$$NH_2(g) \Longrightarrow NH(g) + H(g) \qquad D_2 = 397\ kJ \cdot mol^{-1}$$
$$NH(g) \Longrightarrow N(g) + H(g) \qquad D_3 = 339\ kJ \cdot mol^{-1}$$
$$NH_3(g) \Longrightarrow N(g) + 3H(g) \qquad D_{总} = 1\ 171\ kJ \cdot mol^{-1}$$

键能 $E(H-N) = D_{总}/3 = 1\ 171/3 = 390\ kJ \cdot mol^{-1}$

一般来说，键能越大，键越牢固。双键的键能比单键的键能大得多，但不等于单键键能的 2 倍；同样三键键能也不是单键键能的 3 倍。键能的数据通常可以用热力学方法计算，也可通过光谱实验来测定。表 6-1 中列出了一些化学键的键能和键长。

表 6-1　一些化学键的键能和键长

键	键能/$(kJ \cdot mol^{-1})$	键长/ pm	键	键能/$(kJ \cdot mol^{-1})$	键长/ pm
H—H	436	76	Br—H	362.3	140.8
F—F	154.8	141.8	I—H	294.6	160.8
Cl—Cl	239.7	198.8	C—H	414	109
Br—Br	190.2	228.4	O—H	458.8	96
I—I	148.9	266.6	C—C	345.6	154
F—H	565	91.8	C=C	610	134
Cl—H	428	127.4	C≡C	835.1	120

（2）键长

成键原子的核间平均距离叫键长。键长可通过光谱实验测定，对于简单分子，也可用量子力学方法近似计算。一般来说，两个原子间形成的键越短，表示键能越大，键就越牢固。

（3）键角

分子中键与键之间的夹角叫键角。键角的数据可由分子光谱和 X 射线衍射法测定。键角是反映分子空间结构的重要因素之一。例如，H_2O 分子中的 2 个 O—H 键之间的夹角是 104°45′，这说明水分子是 V 型结构。

6.2.3　杂化轨道理论

价键理论很好地阐明了共价键的本质，并解释了共价键的方向性和饱和性。但它却不能很好地解释分子的空间构型。例如，基态 C 原子的电子构型 $1s^2 2s^2 2p^2$，碳原子有两个未成对的价电子，依照价键理论它只能与两个 H 原子形成两个共价键，而且这两个键应该是互相垂直的，但事实上，碳原子与四个氢原子结合成了 CH_4 分子。CH_4 分子中四个键角相等，为 109°28′，分子构型为正四面体。为了解释多原子分子的空间构型，鲍林和斯莱特于 1931年在价键理论的基础上提出了杂化轨道理论。

（1）杂化轨道理论的要点

①原子在形成分子过程中，为了增强键的强度，中心原子中若干不同类型的能量相近的原子轨道趋向于重新组合成数目不变、能量完全相同的新的原子轨道，这种重新组合的过程称为杂化，所形成的新轨道称为杂化轨道。

②原子轨道在杂化过程中，有几个原子轨道参加杂化，就产生几个杂化轨道，轨道数目不变，但其形状和方向发生变化。杂化既可以是等性杂化，也可以是不等性杂化。

③为使成键电子之间的排斥力最小，各个杂化轨道在核外要采取最对称的空间分布方式。杂化轨道的类型对分子的空间构型起决定性作用。

（2）杂化轨道的类型与分子的空间构型

中心原子所形成的杂化轨道，沿键轴方向与其他原子的成键轨道发生重叠形成 σ 键，所形成的 σ 键将确定分子的骨架。因此，只要知道了中心原子的杂化轨道类型，就能够判断简单分子的空间构型。常见的杂化轨道有以下几种。

①sp 杂化　由能量相近的一个 ns 轨道和一个 np 轨道杂化产生两个等同的 sp 杂化轨道，

每个杂化轨道中含 $\frac{1}{2}$s 和 $\frac{1}{2}$p 轨道成分，两个杂化轨道的夹角为 180°，呈直线形。

　　例如 $BeCl_2$ 分子的形成过程（图 6-5）。从基态 Be 原子的电子层结构看（$1s^2 2s^2$），Be 原子没有未成对电子，因此 Be 原子首先必须将一个 2s 电子激发到空的 2p 轨道上去，产生两个未成对电子，进而一个 2s 原子轨道和一个 2p 原子轨道形成两个 sp 杂化轨道。成键时，每个 sp 杂化轨道与 Cl 原子中的 3p 轨道重叠形成两个 σ 键，由于杂化轨道的夹角是 180°，所以 $BeCl_2$ 分子的空间构型为直线形。

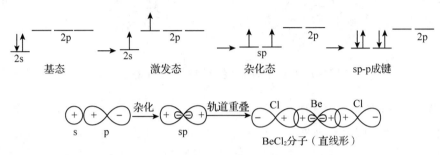

图 6-5　Be 原子的 sp 杂化和 $BeCl_2$ 分子的形成

　　②sp^2 杂化　由一个 ns 轨道和两个 np 轨道进行的杂化过程叫作 sp^2 杂化。每个杂化轨道含 $\frac{1}{3}$s 和 $\frac{2}{3}$p 轨道成分，轨道间夹角均为 120°，呈平面三角形。

　　例如 BF_3 分子中 B 原子就是采用 sp^2 杂化。基态 B 原子外层电子构型是 $2s^2 2p^1$，一个 2s 电子激发到 2p 的空轨道上，产生三个未成对电子。进而一个 2s 轨道和 2 个 2p 轨道采用 sp^2 杂化，形成三条 sp^2 杂化轨道。各含一个电子的 sp^2 杂化轨道分别与一个 F 原子的 2p 轨道重叠形成三个等价的 σ 键，故 BF_3 分子的空间构型为平面三角形（图 6-6）。

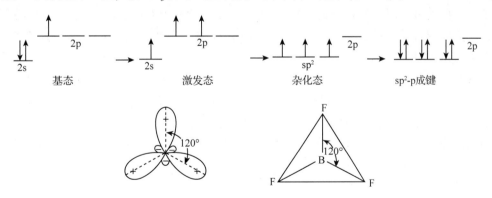

图 6-6　B 原子的 sp^2 杂化和 BF_3 分子的形成

　　③sp^3 等性杂化　由一个 ns 轨道和三个 np 轨道组合而成的四个等同的 sp^3 杂化轨道，叫作 sp^3 等性杂化。每个杂化轨道含 $\frac{1}{4}$s 和 $\frac{3}{4}$p 的轨道成分，杂化轨道间的夹角均为 109°28′，空间构型为正四面体。

思政案例

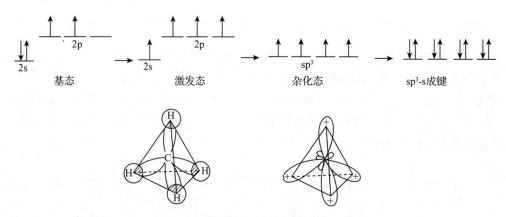

图 6-7　C 原子的 sp³ 杂化和 CH₄ 分子的形成

例如 CH_4 分子的形成过程(图 6-7)。基态 C 原子外层电子构型为 $2s^2 2p^2$,1 个 2s 电子激发到 2p 轨道上,产生四个未成对电子。进而一个 2s 轨道和三个 2p 轨道采用 sp³ 杂化,形成四条 sp³ 杂化轨道。各含一个电子的 sp³ 杂化轨道分别与一个 H 原子的 1s 轨道重叠形成四个等价的 σ 键,所以 CH_4 分子的空间构型为正四面体。

④sp³ 不等性杂化　前面提到的 sp、sp²、sp³ 杂化中每个杂化轨道都是等同的(能量相同、成分相同),这样的杂化叫作等性杂化。如果参与杂化的原子轨道含有不参加成键的孤对电子时,形成的杂化轨道不完全等同,这样的杂化叫作不等性杂化。一个 ns 轨道和三个 np 轨道组合成四个含成分不尽相同的杂化轨道,叫作 sp³ 不等性杂化。例如,NH_3 和 H_2O 分子中,N、O 原子均采用 sp³ 不等性杂化。

N 原子的价电子构型为 $2s^2 2p^3$,其中 2s 为含孤对电子的轨道,它仍能与三个 2p 轨道杂化,形成四个 sp³ 杂化轨道。其中一条轨道被孤对电子对占据不参与成键,其余三条含有一个电子的杂化轨道分别与 H 原子的 1s 轨道重叠成键。含有孤对电子的轨道对成键轨道的斥力较大,使成键轨道受到挤压,成键后键角小于 $109°28'$,所以 NH_3 分子空间构型为三角锥形,键角为 $107°18'$(图 6-8)。

O 原子的价电子构型为 $2s^2 2p^4$,在形成 H_2O 分子时,O 原子采用 sp³ 不等性杂化,在形成的杂化轨道中,有两条轨道被孤电子对占据不参与成键,其余两条含有一个电子的杂化轨道分别与 H 原子的 1s 轨道重叠成键。由于杂化轨道中有两对孤对电子,占据了较大的空间,对成键轨道的斥力更大,使 H_2O 分子的键角减小为 $104°45'$,分子构型为 V 型(图 6-9)。

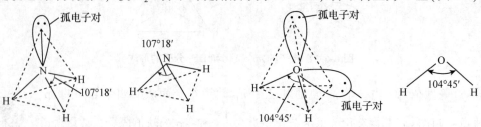

图 6-8　NH₃ 分子空间构型　　　　**图 6-9　H₂O 分子空间构型**

6.3　分子的极性、分子间力和氢键

6.3.1　键的极性和分子的极性

（1）键的极性

键的极性是指化学键中正、负电荷中心是否重合。若化学键中正、负电荷中心重合，则键无极性，反之键有极性。在同核的双原子分子中，由于同种原子的电负性相同，对共用的电子对的吸引力相同，成键两个原子的正、负电荷中心重合形成非极性键。例如，H_2、O_2 等分子中的化学键是非极性键。不同原子间形成的化学键，由于原子的电负性不同，成键原子的电荷分布不对称，电负性较大的原子带负电荷，电负性较小的原子带正电荷，正、负电荷中心不重合，形成极性键。例如，HCl、H_2O、NH_3 等分子中的化学键是极性键。电负性差值越大，键的极性越大。

（2）分子的极性

任何一个分子中都存在一个正电荷中心和一个负电荷中心，根据分子中正、负电荷中心是否重合，可以把分子分为极性分子和非极性分子。正、负电荷中心不重合的分子叫作极性分子，正、负电荷中心重合的分子叫作非极性分子。

分子的极性是否和键的极性一致？如果分子的化学键都是非极性键，通常分子不会有极性。但组成分子的化学键为极性键，分子则可能有极性，也可能没有极性。双原子分子中分子的极性与键的极性一致，多原子分子中分子的极性与键的极性关系，有以下三种情况：

①分子中的化学键均无极性，通常分子无极性。如 P_4、S_8 等。

②分子中的化学键有极性，但分子的空间构型对称，键的极性相互抵消，则分子无极性。如 CO_2、BF_3 等。

③分子中的化学键有极性，但分子的空间构型不对称，键的极性不能相互抵消，则分子有极性。如 H_2O、SO_2、$CHCl_3$ 等。

分子极性的大小通常用偶极距 μ 来衡量，极性分子的偶极距等于正（或负）电荷所带的电量 q 与正、负电荷中心的距离 d 的乘积。偶极距的 SI 单位是库仑·米（C·m）。

$$\mu = q \cdot d$$

偶极距的大小可以判断分子有无极性，比较分子极性的大小。$\mu = 0$，为非极性分子；μ 值越大，分子的极性越大。表 6-2 列出了一些分子的偶极距实验数据。

表 6-2　一些物质的分子的偶极距和分子的几何构型

分子	偶极距/(10^{-30} C·m)	几何构型	分子	偶极距/(10^{-30} C·m)	几何构型
H_2	0.0	直线形	CCl_4	0.0	正四面体
N_2	0.0	直线形	CO	0.37	直线形
CO_2	0.0	直线形	NO	0.50	直线形
CS_2	0.0	直线形	HF	6.4	直线形
CH_4	0.0	正四面体	HCl	3.4	直线形

（续）

分子	偶极距/$(10^{-30}\ C \cdot m)$	几何构型	分子	偶极距/$(10^{-30}\ C \cdot m)$	几何构型
HBr	2.6	直线形	H_2S	3.1	V 型
HI	1.3	直线形	SO_2	5.4	V 型
H_2O	6.1	V 型	NH_3	4.9	三角锥形

6.3.2　分子间力

分子间力是在共价分子间存在的弱的短程作用力，最早是由范德华研究实际气体对理想气体状态方程的偏差时提出来的，又称范德华力。由于分子间力比化学键弱得多，所以不影响物质的化学性质，但它是决定分子晶体的熔点、沸点、汽化热及溶解度等物理性质的重要因素。分子间力包括三种力：取向力、诱导力和色散力。

（1）取向力

取向力是极性分子与极性分子之间的固有偶极与固有偶极之间的静电引力。因为两个极性分子相互靠近时，同性相斥、异性相吸，使极性分子间按一定方向排列并由静电引力互相吸引。取向力的本质是静电作用，可根据静电理论求出取向力的大小。分子的极性越大，取向力越大；分子间距离越小，取向力越大。取向力仅存在于极性分子与极性分子之间。取向力是葛生（Keeson）于 1912 年首先提出来的，所以取向力又称葛生力。

（2）诱导力

当极性分子和非极性分子充分接近时，极性分子就如同一个外加电场，使非极性分子发生变形极化，产生诱导偶极。极性分子的固有偶极与诱导偶极之间的这种作用力称为诱导力。诱导力的本质是静电引力，极性分子的偶极矩越大，非极性分子的变形性越大，产生的诱导力也越大。诱导力存在于极性分子与非极性分子之间，也存在于极性分子与极性分子之间。诱导力是德拜（Debye）于 1921 年提出来的，所以诱导力又称德拜力。

（3）色散力

任何分子由于其电子和原子核的不断运动，会发生电子云和原子核之间的瞬间相对位移，从而产生瞬间偶极。瞬间偶极之间的作用力称为色散力。色散力是伦敦于 1930 年根据近代量子力学方法证明的，由于从量子力学导出的理论公式与光色散公式相似，因此把这种作用力称为色散力，又称伦敦力。

色散力与分子的变形性有关。分子的变形性越大，色散力越大。分子中原子或电子数越多，分子越容易变形，所产生的瞬间偶极矩就越大，相互间的色散力越大。由于各种分子均有瞬间偶极，因此色散力不仅存在于非极性分子间，同时也存在于非极性分子与极性分子之间和极性分子与极性分子之间。所以，色散力是分子之间普遍存在的作用力。

总之，分子间力是色散力、诱导力、取向力的总和，在不同情况下分子间力的组成不同。在非极性分子之间只有色散力，在极性和非极性分子之间有色散力和诱导力，在极性分子之间则有取向力、诱导力和色散力。在多数情况下，色散力占分子间力的绝大部分。只有极性很大的分子，取向力才占较大部分，诱导力通常很小。

分子间力是永远存在于分子间的作用力，没有方向性和饱和性。分子间力是近程力，表现为分子间近距离的吸引力，随着分子间距离的增加，分子间力迅速减小，其作用能的大小从几到几十焦耳每摩尔，比化学键的键能小 1~2 个数量级。

6.3.3　氢键

除上述三种作用力外，在某些分子间还存在着一种特殊的作用力——氢键。

（1）氢键的形成

当氢原子与电负性很大、半径很小的 X 原子（如 F、N、O 原子）形成共价键时，由于共用电子对强烈偏向于 X 原子，因而氢原子几乎成为裸露的质子，这样氢原子就可以和另一个电负性很大的且含有孤对电子的 Y 原子产生静电引力，这种引力称为氢键。

形成氢键的条件是：①氢原子与电负性很大的原子 X 形成共价键；②有另一个电负性很大且具有孤对电子的原子 X（或 Y）。氢键通常以 X—H…Y 表示。氢键键能比化学键键能小得多，与分子间力同一个数量级，但一般要比分子间力稍强，其键能在 8~50 kJ·mol^{-1}。

（2）氢键的特点

氢键具有方向性和饱和性。形成氢键的三个原子 X—H…Y 在同一条直线上时，X、Y 原子间距离最远，两原子的电子云间排斥力最小，体系能量最低，形成的氢键最稳定，这就是氢键的方向性。氢键的饱和性是指每一个 X—H 一般只能与一个 Y 原子形成氢键，因为 H 原子的体积较小，而 X、Y 原子体积较大，当 H 原子与 X、Y 原子形成氢键后，若有第三个电负性较大的 X 或 Y 原子接近 X—H…Y 氢键时，则要受到两个电负性大的 X、Y 原子的强烈排斥，所以 X—H…Y 上的 H 原子不可能再形成第二个氢键。

氢键可以存在于分子之间，如 HF、H_2O、NH_3 分子之间，称为分子间氢键（图 6-10）；也可以存在于分子内部，如邻位的硝基苯酚等，称为分子内氢键（图 6-11）。它们对物质的物理性质影响也有所不同。

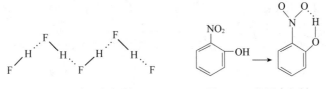

图 6-10　分子间氢键　　　　　图 6-11　分子内氢键

（3）氢键对物质性质的影响

分子间形成氢键时，使分子间结合力增强，使物质的熔点、沸点增大，液体的密度增大。例如，HF 的熔点、沸点比 HCl 高；H_2O 的熔点、沸点比 H_2S 高。分子内氢键的形成一般使化合物的熔点、沸点减小。例如，邻硝基苯酚易形成分子内氢键，其熔点为 45℃；间位和对位的硝基苯酚易形成分子间氢键，其熔点分别为 96℃和 114℃。

氢键的形成还会影响化合物的溶解度。当溶质和溶剂分子间形成氢键时，使溶质的溶解度增大；而含有分子内氢键的溶质在极性溶剂中的溶解度下降，而在非极性的溶剂中的溶解度增大。例如，邻硝基苯酚易形成分子内氢键，比其间位和对位的硝基苯酚在水中的溶解度更小，更易溶于苯中。

氢键在生物大分子（如蛋白质、DNA、RNA 及糖类等）中有重要作用。例如，DNA 的双螺旋结构就是靠碱基之间的氢键连接在一起的。虽然氢键很弱，但在生物体内，大量氢键的共同作用仍然可以起到稳定结构的作用。由于氢键在形成蛋白质的二级结构中的作用，氢键

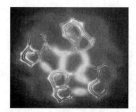

图6-12 氢键的实空间成像

在人类和动植物的生理、生化过程中都起着十分重要的作用。

2013年，我国裘晓辉、程志海、季威等首次"拍到"氢键的"照片"，实现了氢键的实空间成像（图6-12），为"氢键的本质"这一化学界争论了80多年的问题提供了直观证据。这不仅将人类对微观世界的认识向前推进了一大步，也为在分子、原子尺度上的研究提供了更精确的方法。

6.4 晶体结构简介

6.4.1 晶体的基本特征

物质的固态有晶体和非晶体之分。内部微粒（分子、原子、离子）或质点有规律排列构成的固体称为晶体，微粒或质点做无规则排列构成的固体称为非晶体。晶体内部的微粒都有规则地排列在空间的一定点上，所构成的空间格子称为晶格或点阵，在晶格中排有微粒的那些点称为晶格结点。不同的晶体具有不同的晶格结构，因此不同的晶体具有不同的性质。晶体中最小的重复单元称为晶胞，晶胞在三维空间中周期性地无限重复就形成了晶体（图6-13）。因此，晶体的性质是由晶胞的大小、性状和质点的种类（分子、原子、离子）及它们之间的作用力所决定的。

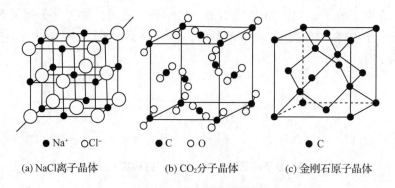

● Na$^+$　○Cl$^-$　　　● C　○ O　　　● C

(a) NaCl离子晶体　　　(b) CO$_2$分子晶体　　　(c) 金刚石原子晶体

图6-13 晶体结构示意图

晶体不仅具有一定的几何外形，而且具有一定的熔点。在一定压力下将晶体加热，温度达到其熔点时，晶体才开始熔化；晶体的另一特征是各向异性。而非晶体则无一定的外形和固定的熔点，是各向同性的。

6.4.2 晶体的基本类型及物理性质比较

根据晶体中微粒间作用力的不同，可以将晶体分为离子晶体、原子晶体、分子晶体和金属晶体四种基本类型。

（1）离子晶体

①离子晶体的结构特点　在晶格结点上交替排列着正离子和负离子，正、负离子之间通过离子键连接在一起的晶体，称为离子晶体。由于离子键没有方向性和饱和性，每个离子可

在各个方向上吸引尽量多的异号电荷离子。因此，离子晶体往往具有较高的配位数。以典型的 NaCl 晶体为例，Na^+ 和 Cl^- 的配位数都为 6。在离子晶体中没有独立的分子，化学式 NaCl 只代表氯化钠晶体中的 Na^+ 和 Cl^- 数目比为 1:1，而不是分子式。

②离子晶体的性质　属于离子晶体的物质通常是活泼金属的盐类和氧化物。离子晶体中，离子间以较强的离子键相互作用，所以离子晶体一般具有较高的熔点和较大的硬度，而延展性差，通常较脆。离子晶体的熔点、硬度等物理性质与晶格能大小有关。对于相同类型的离子晶体来说，晶格能与正、负离子的电荷数成正比，与正、负离子的半径之和成反比。晶格能越大，离子间强度越大，离子晶体越稳定。因离子化合物都有较大的晶格能，所以它们的熔点较高，硬度也较大。

（2）原子晶体

①原子晶体的结构特点　在某些物质中，原子间通过共价键而形成的晶体称为原子晶体，在原子晶体的晶格结点上排列着中性原子。如单质硅（Si）、金刚砂（SiC）、石英（SiO_2）和金刚石（C）等。

②原子晶体的性质　在原子晶体中粒子间以共价键结合，因此具有很高的熔点、沸点和很大的硬度。金刚石是最硬的固体，硬度为 10，熔点高达 3 576℃；金刚砂的硬度为 9.5，仅次于金刚石，是工业上常用的研磨材料。原子晶体难溶于一切溶剂，在常温下不导电，是电的绝缘体和热的不良导体，延展性也很差。

（3）分子晶体

①分子晶体的结构特点　以共价键结合的共价型分子，除少数构成原子晶体外，绝大多数分子通过分子间力形成分子晶体。由于分子间力无方向性和饱和性，其配位数可高达 12。例如，低温下的 CO_2 的晶体（干冰）是分子晶体，在晶体中 CO_2 分子占据立方体的 8 个顶角和 6 个面的中心位置。

②分子晶体的性质　在分子晶体中，由于分子间力较弱，分子晶体硬度小（一般低于 400℃），在常温下以气态或液态形式存在。有些分子晶体可升华，如碘晶体和萘晶体。由于分子晶体结点上是电中性的分子，故固态和熔融态时都不导电，但某些极性分子所组成的晶体溶于水后能导电，如 HCl、冰乙酸等。

绝大多数共价化合物都可形成分子晶体，只有很少一部分共价化合物形成原子晶体，如 SiO_2、Si_3N_4 等。

（4）金属晶体

①金属晶体的结构特点　金属原子半径较大，原子核对价电子的吸引比较弱，因此价电子容易从金属原子上脱离出来成为自由电子或非定域的自由电子，它们不再属于某一金属原子，而是在整个金属晶体中自由流动，为整个金属共有。在金属晶体的晶格结点上排列着的原子或离子靠共用这些自由电子"黏合"在一起，这种结合力称为金属键。由于金属键没有方向性和饱和性，因此金属晶体中，金属原子尽可能采取紧密堆积的方式，使每个原子与尽可能多的其他原子相接触，以形成稳定的金属结构。

②金属晶体的性质　在金属晶体中，由于自由电子的存在和晶体的紧密堆积结构，使金属获得了较大密度，有金属光泽，具有良好的导电性、导热性、机械性能等性质。

拓展阅读

超分子化学

1987 年，C. J. Pedrsen、D. J. Cram 和 J. M. Lehn 三位化学家因超分子化学的研究成就，共同获得了诺贝尔化学奖。此后超分子化学更加引起全球的关注和重视，研究的内容不断深入和扩大。从分子化学到超分子化学，标志着化学的发展进入了一个新的历史时代。

以共价键为基础，以分子为研究对象的化学，可称为分子化学；以多种弱相互作用力（或称次级键）为基础，以两个以上分子通过这种弱相互作用高层次组装为研究对象的化学，可定义为超越分子概念的化学，也称超分子化学。超分子化学主要研究超分子体系中基元结构的设计和合成、体系中弱相互作用、体系的分子识别和组装、体系组装体的结构和功能及超分子材料和器件等。它是化学和多门学科的交叉领域。它不仅与物理学、材料科学、信息科学、环境科学等相互渗透形成了超分子科学，而且更具有重要理论意义和潜在前景的是在生命科学中的研究和应用。例如，生物体内小分子和大分子之间高度特异的识别是在生命过程中的调控、生物体内的信息输送和生物体中受体—底物相互作用等，其基本现象都离不开超分子化学的范畴。

自然界中已发现的和人工合成的元素有一百余种，这些元素的原子通过化学键相互化合，生成了一千多万种化合物，不难想象，在超分子体系中，由一千多万种化合物作为基元结构，通过分子间弱相互作用而组装成分子聚集体的种类是何其之多。超分子化学中分子间弱相互作用的本质在理论上已基本清楚，它不是靠传统的共价键力，而是靠非共价键的分子间作用力，如范德华力，即由分子内的固有偶极、瞬间偶极和诱导偶极在分子间产生的取向力、诱导力和色散力的相互作用，此外还包括氢键、离子键、阳离子-π 和 π-π 堆集力及疏水亲脂作用力等。一般情况下，它是几种力的协同、加和，并且还具有一定的方向性和选择性，其总的结合力强度不亚于化学键。正是这些分子间弱相互作用的协调作用（协同性、方向性和选择性），决定着分子与位点的识别。可见，分子间的各种弱相互作用是如何通过协同与加和，从而使总的作用具有方向性和选择性？这些特性又是怎样决定分子识别和分子组装？超分子体系的结构与功能之间有什么关系？这都是超分子化学要解决的核心问题，是极具挑战性的。

习 题

一、选择题

1. 下列分子中属于非极性分子的是（ ）。

A. CO_2 B. CH_3Cl C. NH_3 D. HCl

2. 下列分子间可以形成氢键的是（ ）。

A. CH_3CH_2OH B. C_2H_4 C. HBr   D. H_2S

3. 在 HCl 和 He 分子间存在的分子间作用力是（ ）。

A. 诱导力和色散力   B. 氢键

C. 氢键和色散力   D. 取向力和诱导力

4. 下列陈述正确的是(　　)。

A. 按照价键理论，两成键原子的原子轨道重叠程度越大，键的强度就越小

B. 取向力一定存在于极性分子之间

C. 极性键构成的分子都是极性分子

D. p 电子与 p 电子间配对形成的键一定是 π 键

5. 已知 NCl_3 分子的空间构型是三角锥形，则中心原子 N 采取的是(　　)。

A. sp^3 杂化　　　　　　　　　　　　B. 不等性 sp^3 杂化

C. dsp^2 杂化　　　　　　　　　　　　D. sp^2 杂化

二、填空题

1. 乙炔分子中的碳碳三键分别是＿＿＿＿个＿＿＿＿键；＿＿＿＿个＿＿＿＿键。其中，碳采取的杂化形式是＿＿＿＿。

2. 离子键的特点为＿＿＿＿。

3. ＿＿＿＿是指相互远离的气态正离子与气态负离子结合成 1 mol 固体离子晶体时所释放的能量。

4. 共价键的成键方式有两种＿＿＿＿。

5. 冰融化时需克服 H_2O 分子间＿＿＿＿作用力；S 溶于 CS_2 中要靠它们之间的＿＿＿＿作用力。

三、判断题

1. 凡是以 sp^3 杂化轨道成键的分子，其空间构型必为正四面体。　　　　　　(　　)

2. 共价键和氢键均有方向性和饱和性。　　　　　　　　　　　　　　　　　(　　)

3. s 电子与 s 电子间配对形成的键一定是 σ 键，而 p 电子与 p 电子间配对形成的键一定是 π。(　　)

4. CH_4 分子中，碳原子为 sp^3 等性杂化；$CHCl_3$ 分子中，碳原子为 sp^3 不等性杂化。(　　)

5. 多原子分子中，键能就是各个共价键的解离能之和。　　　　　　　　　　(　　)

四、简答题

1. 判断下列分子中哪些是极性的，哪些是非极性的，为什么？

CH_4，$CHCl_3$，CO_2，BCl_3，NH_3，H_2S

2. BF_3 是平面三角形的几何构型，但 NF_3 是三角锥形的几何构型，试用杂化轨道理论加以解释。

3. 氟化氢分子之间的氢键键能比水分子之间的氢键键能强，为什么水的沸点反而比氟化氢的沸点高？

4. 为什么邻羟基苯甲酸的熔点比间羟基苯甲酸或对羟基苯甲酸的熔点低？

习题解答

第7章　酸碱解离平衡

教学目的和要求：

（1）理解和掌握质子酸碱、共轭酸碱、两性物质、酸碱反应、酸碱解离常数、同离子效应、稀释作用、缓冲作用、缓冲容量等基本概念。

（2）熟练掌握弱酸弱碱解离平衡的特点、影响因素，以及一元弱酸弱碱解离平衡的有关计算和多元弱酸弱碱分步解离的近似计算。

（3）掌握缓冲溶液的组成，理解缓冲溶液的基本原理，熟练掌握有关缓冲溶液的计算和配制方法，了解影响缓冲能力的有关因素。

党的二十大报告指出"人民健康是民族昌盛和国家强盛的重要标志，把保障人民健康放在优先发展的战略位置"，这就要求我们努力保障人民健康，积极推进健康中国建设。人民健康与酸碱解离平衡紧密联系，是实现健康中国的重要保证。酸和碱是人们日常生活中经常遇到的两类重要物质。例如，酸碱平衡可以维持体液的渗透压，尤其是维持体液的 pH 值相对稳定；胃酸的主要成分是稀盐酸，它可以维持胃的消化功能；土壤和水的酸碱性对植物和动物的生长有着重要影响。因此，多年来人们对酸和碱的概念及酸碱反应的规律做了大量研究，随着研究的深入，人们对酸和碱的认识也逐步加深。

7.1　酸碱理论发展史

侯德榜

人们对酸碱的认识经历了一个由浅入深、由低级到高级的过程。最初，认为具有酸味，能使蓝色石蕊试纸变为红色的物质是酸；碱是具有涩味，有滑腻感，使红色石蕊试纸变为蓝色并能与酸反应生成盐和水的物质。人们在研究酸碱物质的性质、组成及结构的关系时，提出了各种不同的酸碱理论。其中，比较重要的是酸碱电离理论、酸碱质子理论和酸碱电子理论。

1884 年，瑞典物理化学家阿伦尼乌斯（S. A. Arrhenius）第一次提出了酸碱电离理论。该理论认为：在水溶液中解离出的阳离子全部是 H^+ 的物质是酸；而碱是在水溶液中解离出的阴离子全部是 OH^- 的物质；酸碱反应，即在水溶液中，酸解离出的 H^+ 与碱解离出的 OH^- 结合为水的反应。显然，电离理论将酸、碱和酸碱反应局限在水溶液之中，而对非水溶剂体系，酸碱电离理论受到了挑战。

1923 年，丹麦化学家布朗斯特（J. N. Brönsted）和英国化学家劳瑞（T. M. Lowry）提出了酸碱质子理论。该理论认为：凡在一定条件下能给出质子的物质称为酸，凡在一定条件下能接受质子的物质称为碱，并且质子酸与碱是共轭关系，

酸碱指示剂的发现

酸碱反应的实质是质子转移或传递的结果。根据此观点，水溶液中解离、中和、水解反应等，都是质子传递(转移)反应。显然该理论发展了阿伦尼乌斯的酸碱电离理论，它所指的碱包括了所有显碱性的物质，但对于酸仍限制在含氢的物质上，故酸碱反应也局限于包含质子转移的反应。

针对酸碱质子理论的不足，美国化学家路易斯(G. N. Lewis)在 1923 年根据反应物分子在反应中价电子的重新分配而提出了酸碱电子理论(又称路易斯酸碱理论)。该理论认为：凡是能接受电子对的物质称为酸，凡是能给出电子对的物质称为碱。酸碱反应不再是质子的转移而是电子的转移，是碱性物质提供电子对与酸性物质生成配位共价键的反应。由于化合物中配位键的普遍存在，因此，路易斯酸碱的范围极广泛，酸碱配合物无所不包。事实上，路易斯酸碱电子理论是应用面最广的酸碱理论。

总之，各种酸碱理论均有其优缺点，学习过程中应该了解各理论中酸碱的概念及其适用范围。在本章主要讨论酸碱质子理论。

7.2　酸碱质子理论

7.2.1　质子酸碱的定义

酸碱质子理论认为，凡在一定条件下能给出质子(H^+)的物质为酸，如 H_2S、H_3O^+等都是酸；凡在一定条件下能接受质子的物质为碱，如 Cl^-、OH^-等都是碱。既能给出质子，又能接受质子的物质是酸碱两性物质，如 H_2O、HS^-等均称为两性物质。因此，质子酸碱理论中没有盐的概念，如 NH_4Cl 中，NH_4^+ 是酸、Cl^-是碱。

酸碱的关系可用下式表示：

$$酸 \rightleftharpoons 质子 + 碱$$
$$HA \rightleftharpoons H^+ + A^-$$

由此可见，根据酸碱质子理论，酸和碱可以是中性分子，也可以是阳离子或阴离子，分别称为分子酸碱和离子酸碱。而且酸和碱是成对出现的，酸给出一个质子即成为它对应的碱；碱得到一个质子即变成它对应的酸。酸与碱的这种对应关系称为酸碱共轭关系：酸(HA)给出一个质子后即变为其共轭碱(A^-)，相应的一对酸碱(HA/A^-)，称为共轭酸碱对。所以，酸和碱不是绝对对立的两类物质，酸和碱的区别仅在于对质子的亲和能力的不同。一定条件下酸给出质子的能力越强，其共轭碱接受质子的能力就越弱。需注意，以上表示共轭酸碱关系的反应式，称为酸碱半反应式，所表示的反应是不会独立发生的，只有酸与和它非共轭的碱相遇时，酸和碱才能显示出各自的给出和接受质子的能力。

7.2.2　质子酸碱反应

酸碱质子理论认为，酸碱反应是两个共轭酸碱对之间的质子(H^+)传递过程。例如：

$$HCl + NH_3 \rightleftharpoons NH_4^+ + Cl^-$$

用通式表示为：　　　　　酸(1) + 碱(2) $\rightleftharpoons$ 酸(2) + 碱(1)

上述反应，HCl 与 Cl^-是一个共轭酸碱对，HCl 给出 H^+ 变成其共轭碱 Cl^-；NH_4^+ 与 NH_3

是一个共轭酸碱对，NH_3 接受 H^+ 变成其共轭酸 NH_4^+。

酸碱反应可以在水溶液中进行，也可以在其他溶剂中进行或者在气相中进行，如 $HCl(g)$ 与 $NH_3(g)$ 的反应。因此，酸碱质子理论完全脱离了水溶液中才有酸碱反应的限制，使酸碱反应的内涵大大扩展了。中和反应、盐的水解均为质子理论中的酸碱反应。举例如下：

$$酸(1) + 碱(2) \rightleftharpoons 酸(2) + 碱(1) \qquad 传统名称$$
$$HCl + H_2O \rightleftharpoons H_3O^+ + Cl^- \qquad 酸的电离$$
$$H_2O + NH_3 \rightleftharpoons NH_4^+ + OH^- \qquad 碱的电离$$
$$H_2O + Ac^- \rightleftharpoons HAc + OH^- \qquad 盐的水解$$
$$H_3O^+ + OH^- \rightleftharpoons H_2O + H_2O \qquad 中和反应$$

但是，酸碱质子理论也有不足之处，它局限于质子的授受，无法解释不含氢的一些化合物的酸碱性问题。

7.2.3　水的离子积和 pH

水是最常用的溶剂，有微弱的导电性。研究证明，水的导电性是由于水能发生微弱的解离产生水合的氢离子和氢氧根离子。按照酸碱质子理论，H_2O 是两性物质，既是酸（共轭碱为 OH^-）又是碱（共轭酸为 H_3O^+），因此作为酸的 H_2O 可以跟另一个作为碱的 H_2O 通过传递质子而发生酸碱反应：

$$H_2O + H_2O \rightleftharpoons H_3O^+ + OH^-$$

其中一部分 H_2O 作为酸给出质子，另一部分 H_2O 作为碱接受质子，这种反应称为水的质子自递反应，也称水的自身解离平衡。在一定温度下，该质子转移反应达到平衡，其标准平衡常数表达式为

$$K_w^\ominus = [c(H_3O^+)/c^\ominus] \cdot [c(OH^-)/c^\ominus] \tag{7-1}$$

通常简写为

$$K_w^\ominus = c(H_3O^+) \cdot c(OH^-) \, {}^*$$

或写成：

$$H_2O \rightleftharpoons H^+ + OH^-$$
$$K_w^\ominus = c(H^+) \cdot c(OH^-)$$

$K_w^\ominus$ 称为水的质子自递常数，或称水的离子积。一定温度下，$K_w^\ominus$ 是与浓度、压力无关的常数，即一定温度下，水中氢离子与氢氧根离子相对浓度的乘积是个常数。由于水的解离反应 $\Delta_r H_m^\ominus$ 较大，故 $K_w^\ominus$ 数值受温度影响较明显。水的解离反应是吸热反应，故温度升高，$K_w^\ominus$ 值增大，数据见表 7-1 所列。

表 7-1　不同温度时水的离子积 $K_w^\ominus$

$t/℃$	0	10	20	25	50	100
$K_w^\ominus$	1.139×10^{-15}	2.920×10^{-15}	6.809×10^{-15}	1.008×10^{-14}	5.474×10^{-14}	5.500×10^{-13}

所以，在较严格的工作中，应使用实验温度条件下的 $K_w^\ominus$ 数值。通常，若反应在室温进行，为方便起见，$K_w^\ominus$ 一般取 1.0×10^{-14}。

---

* 在本书的化学平衡计算中，相对浓度即浓度除以标准浓度将 $c^\ominus$ 省略，简写为 c。

在纯水中，$c(H^+) = c(OH^-) = 1.0 \times 10^{-7}$ mol·L^{-1}，溶液呈中性；$c(H^+) > c(OH^-)$ 或 $c(H^+) > 1.0 \times 10^{-7}$ mol·L^{-1} 时，溶液呈酸性；$c(H^+) < c(OH^-)$ 或 $c(H^+) < 1.0 \times 10^{-7}$ mol·L^{-1}，溶液呈碱性。显然，$c(H^+)$ 越大，则 $c(OH^-)$ 越小，溶液酸性就越强；$c(H^+)$ 越小，则 $c(OH^-)$ 越大，溶液碱性就越强。无论是酸性溶液还是碱性溶液中，必然存在 H^+ 和 OH^-，且是相互制约的。

由于在生产实践和科研工作中，所涉及的溶液 H^+ 浓度通常很小，为了表达的方便，通常用 H^+ 浓度的负对数表示溶液的酸碱性，称为 pH。这里 p 是指负对数"−lg"。pH 的定义是：

$$pH = -\lg[c(H^+)] \tag{7-2}$$

相应也定义了 pOH：

$$pOH = -\lg[c(OH^-)]$$

常温下，$pOH = 14 - pH$。

例如：纯水中，$c(H^+) = 1.0 \times 10^{-7}$ mol·L^{-1}，则其 $pH = -\lg 10^{-7} = 7$。在 0.01 mol·L^{-1} 盐酸水溶液中，$c(H^+) = 0.01$ mol·L^{-1}，则其 $pH = -\lg 0.01 = 2$。在 0.01 mol·L^{-1} 氢氧化钠水溶液中，$c(H^+) = 10^{-12}$ mol·L^{-1}，则其 $pH = -\lg 10^{-12} = 12$。

所以，酸性越强，pH 越小；反之，碱性越强，pH 越大。$pH < 7$，为酸性溶液；$pH = 7$，为中性溶液；$pH > 7$，为碱性溶液。

通常溶液中 H^+ 浓度在 $1 \sim 10^{-14}$ mol·L^{-1}（pH 在 $0 \sim 14$）用 pH 来表示溶液的酸碱性，超出这个范围直接用浓度表示更方便。一般工作中测量溶液 pH 只有 ±0.01 的精确程度，所以用 pH 和 pOH 表示时一般为小数点后两位。

例 7-1 计算 $c(HA) = 0.10$ mol·L^{-1} 的某强酸水溶液的 pH 和 pOH。

解： HA 是强酸，在水溶液中完全离解，产生的 H^+ 对水的离解有强烈的抑制作用，故计算溶液中氢离子浓度时，可忽略水的离解。所以

$$c(H^+) = 0.10 \text{ mol·L}^{-1}$$

$$pH = -\lg c(H^+) = 1.00$$

由于 $K_w^\ominus = c(H^+) \cdot c(OH^-)$，所以

$$c(OH^-) = \frac{K_w^\ominus}{c(H^+)} = 1.0 \times 10^{-13} \text{ mol·L}^{-1}$$

$$pOH = 13.00 \text{ 或 } pOH = 14 - pH = 13.00$$

7.2.4 酸碱解离常数

酸碱的相对强弱，可以通过比较水溶液中质子转移反应的平衡常数大小来进行。反应平衡常数越大，酸碱的强度也越大。酸的平衡常数用 $K_a^\ominus$ 表示，也称酸的解离常数；碱的平衡常数用 $K_b^\ominus$ 表示，也称碱的解离常数。例如，HAc 与 H_2O 的反应及相应的 $K_a^\ominus$ 如下：

$$HAc + H_2O \rightleftharpoons H_3O^+ + Ac^-$$

$$K_a^\ominus(HAc) = \frac{c(H_3O^+) \cdot c(Ac^-)}{c(HAc)} = 1.75 \times 10^{-5}$$

同样，NH_4^+ 水溶液中有下列反应：

$$NH_4^+ + H_2O \rightleftharpoons H_3O^+ + NH_3$$

$$K_a^{\ominus}(NH_4^+) = \frac{c(H_3O^+) \cdot c(NH_3)}{c(NH_4^+)} = 5.6 \times 10^{-10}$$

在这些反应中，HAc、NH_4^+ 给出 H^+ 是酸，H_2O 接受 H^+ 是碱。通过比较 HAc 和 NH_4^+ 在水溶液中的解离常数，$K_a^{\ominus}(HAc) > K_a^{\ominus}(NH_4^+)$，可以确定 HAc 是比 NH_4^+ 强的酸。

再如，HAc、NH_4^+ 的共轭碱分别为 Ac^- 和 NH_3，它们与水的反应及其相应 $K_b^{\ominus}$ 如下：

$$Ac^- + H_2O \rightleftharpoons HAc + OH^-$$

$$K_b^{\ominus}(Ac^-) = \frac{c(OH^-) \cdot c(HAc)}{c(Ac^-)} = 5.7 \times 10^{-10}$$

$$NH_3 + H_2O \rightleftharpoons NH_4^+ + OH^-$$

$$K_b^{\ominus}(NH_3) = \frac{c(OH^-) \cdot c(NH_4^+)}{c(NH_3)} = 1.8 \times 10^{-5}$$

根据 $K_b^{\ominus}$ 大小，可知 NH_3 比 Ac^- 的碱性强。

一种酸的酸性越强，其 $K_a^{\ominus}$ 值越大，则其相应共轭碱的碱性越弱，其 $K_b^{\ominus}$ 值越小。共轭酸碱对的 $K_a^{\ominus}$ 和 $K_b^{\ominus}$ 之间有确定的关系。如 $HAc-Ac^-$ 的 $K_a^{\ominus}$ 和 $K_b^{\ominus}$ 之间：

$$K_a^{\ominus}(HAc) = \frac{c(H_3O^+) \cdot c(Ac^-)}{c(HAc)}$$

$$K_b^{\ominus}(Ac^-) = \frac{c(OH^-) \cdot c(HAc)}{c(Ac^-)}$$

$$K_a^{\ominus} \cdot K_b^{\ominus} = \frac{c(H_3O^+) \cdot c(Ac^-)}{c(HAc)} \cdot \frac{c(OH^-) \cdot c(HAc)}{c(Ac^-)} = c(H^+) \cdot c(OH^-) = K_w^{\ominus}$$

$$K_a^{\ominus} K_b^{\ominus} = K_w^{\ominus} \tag{7-3}$$

即水溶液中，共轭酸碱解离常数的乘积等于水的质子自递常数。一些常用的弱酸、弱碱在水溶液中的解离常数见附录6。

解离常数 $K_a^{\ominus}(K_b^{\ominus})$ 代表反应进行的程度，但它并不直接代表反应物中有多少变为生成物，其大小只与弱酸、弱碱的本性有关，与浓度无关。解离的程度用解离度 α 来表示。

$$\alpha = \frac{已解离的弱电解质浓度}{解离前弱电解质的总浓度} \times 100\% \tag{7-4}$$

解离度表示达到平衡时反应物转化了多少，不仅与弱酸、弱碱的本性有关，而且与浓度也有关。

对于浓度为 c_0 $mol \cdot L^{-1}$ 的一元弱酸 HA，解离反应为

	HA +	H_2O	$\rightleftharpoons$	H_3O^+	+	A^-
起始浓度/$(mol \cdot L^{-1})$	c_0			0		0
平衡浓度/$(mol \cdot L^{-1})$	$c_0 - c_0\alpha$			$c_0\alpha$		$c_0\alpha$

$$K_a^{\ominus}(HA) = \frac{c(H_3O^+) \cdot c(A^-)}{c(HAc)} = \frac{c_0\alpha^2}{1-\alpha}$$

当体系浓度较大，α 较小时（一般 $\alpha \leqslant 5\%$），则 $1-\alpha \approx 1$，上式简化为 $K_a^{\ominus} \approx c_0\alpha^2$。则

$$\alpha = \sqrt{\frac{K_a^{\ominus}}{c_0}}$$

这就是稀释定律的表达式，它表明了弱酸的解离常数、解离度、溶液浓度三者的关系。在一

定温度下，同一弱酸的解离度与其浓度的平方根成反比，即溶液越稀，解离度越大；相同浓度的不同弱酸的解离度与解离常数的平方根成正比，即解离常数越大，解离度越大。对于一元弱碱，只需将 $K_a^{\ominus}$ 换成 $K_b^{\ominus}$ 即可：

$$\alpha = \sqrt{\frac{K_b^{\ominus}}{c_0}}$$

例 7-2 已知 $NH_3 \cdot H_2O$ 的 $K_b^{\ominus} = 1.8 \times 10^{-5}$，求 NH_4^+ 的 $K_a^{\ominus}$。

解：NH_4^+ 是 $NH_3 \cdot H_2O$ 的共轭酸，所以

$$K_a^{\ominus} = \frac{K_w^{\ominus}}{K_b^{\ominus}} = \frac{1.0 \times 10^{-14}}{1.8 \times 10^{-5}} = 5.6 \times 10^{-10}$$

综上所述，酸碱质子理论告诉我们，酸与碱是相互对立的，又是统一的。它们之间的强弱是有一定的依赖关系，强碱的共轭酸是弱酸，强酸的共轭碱是弱碱，反之亦然。

确定了酸碱的相对强弱，可用其来判断酸碱反应的方向。酸碱反应是争夺质子的过程，争夺质子的结果总是强碱夺取了强酸给出的质子而转化为它的共轭酸——弱酸；强酸则给出质子转化为它的共轭碱——弱碱。总之，酸碱反应主要是由强酸和强碱向生成相应的弱碱和弱酸的方向进行。例如：

$$\text{HF} + \text{CN}^- \Longrightarrow \text{F}^- + \text{HCN} \qquad K^{\ominus} = 10^6$$

较强的酸　　较强的碱　　较弱的碱　　较弱的酸

酸碱质子理论扩大了酸和碱的范畴，使人们加深了对酸碱的认识。但是，质子理论也有局限性，它只限于质子的给出和接受，对于无质子参与的酸碱反应就无能为力了。

7.3　水溶液中化学平衡的计算

7.3.1　一元弱酸(碱)溶液

一元弱酸在水溶液中的解离，是一元弱酸与水之间的质子转移反应：酸给出质子变为其共轭碱，水得到质子变为其共轭酸。如乙酸、铵离子在水溶液中的解离反应：

$$\text{HAc} + \text{H}_2\text{O} \Longrightarrow \text{H}_3\text{O}^+ + \text{Ac}^-$$

$$\text{NH}_4^+ + \text{H}_2\text{O} \Longrightarrow \text{H}_3\text{O}^+ + \text{NH}_3$$

一元弱酸在水溶液中的解离反应，常简化写为

$$\text{HA} \Longrightarrow \text{H}^+ + \text{A}^-$$

需要注意将此式与酸碱半反应式区分开。

一元弱酸在水溶液中解离反应的标准平衡常数 $K_a^{\ominus}$ 称为一元弱酸的解离常数。HA 在水溶液中的解离常数表达式可写为

$$K_a^{\ominus} = \frac{c(\text{H}^+) \cdot c(\text{A}^-)}{c(\text{HA})} \tag{7-5}$$

一元弱酸的解离常数，在一定温度下是与浓度无关的常数，其值的大小表示某一元酸在水中解离反应趋势的大小，即解离常数较大的一元弱酸，酸性大于解离常数较小的一元弱酸。

一定浓度的一元弱酸水溶液的酸度可根据其解离常数计算得到。以 HAc 为例：设 HAc

的起始浓度为 c mol·L^{-1}，则平衡时 H^+ 和 Ac^- 浓度为 x mol·L^{-1}。

$$HAc \rightleftharpoons H^+ + Ac^-$$

起始浓度/(mol·L^{-1})　　　　c　　　　0　　　　0

平衡浓度/(mol·L^{-1})　　　$c-x$　　　x　　　x

$$K_a^{\ominus} = \frac{x^2}{c-x}$$

解此一元二次方程，即可得 $c(H^+)$，进而计算溶液的 pH。

当 $\dfrac{c}{K_a^{\ominus}} \geqslant 500$ 时，弱酸的解离度很小，可忽略弱酸的解离，即 $c-x \approx c$，则 $c(H^+)$ 可用下列最简式计算：

$$c(H^+) = \sqrt{K_a^{\ominus} \cdot c} \tag{7-6}$$

一元弱碱的离解常数用 $K_b^{\ominus}$ 表示，同理可计算一定浓度的一元弱碱水溶液中 OH^- 离子的浓度。以 NH_3 为例：

$$NH_3 + H_2O \rightleftharpoons NH_4^+ + OH^-$$

起始浓度/(mol·L^{-1})　　　　c　　　　0　　　　0

平衡浓度/(mol·L^{-1})　　　$c-x$　　　x　　　x

$$K_b^{\ominus} = \frac{x^2}{c-x}$$

若 $\dfrac{c}{K_b^{\ominus}} \geqslant 500$，则可用最简式近似计算：

$$c(OH^-) = \sqrt{K_b^{\ominus} \cdot c} \tag{7-7}$$

例 7-3　分别计算 0.100 mol·L^{-1} 和 0.010 0 mol·L^{-1} HAc 溶液的 $c(H^+)$、溶液 pH 及 HAc 的解离度。已知 $K_a^{\ominus}(HAc) = 1.75 \times 10^{-5}$。

解：对于 0.100 mol·L^{-1} HAc 溶液，因为 $\dfrac{c}{K_a^{\ominus}} = \dfrac{0.10}{1.75 \times 10^{-5}} > 500$，故可用最简式计算：

$$c(H^+) = \sqrt{K_a^{\ominus} \cdot c} = \sqrt{1.75 \times 10^{-5} \times 0.100} = 1.32 \times 10^{-3} \text{ mol·}L^{-1}$$

$$pH = 2.88$$

$$\alpha(HAc) = \frac{c(H^+)}{c(HAc)} \times 100\% = \frac{1.32 \times 10^{-3}}{0.1} \times 100\% = 1.32\%$$

同理，因为 0.010 0 mol·L^{-1} HAc 溶液，$\dfrac{c}{K_a^{\ominus}} = \dfrac{0.010}{1.75 \times 10^{-5}} > 500$，可用最简式计算得

$$c(H^+) = 4.18 \times 10^{-4} \text{ mol·}L^{-1}, \quad pH = 3.38, \quad \alpha = 4.18\%$$

由此可知，HAc 浓度越小，解离度越大，pH 越大，酸度越小。

例 7-4　计算 0.10 mol·L^{-1} 氨水溶液的 pH 及解离度。已知 $K_b^{\ominus}(NH_3) = 1.8 \times 10^{-5}$。

解：因为　$\dfrac{c}{K_b^{\ominus}} = \dfrac{0.10}{1.8 \times 10^{-5}} > 500$，故可用最简式计算：

$$c(OH^-) = \sqrt{K_b^{\ominus} \cdot c} = \sqrt{1.8 \times 10^{-5} \times 0.10} = 1.34 \times 10^{-3} \text{ mol·}L^{-1}$$

$$pOH = 2.87$$

$$pH = 14 - pOH = 14 - 2.87 = 11.13$$

$$\alpha = \frac{c(\mathrm{OH}^-)}{c(\mathrm{NH}_3)} \times 100\% = \frac{1.34 \times 10^{-3}}{0.10} \times 100\% = 1.34\%$$

例 7-5　计算 $0.10\ \mathrm{mol \cdot L^{-1}}$ $\mathrm{NH_4Cl}$ 水溶液 pH。已知 $K_b^{\ominus}(\mathrm{NH_3 \cdot H_2O}) = 1.8 \times 10^{-5}$。

解：
$$\mathrm{NH_4^+ + 2H_2O \rightleftharpoons NH_3 \cdot H_2O + H_3O^+}$$

$\mathrm{NH_4^+}$ 是 $\mathrm{NH_3 \cdot H_2O}$ 的共轭酸，$K_a^{\ominus}$ 可由其共轭碱 $\mathrm{NH_3 \cdot H_2O}$ 的 $K_b^{\ominus}$ 求得。

$$K_a^{\ominus} = \frac{K_w^{\ominus}}{K_b^{\ominus}} = \frac{1.0 \times 10^{-14}}{1.8 \times 10^{-5}} = 5.6 \times 10^{-10}$$

$$\frac{c}{K_a^{\ominus}} = \frac{0.10}{5.6 \times 10^{-10}} > 500$$

故可用最简式计算：
$$c(\mathrm{H}^+) = \sqrt{K_a^{\ominus} \cdot c} = \sqrt{5.6 \times 10^{-10} \times 0.10} = 7.5 \times 10^{-6}\ \mathrm{mol \cdot L^{-1}}$$
$$\mathrm{pH} = 5.12$$

7.3.2　多元弱酸(碱)溶液

凡是在水溶液中能够解离出两个或两个以上质子的弱酸称为多元弱酸，如 $\mathrm{H_3PO_4}$、$\mathrm{H_2CO_3}$、$\mathrm{H_2S}$ 等。能够接受两个或两个以上质子的弱碱称为多元弱碱，如 $\mathrm{PO_4^{3-}}$、$\mathrm{CO_3^{2-}}$、$\mathrm{S^{2-}}$ 等。

多元弱酸(碱)在水溶液中的解离是分步进行的，现以 $\mathrm{H_2CO_3}$ 为例讨论多元弱酸的解离平衡。

$$\mathrm{H_2CO_3 + H_2O \rightleftharpoons H_3O^+ + HCO_3^-}$$
$$\mathrm{HCO_3^- + H_2O \rightleftharpoons H_3O^+ + CO_3^{2-}}$$

或简写为

第一步
$$\mathrm{H_2CO_3 \rightleftharpoons H^+ + HCO_3^-}$$
$$K_{a1}^{\ominus} = \frac{c(\mathrm{H}^+) \cdot c(\mathrm{HCO_3^-})}{c(\mathrm{H_2CO_3})} = 4.5 \times 10^{-7}$$

第二步
$$\mathrm{HCO_3^- \rightleftharpoons H^+ + CO_3^{2-}}$$
$$K_{a2}^{\ominus} = \frac{c(\mathrm{H}^+) \cdot c(\mathrm{CO_3^{2-}})}{c(\mathrm{HCO_3^-})} = 4.7 \times 10^{-11}$$

$K_{a1}^{\ominus}$、$K_{a2}^{\ominus}$ 分别为多元弱酸 $\mathrm{H_2CO_3}$ 的一级解离常数和二级解离常数。从数值上可以看出，$K_{a2}^{\ominus} \ll K_{a1}^{\ominus}$，说明第二级的解离远远小于第一级的解离。加之第一级解离出来的 H^+ 对第二级的解离有抑制作用，所以多元弱酸的强弱主要取决于一级解离常数的大小，溶液中 $c(\mathrm{H}^+)$ 主要来源于第一级解离反应，溶液中 $c(\mathrm{H}^+)$ 的计算可按一元弱酸的解离平衡做近似处理。

同理，多元弱碱在水溶液中也是分步解离的。如 $\mathrm{CO_3^{2-}}$：

$$\mathrm{CO_3^{2-} + H_2O \rightleftharpoons HCO_3^- + OH^-}$$
$$K_{b1}^{\ominus} = \frac{c(\mathrm{HCO_3^-}) \cdot c(\mathrm{OH}^-)}{c(\mathrm{CO_3^{2-}})} = \frac{K_w^{\ominus}}{K_{a2}^{\ominus}} = 2.1 \times 10^{-4}$$

$$\mathrm{HCO_3^- + H_2O \rightleftharpoons H_2CO_3 + OH^-}$$
$$K_{b2}^{\ominus} = \frac{c(\mathrm{H_2CO_3}) \cdot c(\mathrm{OH}^-)}{c(\mathrm{HCO_3^-})} = \frac{K_w^{\ominus}}{K_{a1}^{\ominus}} = 2.2 \times 10^{-8}$$

式中，$K_{b1}^{\ominus}$、$K_{b2}^{\ominus}$ 分别为多元弱碱的一级解离常数、二级离解常数。$K_{b2}^{\ominus} \ll K_{b1}^{\ominus}$，与多元弱酸一样，在计算多元弱碱的 $c(OH^-)$ 时可按一元弱碱做近似处理。

例 7-6 常温常压下，硫化氢饱和水溶液的浓度约为 $0.10\ mol \cdot L^{-1}$。试计算 $0.10\ mol \cdot L^{-1}$ 硫化氢水溶液中的 $c(H^+)$、$c(HS^-)$ 和 $c(S^{2-})$。

解： $c(H_2S) = 0.1\ mol \cdot L^{-1}$，$K_{a1}^{\ominus} = 1.1 \times 10^{-7}$，$K_{a2}^{\ominus} = 1.3 \times 10^{-13}$

$$H_2S \Longrightarrow H^+ + HS^-$$

由于 $K_{a1}^{\ominus} \gg K_{a2}^{\ominus}$，计算 $c(H^+)$ 时，将 H_2S 作为一元弱酸处理：$\dfrac{c}{K_{a1}^{\ominus}} = \dfrac{0.10}{1.1 \times 10^{-7}} > 500$，故可应用最简式进行计算：

$$c(H^+) = \sqrt{K_{a1}^{\ominus} \cdot c} = \sqrt{1.1 \times 10^{-7} \times 0.1} = 1.05 \times 10^{-4}\ mol \cdot L^{-1}$$

由于可忽略第二步解离，故 $c(HS^-) = c(H^+) = 1.05 \times 10^{-5}\ mol \cdot L^{-1}$

S^{2-} 由第二步解离产生：

$$HS^- \Longrightarrow H^+ + S^{2-}$$

故 $c(S^{2-}) \approx K_{a2}^{\ominus} \approx 1.3 \times 10^{-13}\ mol \cdot L^{-1}$

如果将 H_2S 的两步解离合并，有

$$H_2S \Longrightarrow 2H^+ + S^{2-}$$

根据多重平衡规则，有

$$\frac{c(H^+)^2 \cdot c(S^{2-})}{c(H_2S)} = K_{a1}^{\ominus} K_{a2}^{\ominus}$$

$$\frac{c(H^+)^2 \cdot c(S^{2-})}{c(H_2S)} = 1.1 \times 10^{-7} \times 1.3 \times 10^{-13} = 1.43 \times 10^{-20}$$

25℃ 下饱和 H_2S 水溶液的浓度为 $0.10\ mol \cdot L^{-1}$，所以

$$c(H^+)^2 \cdot c(S^{2-}) = 1.43 \times 10^{-21}$$

在饱和的 H_2S 溶液中不同浓度的 H^+，即可得到不同浓度的 S^{2-}。因此，可以通过调节溶液的酸度来控制溶液中 $c(S^{2-})$。必须注意，上述关系仅表示在 H_2S 自身水溶液解离平衡体系中，$c(H_2S)$、$c(H^+)$ 和 $c(S^{2-})$ 三者之间的关系，并不表示 H_2S 一步解离出 2 个 H^+ 和 1 个 S^{2-}，溶液中还有 HS^-，而且 $c(H^+) \neq 2c(S^{2-})$。

例 7-7 计算 298.15 K 时 $0.10\ mol \cdot L^{-1}\ Na_2CO_3$ 溶液的 pH。

解： CO_3^{2-} 是二元弱碱，分步解离。

根据共轭酸碱常数关系可得

$$K_{b1}^{\ominus} = \frac{K_w^{\ominus}}{K_{a2}^{\ominus}} = 2.1 \times 10^{-4}，\quad K_{b2}^{\ominus} = \frac{K_w^{\ominus}}{K_{a1}^{\ominus}} = 2.2 \times 10^{-8}$$

$K_{b1}^{\ominus} \gg K_{b2}^{\ominus}$，可按一元弱碱处理。又因为 $\dfrac{c}{K_b^{\ominus}} = 476 < 500$，所以不能用最简式计算。

$$CO_3^{2-} + H_2O \Longrightarrow HCO_3^- + OH^-$$

平衡浓度/$(mol \cdot L^{-1})$ $0.1-x$ x x

$$K_{b1}^{\ominus} = \frac{x^2}{0.1-x} = 2.1 \times 10^{-4}$$

解得 $x = 4.48 \times 10^{-3}$

$$c(\text{OH}^-) = 4.48 \times 10^{-3}\,\text{mol} \cdot \text{L}^{-1}$$
$$\text{pOH} = 2.35$$
$$\text{pH} = 14 - \text{pOH} = 14 - 2.35 = 11.65$$

7.3.3　同离子效应

如在已达到解离平衡的弱酸或弱碱溶液中加入其他物质,酸碱解离平衡会发生移动。在弱电解质溶液中,加入与该弱电解质有相同离子的强电解质时,使弱电解质的解离平衡向生成弱电解质的方向移动,从而降低了弱电解质的解离度,这种作用称为同离子效应。

例如,在 HAc 溶液中加入少量 NaAc 固体,NaAc 是强电解质,在水溶液中完全解离,这样使溶液中 Ac^- 浓度增加,必使 HAc 的解离平衡向生成 HAc 的方向移动,从而降低了 HAc 的解离度,pH 升高。

$$\text{HAc} \rightleftharpoons \text{H}^+ + \text{Ac}^-$$
$$\text{NaAc} =\!=\!= \text{Na}^+ + \text{Ac}^-$$

同理,在氨水中加入少量固体 NH_4Cl 时,溶液中的 NH_4^+ 浓度也大大增加,使平衡向生成 NH_3 的方向移动,降低了氨水的解离度,使溶液的碱性减弱,pH 降低。

例 7-8　计算 $0.10\,\text{mol} \cdot \text{L}^{-1}$ HAc 和 $0.10\,\text{mol} \cdot \text{L}^{-1}$ NaAc 混合溶液的 pH 及 HAc 的解离度。已知 $K_a^{\ominus}(\text{HAc}) = 1.75 \times 10^{-5}$。

解:设溶液中 $c(\text{H}^+) = x\,\text{mol} \cdot \text{L}^{-1}$

	HAc	$\rightleftharpoons$	H$^+$	+	Ac$^-$
起始浓度/($\text{mol} \cdot \text{L}^{-1}$)	0.1		0		0.1
平衡浓度/($\text{mol} \cdot \text{L}^{-1}$)	0.1−x		x		0.1+x

$$K_a^{\ominus} = \frac{x(0.1+x)}{0.1-x} = 1.75 \times 10^{-5}$$

由于 x 很小,所以 $0.1-x \approx 0.1$, $0.1+x \approx 0.1$。

解得
$$x = 1.75 \times 10^{-5}$$
$$c(\text{H}^+) = 1.75 \times 10^{-5}\,\text{mol} \cdot \text{L}^{-1}$$
$$\text{pH} = -\lg(1.75 \times 10^{-5}) = 4.76$$
$$\alpha = \frac{1.75 \times 10^{-5}}{0.1} \times 100\% = 0.018\%$$

由例 7-3、例 7-8 可知,$0.10\,\text{mol} \cdot \text{L}^{-1}$ HAc 溶液的解离度为 1.32%,而由于同离子效应,$0.10\,\text{mol} \cdot \text{L}^{-1}$ HAc 和 $0.10\,\text{mol} \cdot \text{L}^{-1}$ NaAc 混合溶液的解离度为 0.018%,HAc 的解离度降低约 72 倍。即同离子效应能显著影响弱电解质的解离平衡。

如果在弱电解质溶液中,加入不含有相同离子的强电解质,如在 HAc 溶液中加入 NaCl,由于离子间相互牵制作用增大,弱电解质的解离平衡将向右移动,使弱电解质的解离度增大,此现象称为盐效应。

同离子效应的同时必然有盐效应,当加入少量强电解质时,同离子效应对弱电解质解离度的影响要比盐效应大得多,所以常常忽略盐效应,只考虑同离子效应。

7.4　缓冲溶液

在实际工作和许多天然体系中,有时必须严格保持其环境在一定的 pH 范围才能顺利进行。例如，土壤 pH 在 4~9 才适合作物的生长，而且不同作物要求的 pH 范围也各不相同。人体血液的 pH 应保持在 7.35~7.45，成人胃液正常 pH 范围为 1.00~3.00，若体液 pH 改变超过 0.4 个单位就会有生命危险。缓冲溶液能有效地控制溶液保持一定的 pH，所以具有十分重要的实际意义。

7.4.1　缓冲溶液和缓冲作用

室温下，如果向 1 L 的 pH 7.0 的纯水中加入 0.001 mol HCl，pH 由 7.0 变为 3.0；如果向 1 L 纯水中加入 0.001 mol NaOH，pH 由 7.0 变为 11.0，溶液 pH 改变较明显。$0.10\ mol \cdot L^{-1}$ HAc 与 $0.10\ mol \cdot L^{-1}$ NaAc 混合溶液 pH 为 4.76，若向 1 L 该溶液中加入 0.001 mol HCl（或 0.001 mol NaOH），溶液 pH 几乎不变。

这种具有抵抗外加少量强酸、强碱或适量的稀释作用，而保持 pH 基本不变的溶液称为缓冲溶液。缓冲溶液所具有的抵抗少量强酸、强碱或稀释的作用称为缓冲作用。

通常缓冲溶液是由弱酸和它的共轭碱（或弱碱及其共轭碱）组成。例如，$HAc-Ac^{-}$、$H_2CO_3-HCO_3^{-}$、$HCO_3^{-}-CO_3^{2-}$、$NH_3-NH_4^{+}$、$H_2PO_4^{-}-HPO_4^{2-}$ 等，组成缓冲溶液的共轭酸碱也称缓冲对。

缓冲溶液为什么会具有缓冲作用？如何保持溶液 pH 几乎不变？现以 HAc-NaAc 缓冲溶液为例来分析缓冲作用的基本原理。

在溶液中发生的质子转移反应为

$$HAc + H_2O \Longrightarrow H_3O^{+} + Ac^{-}$$

由于 $HAc-Ac^{-}$ 缓冲溶液中的同离子效应，使 HAc 的解离很弱，故溶液中主要存在浓度较大的 HAc 和 Ac^{-}。

$$K_a^{\ominus} = \frac{c(H_3O^{+}) \cdot c(Ac^{-})}{c(HAc)}$$

所以

$$c(H_3O^{+}) = \frac{K_a^{\ominus} \cdot c(HAc)}{c(Ac^{-})}$$

$c(H_3O^{+})$ 取决于 $c(HAc)/c(Ac^{-})$ 的比值，当加入少量 NaOH 时（不考虑体积变化），发生了强碱与酸的中和反应

$$OH^{-} + HAc \Longrightarrow Ac^{-} + H_2O$$

反应进行的很完全，其结果是 OH^{-} 在溶液中很少积累，与 HAc 反应几乎全部生成了 Ac^{-}，使溶液中 $c(Ac^{-})$ 略有增加，$c(HAc)$ 略有减少；同样，当加入少量强酸时反应如下：

$$H_3O^{+} + Ac^{-} \Longrightarrow H_2O + HAc$$

反应也很完全，溶液中 $c(HAc)$ 略有增加，$c(Ac^{-})$ 略有减少。在 $HAc-Ac^{-}$ 缓冲溶液中，因 $c(HAc)$、$c(Ac^{-})$ 浓度较大，加入少量强酸（碱）时，溶液中的 $c(HAc)$、$c(Ac^{-})$ 浓度虽稍有变化，但 $c(HAc)/c(Ac^{-})$ 改变不大，$c(H_3O^{+})$ 变化也很小，故 pH 基本保持不变。

加水稀释时，各物质的浓度随之降低，由于 HAc 的解离度随浓度的变小而略有增加，从而保持溶液的 $c(H_3O^{+})$ 基本不变。

总之，缓冲溶液的缓冲作用在于溶液中存在大量的未解离的弱酸及其共轭碱，其中弱酸称为抗碱成分，其共轭碱称为抗酸成分。从而能抵御外来的少量的强酸或强碱使溶液本身的 pH 基本不变。但是，如果在溶液中加入大量的强酸或强碱，溶液中的抗酸、抗碱物质消耗将尽时，就不具有缓冲能力了，所以缓冲溶液的缓冲能力是有一定限度的。

7.4.2　缓冲溶液 pH 的计算

既然缓冲溶液具有保持溶液本身 pH 相对稳定的性能，那么计算缓冲溶液的 pH 就十分重要。其计算方法和同离子效应 pH 的计算方法相似。下面仍以 HAc-Ac⁻ 为例，解离平衡式（简写）为

$$HAc \rightleftharpoons H^+ + Ac^-$$

$$K_a^\ominus = \frac{c(H^+) \cdot c(Ac^-)}{c(HAc)}$$

$$c(H^+) = \frac{K_a^\ominus \cdot c(HAc)}{c(Ac^-)}$$

等式两边同取负对数得

$$pH = pK_a^\ominus - \lg \frac{c(HAc)}{c(Ac^-)} \tag{7-8}$$

同理可给出弱碱和其共轭酸缓冲溶液的 pH 计算公式。

例如 NH_3-NH_4Cl 缓冲溶液：

$$NH_3 + H_2O \rightleftharpoons NH_4^+ + OH^-$$

$$c(OH^-) = \frac{K_b^\ominus \cdot c(NH_3)}{c(NH_4^+)}$$

$$pOH = pK_b^\ominus - \lg \frac{c(NH_3)}{c(NH_4^+)} \tag{7-9}$$

$$pH = 14 - pOH = 14 - pK_b^\ominus + \lg \frac{c(NH_3)}{c(NH_4^+)} = pK_a^\ominus - \lg \frac{c(NH_4^+)}{c(NH_3)} \tag{7-10}$$

故缓冲溶液 pH 计算公式可写成

$$pH = pK_a^\ominus - \lg \frac{c_{酸}}{c_{碱}} \tag{7-11}$$

式中，$c_{酸}$、$c_{碱}$ 为共轭酸、共轭碱的平衡浓度。

利用式(7-11)计算缓冲溶液的 pH 一般不会产生较大的误差。由上述公式中可以看到：

①缓冲溶液的 pH 取决于弱酸（或弱碱）的 $K_a^\ominus$（或 $K_b^\ominus$）和 $c_{酸}/c_{碱}$ 的比值。对于某一缓冲溶液来说，$K_a^\ominus$（或 $K_b^\ominus$）是一定的，只要 $c_{酸}/c_{碱}$ 变化不大，该溶液的 pH 也变化不大，$c_{酸}/c_{碱}$ 称为缓冲比。

②缓冲溶液稀释时，由于缓冲比不变，故缓冲溶液的 pH 也不变，说明缓冲溶液具有抗稀释能力。

例 7-9　向 100 mL 0.10 mol·L⁻¹ HAc 水溶液中加入 1.0 mL 1.0 mol·L⁻¹ NaOH，溶液 pH 为多少？已知 $K_a^\ominus(HAc) = 1.75 \times 10^{-5}$。

解：加入 NaOH 后，$OH^- + HAc \rightleftharpoons Ac^- + H_2O$

$$c(HAc) = \frac{0.10 \times 100 - 1.0 \times 1.0}{100 + 1} = 0.109 \text{ mol} \cdot L^{-1}$$

$$c(Ac^-) = \frac{1.0 \times 1.0}{100 + 1} = 0.010 \text{ mol} \cdot L^{-1}$$

$$\text{pH}=\text{p}K_a^{\ominus}(\text{HAc})-\lg\frac{c(\text{HAc})}{c(\text{Ac}^-)}=4.76-\lg\frac{0.089}{0.010}=3.81$$

例 7-10 现将 $0.50\ \text{mol}\cdot\text{L}^{-1}$ HAc 溶液和 $0.50\ \text{mol}\cdot\text{L}^{-1}$ NaAc 溶液等体积混合，计算溶液的 pH。若向 1 L 该缓冲溶液中加入 0.01 mol HCl，溶液 pH 为多少？加入 0.01 mol NaOH，溶液 pH 为多少？若加入 1 L 水，溶液 pH 又为多少？已知 $K_a^{\ominus}(\text{HAc})=1.75\times10^{-5}$。

解： $\text{pH}=\text{p}K_a^{\ominus}(\text{HAc})-\lg\dfrac{c(\text{HAc})}{c(\text{Ac}^-)}=4.76-\lg\dfrac{0.25}{0.25}=4.76$

当加入 0.01 mol HCl 时，假设外加的 HCl 全部与 NaAc 反应生成了 HAc，则

$$c(\text{HAc})=0.25+0.01=0.26\ \text{mol}\cdot\text{L}^{-1}$$
$$c(\text{Ac}^-)=0.25-0.01=0.24\ \text{mol}\cdot\text{L}^{-1}$$
$$\text{pH}=\text{p}K_a^{\ominus}(\text{HAc})-\lg\frac{c(\text{HAc})}{c(\text{Ac}^-)}=4.76-\lg\frac{0.26}{0.24}=4.76-\lg1.08=4.73$$

当加入 0.01 mol NaOH 时，假设外加的 NaOH 全部与 HAc 反应生成 NaAc，则

$$c(\text{HAc})=0.25-0.01=0.24\ \text{mol}\cdot\text{L}^{-1}$$
$$c(\text{Ac}^-)=0.25+0.01=0.26\ \text{mol}\cdot\text{L}^{-1}$$
$$\text{pH}=\text{p}K_a^{\ominus}(\text{HAc})-\lg\frac{c(\text{HAc})}{c(\text{Ac}^-)}=4.76-\lg\frac{0.24}{0.26}=4.76-\lg0.923=4.79$$

加入水后，溶液被稀释。

$$c(\text{HAc})=0.125\ \text{mol}\cdot\text{L}^{-1}$$
$$c(\text{Ac}^-)=0.125\ \text{mol}\cdot\text{L}^{-1}$$
$$\text{pH}=\text{p}K_a^{\ominus}(\text{HAc})-\lg\frac{c(\text{HAc})}{c(\text{Ac}^-)}=4.76-\lg1=4.76$$

计算结果表明，加入强酸（或强碱），溶液的 pH 改变很小，$\Delta\text{pH}=0.03$，变化甚微。而在 1 L 纯水中加入 0.01 mol HCl 时，pH 从 7.0 变到 2.0，$\Delta\text{pH}=5$；在 1 L 纯水中加入 0.01 mol NaOH 时，pH 从 7.0 变到 12.0，$\Delta\text{pH}=5$。说明缓冲溶液的缓冲作用是很明显的。

7.4.3 缓冲容量和缓冲范围

任何缓冲溶液的缓冲能力都是有限度的。如果缓冲溶液的浓度太小，当溶液稀释的倍数太大，或加入的强酸或强碱的量太大，溶液的 pH 就会发生较大的变化，溶液就不再具有缓冲能力。

缓冲溶液的缓冲能力大小通常用缓冲容量来衡量，缓冲容量是使 1 L 缓冲溶液的 pH 改变一个单位所需的强酸（或强碱）的物质的量。缓冲容量越大，缓冲能力就越强。

实验证明，缓冲溶液的缓冲能力取决于组成缓冲溶液的缓冲对的浓度。浓度越大，缓冲能力越大，缓冲容量也就越大，所以缓冲溶液总是浓度大一点好。但浓度过高时可能对化学反应有不利的影响，故在实际应用中，通常浓度控制在 $0.1\sim1.0\ \text{mol}\cdot\text{L}^{-1}$ 为宜。而当缓冲对的总浓度一定时，缓冲能力还与缓冲比（$c_{酸}/c_{碱}$）有关，当缓冲比为 1:1 时，缓冲能力最强，缓冲容量也最大。当缓冲比在 $1:10\sim10:1$ 时，缓冲溶液都有一定的缓冲能力。故某一具有缓冲能力的缓冲溶液其 pH 范围称为缓冲范围。缓冲溶液的缓冲范围为 $\text{pH}=\text{p}K_a^{\ominus}\pm1$（或 $\text{pOH}=\text{p}K_b^{\ominus}\pm1$）。例如，HAc 的 $\text{p}K_a^{\ominus}$ 为 4.76，则 HAc-Ac$^-$ 缓冲溶液的缓冲范围为 3.76~

5.76，超出这一范围，即可认为该溶液不再具有缓冲能力。

7.4.4　缓冲溶液的选择和配制

在实际工作中，经常需要配制一定 pH 的缓冲溶液，由于缓冲溶液 pH 主要决定于所选共轭酸、碱的 $K_a^\ominus$、$K_b^\ominus$。因此，要先选缓冲对中共轭酸的 $pK_a^\ominus$ 应尽可能与所需 pH 相近（缓冲对中共轭碱的 $pK_b^\ominus$ 应尽可能与所需 pOH 相近），即缓冲比接近 1∶1，缓冲容量最大。其次，计算缓冲比，调节 pH，以得到所需的缓冲溶液。同时缓冲溶液要控制一定的浓度，总浓度一般为 0.050~0.20 mol·L⁻¹。

例 7-11　欲配制 pH 5.00 的缓冲溶液，应选用 HAc−NaAc、HCOOH−HCOONa、H_3PO_4−NaH_2PO_4、NH_3−NH_4Cl 中哪一缓冲对？

解：所选缓冲对中酸的 $pK_a^\ominus$ 应在 4.00~6.00，或碱的 $pK_b^\ominus$ 应在 8.00~10.00。已知：$pK_a^\ominus(HAc)=4.76$，$pK_a^\ominus(HCOOH)=3.74$，$pK_{a2}^\ominus(H_3PO_4)=7.21$，$pK_b^\ominus(NH_3)=4.74$，故应选 HAc−NaAc 缓冲对。

例 7-12　欲配制 pH 9.20 的缓冲溶液 500 mL，要求溶液中 $NH_3·H_2O$ 的浓度为 1.0 mol·L⁻¹。问应取浓度为 15 mol·L⁻¹ 浓氨水和固体 NH_4Cl 各多少？如何配制？

解：pH=9.20，pOH=$pK_w^\ominus$−pH=14.00−9.20=4.80，即 $c(OH^-)=1.6\times10^{-5}$ mol·L⁻¹

溶液中 $c(NH_3)=1.0$ mol·L⁻¹，由公式：$K_b=\dfrac{c(NH_4^+)\cdot c(OH^-)}{c(NH_3)}$，得

$$c(OH^-)=\frac{K_b\cdot c(NH_3)}{c(NH_4^+)}=\frac{1.77\times10^{-5}\times1.0}{c(NH_4^+)}=1.6\times10^{-5}\ \text{mol}\cdot\text{L}^{-1}$$

$$c(NH_4^+)=1.1\ \text{mol}\cdot\text{L}^{-1}$$

故，所需 NH_4Cl 的质量为

$$53.5\times1.1\times0.5=29.4\ \text{g}$$

氨水的浓度为 15 mol·L⁻¹，故需浓氨水的体积为

$$V=1.0\times\frac{500}{15}=33\ \text{mL}$$

称取 29.4 g 固体氯化铵溶于少量的蒸馏水（或去离子水）中，加入 33 mL 浓氨水，最后加蒸馏水稀释至 500 mL，即为所需缓冲溶液。

例 7-13　向 100 mL $c(NH_3)=0.10$ mol·L⁻¹ 的氨水溶液中加入 100 mL $c(HCl)=0.050$ mol·L⁻¹ 的盐酸水溶液，计算所得溶液的 pH。已知 $pK_b^\ominus(NH_3)=4.74$。

解：
$$NH_3+H^+\Longrightarrow NH_4^+$$
反应后：

$$c(NH_3)=\frac{0.1\times0.1-0.05\times0.1}{0.2}=0.025\ \text{mol}\cdot\text{L}^{-1}$$

$$c(NH_4^+)=\frac{0.050\times0.1}{0.2}=0.025\ \text{mol}\cdot\text{L}^{-1}$$

得

$$pOH=pK_b^\ominus(NH_3)-\lg\frac{c(NH_3)}{c(NH_4^+)}=4.74-\lg\frac{0.025}{0.025}=4.74$$

$$pH = 9.26$$

除了由共轭酸碱对组成的缓冲溶液外，较浓的强酸、强碱水溶液也具有酸碱缓冲能力，一般应用于 pH<3 或 pH>12 范围。两性物质水溶液，尤其是相邻两级解离常数相差较小的多元弱酸的酸式盐，如邻苯二甲酸氢钾、酒石酸氢钾等水溶液，也具有一定的缓冲能力。例如，酒石酸($pK_{a1}^{\ominus} = 3.04$，$pK_{a2}^{\ominus} = 4.37$)由于两级解离常数接近，故酒石酸氢钾酸式解离和碱式解离都较强烈，溶液中存在较高浓度的酒石酸和酒石酸酸根离子，它们分别与酒石酸氢根组成两个缓冲对。此类缓冲溶液常用作校准酸度计的标准缓冲溶液，应严格按规定的方法配制。标准缓冲溶液的 pH 是经准确测定得来，而不是近似计算的结果。标准缓冲溶液的配制方法和 pH 可查阅《化学手册》。

7.4.5　缓冲溶液的应用

缓冲溶液在工业、农业、生命科学和化学分析等方面都有重要的应用。例如，动植物体内有复杂的缓冲体系，维持体液的 pH 基本不变，以保证生命活动的正常进行。再如，在硅半导体器件的生产过程中，需要用氢氟酸(HF)腐蚀除去硅片表面没有胶膜保护的那部分氧化膜(SiO_2)，反应为

$$SiO_2 + 6HF \Longrightarrow H[SiF_6] + 2H_2O$$

如果单独用 HF 溶液作腐蚀液，H^+ 离子浓度太大，而且随反应的进行，H^+ 离子浓度会发生变化，即 pH 不稳定，造成腐蚀不均匀。因此，需用 HF 和 NH_4F 的混合溶液进行腐蚀才能达到工艺的要求。

人体血液中主要缓冲体系之一是 H_2CO_3—$NaHCO_3$，其作用机理是：HCO_3^- 和外来的酸中和生成 H_2CO_3，体内有一种碳酸酐酶，使 H_2CO_3 迅速分解为 CO_2 和 H_2O，呼吸排出体外；外来碱则由 H_2CO_3 中和生成 HCO_3^-，而减少的 H_2CO_3 立即有呼吸作用的 CO_2 补充，从而维持血浆的 pH 在 7.4 左右。细胞中的另一缓冲体系是 $H_2PO_4^-$-HPO_4^{2-}，控制其 pH 保持在 6.8 左右，尿液也主要因磷酸缓冲对的作用而保持 pH 在 6.3 左右。蛋白质是体内的第三种缓冲溶液，因为在蛋白质分子中有—COOH 和—NH_2 基团而显两性。人体各缓冲作用的权重为血红蛋白约占 60%，血清蛋白及球蛋白占 20%，无机缓冲体系占 20%。

一般农作物在 pH<4 或 pH>7.5 的土壤中不能正常生长。土壤中由于含有 H_2CO_3-$NaHCO_3$、NaH_2PO_4-Na_2HPO_4 和土壤腐殖质酸及其盐所组成的复杂的缓冲溶液体系，使土壤保持一定的 pH 范围，从而可以保证土壤微生物的正常活动及农作物的生长发育。

在化学上，为了使反应控制在一定 pH 条件下进行，也经常需要配制和使用缓冲溶液。如通过缓冲作用控制溶液的 pH，使金属氢氧化物、硫化物和碳酸盐等难溶化合物的溶解度得到控制，从而达到分离的目的。

总之，缓冲溶液应用十分广泛，作用也非常大，是一类非常重要的溶液。

拓展阅读

pH 的应用

pH 的应用非常广泛，pH 和人体的健康关系密切，生命活动只能在非常有限的 pH 范围内进行。在医疗上，测定血液等的 pH 可以帮助诊断疾病。例如，人体血液的 pH 一般在

7.35~7.45，如果超过这个范围，便属于病理现象。正常情况下，我们的体液呈弱碱性，在这样的弱碱性环境里，体内器官才能保持正常的生理功能。人体在运行正常时，会产生一些酸，如果酸在体内多了，会使体液 pH 偏向于 7.35，长期如此，体液的 pH 偏向于低端，就会产生疾病，如女性的皮肤就会过早地黯淡和衰老，少年儿童会造成发育不良、食欲不振、注意力难以集中等症状，中老年人则会因此而引发糖尿病、神经系统疾病和心脑血管疾病。

如何判断自己体液的 pH 是不是在正常范围呢？可以直接去药店购买 pH 精密试纸进行检查，尿液中的 pH 一般为 5.5~6，如果检查晨尿发现 pH 经常低于 5.5 就要去找医生了，到医院进行 pH 准确检查。

日常生活中哪些因素会影响人体内体液的 pH？怎样才能保持体液的 pH 在正常范围呢？

俗话说，病从口入。要保持体液的 pH 在正常范围，应该合理饮食。现在，人们对于饮食，大多讲究精、细，多吃精米白面、鸡鸭鱼肉，很少吃粗粮。富含糖类、蛋白质和脂肪的糖、酒、米、面、肉、蛋、鱼等食物，由于在体内氧化分解的最终产物是二氧化碳和水，二者结合就会形成酸性的代谢物，所以这些食物称为酸性食物；而水果、蔬菜、豆制品、乳制品、菌类和海藻类等食物，含有较多的金属元素，代谢后会生成碱性氧化物，这些食物称为碱性食物。为了健康，人们需要酸性食物和碱性食物合理搭配。

一些常见食物的 pH 近似范围如下：苹果 2.9~3.3；西红柿 4.0~4.4；葡萄 3.5~4.5；牛奶 6.3~6.6；鸡蛋清 7.6~8.0。

除此以外，pH 的测定和控制在工农业生产、科学研究等方面都很重要。在工业上，氯碱工业生产中所用食盐水的 pH 要控制在 12 左右，以除去其中 Ca^{2+} 和 Mg^{2+} 的等杂质；在无机盐的生产中，为了分离所含的杂质 Fe^{3+}，常把无机盐溶液的 pH 调到 5 左右，此时 Fe^{3+} 形成 $Fe(OH)_3$ 沉淀而分离析出，其他阳离子却留在溶液中。在农业上，土壤的 pH 关系到农作物的生长，有的作物(如芝麻、油菜、萝卜等)可以生长在较大的 pH 范围内，有的却对 pH 反应非常敏感，如茶树适宜在 pH 为 4.0~5.5 的土壤中生长，小麦适宜在 pH 为 6.3~7.5 的土壤中生长，玉米适宜在 pH 为 6.5~7.0 的土壤中生长，水稻适宜在 pH 为 6.0~7.0 的土壤中生长，大麦适宜在 pH 为 6.0~8.0 的土壤中生长，马铃薯适宜在 pH 为 5.0~5.5 的土壤中生长，番茄适宜在 pH 为 6.0~6.5 的土壤中生长等。在科学实验中 pH 是影响某些反应过程的重要因素，因此测定和控制溶液的 pH，就如控制温度和浓度同样重要。

习　题

一、选择题

1. HCO_3^- 的共轭酸为(　　)。

A. CO_3^{2-}　　　　　　B. HCO_3^-　　　　　　C. H_2CO_3　　　　　　D. H_3O^+

2. $H_2PO_4^-$ 的共轭碱为(　　)。

A. H_3PO_4　　　　　　B. HPO_4^{2-}　　　　　　C. PO_4^{3-}　　　　　　D. $H_2PO_4^-$

3. 在 HAc 水溶液中，加入一些 NaAc 固体，将使 HAc 的(　　)。

A. 解离度增大　　　　　　　　　　　B. 平衡常数值减小

C. 溶液 pH 减小　　　　　　　　　　D. 解离度减小

4. 下列缓冲溶液中，缓冲容量最大的是(　　)。

A. $0.10 \text{mol} \cdot \text{L}^{-1}$ HAc$-0.50 \text{ mol} \cdot \text{L}^{-1}$ NaAc

B. $0.10 \text{mol} \cdot \text{L}^{-1}$ HAc$-0.10 \text{ mol} \cdot \text{L}^{-1}$ NaAc

C. $0.20 \text{mol} \cdot \text{L}^{-1}$ HAc$-0.20 \text{ mol} \cdot \text{L}^{-1}$ NaAc

D. $0.50 \text{mol} \cdot \text{L}^{-1}$ HAc $-0.10 \text{ mol} \cdot \text{L}^{-1}$ NaAc

5. 将 pH$=4.0$ 的 HCl 水溶液稀释 1 倍后，则其 pH 为(　　)。

A. 8　　　　　　　　　B. 2　　　　　　　　　C. $4+\sqrt{2}$　　　　　　　　　D. $4+\lg 2$

二、填空题

1. 按照酸碱质子理论，CO_3^{2-}、NH_4^+、HAc、OH^-，其中_____是酸，_____是碱。

2. 已知 NH_3 的 $K_b^\ominus = 1.8 \times 10^{-5}$，常温下 $0.1 \text{ mol} \cdot \text{L}^{-1}$ 氨水溶液 pH$=$_____。

3. 在 $0.1 \text{ mol} \cdot \text{L}^{-1}$ $NH_3 \cdot H_2O$ 中加入固体 NH_4Cl，则 $NH_3 \cdot H_2O$ 的解离度_____，pH_____，这种作用称作_____，加入 NH_4Cl 的前后 $NH_3 \cdot H_2O$ 解离常数_____。

4. 现有等浓度 HCl、HAc、NaOH、NaAc 若干，配制 pH$=4.44$ 的缓冲溶液，有三种配法是 $V(\text{HAc})$：$V(\text{NaAc})=$_____；$V(\text{HAc})$：$V(\text{NaOH})=$_____；$V(\text{HCl})$：$V(\text{NaAc})=$_____。(已知 HAc 的 $K_a^\ominus = 1.75 \times 10^{-5}$)

5. 已知 H_3PO_4 的 $K_{a1}^\ominus = 6.9 \times 10^{-3}$、$K_{a2}^\ominus = 6.2 \times 10^{-8}$、$K_{a3}^\ominus = 4.8 \times 10^{-13}$，欲用磷酸盐配制缓冲溶液，若 Na_2HPO_4 作为酸，可配制成 pH 为_____至_____的缓冲溶液；若 Na_2HPO_4 作为碱，可配制 pH 为_____至_____的缓冲溶液。

三、判断题

1. $0.1 \text{ mol} \cdot \text{L}^{-1}$ 氨水稀释 10 倍后，α(解离度)增大，pH 值增大。(　　)

2. 将等体积 $0.10 \text{ mol} \cdot \text{L}^{-1}$ NaOH 与 $0.10 \text{ mol} \cdot \text{L}^{-1}$ HAc 溶液混合后，此溶液呈中性。(　　)

3. 同离子效应可以使弱电解质的解离度降低。(　　)

4. 一元弱酸的酸性越弱，其共轭碱的碱性就越强。(　　)

5. 凡是多元弱酸，其酸根的浓度近似等于其最后一级解离常数。(　　)

四、简答题

决定缓冲溶液 pH 的主要因素有哪些？通常用哪个物理量表示缓冲溶液的缓冲能力？影响这个物理量的因素有哪些？

五、计算题

1. $0.2 \text{ mol} \cdot \text{L}^{-1}$ HCl 和 $0.2 \text{ mol} \cdot \text{L}^{-1}$ HCN 溶液的酸度是否相等，通过计算说明。

2. 要配制 pH$=5.00$ 的缓冲溶液，需称取多少克固体 $NaAc \cdot 3H_2O$ 溶解在 300 mL $0.5 \text{ mol} \cdot \text{L}^{-1}$ HAc 中？已知 $NaAc \cdot 3H_2O$ 的 $M_r = 136$。

3. 将 100 mL $0.25 \text{ mol} \cdot \text{L}^{-1}$ NaH_2PO_4 和 50 mL $0.35 \text{ mol} \cdot \text{L}^{-1}$ Na_2HPO_4 溶液混合，(1)求混合液的 pH；(2)若向混合液加入 50 mL $0.1 \text{ mol} \cdot \text{L}^{-1}$ NaOH 后，溶液的 pH 又是多少？

4. 向 $0.050 \text{ mol} \cdot \text{L}^{-1}$ HCl 中通入 H_2S 至饱和，即 $c(H_2S) \approx 0.10 \text{ mol} \cdot \text{L}^{-1}$，计算溶液 pH 及其 $c(S^{2-})$。

5. 在 1 L $0.1 \text{ mol} \cdot \text{L}^{-1}$ HAc 溶液中加入 NaAc 晶体，使 NaAc 浓度达 $0.2 \text{ mol} \cdot \text{L}^{-1}$(设溶液体积不变)。试计算溶液的氢离子浓度 $c(H^+)$ 和 HAC 的解离度。

6. 大气中二氧化碳浓度的升高会引起温室效应和水体酸化。党的十九届五中全会指出，我国要力争在 2030 年前达到二氧化碳排放峰值，努力争取 2060 年前实现碳中和，党的二十大报告中也明确指出要积极稳妥推进碳达峰碳中和体现我国推动构建人类命运共同体的责任和担当。已知 298.15 K 时，对于反应

$$H_2CO_3(aq) \rightleftharpoons CO_2(g) + H_2O(l)$$

$$\Delta_f G_m^\ominus / (\text{kJ} \cdot \text{mol}^{-1}) \quad -623.16 \quad -394.4 \quad -237.1$$

求：(1)298.15 K 下，上述反应的 $\Delta_r G_m^\ominus$ 和 $K^\ominus$。

（2）写出上述平衡常数 $K^{\ominus}$ 与 CO_2 分压和碳酸浓度的定量关系表达式，并计算当 CO_2 的分压为 100 kPa 时，CO_2 与水反应达到平衡后形成的碳酸水溶液中碳酸的浓度。

（3）上述碳酸溶液的 pH（碳酸按一元弱酸近似计算）及该溶液中的 $c(CO_3^{2-})$。已知碳酸的 $K_{a1}^{\ominus} = 4.5 \times 10^{-7}$，$K_{a2}^{\ominus} = 4.7 \times 10^{-11}$。

习题解答

第 8 章　沉淀溶解平衡

教学目的和要求：

(1) 掌握沉淀-溶解平衡、溶解度和溶度积的基本概念。

(2) 掌握难溶电解质溶解度和溶度积之间的关系，并进行有关近似计算。

(3) 掌握溶度积规则。

党的二十大强调："必须牢固树立和践行绿水青山就是金山银山的理念，站在人与自然和谐共生的高度谋划发展。"这就要求我们坚持绿色发展的理念，保护大自然的奇山秀水。绿水青山与沉淀溶解平衡紧密联系，是实现人与自然和谐共生的表现形式。沉淀的生成和溶解现象在我们的周围经常发生。例如，肾结石通常是生成难溶盐草酸钙(CaC_2O_4)和磷酸钙$[Ca_3(PO_4)_2]$所致；自然界中石笋和钟乳石的形成与碳酸钙($CaCO_3$)沉淀的生成和溶解反应有关；工业上可用碳酸钠(Na_2CO_3)与消石灰$[Ca(OH)_2]$制取烧碱($NaOH$)，等等。在科学研究和生产实践中，经常要利用沉淀反应进行物质的分离提纯及离子的鉴定和定量测定等。为了解决这些问题，就需要研究在含有难溶电解质和水的系统中所存在的固体与溶液中离子之间的平衡，这是一种多相离子平衡即沉淀-溶解平衡，是一定温度下难溶强电解质饱和溶液中的离子与难溶物之间的多相动态平衡。本章研究沉淀的生成、溶解、转化和分步沉淀等变化规律。

8.1　溶解度和溶度积

8.1.1　溶解度

溶解性是物质的重要性质之一。常以溶解度 s 来定量标明物质的溶解性。溶解度 s 为：在一定温度下，达到溶解平衡时，一定量的溶剂中含有溶质的质量。物质的溶解度有多种表示方法。对水溶液来说，通常以饱和溶液中每 100 g 水所含溶质质量表示。许多无机化合物在水中溶解时，能形成水合阳离子和阴离子，称其为电解质。电解质的溶解度往往有很大的差异，如果在 100 g 水中能溶解 1 g 以上的溶质，这种溶质称为可溶物；物质的溶解度小于 0.01 g/100 g 水时，称为难溶物；溶解度介于可溶和难溶之间的，称为微溶物。自然界没有绝对不溶于水的物质，对于难溶物来说，由于它们在水中微溶的部分是以离子状态存在的，所以又称为难溶电解质。将难溶电解质放入水中，溶液达到饱和后，会产生固态难溶电解质与水溶液中离子之间的化学平衡，即沉淀-溶解平衡。

在本章中，用难溶性强电解质在水中溶解部分所形成的溶液的浓度，表示该物质的溶解

徐霞客

度，故溶解度的单位是浓度单位：$mol \cdot L^{-1}$。由于溶解部分完全解离成离子，所以这种溶解度要通过离子浓度得以体现。

8.1.2　溶度积

在一定温度下，将难溶电解质 AgCl 固体放入水中，由于水分子极性的作用，使一部分 Ag^+ 和 Cl^- 脱离开固体 AgCl 表面，成为水合离子不断进入溶液中，这个过程称为 AgCl 的溶解；同时，溶液中的 Ag^+ 和 Cl^- 在不断地做无规则运动，其中一些碰到固体 AgCl 的表面时，受到固体表面的吸引，又重新回到固体表面上，这个过程称为 AgCl 的沉淀。当沉淀和溶解的速率相等时，系统就达到了平衡状态，称为难溶电解质的沉淀-溶解平衡。这是一种动态平衡，此时溶液为饱和溶液，溶液中的有关离子浓度不再改变。

AgCl 在水溶液中的多相平衡可以表示为

$$AgCl(s) \rightleftharpoons Ag^+(aq) + Cl^-(aq)$$

其标准平衡常数与其他化学平衡常数一样表示为

$$K_{sp}^{\ominus}(AgCl) = [c(Ag^+)/c^{\ominus}][c(Cl^-)/c^{\ominus}]$$

同理，$Ag_2CrO_4(s) \rightleftharpoons 2Ag^+(aq) + CrO_4^{2-}(aq)$

$$K_{sp}^{\ominus}(Ag_2CrO_4) = [c(Ag^+)/c^{\ominus}]^2[c(CrO_4^{2-})/c^{\ominus}]$$

对于难溶电解质 A_nB_m 在水溶液中的沉淀溶解平衡，可表示为

$$A_nB_m(s) \rightleftharpoons nA^{m+}(aq) + mB^{n-}(aq)$$

$$K_{sp}^{\ominus}(A_nB_m) = [c(A^{m+})/c^{\ominus}]^n \cdot [c(B^{n-})/c^{\ominus}]^m$$

为了计算方便，上式可简写为

$$K_{sp}^{\ominus}(A_nB_m) = c^n(A^{m+}) \cdot c^m(B^{n-})$$

难溶电解质的沉淀-溶解反应的标准平衡常数 $K_{sp}^{\ominus}$ 称为难溶电解质的溶度积常数，简称溶度积。溶度积 $K_{sp}^{\ominus}$ 的大小仅取决于难溶电解质的本质，与温度有关，而与浓度无关。在溶液中，温度变化不大时，往往不考虑温度的影响，一律采用常温下 298.15 K 的数值。一些常见难溶电解质的溶度积 $K_{sp}^{\ominus}$ 常数见附录 7。

8.1.3　溶度积和溶解度的关系

溶度积 $K_{sp}^{\ominus}$ 和溶解度 s 都可以表示难溶电解质的溶解情况，但二者概念不同，当溶解度 s 单位用 $mol \cdot L^{-1}$ 时，指的是难溶电解质在 1 L 溶液中达沉淀-溶解平衡时实际溶解的量，溶度积 $K_{sp}^{\ominus}$ 表示溶解进行的倾向，并不表示已溶解的量。它们之间可以相互换算。

例 8-1　在 25℃ 时，AgBr 的 $K_{sp}^{\ominus}$ 为 5.35×10^{-13}，求 AgBr 的溶解度 s。

解：
$$AgBr(s) \rightleftharpoons Ag^+(aq) + Br^-(aq)$$

平衡浓度/$(mol \cdot L^{-1})$ 　　　　　　　　　s　　　　　　s

$$K_{sp}^{\ominus}(AgBr) = c(Ag^+) \cdot c(Br^-) = s \cdot s = s^2$$

$$s = \sqrt{K_{sp}^{\ominus}(AgBr)} = 7.31 \times 10^{-7}$$

所以 AgBr 的溶解度 s 为 $7.31 \times 10^{-7}\ mol \cdot L^{-1}$。

例 8-2　在 25℃ 时，Ag_2CrO_4 的 $K_{sp}^{\ominus} = 1.15 \times 10^{-12}$，求 Ag_2CrO_4 的溶解度 s。

解：Ag_2CrO_4 的 $K_{sp}^{\ominus} = 1.15 \times 10^{-12}$

$$Ag_2CrO_4(s) \rightleftharpoons 2Ag^+(aq) + CrO_4^{2-}(aq)$$

平衡浓度/$(mol \cdot L^{-1})$ 　　　　　　　　　$2s$　　　　　　s

$$K_{sp}^{\ominus}(Ag_2CrO_4) = c^2(Ag^+) \cdot c(CrO_4^{2-}) = (2s)^2 \cdot s = 4s^3$$

$$s = \sqrt[3]{\frac{K_{sp}^{\ominus}(Ag_2CrO_4)}{4}} = \sqrt[3]{\frac{1.15 \times 10^{-12}}{4}} = 6.6 \times 10^{-5}$$

所以 Ag_2CrO_4 的溶解度 s 为 6.6×10^{-5} mol $\cdot$ L^{-1}。

从上面两个例题可知，不同类型的难溶电解质的溶解度 s 和溶度积 $K_{sp}^{\ominus}$ 之间的换算关系不同，总结如下：

AB 型（如 $AgCl$、$AgBr$、AgI、$BaSO_4$ 等）： $K_{sp}^{\ominus} = s^2$； $s = \sqrt{K_{sp}^{\ominus}}$

A_2B 型或 AB_2 型［如 Ag_2CrO_4、$Mg(OH)_2$ 等］：$K_{sp}^{\ominus} = 4s^3$； $s = \sqrt[3]{\frac{K_{sp}^{\ominus}}{4}}$

AB_3 型［如 $Fe(OH)_3$］： $K_{sp}^{\ominus} = 27s^4$； $s = \sqrt[4]{\frac{K_{sp}^{\ominus}}{27}}$

上述相互换算关系是有条件的，难溶电解质的离子在溶液中是一步完成解离，且不发生水解、聚合、配位等副反应。

溶度积和溶解度都可以反映物质的溶解能力。同类型的难溶电解质在相同温度下，$K_{sp}^{\ominus}$ 越大，溶解度也越大；反之亦然。但对不同类型的难溶电解质，不能只凭溶度积的大小而定，必须经过计算才能下定论。

一定温度下，溶度积是常数，而溶解度会因离子浓度、介质酸碱性等条件而变化，所以溶度积常数更常用。

$K_{sp}^{\ominus}$ 可由实验测定，但由于有些难溶电解质的溶解度太小了，故很难直接测出。因此，也可以利用热力学函数计算 $K_{sp}^{\ominus}$。

例8-3　298.15 K 时，$\Delta_f G_m^{\ominus}(AgBr) = -96.9$ kJ $\cdot$ mol^{-1}，$\Delta_f G_m^{\ominus}(Ag^+) = 77.1$ kJ $\cdot$ mol^{-1}，$\Delta_f G_m^{\ominus}(Cl^-) = -104.0$ kJ $\cdot$ mol^{-1}，求 298.15 K 时 AgBr 溶度积 $K_{sp}^{\ominus}$。

解：

$$AgBr(s) \Longleftrightarrow Ag^+(aq) + Br^-(aq)$$

$$\begin{aligned}
\Delta_r G_m^{\ominus} &= \Delta_f G_m^{\ominus}(Ag^+) + \Delta_f G_m^{\ominus}(Br^-) - \Delta_f G_m^{\ominus}(AgBr) \\
&= 77.1 + (-104.0) - (-96.9) \\
&= 70.0 \text{ kJ} \cdot \text{mol}^{-1}
\end{aligned}$$

$$\Delta_r G_m^{\ominus} = -RT\ln K_{sp}^{\ominus}$$

$$\ln K_{sp}^{\ominus} = -\frac{\Delta_r G_m^{\ominus}}{RT} = -\frac{70.0 \times 10^3}{8.314 \times 298.15} = -28.24$$

$$K_{sp}^{\ominus} = 5.44 \times 10^{-13}$$

8.1.4　溶度积规则

根据热力学原理可知，利用溶度积常数和沉淀-溶解反应的反应商 Q，即可判断沉淀溶解反应的方向。

某难溶电解质溶液中，反应商通常用离子积来表示。任意状态下，其离子浓度系数方次之积称为离子积。对于难溶电解质 A_nB_m，离子积 $Q = c^n(A^{m+}) \cdot c^m(B^{n-})$。注意一定温度下沉淀溶解反应达平衡时，离子积即等于溶度积。

①若 $Q > K_{sp}^{\ominus}$，溶液为过饱和溶液。此时反应向生成沉淀的方向进行，直到达成新的平

衡，即沉淀生成。

②若 $Q=K_{sp}^{\ominus}$，溶液为饱和溶液，处于平衡状态。

③若 $Q<K_{sp}^{\ominus}$，溶液为不饱和溶液。若溶液中有固体存在，反应向沉淀溶解方向进行，直到达成新的平衡，即沉淀溶解。

上述关系称为溶度积规则，它是难溶电解质多相离子平衡移动规则的总结。可以看出，改变离子浓度，可以使沉淀溶解反应平衡相互转化。

8.1.5　同离子效应和盐效应

如果在难溶电解质的饱和溶液中，加入含有相同离子的强电解质时，如在 AgBr 饱和溶液中加入 KBr，由于 Br^- 的增加，可使原来的沉淀-溶解平衡 $AgBr(s) \rightleftharpoons Ag^+(aq)+Br^-(aq)$ 向左移动，因而在重新达到平衡时，溶液中应多沉淀出一些 AgBr 固体，这就是同离子效应的作用。

例 8-4　计算 298.15 K 时，AgCl 在 $0.1\ mol \cdot L^{-1}$ HCl 溶液中的溶解度。已知 AgCl 在纯水中的溶解度为 $1.33\times10^{-5}\ mol \cdot L^{-1}$。

解： 设 AgCl 在 $0.1\ mol \cdot L^{-1}$ HCl 溶液中的溶解度为 $x\ mol \cdot L^{-1}$。

$$AgCl(s) \rightleftharpoons Ag^+(aq) + Cl^-(aq)$$
$$\qquad\qquad\qquad x \qquad\qquad x+0.1$$

$$K_{sp}^{\ominus}(AgCl)=c(Ag^+) \cdot c(Cl^-)=x(x+0.01)=1.77\times10^{-10}$$

因为 x 很小，所以 $x+0.1\approx0.1$

解得 $x=1.77\times10^{-9}\ mol \cdot L^{-1}$

所以 AgCl 在 $0.1\ mol \cdot L^{-1}$ HCl 溶液中的溶解度为 $1.77\times10^{-9}\ mol \cdot L^{-1}$。

该溶解度比 AgCl 在纯水中的溶解度（$1.33\times10^{-5}\ mol \cdot L^{-1}$）小约 4 个数量级，说明同离子效应可使 AgCl 的溶解度大为降低，即可使溶液中的 Ag^+ 离子沉淀得更完全。

根据同离子效应，欲使溶液中某一离子充分地沉淀出来，必须加入过量的沉淀剂。但沉淀剂也不宜过量太多，一般过量 10%~20%就已足够。沉淀剂如果过量太多，溶液中电解质的总浓度太大时，会产生盐效应，反而增大溶解度。这种在难溶化合物的溶解平衡系统中，加入适量的强电解质（如 KNO_3、$NaNO_3$ 等），虽然这些强电解质与难溶物并不起化学反应，且无共同离子，但这些强电解质的存在却能使沉淀溶解度增大的现象就称为盐效应。当然，在相当的范围内，过量沉淀剂的同离子效应远大于盐效应。另外，加入过多沉淀剂，还会使被沉淀离子发生一些副反应，使难溶电解质的溶解度增大。例如，要沉淀 Ag^+，若加入太多的 NaCl 溶液，则可形成 $[AgCl_2]^-$、$[AgCl_4]^{3-}$ 等配离子，反而使溶解度增大。

8.2　沉淀的生成与溶解

8.2.1　沉淀的生成

根据溶度积规则，欲使沉淀生成，必须使其离子积大于溶度积，即 $Q>K_{sp}^{\ominus}$，这就要增大离子浓度，使反应向生成沉淀的方向转化。

例 8-5 如果在 40 mL 0.01 mol·L⁻¹ MgCl₂ 溶液中，加入 10 mL 0.01 mol·L⁻¹ NaOH 溶液，问是否有沉淀产生(忽略体积变化)？已知 $K_{sp}^{\ominus}[Mg(OH)_2]=5.61\times10^{-12}$。

解： 两种溶液混合物后，总体积为 50 mL，则

$$c(Mg^{2+})=0.01\times\frac{40}{50}=0.008 \text{ mol}\cdot L^{-1}$$

$$c(OH^-)=0.01\times\frac{10}{50}=0.002 \text{ mol}\cdot L^{-1}$$

$$Q=c(Mg^{2+})\cdot c^2(OH^-)=0.008\times(0.002)^2=3.2\times10^{-8}>K_{sp}^{\ominus}[Mg(OH)_2]$$

$Q>K_{sp}^{\ominus}$，故有沉淀生成。

例 8-6 在 1 L 0.002 mol·L⁻¹ NaCl 溶液中加入 0.010 mol AgNO₃，能否使 Cl⁻ 沉淀完全？

解： $c(Ag^+)=0.010 \text{ mol}\cdot L^{-1}$

$c(Cl^-)=0.002 \text{ mol}\cdot L^{-1}$

Ag⁺离子过量，反应达到平衡时，

$c(Ag^+)=0.010-0.002\approx0.008 \text{ mol}\cdot L^{-1}$

$c(Cl^-)\cdot c(Ag^+)=K_{sp}^{\ominus}=1.77\times10^{-10}$

$$c(Cl^-)=\frac{1.77\times10^{-10}}{0.008}=2.21\times10^{-8} \text{ mol}\cdot L^{-1}$$

Cl⁻ 的浓度为 2.21×10⁻⁸ mol·L⁻¹，已经沉淀完全。

通常当溶液中离子浓度低于 10⁻⁵ mol·L⁻¹ 时，用一般化学方法已无法检出；当溶液中离子浓度低于 10⁻⁶ mol·L⁻¹ 时，造成定量分析测定结果的误差一般在可允许范围内。故化学科学中，通常将它们作为离子定性和定量被沉淀完全的标准。

故上述例题中，可以认为溶液中 Cl⁻ 已沉淀完全。

8.2.2　分步沉淀

如果溶液中同时含有多种离子，当加入一种沉淀剂时，可能与多种离子都能生成难溶电解质，先后产生几种不同的沉淀，这种离子分先后被沉淀的现象称为分步沉淀。

例如，向含有 0.01 mol·L⁻¹ Cl⁻、I⁻ 和 CrO₄²⁻ 的溶液中，逐滴加入 AgNO₃ 溶液，沉淀产生的情况如何？

根据溶度积规则，哪个先满足 $Q>K_{sp}^{\ominus}$，即开始沉淀时，哪个所需沉淀剂的浓度最小，哪个就先沉淀。

当 AgCl 开始沉淀时，

$$c(Ag^+)=\frac{K_{sp}^{\ominus}(AgCl)}{c(Cl^-)}=\frac{1.77\times10^{-10}}{0.01}=1.77\times10^{-8} \text{ mol}\cdot L^{-1}$$

所需 Ag⁺ 的浓度为 1.77×10⁻⁸ mol·L⁻¹。

当 AgI 开始沉淀时，

$$c(Ag^+)=\frac{K_{sp}^{\ominus}(AgI)}{c(I^-)}=\frac{8.52\times10^{-17}}{0.01}=8.52\times10^{-15} \text{ mol}\cdot L^{-1}$$

所需 Ag⁺ 的浓度为 8.52×10⁻¹⁵ mol·L⁻¹。

当 Ag_2CrO_4 开始沉淀时，

$$c(Ag^+) = \sqrt{\frac{K_{sp}^{\ominus}(Ag_2CrO_4)}{c(CrO_4^{2-})}} = \sqrt{\frac{1.12 \times 10^{-12}}{0.01}} = 1.06 \times 10^{-5} \text{ mol} \cdot L^{-1}$$

所需 Ag^+ 的浓度为 1.06×10^{-5} mol·L^{-1}。

从中可以看出 AgI 开始沉淀时，所需 Ag^+ 的浓度最少，所以最先沉淀。然后是 AgCl、Ag_2CrO_4 沉淀出现，这种向离子混合溶液中加入沉淀剂，离子分先后被沉淀的现象称为分步沉淀。

当 AgCl 开始沉淀时，I^- 在溶液中的情况如何呢？

当 $c(Ag^+) = 1.77 \times 10^{-8}$ mol·L^{-1} 时，AgCl 开始沉淀，溶液中 I^- 的浓度为

$$c(I^-) = \frac{K_{sp}^{\ominus}(AgI)}{c(Ag^+)} = \frac{8.52 \times 10^{-17}}{1.77 \times 10^{-8}} = 4.81 \times 10^{-9} \text{ mol} \cdot L^{-1}$$

当 I^- 浓度为 4.81×10^{-9} mol·L^{-1} 时，认为 I^- 已沉淀完全。

同理，当 Ag_2CrO_4 开始沉淀时，$c(Cl^-) = 1.66 \times 10^{-5}$ mol·L^{-1}，认为 Cl^- 接近沉淀完全。

例 8-7　向含有 0.1 mol·L^{-1} Na_2CO_3 和 0.001 mol·L^{-1} Na_2SO_4 溶液中滴加 $BaCl_2$ 溶液，判断沉淀的先后顺序。

解：当 $BaCO_3$ 开始沉淀时，

$$c(Ba^{2+}) = \frac{K_{sp}^{\ominus}(BaCO_3)}{c(CO_3^{2-})} = \frac{2.58 \times 10^{-9}}{0.1} = 2.58 \times 10^{-8} \text{ mol} \cdot L^{-1}$$

所需 Ba^{2+} 的浓度为 2.58×10^{-8} mol·L^{-1}。

当 $BaSO_4$ 开始沉淀时，

$$c(Ba^{2+}) = \frac{K_{sp}^{\ominus}(BaSO_4)}{c(SO_4^{2-})} = \frac{1.08 \times 10^{-10}}{0.001} = 1.08 \times 10^{-7} \text{ mol} \cdot L^{-1}$$

所需 Ba^{2+} 的浓度为 1.08×10^{-7} mol·L^{-1}。

所以，$BaCO_3$ 先沉淀。

沉淀的先后顺序与难溶电解质的溶解度有关，还与被沉淀离子的初始浓度及沉淀类型有关。初始浓度相同，沉淀类型相同，$K_{sp}^{\ominus}$ 小的先沉淀。其他情况必须经过计算来判断。

利用分步沉淀作用，可进行溶液中离子的分离，在科研和生产实践中，利用金属氢氧化物的溶解度之间的差异，控制溶液的 pH，使某些金属氢氧化物沉淀出来，另一些金属离子仍保留在溶液中，从而达到分离的目的。

例 8-8　溶液中含有 Fe^{3+} 和 Mg^{2+}，浓度都是 0.01 mol·L^{-1}。如果要求 Fe^{3+} 沉淀完全，而 Mg^{2+} 不沉淀，需如何控制 pH？

解：查表知 $K_{sp}^{\ominus}[Mg(OH)_2] = 5.61 \times 10^{-12}$，$K_{sp}^{\ominus}[Fe(OH)_3] = 2.79 \times 10^{-39}$

（1）先求 Fe^{3+} 被沉淀完全所需要的 OH^- 浓度[沉淀完全时，$c(Fe^{3+}) = 1.0 \times 10^{-5}$ mol·L^{-1}]：

$$c(OH^-) = \sqrt[3]{\frac{K_{sp}^{\ominus}[Fe(OH)_3]}{c(Fe^{3+})}} = \sqrt[3]{\frac{2.79 \times 10^{-39}}{1.0 \times 10^{-5}}} = 6.53 \times 10^{-12} \text{ mol} \cdot L^{-1}$$

$$pOH = -\lg c(OH^-) = 11.2$$

$$pH = 14.00 - pOH = 14 - 11.2 = 2.8$$

（2）求 Mg^{2+} 开始沉淀时所需要的 OH^- 浓度：

$$c(OH^-)=\sqrt{\frac{K_{sp}^{\ominus}[Mg(OH)_2]}{c(Mg^{2+})}}=\sqrt{\frac{5.61\times10^{-12}}{0.01}}=2.37\times10^{-5}\ mol\cdot L^{-1}$$

$$pOH=-\lg c(OH^-)=4.6$$

$$pH=14.00-pOH=14-4.6=9.4$$

因此，溶液的 pH 值控制在 2.8~9.4，即可将 Fe^{3+} 和 Mg^{2+} 分开。

8.2.3　沉淀转化

沉淀转化是指通过化学反应将一种沉淀转变成另一种更难溶的沉淀，大多数情况下，沉淀转化是将溶解度较大的沉淀转化为溶解度较小的沉淀。如在盛有白色 $BaCO_3$ 沉淀的试管中加入黄色的 K_2CrO_4 溶液，充分振荡，白色沉淀将转化为黄色沉淀。沉淀转化的过程可表示为

$$BaCO_3(白色)+CrO_4^{2-}(aq)\rightleftharpoons BaCrO_4(黄色)+CO_3^{2-}(aq)$$

该反应的标准平衡常数为

$$K^{\ominus}=\frac{c(CO_3^{2-})}{c(CrO_4^{2-})}=\frac{K_{sp}^{\ominus}(BaCO_3)}{K_{sp}^{\ominus}(BaCrO_4)}=\frac{2.58\times10^{-9}}{1.17\times10^{-10}}=22$$

一般来说，沉淀转化进行的程度可以用反应的标准平衡常数 $K^{\ominus}$ 来衡量。$K^{\ominus}$ 越大，沉淀转化反应就越容易进行。若平衡常数过小，沉淀转化反应将非常困难，甚至是不可能的。

沉淀转化在实践中十分有意义。例如，锅炉中的锅垢主要成分 $CaSO_4$ 既不溶于水也不溶于酸，难以去除。若用热的 Na_2CO_3 溶液处理，则可使 $CaSO_4$ 转化为疏松的 $CaCO_3$ 沉淀，然后用酸溶就可把锅垢去除。

$$CaSO_4(s)\rightleftharpoons Ca^{2+}(aq)+SO_4^{2-}(aq)$$
$$+$$
$$Na_2CO_3(s)=CO_3^{2-}(aq)+2Na^+(aq)$$
$$\Downarrow$$
$$CaCO_3$$

总反应为：$CaSO_4(s)+CO_3^{2-}(aq)\rightleftharpoons CaCO_3(s)+SO_4^{2-}(aq)$

反应的标准平衡常数为

$$K^{\ominus}=\frac{c(SO_4^{2-})}{c(CO_3^{2-})}=\frac{K_{sp}^{\ominus}(CaSO_4)}{K_{sp}^{\ominus}(CaCO_3)}=\frac{4.93\times10^{-5}}{3.36\times10^{-9}}=1.47\times10^4$$

此反应的标准平衡常数很大，向右转化的程度较大。

例 8-9　25℃时，如果在 1.0 L Na_2CO_3 溶液中溶解 0.01 mol $BaSO_4$，Na_2CO_3 溶液的最低浓度应为多少？已知 $K_{sp}^{\ominus}(BaSO_4)=1.08\times10^{-10}$，$K_{sp}^{\ominus}(BaCO_3)=2.58\times10^{-9}$。

解：　该转化反应为

$$BaSO_4(s)+CO_3^{2-}(aq)\rightleftharpoons BaCO_3(s)+SO_4^{2-}(aq)$$

平衡浓度/$(mol\cdot L^{-1})$ 　　　　　　$c(CO_3^{2-})$ 　　　　　　　　0.01

$$K^{\ominus}=\frac{c(SO_4^{2-})}{c(CO_3^{2-})}=\frac{K_{sp}^{\ominus}(BaSO_4)}{K_{sp}^{\ominus}(CaCO_3)}=\frac{1.08\times10^{-10}}{3.36\times10^{-9}}=0.042$$

$$c(CO_3^{2-})=\frac{c(SO_4^{2-})}{K^{\ominus}}=\frac{0.01}{0.042}=0.24 mol\cdot L^{-1}$$

平衡时 $c(CO_3^{2-}) = 0.01\ mol \cdot L^{-1}$。由于溶解 0.01 mol $BaSO_4$ 完全转化为 $BaCO_3$ 需用去 0.24 $mol \cdot L^{-1}$ Na_2CO_3，所以至少需要 Na_2CO_3 为 $(0.01+0.24) = 0.25\ mol \cdot L^{-1}$。

一般来说，沉淀转化反应由溶解度大的沉淀转化为溶解度小的沉淀较容易；而把溶解度小的沉淀转化为溶解度大的沉淀较困难。若转化平衡常数不是太小，在一定条件下(增大另一种沉淀剂的浓度)，转化仍然是有可能的。

8.2.4　沉淀溶解

根据溶度积规则，要使沉淀溶解，必须使 $Q < K_{sp}^{\ominus}$，即降低难溶电解质饱和溶液中某一离子的浓度。通过氧化还原的方法、生成配位化合物的方法或使有关离子生成弱酸的方法可以降低离子浓度，但氧化还原方法和生成配位化合物的方法将在后续章节中讨论，本节着重讨论酸碱解离平衡对沉淀溶解平衡的影响。

许多难溶电解质的阴离子是较强的碱，如 $Fe(OH)_3$、$Mg(OH)_2$、$CaCO_3$、FeS、ZnS 等这些阴离子均可与 H^+ 结合为不易解离的弱酸，从而降低了离子的浓度，使这类难溶电解质在酸中的溶解度必定比纯水中大。例如，向 $CaCO_3$ 的饱和溶液中加入稀盐酸，能使 $CaCO_3$ 溶解，生成 CO_2 气体。这一反应是利用酸碱反应使(碱)的浓度降低，难溶电解质 $CaCO_3$ 的多相离子平衡发生移动，因而使沉淀溶解。难溶金属氢氧化物 $Mg(OH)_2$ 不仅可以溶于盐酸，还可以溶于弱酸铵盐中。

岩溶地貌与
环境保护

$$Mg(OH)_2(s) \Longrightarrow Mg^{2+}(aq) + 2OH^-(aq)$$
$$+$$
$$2NH_4^+$$
$$\Updownarrow$$
$$2NH_3 + 2H_2O$$

总反应为：$Mg(OH)_2 + 2NH_4^+ \Longrightarrow Mg^{2+} + 2NH_3 + 2H_2O$

上述溶解过程实际上是由沉淀溶解平衡和酸碱平衡共同建立的，又称竞争平衡。其平衡常数用 $K^{\ominus}$ 表示。

$$K^{\ominus} = \frac{c(Mg^{2+}) \cdot c^2(NH_3)}{c^2(NH_4^+)} = \frac{K_{sp}^{\ominus}[Mg(OH)_2]}{[K_b^{\ominus}(NH_3)]^2}$$

又如　$ZnS(s) \Longrightarrow Zn^{2+}(aq) + S^{2-}(aq)$
$$+$$
$$2H^+$$
$$\Updownarrow$$
$$H_2S$$

总反应为：$ZnS + 2H^+ \Longrightarrow Zn^{2+} + H_2S$

$$K^{\ominus} = \frac{c(Zn^{2+}) \cdot c(H_2S)}{c^2(H^+)} = \frac{K_{sp}^{\ominus}(ZnS)}{K_{a1}^{\ominus}(H_2S) \cdot K_{a2}^{\ominus}(H_2S)}$$

$K^{\ominus}$ 越大，反应越彻底，它的大小与物质的本性有关，与溶液的浓度无关。

例 8-10　现有 0.1 mol $Mg(OH)_2$ 和 0.1 mol $Fe(OH)_3$，问需用 1 L 多大浓度的铵盐才能使它们完全溶解？已知 $K_b^{\ominus}(NH_3) = 1.8 \times 10^{-5}$，$K_{sp}^{\ominus}[Mg(OH)_2] = 5.61 \times 10^{-12}$，$K_{sp}^{\ominus}[Fe(OH)_3] =$

$2.79×10^{-39}$。

解：$Mg(OH)_2$ 溶于 NH_4^+ 的竞争平衡为

$$Mg(OH)_2 + 2NH_4^+ \Longrightarrow Mg^{2+} + 2NH_3 + 2H_2O$$

平衡浓度/$(mol \cdot L^{-1})$ $\quad c(NH_4^+)$ $\quad 0.1$ $\quad 2×0.1$

$$K^\ominus = \frac{c(Mg^{2+}) \cdot c^2(NH_3)}{c^2(NH_4^+)} = \frac{K_{sp}^\ominus[Mg(OH)_2]}{[K_b^\ominus(NH_3)]^2} = \frac{5.61×10^{-12}}{(1.8×10^{-5})^2} = 0.017$$

$$c(NH_4^+) = \sqrt{\frac{c(Mg^{2+}) \cdot c^2(NH_3)}{K^\ominus}} = \sqrt{\frac{0.1×(0.2)^2}{0.017}} = 0.49$$

平衡时 $c(NH_4^+) = 0.49$ $mol \cdot L^{-1}$。由于使 $Mg(OH)_2$ 完全溶解需用去 $(2×0.1)$ $mol \cdot L^{-1}$ NH_4^+，所以，共需用 NH_4^+ 为 $(0.2+0.49) = 0.69$ $mol \cdot L^{-1}$。

$Fe(OH)_3$ 溶于 NH_4^+ 的竞争平衡为

$$Fe(OH)_3 + 3NH_4^+ \Longrightarrow Fe^{3+} + 3NH_3 + 3H_2O$$

平衡浓度/$(mol \cdot L^{-1})$ $\quad c(NH_4^+)$ $\quad 0.1$ $\quad 3×0.1$

$$K^\ominus = \frac{c(Fe^{3+}) \cdot c^3(NH_3)}{c^3(NH_4^+)} = \frac{K_{sp}^\ominus[Fe(OH)_3]}{[K_b^\ominus(NH_3)]^3} = \frac{2.79×10^{-39}}{(1.8×10^{-5})^3} = 4.78×10^{-25}$$

$$c(NH_4^+) = \sqrt[3]{\frac{c(Fe^{3+}) \cdot c^3(NH_3)}{K^\ominus}} = \sqrt[3]{\frac{0.1×(0.3)^3}{4.78×10^{-25}}} = 1.78×10^7$$

平衡时 $c(NH_4^+) = 1.78×10^7$ $mol \cdot L^{-1}$，铵盐浓度是不可能达到如此之高的。所以，$Fe(OH)_3$ 不溶于铵盐。

例 8-11 分别将 0.1 mol FeS 和 0.1 mol CuS 完全溶解于 1.0 L 酸液中，酸液中 $c(H^+)$ 浓度至少为多大？可用什么酸溶解？

解：0.1 mol FeS 完全溶解于 1.0 L 酸液达平衡

$$FeS + 2H^+ \Longrightarrow Fe^{2+} + H_2S$$

平衡浓度/$(mol \cdot L^{-1})$ $\quad c(H^+)$ $\quad 0.1$ $\quad 0.1$

$$K^\ominus = \frac{c(Fe^{2+}) \cdot c(H_2S)}{c^2(H^+)} = \frac{K_{sp}^\ominus(FeS)}{K_{a1}^\ominus(H_2S) \cdot K_{a2}^\ominus(H_2S)}$$

$$= \frac{6.3×10^{-18}}{1.1×10^{-7}×(1.3×10^{-13})} = 4.4×10^2$$

$$c(H^+) = \sqrt{\frac{c(Fe^{2+}) \cdot c(H_2S)}{K^\ominus}} = \sqrt{\frac{0.1×0.1}{4.4×10^2}} = 4.8×10^{-3}$$ $mol \cdot L^{-1}$

平衡时 $c(H^+) = 4.8×10^{-3}$ $mol \cdot L^{-1}$，再加上反应中消耗 0.2 $mol \cdot L^{-1}$，所需 $c(H^+)$ 至少为 0.2 $mol \cdot L^{-1}$，可用稀盐酸溶解。

0.1 mol CuS 完全溶解于 1.0 L 酸液达平衡

$$CuS + 2H^+ \Longrightarrow Cu^{2+} + H_2S$$

平衡浓度/$(mol \cdot L^{-1})$ $\quad c(H^+)$ $\quad 0.1$ $\quad 0.1$

$$K^\ominus = \frac{c(Cu^{2+}) \cdot c(H_2S)}{c^2(H^+)} = \frac{K_{sp}^\ominus(CuS)}{K_{a1}^\ominus(H_2S) \cdot K_{a2}^\ominus(H_2S)}$$

$$= \frac{6.3 \times 10^{-36}}{1.1 \times 10^{-7} \times (1.3 \times 10^{-13})} = 4.4 \times 10^{-16}$$

$$c(H^+) = \sqrt{\frac{c(Cu^{2+}) \cdot c(H_2S)}{K^{\ominus}}} = \sqrt{\frac{0.1 \times 0.1}{4.4 \times 10^{-16}}} = 4.8 \times 10^6 \ mol \cdot L^{-1}$$

平衡时 $c(H^+) = 4.8 \times 10^6 \ mol \cdot L^{-1}$，再加上反应中消耗 $0.2 \ mol \cdot L^{-1}$，所需 $c(H^+)$ 的数量级至少为 $10^6 \ mol \cdot L^{-1}$。由于盐酸不能提供这么大的浓度，所以 CuS 不溶于盐酸，溶于硝酸是因为发生了氧化还原反应。

拓展阅读

化学沉淀法在水处理上的应用

1. 化学沉淀法在自来水处理工艺中的应用

水是生命之源，所有的生命活动都需要水来参与，并且水在我们的日常生活每一处中都会涉及，所以水质量的好坏便会影响我们的日常生活和身体健康。而我们日常饮用的自来水是怎么来的呢？化学沉淀法在自来水处理中如何应用呢？接下来给大家介绍一下自来水处理的工艺。

自来水都是来自饮用水水源地，饮用水水源地就是为城镇居民生活及公共服务用水、取水工程的水源地域，主要包括各种河流、湖泊、水库、地下水等。水源地的水经过管道引入自来水厂以后主要经过混凝处理、沉淀处理、过滤处理和消毒处理几个过程。

(1)混凝处理

原水经取水泵房提升后，首先经过混凝工艺处理，即

原水+水处理剂→混合→反应→矾化水

自药剂与水均匀混合起直到大颗粒絮凝体形成为止，称为混凝过程。常用的水处理剂有聚合氯化铝、硫酸铝、三氯化铁等。根据铝元素的化学性质可知，投入药剂后水中存在电离出来的铝离子，它与水分子存在以下的可逆反应：

$$Al^{3+} + 3H_2O \rightleftharpoons Al(OH)_3 + 3H^+$$

氢氧化铝具有吸附作用，可把水中不易沉淀的胶粒及微小悬浮物脱稳、相互聚结，再被吸附架桥，从而形成较大的絮粒，以利于从水中分离、沉降下来。混凝过程要求在加药后迅速完成。混凝的目的是通过水力、机械的剧烈搅拌，使药剂迅速均匀地散于水中。经混凝反应处理过的水通过管道流入沉淀池，进入净水第二阶段。

(2)沉淀处理

混凝阶段形成的絮凝体依靠重力作用从水中分离出来的过程称为沉淀，这个过程在沉淀池中进行。水流入沉淀区后，沿水区整个截面进行分配，然后缓慢地流向出口区。水中的颗粒沉于池底，污泥不断堆积并浓缩，定期排出沉淀池外。

(3)过滤处理

过滤一般是指以石英砂等有空隙的粒状滤料层通过黏附作用截留水中悬浮颗粒，从而进一步除去水中细小悬浮杂质、有机物、细菌、病毒等，使水澄清的过程。

(4)消毒处理

水经过滤后，浊度进一步降低，同时使残留细菌、病毒等失去浑浊物保护或依附，为滤后消毒创造良好条件。消毒并非把微生物全部消灭，只要求消灭致病微生物，同时它使城市

水管末梢保持一定余氯量，以控制细菌繁殖且预防污染。消毒的加氯量(液氯)在 $1.0 \sim 2.5$ g/m^3。消毒后的水由清水池经送水泵房提升达到一定的水压，再通过输、配水管网送给千家万户。

2. 化学沉淀法在污水处理中的应用

用易溶的化学试剂(沉淀剂)使溶液中某种离子以它的一种难溶盐或氢氧化物的形式从溶液中析出即为沉淀法。废水处理中，常用化学沉淀法去除废水中的有害离子，阳离子如 Cu^{2+}、Pb^{2+}、Hg^{2+}、Cd^{2+}、Zn^{2+}、$Cr(VI)$ 等，阴离子如 SO_4^{2-}、PO_4^{3-} 等。废水中对健康有害的金属离子(如汞、镉、铬、铅等)的氢氧化物都是难溶或微溶的物质。用石灰提高废水的 pH 值，就可使它们从水中析出。废水中的铬酸根离子通常先还原为三价铬离子，然后用石灰沉淀；也可以投加钡盐，使它成为溶解度极小的铬酸钡沉淀。废水中的有机磷经生物处理后转化为磷酸盐，将使承接废水的水体富营养化。可用铝盐或铁盐把它转化为难溶的磷酸铝或磷酸铁，从水中析出。例如，用石灰(氢氧化钙)处理废水中的铅离子和汞离子：

$$Pb^{2+}+Ca(OH)_2 \Longrightarrow Pb(OH)_2+Ca^{2+}$$

$$Hg^{2+}+Ca(OH)_2 \Longrightarrow Hg(OH)_2+Ca^{2+}$$

由于氢氧化物沉淀与溶液的 pH 值条件有关，所以化学沉淀法处理废水时，调节溶液的 pH 值是关键因素。

近年来，我国水源突发性污染事故频发，严重影响饮用水的安全，尤其是重金属污染进入了高发期。镉、铅、铬等重金属污染事件不断发生，而针对水污染突发事件的应急处理技术是保证饮用水安全的最后屏障。碱性化学沉淀法是应对重金属污染最有效的应急处理技术。

碱性化学沉淀法需要与混凝沉淀过滤工艺结合运行，最常采用的方法是通过预先调整 pH 值，降低要去除污染物的溶解度，形成沉淀析出物；再投加铁盐或铝盐混凝剂，形成矾花进行共沉淀，使化学沉淀法产生的沉淀物有效沉淀分离，在去除水中胶体颗粒、悬浮颗粒的同时，去除这些金属和非金属离子污染物。由于与混凝剂共同使用，混凝形成的矾花絮体对这些离子污染物可以有一定的电荷吸附、表面吸附等作用，对污染物的去除效果要优于单纯的化学沉淀法。

在应急处理中，由于水中多种离子共存，并且与混凝处理共同进行，所发生的化学反应极为复杂，可能包括分步沉淀、共沉淀、表面吸附等多种反应。因此，基本化学理论主要用于对方案可行性和基本反应条件的初步判断，对于实际应急处理，必须先进行现场的试验验证，以确定实际去除效果与具体反应条件。

但由于化学法普遍要加入大量的化学药剂，并以沉淀物的形式沉淀出来。这就决定了化学法处理后会存在大量的二次污染，如大量废渣的产生，而这些废渣的处理目前尚无较好的处理处置方法，所以对其在工程上的应用和以后的可持续发展都存在巨大的负面作用。

习　题

一、选择题

1. 有一难溶强电解质 MX_2，其溶度积为 $K_{sp}^{\ominus}$，则其溶解度 s 的表示式为(　　)。

A. $s = K_{sp}^{\ominus}$　　　　B. $s = \sqrt[3]{\dfrac{K_{sp}^{\ominus}}{2}}$　　　　C. $s = \sqrt{K_{sp}^{\ominus}}$　　　　D. $s = \sqrt[3]{\dfrac{K_{sp}^{\ominus}}{4}}$

2. 已知 $K_{sp}^{\ominus}(Ag_2CrO_4) = 1.12 \times 10^{-12}$，若 $AgNO_3$ 溶液浓度为 2.0×10^{-4} mol·L^{-1}，K_2CrO_4 溶液浓度为 5.0×10^{-5} mol·L^{-1}，则两者等体积混合后，所得溶液（　　）。

A. 有沉淀生成　　　　　　　　　　B. 处于饱和状态

C. 无沉淀生成　　　　　　　　　　D. 无法判断是否生成沉淀

3. $BaCO_3$ 在下列溶液中溶解度最小的是（　　）。

A. HAc　　　　　　B. 纯水　　　　　　C. NaCl　　　　　　D. Na_2CO_3

4. 25℃时，CaF_2 的饱和溶液浓度为 2.0×10^{-4} mol·L^{-1}，则 CaF_2 的 $K_{sp}^{\ominus}$ 为（　　）。

A. 3.2×10^{-11}　　　　B. 8.0×10^{-8}　　　　C. 8.0×10^{-12}　　　　D. 4.0×10^{-8}

5. 已知 $K_{sp}^{\ominus}(AB) = 4.0 \times 10^{-10}$，$K_{sp}^{\ominus}(A_2B) = 3.2 \times 10^{-11}$ 则两物质在水中溶解度的关系为（　　）。

A. $s(AB) > s(A_2B)$　　　　　　　　B. $s(AB) < s(A_2B)$

C. $s(AB) = s(A_2B)$　　　　　　　　D. 无法确定

二、填空题

1. 已知 Ag_2S 在水中的溶解度为 s mol·L^{-1}，则 $K_{sp}^{\ominus}(Ag_2S) =$ ＿＿＿＿＿＿＿＿＿（用 s 表示）。

2. 已知 AgCl 的 $K_{sp}^{\ominus} = 1.77 \times 10^{-10}$，其在纯水中的溶解度为 ＿＿＿＿＿＿＿＿＿ mol·L^{-1}，其在 0.01 mol·L^{-1} KCl 溶液中的溶解度为 ＿＿＿＿＿＿＿＿＿ mol·L^{-1}。

3. 在含有 Cl^-、Br^-、I^- 的混合溶液中，已知三种离子浓度均为 0.010 mol·L^{-1}。若向混合溶液中滴加 $AgNO_3$ 溶液，首先应沉淀出 ＿＿＿＿＿＿＿＿＿，＿＿＿＿＿＿＿＿＿ 沉淀最后析出（AgCl、AgBr、AgI 的 K_{sp} 分别为 1.77×10^{-10}、5.35×10^{-13} 和 8.52×10^{-17}）。

4. PbI_2 在水中的溶解度为 0.001 2 mol·L^{-1}，其 $K_{sp}^{\ominus} =$ ＿＿＿＿＿＿＿＿＿，若将 PbI_2 溶于 0.01 mol·L^{-1} KI 溶液中，其溶解度为 ＿＿＿＿＿＿＿ mol·L^{-1}。

5. 25℃时，Ag_2CrO_4 饱和溶液的溶解度为 6.6×10^{-5} mol·L^{-1}，则 Ag_2CrO_4 的溶度积常数 $K_{sp}^{\ominus} =$ ＿＿＿＿＿＿＿，而在 1.0 mol·L^{-1} K_2CrO_4 水溶液中，Ag_2CrO_4 的溶解度将 ＿＿＿＿＿＿＿（填"增大""减小"或"不变"），这主要是由于 ＿＿＿＿＿＿＿＿＿ 效应导致的。

三、判断题

1. 难溶电解质离子浓度的乘积就是该物质的溶度积常数。　　　　　　　　　　（　　）

2. 比较两种难溶电解质的溶解度时，$K_{sp}^{\ominus}$ 越小其溶解度必定越小。　　　　（　　）

3. 相同类型的两种难溶电解质进行比较时，$K_{sp}^{\ominus}$ 越大其溶解度越大。　　　（　　）

4. 沉淀完全就是用沉淀剂将溶液中某一离子除净。　　　　　　　　　　　　　（　　）

5. 一定温度下，在 $BaSO_4$ 溶液中加入 Na_2SO_4 会使 $BaSO_4$ 的溶解度减小。　（　　）

四、简答题

试用平衡移动的观点说明下列事实将产生什么现象。

1. 向含有 Ag_2CO_3 沉淀的溶液中加入 Na_2CO_3。

2. 向含有 Ag_2CO_3 沉淀的溶液中加入 HNO_3。

五、计算题

1. 在海水中几种离子的浓度如下：

	Na$^+$	Mg^{2+}	Ca^{2+}	Al^{3+}	Fe^{3+}
c/(mol·L^{-1})	0.46	0.050	0.010	4.0×10^{-7}	2.0×10^{-7}

求：（1）OH^- 浓度多大时，$Mg(OH)_2$ 开始析出？（2）在该 OH^- 浓度下，是否还有其他离子析出？

2. 已知 PbI_2 的 $K_{sp}^{\ominus} = 7.1 \times 10^{-9}$，把 200 mL 3.0×10^{-3} mol·L^{-1} KI 溶液加入 100 mL 3.0×10^{-3} mol·L^{-1} $Pb(NO_3)_2$ 溶液中，通过计算说明有无 PbI_2 沉淀生成。

3. 在含有 2.0×10^{-3} mol·L^{-1} Mn^{2+} 和 1.0 mol·L^{-1} $NH_3 \cdot H_2O$ 溶液中，至少加入多少 mol·L^{-1} NH_4Cl

（设体积不变），才不至于生成 $Mn(OH)_2$ 沉淀。已知 $K_{sp}^{\ominus}[Mn(OH)_2] = 1.9 \times 10^{-13}$。

4. 等体积的 $0.1 \ mol \cdot L^{-1} \ KCl$ 和 $0.1 \ mol \cdot L^{-1} \ K_2CrO_4$ 相混合，逐滴加入 $AgNO_3$ 溶液时，问 $AgCl$ 和 Ag_2CrO_4 哪种沉淀先析出？

5. 某溶液中含有 Fe^{3+} 和 Fe^{2+} 离子。它们的浓度都是 $0.01 \ mol \cdot L^{-1}$，如果要求 $Fe(OH)_3$ 定性沉淀完全而 Fe^{2+} 离子不生成 $Fe(OH)_2$ 沉淀，溶液 pH 值应控制在何范围？

习题解答

第 9 章 氧化还原反应

教学目的和要求：

（1）了解原电池、电极电势、电池电动势的概念，以及化学反应的热力学原理和电极的种类。

（2）能斯特方程的相关计算及应用。

（3）掌握元素电势图及应用。

（4）了解化学电源。

从电子得失的角度可将化学反应分为氧化还原反应和非氧化还原反应两大类，前面讨论的酸碱反应和沉淀反应都是非氧化还原反应。氧化还原反应是一类十分普遍的反应，植物的光合作用、金属的腐蚀现象、燃料的燃烧等过程都伴随氧化还原反应的发生。

9.1 基本概念

9.1.1 化合价和氧化数

化合价是元素在形成化合物时表现出的一种性质，是物质中的原子得失的电子数或共用电子对偏移的数目。

化合价有正价和负价。对于离子化合物，化合价可理解为离子所带的电荷数，带正电荷的元素化合价为正，带负电荷的元素化合价为负，如 $NaCl$ 中 Na^+ 为+1 价，Cl^- 为-1 价。对于共价化合物，化合价可理解为某种元素的一个原子与其他元素的原子形成的共用电子对的数目，或者说该元素的一个原子形成的共价键的数目。共价化合物中化合价的正负由电子对的偏移来决定，电子对偏向的原子为负价，电子对偏离的原子则为正价。例如，NH_3 分子中，N 为-3 价，H 为+1 价；H_2O 分子中，H 为+1 价，则 O 为-2 价。

由于化合价是元素的原子与其他元素原子化合时所表现出的行为，就是说，当元素以游离态存在时，即没有跟其他元素相互结合成化合物时，该元素是不表现其化合价的，因此单质元素的化合价为"0"，如铁等金属单质、碳等非金属单质、氦等稀有气体。而无论哪种化合物中，正负化合价的代数和都等于0。

氧化还原反应发生时，带有电子的转移。把电子转移的理论应用到化合物中，就有了氧化数的概念。氧化数是人为规定的某元素的一个原子在化合状态时的形式电荷（表观电荷）数。计算形式电荷数时把电子指定给电负性更大原子。例如，认为 H_2O 分子中的 O 得到了2 个电子，形式电荷数为2，两个 H 各失去了 1 个电子，形式电荷数为+1。这种形式电荷数就是原子在化合物中的氧化数，也称氧化值。关于氧化数有如下规定：

①单质的氧化数为零。

②碱金属、碱土金属在化合物中的氧化数分别为+1、+2。

③在卤化物中，卤素的氧化数为-1。

④氢在化合物中的氧化数一般为+1。

⑤除了过氧化物(如 H_2O_2 中 O 为-1)、超氧化物(如 KO_2 中 O 为-1/2)及 OF_2(O 为+2)等以外，O 的氧化数一般为-2。

⑥在多原子分子中各元素氧化数的代数和为零；在多原子的离子中，所有元素的氧化数代数和等于离子所带的电荷数。

化合价和氧化数之间有一定的联系，也有不同之处。不难看出氧化数是由化学式计算得到的元素原子的平均化合价，它是一个宏观的数值，可以是整数，也可以是分数。而化合价是从分子和离子微观结构的角度上形成的化学键的数目或离子的电荷数，它只能是整数。

本书中也将用到"氧化态"这一用语，它是氧化数的同义词。在这里赋予它表示某元素以一定氧化数存在的形式的意义。例如，氯元素的几种氧化态 $HClO_4$、$HClO_3$、$HClO$、Cl_2 和 Cl^-，其中氯的氧化数分别为+7、+5、+1、0 和-1。

9.1.2 氧化还原电对

凡是由于电子的转移(包括得失或偏移)，而使元素原子或离子的氧化数发生变化的反应，叫作氧化还原反应。例如金属锌与硫酸铜溶液的反应：

$$Zn(s) + Cu^{2+}(aq) \rightleftharpoons Zn^{2+}(aq) + Cu(s)$$

得失电子的过程分别表示为

$$Zn(s) \rightleftharpoons Zn^{2+}(aq) + 2e$$
$$Cu^{2+}(aq) + 2e \rightleftharpoons Cu(s)$$

Zn 失去电子，这个过程称为氧化，氧化数由 0 升高到+2，是还原剂，还原剂通常是活泼金属，以及那些含有低氧化数的离子或化合物，如 Zn、Na、$SnCl_2$、$FeSO_4$、KI、H_2S 等；Cu^{2+} 得到电子，这个过程称为还原，氧化数由+2 降低到 0，是氧化剂，氧化剂通常是活泼的非金属，还有那些含有高氧化数元素的离子或化合物，如 F_2、Cl_2、$KMnO_4$、$K_2Cr_2O_7$、浓 H_2SO_4、HNO_3、Fe^{3+} 等。以上两个式子各是氧化还原反应的一半，称为半反应；一个是被氧化剂氧化的半反应，另一个是被还原剂还原的半反应，两个半反应组成一个氧化还原反应。还原剂提供电子，氧化剂获得电子，电子的得与失同时发生。与酸碱反应的酸碱共轭关系中质子传递相似，氧化剂与还原剂的共轭关系是有电子转移。氧化剂氧化能力越强，则其共轭还原剂还原能力越弱。同理，还原剂还原能力越强，则其共轭氧化剂氧化能力越弱。把氧化态物质写在左侧，还原态物质写在右侧，二者之间用斜线隔开，就构成氧化还原电对。电对中氧化数较高的物质称为氧化态，氧化数较低的物质称为还原态。通常氧化还原电对表示为：氧化态/还原态，如 Zn^{2+}/Zn、Cu^{2+}/Cu、Fe^{3+}/Fe^{2+}、$Cr_2O_7^{2-}/Cr^{3+}$、O_2/OH^- 等。任何一个氧化还原反应都是由两个电对构成的。

例如：　　　　 $Zn(s)$ 　　+　 $Cu^{2+}(aq) \rightleftharpoons Zn^{2+}(aq)$ 　+　 $Cu(s)$

　　　　　　还原态(1)　氧化态(2)　　　氧化态(1)　　　还原态(2)

它们是对应的，又是相互依存的，共处于同一反应中。

那些处于中间氧化态的物质，既可作氧化剂，又可作还原剂，如 HNO_2、H_2O_2 等。氧化剂和还原剂是同一种物质的氧化还原反应，称为自身氧化还原反应，如：

$$2KClO_3 == 2KCl+3O_2$$

在反应中，$KClO_3$ 有一部分起氧化作用，另一部分起还原作用。

9.1.3　氧化还原反应方程式的配平

氧化还原反应是比较复杂的反应，往往介质中的酸、碱和水也参加反应，且反应中涉及的物质较多。若用通常的观察法调整系数配平氧化还原反应方程式很难奏效，所以配平氧化还原反应方程式时，首先要知道在给定的条件下氧化剂的还原产物和还原剂的氧化产物，然后根据反应中氧化剂和还原剂氧化数降低和升高总值应相等，或得失电子总数相等的原则及质量守恒定律来配平。

如果将氧化反应和还原反应的两个半反应式相加，就可以得到一个完整的氧化还原方程式。因此，可以先分别配平氧化反应和还原反应的半反应式，然后再将这两个半反应式相加，从而得到配平的氧化还原方程式。这种配平方法叫作半反应式法，又称离子-电子法。下面以点对 $Cr_2O_7^{2-}/Cr^{3+}$ 应为例，讨论酸性介质中电极反应的配平。

①将氧化型写在左边，还原型写在右边：

$$Cr_2O_7^{2-} \longrightarrow Cr^{3+}$$

②将变价元素的原子配平：

$$Cr_2O_7^{2-} \longrightarrow 2Cr^{3+}$$

③在缺少 n 个 O 原子的一侧加上 n 个 H_2O，将 O 原子配平：

$$Cr_2O_7^{2-} \longrightarrow 2Cr^{3+}+7H_2O$$

④在缺少 n 个 H 原子的一侧加上 n 个 H^+，将 H 原子配平：

$$Cr_2O_7^{2-}+14H^+ \longrightarrow 2Cr^{3+}+7H_2O$$

⑤以电子平衡电荷，完成配平：

$$Cr_2O_7^{2-}+14H^++6e == 2Cr^{3+}+7H_2O$$

在电极反应方程式书写和配平的基础上，可以进一步完成氧化还原反应方程式的配平。关键是使氧化剂和还原剂中有电子得失的原子或离子得失电子数相等。难点却常在没有电子得失的其他原子上，特别是 O 原子、H 原子和 H_2O 分子的配平。下面提供配平半反应式的一些经验规则供参考：

第一，酸性介质中，反应物 O 原子多时，左边加 H^+，右边生成 H_2O；反应物 O 原子少时，左边加 H_2O 提供 O 原子，右边生成 H^+。

第二，碱性介质中，反应物 O 原子多时，左边加 H_2O，右边生成 OH^-；反应物 O 原子少时，左边加 OH^- 提供 O 原子，右边生成 H_2O。

第三，中性反应物 O 原子多时，左边加 H_2O，右边生成 OH^-；反应物 O 原子少时，左边加 H_2O 提供 O 原子，右边生成 H^+。

总之，酸性介质中，不应出现 OH^-、S^{2-}、CrO_4^{2-} 等离子；而在碱性介质中，不应出现 H^+、$Cr_2O_7^{2-}$ 等离子。

例 9-1 用离子–电子法配平

$$MnO_4^- + SO_3^{2-} \longrightarrow MnO_4^{2-} + SO_4^{2-} (碱性介质中)$$

解:

$$MnO_4^- + e \longrightarrow MnO_4^{2-} \qquad ①$$

$$SO_3^{2-} + 2OH^- - 2e \longrightarrow SO_4^{2-} + 2H_2O \qquad ②$$

①×2+②×1 得

$$2MnO_4^- + SO_3^{2-} + 2OH^- \longrightarrow 2MnO_4^{2-} + SO_4^{2-} + H_2O$$

即

$$2KMnO_4 + K_2SO_3 + 2KOH = 2K_2MnO_4 + K_2SO_4 + H_2O$$

例 9-2 用离子–电子法配平

解:

$$MnO_4^- + 2H_2O + 3e \longrightarrow MnO_2 + 4OH^- \qquad ①$$

$$SO_3^{2-} + H_2O - 2e \longrightarrow SO_4^{2-} + 2H^+ \qquad ②$$

①×2+②×3 得

$$2MnO_4^- + 3SO_3^{2-} + H_2O = 2MnO_2 + 3SO_4^{2-} + 2OH^-$$

即

$$2KMnO_4 + 3K_2SO_3 + H_2O = 2MnO_2 + 3K_2SO_4 + 2KOH$$

用离子–电子法配平氧化还原反应方程式，能更清楚地指出在水溶液中进行氧化还原反应的本质，而各半反应与电极电势表所列半反应一致，特别对含氧酸盐等复杂离子的配平能体现出它的优点。

9.2   原电池

9.2.1   原电池的组成

将化学能转变成电能的装置称为原电池，它利用化学反应中的电子转移产生电流。原电池一般由两个电极、电解质溶液和盐桥组成。

将锌片放到 $CuSO_4$ 溶液中即发生下列氧化还原反应：

$$Zn(s) + Cu^{2+}(aq) \Longleftrightarrow Zn^{2+}(aq) + Cu(s)$$

$$\Delta_r G_m^{\ominus}(298.15\ K) = -212.55\ kJ \cdot mol^{-1}, \quad \Delta_r H_m^{\ominus}(298.15\ K) = -218.66\ kJ \cdot mol^{-1}$$

很显然，这是一个自发反应，系统没有对环境做功，但有热量放出，表明化学能转变为热能。1836 年，英国人丹尼尔(J. F. Daniell)根据上述反应设计和制作了铜锌原电池(图 9-1)，这是一种比较简单的原电池，称为丹尼尔电池。

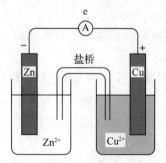

图 9-1   铜锌原电池

把盛有 $ZnSO_4$ 溶液的杯子中插入锌片，盛有 $CuSO_4$ 溶液的杯子中插入铜片，两个杯子的溶液之间用饱和 KCl 溶液和琼脂制成的盐桥连接，然后将锌片和铜片用导线串联到检流计上，就可以看到检流计的指针发生偏转，有电流产生。

原电池之所以能产生电流是因为 Zn 比 Cu 活泼，易放出电子成为 Zn^{2+} 进入溶液：

$$Zn(s) - 2e = Zn^{2+}(aq)$$

电子沿导线移向 Cu，溶液中的 Cu^{2+} 离子在铜片上接受电子而变成金属铜：

$$Cu^{2+}(aq)+2e \Longrightarrow Cu(s)$$

电子定向地由 Zn 流向 Cu，形成电子流（电子流的方向和电流方向正好相反）。

随着反应的进行，$ZnSO_4$ 溶液中 Zn^{2+} 不断增多，正电荷过剩，而 $CuSO_4$ 溶液中 Cu^{2+} 不断减少，负电荷过剩，这两种电荷都会阻碍电池中反应的继续进行。当有盐桥存在时，盐桥中的 K^+ 和 Cl^- 分别向 $CuSO_4$ 和 $ZnSO_4$ 迁移，中和两溶液中过剩的电荷，保持溶液的电中性，使反应不断进行，电流不断产生。若把盐桥移去，电流便会停止。

原电池由两个半电池组成，每个半电池都是由同一元素的氧化态和还原态物质组成，习惯上称为电极，电极上发生的反应叫作电极反应或半（电池）反应。

化学中规定电子流出的一极（如 Zn 极）发生了氧化反应为负极；电子流入的一极（如 Cu 极）发生了还原反应为正极。氧化态物质和相应的还原态物质构成氧化还原电对，如 Zn^{2+}/Zn、Cu^{2+}/Cu，电对的书写规则是氧化态/还原态，两个电对分别进行如下半反应：

$$负极反应：Zn(s)-2e \Longrightarrow Zn^{2+}(aq) \quad 氧化$$
$$正极反应：Cu^{2+}(aq)+2e \Longrightarrow Cu(s) \quad 还原$$
$$电池反应：Zn(s)+Cu^{2+}(aq) \Longrightarrow Zn^{2+}(aq)+Cu(s)$$

由电对可以写出电极反应，故电对也能反映出电极反应的实质，用电对表示电极或电极反应会更为方便。

9.2.2　电极种类

电极是电池的基本组成部分，电极有多种，根据它们各自的特点，一般可分为四类。

（1）金属-金属离子电极

将某金属放在含该元素离子的溶液中就构成此类电极，例如前述铜锌原电池中 Zn^{2+}/Zn 或 Cu^{2+}/Cu 电对所组成的电极符号分别为

$$Cu \mid Cu^{2+}(c) \quad Cu^{2+}+2e \Longrightarrow Cu$$
$$Zn \mid Zn^{2+}(c) \quad Zn^{2+}+2e \Longrightarrow Zn$$

（2）非金属-非金属离子电极

它是由非金属与其对应的离子组成，如氢电极和氯电极。这类电极需要惰性电极材料，一般为 Pt 和石墨，担负着传递电子的任务。氢电极和氯电极的电极反应和电极符号分别为

$$2H^+(aq)+2e \Longrightarrow H_2 \quad Pt \mid H_2(p) \mid H^+(c)$$
$$Cl_2(g)+2e \Longrightarrow Cl^-(aq) \quad Pt \mid Cl_2(p) \mid Cl^-(c)$$

（3）氧化-还原电极

这类电极是由同一种元素的不同氧化态组成，自身没有固体导电体，必须加入惰性电极，如 Fe^{3+}/Fe^{2+} 电极就属此类电极，电极反应和电极符号分别为

$$Fe^{3+}(aq)+e \Longrightarrow Fe^{2+}(aq) \quad Pt \mid Fe^{3+}(c_1), Fe^{2+}(c_2)$$

这里 Fe^{3+} 和 Fe^{2+} 处于同一溶液中，故用逗号分开。再如 $Cr_2O_7^{2-}/Cr^{3+}$ 电极反应和电极符号为

$$Cr_2O_7^{2-}(aq)+14H^+(aq)+6e \Longrightarrow 2Cr^{3+}(aq)+7H_2O \quad Pt \mid Cr_2O_7^{2-}(c_1), Cr^{3+}(c_2), H^+(c_3)$$

（4）金属-难溶盐电极

这类电极是在金属表面覆盖一层该金属的难溶盐（或氧化物），然后将它浸入含有与难溶盐具有相同负离子的溶液（或酸、碱）中而构成的。常见的有氯化银电极和饱和甘汞电极（图9-2），电极和电极反应如下：

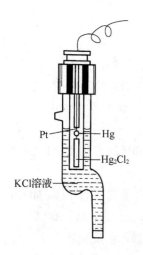

$$AgCl(s) +e \Longrightarrow Ag(s)+Cl^-(aq) \quad Ag \mid AgCl(s) \mid Cl^-(c)$$

$$或\ Ag-AgCl \mid Cl^-(c)$$

$$Hg_2Cl_2(s)+2e \Longrightarrow 2Hg(l)+2Cl^-(饱和)$$

$$Pt \mid Hg(l) \mid Hg_2Cl_2(s) \mid Cl^-(饱和)$$

图9-2 甘汞电极的构造

9.2.3 电池符号

原电池也可以用符号来表示，规定如下：

①电池的负极写在左侧，正极写在右侧，并用（-）和（+）表示，按实际顺序从左至右依次排列出各个相的组成及相态。

②用单竖线"｜"表示相界面，用双竖线"‖"表示盐桥。

③溶液注明浓度，气体注明分压。

④处于同一相中的不同离子参加电极反应，可用逗号隔开；若电极中无导电物质（如非金属单质，同种元素不同氧化数的离子等），则需补加惰性电极，常见的惰性电极为 Pt 和石墨。

例如铜-锌原电池：

$$(-)\ Zn \mid Zn^{2+}(c_1) \parallel Cu^{2+}(c_2) \mid Cu\ (+)$$

凡是在水溶液中以离子形式存在的物质在半反应中都写成离子，如各种金属离子、含氧酸根离子等；凡是难溶解、难电离的物质都写成分子形式，如 AgCl 等。

例9-3 将下列氧化还原反应设计成原电池，并写出它的原电池符号。

$$2Fe^{2+}(1.0\ mol \cdot L^{-1})+Cl_2(p)\Longrightarrow 2Fe^{3+}(0.1\ mol \cdot L^{-1})+2Cl^-(2.0\ mol \cdot L^{-1})$$

解：
$$正极 \quad Cl_2(p)+2e \Longrightarrow 2Cl^-(aq)$$
$$负极 \quad Fe^{2+}(aq)-e \Longrightarrow Fe^{3+}(aq)$$

原电池符号：

$$(-)\ Pt \mid Fe^{3+}(0.1\ mol \cdot L^{-1},\ Fe^{2+}(1.0\ mol \cdot L^{-1}) \parallel Cl^-(2.0\ mol \cdot L^{-1}) \mid Cl_2(p) \mid Pt\ (+)$$

例9-4 如将反应设计为原电池，写出电极反应，电池反应及电池符号。

$$Cr_2O_7^{2-}(aq)+Fe^{2+}(aq)+H^+(aq)\longrightarrow Cr^{3+}(aq)+Fe^{3+}(aq)+H_2O$$

解：
$$正极 \quad Cr_2O_7^{2-}+14H^++6e \Longrightarrow 2Cr^{3+}+7H_2O$$
$$负极 \quad Fe^{2+}(aq)-e \Longrightarrow Fe^{3+}(aq)$$

电池反应：

$$Cr_2O_7^{2-}(aq)+6Fe^{2+}(aq)+14H^+(aq) \Longrightarrow 2Cr^{3+}(aq)+6Fe^{3+}(aq)+7H_2O$$

电池符号：

$$(-)\ Pt \mid Fe^{3+}(c_1),\ Fe^{2+}(c_2) \parallel Cr_2O_7^{2-}(c_3),\ Cr^{3+}(c_4),\ H^+(c_5) \mid Pt\ (+)$$

9.3 电极电势与电动势

9.3.1 电极电势

在 Cu-Zn 原电池中，电子从锌片流向铜片，说明铜片的电势比锌片高。为什么铜片的电势比锌片高？在中学课程里是依据金属活动顺序表判断原电池的正、负极，但原电池和电极是多种多样的，这就要学习一些新的概念。

当金属 M 与其离子 M^{n+} 接触时，将有以下两种不同的过程：

①金属失去电子，以离子的形式溶入溶液中

$$M \Longrightarrow M^{n+} + ne$$

②溶液中的金属离子结合电子，以金属原子的形式沉积在电极板上

$$M^{n+} + ne \Longrightarrow M$$

金属的活性不同，两个过程进行的程度则不同，德国科学家能斯特（W. Nernst）对电极电势产生机理做了较好的解释。他认为，当把金属插入其盐溶液中时，金属表面上的正离子受到极性水分子的作用，有变成溶剂化离子进入溶液的倾向，而将电子留在金属的表面。金属越活泼、溶液中正离子浓度越小，上述倾向就越大。与此同时，溶液中的金属离子也有与金属上的电子结合形成原子从溶液中沉积到金属表面的倾向，溶液中的金属离子浓度越大、金属越不活泼，这种倾向就越大。当溶解与沉积这两个相反过程的速率相等时，即达到动态平衡：

$$M(s) \underset{\text{沉积}}{\overset{\text{溶解}}{\rightleftharpoons}} M^{n+}(aq) + ne$$

当金属溶解倾向大于金属离子沉积倾向时，则金属表面带负电层，靠近金属表面附近处的溶液带正电层，这样便构成"双电层"。相反，若沉积倾向大于溶解倾向，则在金属表面上形成正电荷层，金属附近的溶液带一层负电荷。

由于在溶解与沉积达到平衡时，形成了双电层，从而产生了电势差，这种电势差叫作电极的电极电势。电极电势常用 E（氧化态/还原态）表示；若电极中各物质均处于标准状态，则极板与溶液之间的电势差就是标准电极电势，标准电极电势表示为 $E^{\ominus}$（氧化态/还原态）。

金属的活泼性不同，其电极电势也不同，因此，可以用电极电势来衡量金属失电子的能力。Zn 的活性较强，电极电势为负值；而 Cu 的活性低，电极电势为正值。

$$Zn^{2+} + 2e \Longrightarrow Zn \quad E^{\ominus} = -0.763 \text{ V}$$
$$Cu^{2+} + 2e \Longrightarrow Cu \quad E^{\ominus} = 0.337 \text{ V}$$

9.3.2 原电池的电动势

原电池中两个电极的电极电势之差为电池的电动势。原电池的电动势可以利用电势差测量。当用盐桥将电池的两极溶液相连时，两溶液之间的电势差被消除，故原电池的电动势是构成原电池的两电极的极板间电势之差。

用 $E_{池}$ 表示原电池的电动势，则有：

$$E_{池} = E(+) - E(-)$$

当构成电极的各种物质均处于标准状态时，原电池具有标准电动势：

$$E_{池}^{\ominus} = E^{\ominus}(+) - E^{\ominus}(-)$$

原电池中电极电势大的电极为正极，所以原电池的电动势总是大于 0，若有时计算结果 $E_{池}$ 为负值，这说明计算之前对正负极的判断和实际情况不符。$E_{池} > 0$ 说明氧化还原反应可以原电池方式进行。

9.3.3　标准氢电极

目前，原电池的电动势的绝对值可以测量，但无法测定电极电势的绝对值，解决的办法是将标准氢电极的电势规定为 0 来比较测量。标准氢电极是将镀有一层疏松铂黑的铂片插入氢离子浓度为 $1.00\ mol \cdot L^{-1}$ 的溶液中，在 298.15 K 时不断地通入压力为 100.00 kPa 的纯氢气流，铂黑很易吸附氢气达到饱和，氢气很快与溶液中的 H^+ 达成平衡（图 9-3、图 9-4）。这样组成的电极称为标准氢电极。在 E 右上角加"$\ominus$"表示"标准"，括号中电对 H^+/H 表示"氢电极"，则标准氢电极的电极电势可表示为

$$E^{\ominus}(H^+/H_2) = 0.000\ 0\ V$$

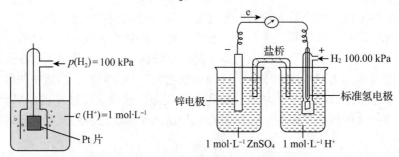

图 9-3　氢电极示意图　　　　图 9-4　标准电极电势的测定

标准氢电极就是一种参比电极。用标准氢电极来测定另一种未知电极电势的方法是将未知电极和标准氢电极组成原电池，即

标准氢电极 ‖ 待定电极

标准氢电极作负极时，在电池符号中可表示为

Pt ｜ H_2(100 kPa) ｜ H^+(1 mol · L^{-1})

作为参比电极的标准氢电极与标准铜电极组成的原电池，电池符号中可表示为

(−)Pt ｜ $H_2(p)$ ｜ H^+(1 mol · L^{-1}) ‖ Cu^{2+}(1 mol · L^{-1}) ｜ Cu(+)

测得其电动势为 0.34 V。所以：

$$E_{池}^{\ominus} = E^{\ominus}(+) - E^{\ominus}(-) = E^{\ominus}(Cu^{2+}/Cu) - E^{\ominus}(H^+/H_2) = 0.34\ V$$

$$E^{\ominus}(Cu^{2+}/Cu) = E_{池}^{\ominus} + E^{\ominus}(H^+/H_2) = 0.34\ V$$

欲测锌电极的标准电极电势，可用标准氢电极和 Zn^{2+} 浓度为 $1.00\ mol \cdot L^{-1}$ 时的锌电极组成原电池，测得其电动势为 0.763 V。从指示电表上指针的偏转方向可确定锌电极为负极，氢电极为正极。将 $E^{\ominus}(H^+/H_2) = 0\ V$，$E_{池}^{\ominus} = 0.763\ V$ 代入 $E_{池}^{\ominus} = E^{\ominus}(+) - E^{\ominus}(-)$ 后得

$$E^{\ominus}(Zn^{2+}/Zn) = -[E_{池}^{\ominus} - E^{\ominus}(H^+/H_2)] = -0.763\ V$$

9.3.4　标准电极电势表

把各种电极反应及其电极电势，按照一定的方式（有的按 $E^{\ominus}$ 的大小，有的按电对的首

字母等)排列成表,称为电极电势表。本书附录 8 和附录 9 给出了在 298.15 K 标准状态下的标准电极电势 $E^{\ominus}$。原则上,表中任何两个电极电势反应所表示的电极都可以组成原电池,电极电势高的作正极,电极电势低的作负极,使用该表应注意以下几点:

第一,该表所采用的符号是小于氢的 $E^{\ominus}$ 为负值,负值越大,电势越低;大于氢的 $E^{\ominus}$ 为正值,正值越大,电势就越高。电极反应为

$$氧化型 + ne ===还原型$$

电极电势的大小表示电对中氧化型物质和还原型物质得失电子趋势的相对大小。

第二,$E^{\ominus}$ 值的大小只决定于物质的本性,而与物质的数量无关,例如:

$$Cl_2 + 2e === 2Cl^- \qquad E^{\ominus}(Cl_2/Cl^-) = 1.358 \text{ V}$$

$$\frac{1}{2}Cl_2 + e === Cl^- \qquad E^{\ominus}(Cl_2/Cl^-) = 1.358 \text{ V}$$

第三,只适用于标准状态下水溶液中的反应,而不适用于非水溶液中的反应或高温气体反应。

第四,标准电极电势表分为酸表和碱表,在电极反应中有 H^+ 出现即查酸表,有 OH^- 出现即查碱表。没有 H^+ 或 OH^- 出现的,可由氧化型物质和还原型物质的存在条件来确定。例如 $Fe^{3+} + e === Fe^{2+}$ 只有在酸性溶液中,所以在酸表中查。另外,介质没有参与电极反应的也列在酸表中。

电极反应的实质是氧化型物质被还原的过程,$E^{\ominus}$ 越大表示氧化型物质越容易被还原,这种电极电势也称为还原电势。

由于标准氢电极要求氢气纯度高、压力稳定,并且铂在溶液中极易吸附其他组分而失去活性。因此,实际上常用易于制备、使用方便且电极电势稳定的甘汞电极或氯化银电极等作为电极电势的对比参考,称为参比电极。

9.4 电池反应的热力学

9.4.1 电动势 $E^{\ominus}_{池}$ 和电池反应 $\Delta_r G^{\ominus}_m$ 的关系

原电池使化学能转变成电能,是借助电子的流动产生电流而做的电功。在恒温恒压下,原电池所做的最大非体积功——电功等于通过的电量与电池电动势的乘积,即

$$W_{max} = qE^{\ominus}_{池} \qquad (9-1)$$

原电池产生电流后,反应进行的判据是 $\Delta_r G \leqslant 0$,体系的吉布斯函数值就要减小,如果在能量转变的过程中,化学能全部转变为电功而无其他的能量损失,则在等温等压条件下吉布斯函数值的减小等于原电池所做的最大电功,即

$$-\Delta_r G_m = W_{max}$$

所以得出 $\qquad\qquad \Delta_r G_m = -qE_{池} \qquad (9-2)$

因为 1 mol 电子的电量是 96 500 C(库伦)或 1 F(法拉第),在电池反应中,若有 n mol 电子转移,则通过的电量为 $q = nF$,F 为法拉第常数,为 96 500 C·mol^{-1} 或 J·V^{-1}·mol^{-1},所以吉布斯函数变为

$$\Delta_r G_m = -nFE_{池} \qquad (9-3)$$

当电池中所有物质均处于标准状态时

$$\Delta_r G_m^\ominus = -nFE_\text{池}^\ominus \tag{9-4}$$

式(9-4)为电池电动势与吉布斯函数变的关系式。如果氧化还原反应可以设计成原电池，则测出原电池的电动势，便可计算反应的吉布斯函数值。

例 9-5 将下列反应组成原电池(温度为 298. 15 K)：

$$2I^-(aq) + 2Fe^{3+}(aq) = I_2(s) + 2Fe^{2+}(aq)$$

(1)计算原电池的标准电动势。(2)计算反应的标准摩尔吉布斯函数变。已知 $E^\ominus(Fe^{3+}/Fe^{2+}) = 0. 771$ V，$E^\ominus(I_2/I^-) = 0. 535\ 5$ V。

解： (1) $E_\text{池}^\ominus = E^\ominus(+) - E^\ominus(-) = E^\ominus(Fe^{3+}/Fe^{2+}) - E^\ominus(I_2/I^-) = 0. 771 - 0. 535\ 5 = 0. 236$ V

(2) $\Delta_r G_m^\ominus = -nFE_\text{池}^\ominus = -2 \times 9. 65 \times 10^4 \times 0. 236 = 45. 5$ kJ · mol^{-1}

9.4.2 电动势 $E_\text{池}^\ominus$ 和电池反应 $K^\ominus$ 的关系

氧化还原反应进行的程度也就是氧化还原反应在达到平衡时，生成物相对浓度与反应物相对浓度之比，可由氧化还原反应的标准平衡常数 $K^\ominus$ 的大小来衡量。

由 $\Delta_r G_m^\ominus = -nFE_\text{池}^\ominus$ 和 $\Delta_r G_m^\ominus = -RT\ln K^\ominus$

得

$$\ln K^\ominus = \frac{nFE_\text{池}^\ominus}{RT} \tag{9-5}$$

当 $T = 298. 15$ K 时，代入 $R = 8. 314$ J · mol^{-1} · K^{-1}，$F = 96\ 500$ J · V^{-1} · mol^{-1}，得

$$\lg K^\ominus = \frac{nE_\text{池}^\ominus}{0. 059} \tag{9-6}$$

当 $E^\ominus = 0. 20$ V 时，$K^\ominus$ 就可以达到 10^3 数量级，反应进行的程度已经相当大了，但实际情况如何，还要涉及反应速率问题。

在 298. 15 K 时氧化还原反应的平衡常数只与标准电动势 $E^\ominus$ 有关，而与溶液的起始浓度无关。同时，只要知道由氧化还原反应所组成的原电池的标准电动势，就可以计算出氧化还原反应可能进行的程度。

例 9-6 计算反应 $Ag^+(aq) + Fe^{2+}(aq) = Ag(s) + Fe^{3+}(aq)$ 的平衡常数，若初始 $c(Fe^{3+}) = 0. 10$ mol · L^{-1}，平衡时 $c(Ag^+) = 1. 0$ mol · L^{-1}，求 Fe^{2+} 的转化率。

解：

	Ag^+	+ Fe^{2+}	= $Ag(s)$ +	Fe^{3+}
起始浓度/(mol·L^{-1})		0.1		
平衡浓度/(mol·L^{-1})	1.0	0.1-x		x

$$\lg K^\ominus = \frac{nE_\text{池}^\ominus}{0. 059} = \frac{1 \times (0. 799\ 6 - 0. 771)}{0. 059} = 0. 485 \text{ V}$$

$$K^\ominus = 3. 05$$

$$\frac{c(Fe^{3+})/c^\ominus}{[c(Ag^+)/c^\ominus] \cdot [c(Fe^{2+})/c^\ominus]} = K^\ominus$$

$$\frac{x}{1. 0 \times (0. 1 - x)} = 3. 05$$

故

$$Fe^{2+} \text{ 的转化率} = \frac{0. 075}{0. 1} \times 100\% = 75\%$$

9.5　影响电极电势的因素

电极电势是首先取决于电极的本性，标准电极电势是在标准状态下测定的，通常参考温度为 298.15 K，如果温度和浓度发生了变化，电极电势的数值也就随之而变。电极电势 E 值与浓度及温度的关系可用能斯特(Nernst)方程表示。

9.5.1　能斯特方程

能斯特

对于任意给定的电极，电极反应通式为

$$a(氧化态物质) + ne \Longrightarrow b(还原态物质)$$

式中：a、n、b 为物质前的系数。其电极电势随浓度的变化关系可由热力学推得

$$E = E^{\ominus} + \frac{2.303RT}{nF} \lg \frac{[c(氧化态)/c^{\ominus}]^a}{[c(还原态)/c^{\ominus}]^b} \tag{9-7}$$

此关系称为能斯特方程。由于温度对电极电势的影响较小，所以当温度为 298.15 K 时，

$$E = E^{\ominus} + \frac{0.059}{n} \lg \frac{[c(氧化态)/c^{\ominus}]^a}{[c(还原态)/c^{\ominus}]^b} \tag{9-8}$$

它反映了 298.15 K 时非标准电极电势和标准电极电势的关系。式中，$E^{\ominus}$ 值可从附录 8 和附录 9 查得；对数项内的 c(氧化态)或 c(还原态)包括电极反应式两边的所有物质(包括 H^+ 等介质)，溶液用浓度表示，气体用分压表示，纯固体和纯液体如前所述为"1"；a、b 为各物质的化学计量数；n 为电极反应中得失的电子数；$c^{\ominus}$ 为 1.00 mol·L^{-1}。对于生成物的氧化态或还原态的起始浓度或起始分压，有时可能不特别指出。碰到这种情况，一般做标准状态处理。

9.5.2　浓度对电极电势的影响

由能斯特方程可以看出，一定的电极反应，$E^{\ominus}$ 和 n 均为定值，E 的大小决定于氧化型物质和还原型物质的浓度。增大氧化型物质的浓度或减小还原型物质的浓度，可使电极电势升高，即氧化型物质的氧化能力增强；反之，若减小氧化型物质的浓度或增大还原型物质的浓度，可使电极电势降低，即还原型物质的还原能力增强。

例 9-7　求 $T = 298.15$ K，$Cu^{2+}(0.1 \text{ mol·}L^{-1}) + 2e \Longrightarrow Cu$ 的电极电势。已知 $E^{\ominus}(Cu^{2+}/Cu) = 0.342$ V。

解：根据能斯特方程

$$E = E^{\ominus} + \frac{0.059}{n} \lg c(Cu^{2+})/c^{\ominus} = 0.342 + \frac{0.059}{2} \lg 0.1 = 0.313 \text{ V}$$

结果表明，氧化型物质 Cu^{2+} 的浓度减小，$E(Cu^{2+}/Cu)$ 减小，氧化型物质的氧化能力减弱。

例 9-8　计算 OH^- 浓度为 0.0100 mol·L^{-1} 时，氧的电极电势 $E(O_2/OH^-)$。已知 $p(O_2) = 101.325$ kPa，$T = 298.15$ K。$E^{\ominus}(O_2/OH^-) = 0.401$ V。

解：
$$O_2(g) + 2H_2O + 4e \Longrightarrow 4OH^-(aq)$$

$$E(O_2/OH^-) = E^\ominus(O_2/OH^-) + \frac{0.059}{4}\lg\frac{p(O_2/p^\ominus)}{[c(OH^-)/c^\ominus]^4} = 0.401 + \frac{0.059}{4}\lg\frac{101.325/100}{(0.0100/1.0)^4} = 0.460 \text{ V}$$

结果表明，当还原型物质 OH^- 的浓度减小，$E(O_2/OH^-)$ 增加，氧化型物质的氧化能力增强。

9.5.3　酸度对电极电势的影响

在电极反应式中若出现 H^+ 或 OH^- 时，酸度则会影响电极电势 E。特别是对含氧酸盐氧化能力的影响，有时甚至能使氧化还原反应的方向逆转。

例 9-9　求电极反应 $MnO_4^-(aq) + 8H^+(aq) + 5e^- \Longrightarrow Mn^{2+}(aq) + 4H_2O$，在 pH = 4，$c(MnO_4^-) = c(Mn^{2+}) = 1 \text{ mol·L}^{-1}$ 时的 $E(MnO_4^-/Mn^{2+})$ 为多少？已知 $E^\ominus(MnO_4^-/Mn^{2+}) = 1.51$ V，$c(H^+) = 10^{-4} \text{ mol·L}^{-1}$。

解： 根据能斯特方程

$$E(MnO_4^-/Mn^{2+}) = E^\ominus(MnO_4^-/Mn^{2+}) + \frac{0.059}{5}\lg\frac{[c(MnO_4^-)/c^\ominus]\cdot[c(H^+)/c^\ominus]^8}{c(Mn^{2+})/c^\ominus}$$

$$= 1.51 + \frac{0.059}{5}\lg(10^{-4})^8 = 1.13 \text{ V}$$

在该电极反应中，由于 H^+ 前的系数较大，H^+ 浓度的指数较高，所以 H^+ 浓度的改变对电极电势的影响甚大。当 H^+ 浓度减小时，$E(MnO_4^-/Mn^{2+})$ 就小，MnO_4^- 的氧化能力就越弱。因此，$KMnO_4$ 在不同的介质中氧化能力不同，其还原产物也不同。

$$MnO_4^-(紫红色) \begin{cases} \xrightarrow{\text{酸性介质中}} Mn^{2+}（无色或肉色） \\ \xrightarrow{\text{中性介质中}} MnO_2（棕黑色沉淀） \\ \xrightarrow{\text{碱性介质中}} MnO_4^{2-}（墨绿色） \end{cases}$$

含氧酸盐在酸性介质中才能显出较强的氧化能力，并随着酸度的增加其氧化能力增强。

例 9-10　标准氢电极的电极反应为

$$2H^+ + 2e \Longrightarrow H_2 \qquad E^\ominus = 0.00 \text{ V}$$

若 H_2 的分压保持不变，将溶液换成 1.0 mol·L^{-1} HAc 溶液，求此时的电极电势 E。

解：
$$E(H^+/H_2) = E^\ominus(H^+/H_2) + \frac{0.059}{2}\lg\frac{[c(H^+)/c^\ominus]^2}{p(H_2/p^\ominus)}$$

因为 H_2 的分压保持不变，所以求出 $c(H^+)$ 是关键。HAc 溶液的 $c(H^+)$ 可以利用酸碱平衡一章中所学知识求得

$$c(H^+) = \sqrt{K_a^\ominus c_0} = \sqrt{1.8\times10^{-5}\times1.0}$$

$$c(H^+)^2 = K_a^\ominus c_0 = 1.8\times10^{-5}$$

代入能斯特方程 $E(H^+/H_2) = E^\ominus(H^+/H_2) + \frac{0.059}{2}\lg[c(H^+)/c^\ominus]^2$，得

$$E(H^+/H_2) = -0.14 \text{ V}$$

由于氧化型物质 H^+ 的浓度减小，所以电极电势 E 减小，比 $E^\ominus$ 小。

例 9-11　计算下面原电池的电动势：

$$(-)Pt \mid H_2(p^\ominus) \mid H^+(10^{-2} \text{ mol·L}^{-1}) \parallel H^+(1.0 \text{ mol·L}^{-1}) \mid H_2(p^\ominus) \mid Pt(+)$$

解：正极和负极的电极反应均为氢电极，

$$2H^+ + 2e^- \!=\!=\!= H_2 \quad E^\ominus = 0.00 \text{ V}$$

由能斯特方程 $\quad E(H^+/H_2) = E^\ominus(H^+/H_2) + \dfrac{0.059}{2}\lg\dfrac{[c(H^+)/c^\ominus]^2}{p(H_2/p^\ominus)}$

正极：为标准氢电极 $E(+) = 0$

负极：$E(-) = 0 + \dfrac{0.059}{2}\lg\dfrac{[c(H^+)/c^\ominus]^2}{p(H_2/p^\ominus)} = \dfrac{0.059}{2}\lg(10^{-2})^2 = -0.118 \text{ V}$

所以，电动势 $E_{\text{池}}^\ominus = E^\ominus(+) - E^\ominus(-) = 0 - (-0.118) = 0.118 \text{ V}$

这种电池的正负极材料相同，仅由于浓度不同而构成的电池称为"浓差电池"。

9.5.4 沉淀生成对电极电势的影响

由于沉淀剂的加入，使得电对中的物质浓度因沉淀生成而发生变化，必将引起电极电势的变化。根据能斯特方程，若氧化型浓度变小，则电极电势减小；还原型浓度变小，则电极电势增大。

例 9-12 已知 $Ag^+ + e \!=\!=\!= Ag \quad E^\ominus = 0.80 \text{ V}$，向标准银电极的溶液中加入 KCl，使得 $c(Cl^-) = 1.0 \times 10^{-2} \text{ mol} \cdot L^{-1}$，求此时 $E(Ag^+/Ag)$ 值。

解：由反应 $\quad AgCl \!=\!=\!= Ag^+ + Cl^-$

$$K_{\text{sp}}^\ominus(AgCl) = c(Ag^+) \cdot c(Cl^-) = 1.8 \times 10^{-10}$$

得

$$c(Ag^+) = \frac{K_{\text{sp}}^\ominus(AgCl)}{c(Cl^-)} = \frac{1.8 \times 10^{-10}}{1.0 \times 10^{-2}} = 1.8 \times 10^{-8}$$

$$E = E^\ominus + \frac{0.059}{1}\lg c(Ag^+)/c^\ominus = 0.80 + 0.059\lg(1.8 \times 10^{-8}) = 0.34 \text{ V}$$

例 9-13 实验测得电池 $(-)Ag \mid AgCl(s) \mid Cl^-(0.01 \text{ mol} \cdot L^{-1}) \parallel Ag^+(0.01 \text{ mol} \cdot L^{-1}) \mid Ag(+)$ 的电动势为 0.34 V，试求 AgCl 的 $K_{\text{sp}}^\ominus$。

解：此电池负极反应中存在 AgCl(s) 的沉淀溶解平衡，求出此电极中 Ag^+ 浓度，即可求出 AgCl 的 $K_{\text{sp}}^\ominus$。

$$E(+) = E^\ominus(Ag^+/Ag) + \frac{0.059}{1}\lg\frac{c(Ag^+)/c^\ominus}{1}$$

$$E(-) = E^\ominus(Ag^+/Ag) + \frac{0.059}{1}\lg\frac{[c(Ag^+)/c^\ominus]_{\text{负}}}{1}$$

$$E_{\text{池}} = E^\ominus(+) - E^\ominus(-) = \frac{0.059}{1}\lg\frac{0.01}{[c(Ag^+)/c^\ominus]_{\text{负}}} = 0.34$$

解得 $\quad\quad\quad\quad c(Ag^+)/c^\ominus = 1.7 \times 10^{-8}$

则 $\quad\quad\quad\quad K_{\text{sp}}^\ominus(AgCl) = 1.7 \times 10^{-8} \times 0.01 = 1.7 \times 10^{-10}$

$c(Ag^+)/c^\ominus = 1.7 \times 10^{-8}$，$c(Ag^+) = 1.7 \times 10^{-8} \text{ mol} \cdot L^{-1}$ 用一般的分析方法是无法直接测定的，但是该电池电动势等于 0.34 V 是很容易测准的。不少化合物的 $K_{\text{sp}}^\ominus$ 就是用这种电化学方法测定的。

9.6 电极电势的应用

9.6.1 判断氧化剂、还原剂的相对强弱

电极电势越大，电对的氧化型得电子能力越强，还原型失电子能力越弱。或者说，某电对的电极电势越大，其氧化型是越强的氧化剂，还原型是越弱的还原剂。反之，某电对的电极电势值越小，其还原型是越强的还原剂，氧化型是越弱的氧化剂。电对氧化型氧化能力强，其对应的还原型的还原能力就弱，这种共轭关系如同酸碱的共轭关系一样。通常实验室用的强氧化剂其电对的电极电势值往往大于1，当然，氧化剂、还原剂的强弱是相对的，并没有严格的界限。

例 9-14 有下列三个电对：

电对	电极反应	标准电极电势/V
I_2/I^-	$I_2(s) + 2e =\!=\!= 2I^-(aq)$	+0.535 5
Fe^{3+}/Fe^{2+}	$Fe^{3+}(aq) + e =\!=\!= Fe^{2+}(aq)$	+0.771
Br_2/Br^-	$Br_2(l) + 2e =\!=\!= 2Br^-(aq)$	+1.066

从标准电极电势可以看出，在离子浓度为 $1\ mol \cdot L^{-1}$ 的条件下，I^- 是其中最强的还原剂，它可以还原 Fe^{3+} 或 Br_2；而其对应的 I_2 是其中最弱的氧化剂，它不能氧化 Br^- 或 Fe^{2+}。Br_2 是其中最强的氧化剂，它可以氧化 Fe^{2+} 或 I^-；而其对应的 Br^- 是其中最弱的还原剂，它不能还原 I_2 或 Fe^{3+}。Fe^{3+} 的氧化性比 I_2 的要强而比 Br_2 的要弱，因而它只能氧化 I^- 而不能氧化 Br^-；Fe^{2+} 的还原性比 Br^- 的要强而比 I^- 的要弱，因而它可以还原 Br_2 而不能还原 I^-。

9.6.2 判断氧化还原反应进行的方向

氧化还原反应是争夺电子的反应，总是电极电势大的氧化态物质作氧化剂，电极电势小的还原态物质作还原剂，生成电极电势大的还原态物质和电极电势小的氧化态物质。即

$$强还原剂(1)+强氧化剂(2)=\!=\!=弱氧化剂(1)+弱还原剂(2)$$

例 9-15 试通过计算说明下述反应能否自发地由左向右进行。

$$2FeCl_3+Cu =\!=\!= CuCl_2+2FeCl_2$$

解： 查表得 $E^{\ominus}(Fe^{3+}/Fe^{2+}) = 0.77\ V$，$E^{\ominus}(Cu^{2+}/Cu) = 0.34\ V$

$E^{\ominus}(+)>E^{\ominus}(-)$　正极为得电子，负极为失电子

$$E^{\ominus} = E^{\ominus}(Fe^{3+}/Fe^{2+}) - E^{\ominus}(Cu^{2+}/Cu) = 0.77-0.34 = 0.43>0$$

该反应能自发地由左向右进行。

判断氧化还原反应方向的基本依据是电池反应的电动势。若 $E^{\ominus}_{池}>0$，$\Delta_r G^{\ominus}_m<0$，反应向正方向进行。通常只能查到标准电极电势 $E^{\ominus}$。严格说来，由 $E^{\ominus}$ 得到的 $E^{\ominus}_{池}$ 只能用来判断在标准状态下氧化还原反应进行的方向。根据经验，$E^{\ominus}_{池}>0.20\ V$，反应正向进行；$E^{\ominus}_{池}<0.2\ V$，反应可能正向进行也可能逆向进行，此时必须考虑浓度的影响。以 $E^{\ominus}_{池}$ 来判断反应进行的方

向，这一经验规则在多数情况下是适用的。例 9-15 中，$E_{池}^{\ominus} = 0.43\ V > 0.20\ V$，反应能正向进行。但是这种方法并未涉及反应速率的问题。因此，被电化学认定可以自发进行甚至可以进行到底的反应，实际上可能完全觉察不出该反应的发生。例如，氢和氧化合成水的反应，其中 $E_{池}^{\ominus} = 1.229\ V$，298.15 K 时，平衡常数为 3.3×10^{41}。反应可以进行的很彻底，但是我们觉察不到它的发生，因为此反应的活化能很大，反应速率很小。

例 9-16 从标准电极电势值分析下列反应向哪一方向进行？

$$MnO_2(s) + 2Cl^-(aq) + 4H^+(aq) = Mn^{2+}(aq) + Cl_2(g) + 2H_2O(l)$$

实验室中是根据什么原理，采取什么措施，利用上述反应制备氯气的？已知 $E^{\ominus}(MnO_2/Mn^{2+}) = 1.224\ V$，$E^{\ominus}(Cl_2/Cl^-) = 1.36\ V$。

解：因为 $E^{\ominus}(MnO_2/Mn^{2+}) < E^{\ominus}(Cl_2/Cl^-)$，故在标准状态下，反应向左进行（正向非自发）。然而 MnO_2 的氧化性受介质酸度的影响较大。从 MnO_2/Mn^{2+} 电对的半反应式 $MnO_2(s) + 4H^+(aq) + 2e = Mn^{2+}(aq) + 2H_2O$ 可得出 H^+ 浓度对其电极电势的影响为

$$E(MnO_2/Mn^{2+}) = E^{\ominus}(MnO_2/Mn^{2+}) + \frac{0.059}{2}\lg\frac{[c(H^+)/c^{\ominus}]^4}{c(Mn^{2+})/c^{\ominus}}$$

即 E 值随 H^+ 浓度的增大而增大，所以实验室用浓盐酸（如 12 mol·L^{-1}）与 MnO_2 的在加热条件下反应以增加 MnO_2 的氧化性；与此同时，$c(Cl^-)$ 的增加及加热可使 Cl_2 尽快逸出，$p(Cl_2)$ 减少，均可使 $E^{\ominus}(Cl_2/Cl^-)$ 减小，增大 Cl^- 的还原性，使 $E^{\ominus}(MnO_2/Mn^{2+}) > E^{\ominus}(Cl_2/Cl^-)$，反应正向进行。此外，加热还能加快反应速率。

9.6.3 判断氧化还原反应进行的次序

当一种氧化剂能氧化同时存在的几种还原剂时，首先被氧化的是最强的还原剂，最后被氧化的是最弱的还原剂。同时，当一种还原剂能还原同时存在的几种氧化剂时，首先被还原的是最强的氧化剂，最后被还原的是最弱的氧化剂。

例 9-17 在含有等浓度的 Cl^-、Br^-、I^- 三种离子的酸性混合物中，逐滴加入 $KMnO_4$ 溶液时，判断哪种离子首先被氧化，哪种离子最后被氧化？

解：根据标准电极电势表

$$E^{\ominus}(MnO_4^-/Mn^{2+}) = 1.51\ V \qquad E^{\ominus}(Cl_2/Cl^-) = 1.358\ V$$
$$E^{\ominus}(Br_2/Br^-) = 1.066\ V \qquad E^{\ominus}(I_2/I^-) = 0.535\ V$$

从以上 $E^{\ominus}$ 值可以看出，$E^{\ominus}(MnO_4^-/Mn^{2+})$ 值最大，Cl^-、Br^-、I^- 三种离子均能被 $KMnO_4$ 氧化。但 Cl^-、Br^-、I^- 的还原能力不同，从大到小次序为

$$I^- > Br^- > Cl^-$$

因此，逐滴加入 $KMnO_4$ 溶液时，I^- 首先被氧化，Cl^- 最后被氧化。

9.7 元素电势图及其应用

由于许多元素有多种氧化态，它们可以组成多种不同的电对，每一个电对均有相应的标准电极电势。如果将元素各氧化态按照由高到低的顺序从左向右排成一排，在相邻两物质之

间用直线相连表示一个电对，并在直线上标出该电对的标准电极电势 $E^\ominus$ 值，这就是元素标准电极电势图。例如：

$$Fe^{3+} \frac{0.77}{} Fe^{2+} \frac{-0.447}{} Fe$$

利用元素电势图，有助于我们了解和掌握同种元素不同氧化态和还原态物质氧化还原能力的大小。

9.7.1　判断能否发生歧化反应

歧化反应是一种自身氧化还原反应，当一种元素处于中间氧化态时，中间氧化态的物质一部分原子(离子)被氧化，另一部分原子(离子)被还原的反应。

例 9-18　已知酸性条件下 Cu 的元素电势图

$$Cu^{2+} \frac{0.153}{} Cu^{+} \frac{0.522}{} Cu$$

判断　$2Cu^+ \!=\!=\! Cu^{2+}+Cu$ 在酸性条件下能否自发进行？

解： 由题可知

$$Cu^{2+}+e =\!=\!= Cu^+ \qquad E^\ominus(Cu^{2+}/Cu^+)=0.153 \text{ V}$$

$$Cu^++e =\!=\!= Cu \qquad E^\ominus(Cu^+/Cu)=0.522 \text{ V}$$

按照反应方程式，把两极组成原电池得

$$E^\ominus = E^\ominus(+) - E^\ominus(-) = E^\ominus(Cu^+/Cu) - E^\ominus(Cu^{2+}/Cu^+)$$

$$= 0.522 - 0.153 = 0.369 \text{ V}$$

因为 $E^\ominus>0$，所以反应 $2Cu^+ \!=\!=\! Cu^{2+}+Cu$ 能自发进行，即 Cu^+ 可以发生歧化反应。

据此，我们可以得出用元素电势图判断歧化反应能否发生的一般原则。

若已知某元素电势图

$$A \frac{E^\ominus(A/B)}{} B \frac{E^\ominus(B/C)}{} C$$

如果 $E^\ominus(B/C)>E^\ominus(A/B)$（即 $E^\ominus_右>E^\ominus_左$），则 B 不稳定，能发生歧化反应生成 A 和 C。即

$$B =\!=\!= A+C$$

如果 $E^\ominus(B/C)<E^\ominus(A/B)$（即 $E^\ominus_右<E^\ominus_左$），则 B 不能发生歧化反应生成 A 和 C。

9.7.2　求未知电对的电极

例如：

$$A \frac{E^\ominus_1}{(n_1)} B \frac{E^\ominus_2}{(n_2)} C \frac{E^\ominus_3}{(n_3)} D$$

$$\underline{\frac{E^\ominus_x}{(n_x)}}$$

$$-n_1 F E^\ominus_1 = \Delta_r G^\ominus_{m1}$$

$$-n_2 F E^\ominus_2 = \Delta_r G^\ominus_{m2}$$

$$-n_3 F E^\ominus_3 = \Delta_r G^\ominus_{m3}$$

$$-n_x F E^\ominus_x = \Delta_r G^\ominus_{mx}$$

由吉布斯自由能变和电动势的关系可知：

$$\Delta_r G_{mx}^{\ominus} = \Delta_r G_{m1}^{\ominus} + \Delta_r G_{m2}^{\ominus} + \Delta_r G_{m3}^{\ominus}$$

所以

$$E_x^{\ominus} = \frac{n_1 E_1^{\ominus} + n_2 E_2^{\ominus} + n_3 E_3^{\ominus}}{n_1 + n_2 + n_3}$$

$E^{\ominus}$ 的求算不能通过电对电极电势的简单相加而得到，它不具有加和性，而要利用 $\Delta_r G_m^{\ominus}$ 进行转换求算。

例 9-19　根据下列电势图：

$$BrO_4^{-} \overset{0.93}{\rule{1.5cm}{0.4pt}} BrO_3^{-} \overset{0.54}{\rule{1.5cm}{0.4pt}} BrO^{-} \overset{0.46}{\rule{1.5cm}{0.4pt}} Br_2 \overset{1.065}{\rule{1.5cm}{0.4pt}} Br^{-}$$

$$0.76$$
$$0.61$$
$$0.692$$

（1）用不同途径求 $E^{\ominus}(BrO_3^{-}/Br^{-})$，并与图中数据对照。（2）指出哪个氧化态能发生歧化反应，并指出歧化产物。

解：（1）　$E^{\ominus}(BrO_3^{-}/Br^{-}) = \dfrac{8 \times 0.692 - 2 \times 0.93}{6} = 0.61 \text{ V}$

$E^{\ominus}(BrO_3^{-}/Br^{-}) = \dfrac{4 \times 0.54 + 1 \times 0.46 + 1 \times 1.065}{6} = 0.61 \text{ V}$

$E^{\ominus}(BrO_3^{-}/Br^{-}) = \dfrac{4 \times 0.54 + 2 \times 0.76}{6} = 0.61 \text{ V}$

（2）根据 $E_{右}^{\ominus} > E_{左}^{\ominus}$ 可知，Br_2、BrO^{-} 能发生歧化反应，产物如下：

$$Br_2 \begin{bmatrix} Br^{-} \\ BrO^{-} \end{bmatrix} \qquad BrO^{-} \begin{bmatrix} Br^{-} \\ BrO_3^{-} \end{bmatrix} \qquad Br_2 \begin{bmatrix} Br^{-} \\ BrO_3^{-} \end{bmatrix}$$

9.8　化学电源

借自发的氧化还原反应将化学能直接转换变为电能的装置称为化学电源，如干电池、蓄电池、氢氧燃料电池。由于化学电源具有能量转换效率高、性能可靠、工作时没有噪声、携带和使用方便、对环境适应性强、工作范围广等独特优点，因而被广泛应用于科学研究、生产与日常生活等领域。化学电源分类方法较多，若按电极上活性物质保存方式来分，放电后不能充电再生的称为一次电池（如普通干电池），能再生的称为二次电池（如铅蓄电池）；若按电解质形态、性质来分，又有碱性电池、酸性电池、中性电池、有机电解质电池、固体电解质电池；还可按电池的某些性质特点来分，如高容量电池、免维护电池、密封电池、防爆电池、扣式电池等。化学电源作为高科技领域中的一个发展方向还在深入研究之中。

9.8.1　锌锰电池

由锌皮（外壳）作负极；由插在电池中心的石墨和 MnO_2 作正极。两极之间填有 $ZnCl_2$ 和 NH_4Cl 的糊状混合物，这种锌锰电池称为干电池。

正极发生的反应：$2NH_4^+ + 2MnO_2 + 2e \Longrightarrow 2NH_3 + Mn_2O_3 + H_2O$

负极发生的反应：$Zn \Longrightarrow Zn^{2+} + 2e$

锌锰电池是一种酸性电池，但随着生成的 NH_3 不断溶于体系中，pH 会逐渐升高属于一次电池。

9.8.2 银锌碱性电池

常用于电子表、电子计算器、自动曝光照相机的纽扣式电池都是银锌碱性电池，这种电池用完后即报废，不再去充电。而银锌蓄电池的比能量大，能大电流放电，耐震，用作宇宙航行、人造卫星、火箭等的电源。充、放电次数可达 100~150 次循环，但是价格昂贵，使用寿命较短。

银锌电池的负极是金属 Zn，正极是 Ag_2O 和石墨混合成的膏状物质。银锌电池属于碱性电池，电解质是浓 KOH 溶液。

正极发生的反应：$Ag_2O + H_2O + 2e \Longrightarrow 2Ag + 2OH^-$

负极发生的反应：$Zn + 2OH^- \Longrightarrow Zn(OH)_2 + 2e$

9.8.3 锌汞碱性电池

常用于助听器、心脏起搏器等小型的锌汞碱性电池，形似纽扣，所以也称纽扣电池。它的锌汞齐为负极，HgO 和碳粉（导电材料）为正极，内含饱和 ZnO 的 KOH 糊状物为电解质组成电池：

$$(-)Zn(Hg) \mid KOH(糊状，饱和\ ZnO) \parallel HgO \mid Hg(+)$$

锌汞电池的工作电压稳定，整个放电过程电压变化不大，保持在 1.34 V 左右。

9.8.4 铅蓄电池

铅蓄电池通常用作汽车和柴油机车的启动电源，搬运车辆、坑道、矿山车辆和潜艇的动力电源以及变电站的备用电源。放电时，每个电池可产生稍高于 2.0 V 的电压。

铅蓄电池的负极是海绵状态的金属铅，其正极的铅板上涂有 PbO_2，两极同时与密度为 1.28 $g \cdot cm^{-3}$ 的 H_2SO_4 接触。

正极发生的反应：$PbO_2 + SO_4^{2-} + 4H^+ + 2e \Longrightarrow PbSO_4 + 2H_2O$

负极发生的反应：$Pb + SO_4^{2-} \Longrightarrow PbSO_4 + 2e$

电池中的 $PbSO_4$ 是电池反应的产物，这一点可以从正、负两极发生的半反应式中看出。将反应生成物 $PbSO_4$ 考虑在内，再加上正极的极板材料，铅蓄电池中各种物质的连接关系即成为：

$$(-)Pb \mid PbSO_4(s) \mid H_2SO_4(c) \parallel PbSO_4(s) \mid PbO_2 \mid Pb(+)$$

铅蓄电池的优点是价格便宜，当使用后电压降低时，还可在不改变物料、装置的条件下进行充电，并可反复使用。但它笨重、抗震性差，而且浓硫酸有腐蚀性。现已有硅胶蓄电池和少维护蓄电池等问世。

9.8.5 镍氢电池

镍氢电池是由镍镉电池改良而来的，正极主要由镍制成，负极主要由贮氢合金代替镉制成的一种碱性蓄电池。电池符号为

$$(-)Pt \mid H_2 \mid KOH(或\ NaOH) \mid NiOOH(+)$$

正极发生的反应：$NiOOH+H_2O+e =\!=\!= Ni(OH)_2+OH^-$

负极发生的反应：$\dfrac{1}{2}H_2+OH^- =\!=\!= H_2O+e$

这种电池是一种绿色镍金属电池，不存在重金属污染问题。

9.8.6　燃料电池

燃料电池是原电池工作原理，等温地把贮存在燃料和氧化剂中的化学能直接转化为电能，因而实际过程是氧化还原反应。它由燃料（氢、甲烷、肼、烃等）、氧化剂（氧气、氯气等）、电极和电解质溶液等组成。燃料（如氢）连续不断地输入负极作为还原性物质，把氧连续不断输入正极作为氧化性物质，通过反应把化学能转变成电能，连续产生电流。从理论上来讲，只要连续供给燃料，燃料电池便能连续发电，已被誉为是继水力、火力、核电之后的第四代发电技术。如氢-氧电池已用于航天事业。尽管目前还存在着很多技术上的问题，如氢的来源、材料的腐蚀、电极的催化作用等。但它的优点是生成物不会污染环境，而且比从燃烧等量的这种燃料所获得的热能转化成的电能要高得多（达 80%以上）。燃料电池技术的研究与开发已取得了重大进展，技术逐渐成熟，并在一定程度上实现了商业化。作为 21 世纪的高科技产品，燃料电池已应用于汽车工业、能源发电、船舶工业、航空航天、家用电源等行业，受到各国政府的重视。

9.8.7　锂电池

锂电池是一类由锂金属或锂合金为正/负极材料、使用非水电解质溶液的电池。由于锂金属的化学特性非常活泼，使锂金属的加工、保存、使用对环境要求非常高。随着科学技术的发展，锂电池已经成为主流。

锂电池大致可分为两类：锂金属电池和锂离子电池。商品化的锂电池有 $Li-I_2$、$Li-Ag_2CrO_4$、$Li-MnO_2$ 等。

锂的标准电极的电极电势很低（-3.04 V），以锂为负极组成的电池具有比能量高、电池电压高、放电电位平稳、工作温度范围宽（-40~50℃）、低温性能好、贮存寿命长等优点，但是安全性值得注意。

锂离子电池不含有金属态的锂，并且是可以充电的，依靠锂离子在正负极之间可逆移动来工作。正极采用含锂的化合物，如 $LiCoO_2$、$LiNiO_2$ 或它们的复合物，负极采用锂-碳层间化合物 Li_xC_6。

典型的锂离子电池系统为

$$(-)Li_xC_6 \mid 含锂离子的电解质 \mid LiCoO_2(+)$$

锂离子电池充电过程中，正极发生氧化，Li 失去电子成为 Li^+，脱离正极材料进入电解质溶液，并定向移动到负极表面，获得电子成为 Li 原子，嵌入负极的石墨层间。

正极发生的反应：$LiCoO_2 =\!=\!= Li_{(1-x)}CoO_2+xLi^++xe$

负极发生的反应：$6C+xLi^++xe =\!=\!= Li_xC_6$

电池总反应：$LiCoO_2+6C =\!=\!= Li_{(1-x)}CoO_2+Li_xC_6$

放电过程中，负极上嵌在石墨层间的 Li 原子失去电子成为 Li^+，经过电解质溶液定向移动到正极，获得电子并嵌入正极。

所以，充电过程中负极的锂含量渐渐增加，放电过程正极的锂含量渐渐增加。充放电过程中锂离子在两电极间来回运动，所以锂离子电池又被戏称为"摇椅电池"，如图9-5所示。

锂离子电池工作电压一般为3.3~3.8 V。它体积小，比能量高，循环寿命长，自放电小，且使用温度范围较宽，可在-20~55℃工作。该电池基本上不存在有害物质，对环境无污染，是名副其实的绿色电池，被认为是21世纪应发展的理想能源。

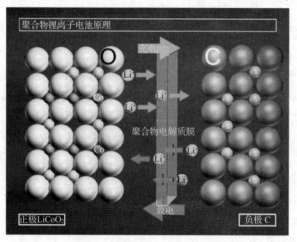

图9-5 锂离子电池原理图

大器晚成的锂电池之父——约翰·古迪纳夫

拓展阅读

光伏电池

光伏电池(photovoltaic cell)是一种将太阳的光能直接转化为电能的装置，有时也称太阳能电池。

光伏电池依赖于光伏电池材料中电子的行为发电。当光照在光伏电池上时，它可以正好透过电池，或被反射，或被吸收。如果被吸收，能量可能会导致构成电池的原子中电子的激发。这些激发的电子从其所处材料中的正常位置逃逸，形成电流。

仅某些特定的材料在光照下可以有如此行为。光伏电池由一类称作半导体的材料构成，这类材料通常情况下导电能力有限。多数半导体由准金属硅的晶体构成。要在光伏电池中形成电压，将两层半导体材料直接压在一起。n-型半导体是富电子层，p-型半导体是缺电子也被称为"空穴"的另一层。为了产生电流，照在光伏电池上的光必须有足够的能量使电子通过电路从n-型一侧向p-型一侧运动。电子的传递产生电流，可以做电能做的任何事情，包括在电池中存储备用。只要光伏电池暴露在光照之下，仅由太阳能驱动，电流就会持续流动。

光伏电池包含多层紧密连接在一起的掺杂的n-型和p-型半导体。p-n结的作用不仅是促使电流传导，而且使电流按一定的方向通过光伏电池。只有能量足够高的光子可以将掺杂剂的电子击出变为自由电子。这些电子形成电流。要使光伏电池将尽可能多的阳光转换成电，必须以这样的方式构建半导体以实现光子能量的最佳利用。否则，太阳能会变成热散失或根本不被停获。

(1)单晶硅光伏电池

单晶硅光伏电池是开发较早、转换率最高和产量较大的一种光伏电池。单晶硅光伏电池转换效率在我国已经平均达到 16.5%，而实验室记录的最高转换效率超过了 24.7%。这种光伏电池一般以高纯的单晶硅硅棒为原料，纯度要求 99.999 9%。

(2)多晶硅光伏电池

多晶硅光伏电池是以多晶硅材料为基体的光伏电池。由于多晶硅材料多以浇铸代替单晶硅的拉制过程，因而生产时间缩短，制造成本大幅度降低。再加上单晶硅硅棒呈圆柱状，用此制作的光伏电池也是圆片，因而组成光伏组件后平面利用率较低。与单晶硅光伏电池相比，多晶硅光伏电池就显得具有一定竞争优势。

(3)非晶硅光伏电池

非晶硅光伏电池是用非晶态硅为原料制成的一种新型薄膜电池。非晶态硅是一种不定型晶体结构的半导体。用它制作的光伏电池只有 1 μm 厚度，相当于单晶硅光伏电池的 1/300。它的工艺制造过程与单晶硅和多晶硅相比大大简化，硅材料消耗少，单位电耗也降低了很多。

(4)铜铟硒光伏电池

铜铟硒光伏电池是以铜、铟、硒三元化合物半导体为基本材料，在玻璃或其他廉价衬底上沉积制成的半导体薄膜。由于铜铟硒光伏电池光吸收性能好，所以膜厚只有单晶硅光伏电池的 1/100。

(5)砷化镓光伏电池

砷化镓光伏电池是一种Ⅲ-Ⅴ族化合物半导体光伏电池。与硅光伏电池相比，砷化镓光伏电池光电转换效率高，硅光伏电池理论效率为 23%，而单结砷化镓光伏电池的转换效率已经达到 27%；可制成薄膜和超薄型太阳电池，同样吸收 95% 的太阳光，砷化镓光伏电池只需 5~10 μm 的厚度，而硅光伏电池则需大于 150 μm。

(6)碲化镉光伏电池

碲化镉是一种化合物半导体，其带隙最适合于光电能量转换。用这种半导体做成的光伏电池有很高的理论转换效率，已实际获得的最高转换效率达到 16.5%。碲化镉光伏电池通常在玻璃衬底上制造，玻璃上第一层为透明电极，其后的薄层分别为硫化镉、碲化镉和背电极，背电极可以是碳浆料，也可以是金属薄层。碲化镉层的厚度通常为 1.5~3 μm，而碲化镉对于光的吸收有 1.5 μm 的厚度也就足够了。

(7)聚合物光伏电池

聚合物光伏电池是利用不同氧化还原型聚合物的不同氧化还原电势，在导电材料表面进行多层复合，制成类似无机 p-n 结的单向导电装置。

光伏电池具有无枯竭危险，干净(无污染，除蓄电池外)，不受资源分布地域的限制，可在用电处就近发电，能源质量高，使用者从感情上容易接受，获取能源花费的时间短，供电系统工作可靠等优点。但也存在照射的能量分布密度小，获得的能源与四季、昼夜及阴晴等气象条件有关，造价比较高等缺点。

当电力、煤炭、石油等不可再生能源频频告急，能源问题日益成为制约国际社会经济发展的瓶颈时，越来越多的国家开始实行"阳光计划"，开发太阳能资源，寻求经济发展的新动力。中国太阳能电池制造业通过引进、消化、吸收和再创新，获得了长足的发展。在长三角、环渤海、珠三角、中西部地区，已经形成了各具特色的太阳能产业集群。

习　　题

一、选择题

1. 由氧化还原反应 $Cu+2Ag^+$=$=$$=$$Cu^{2+}+2Ag$ 组成电池，若用 E_1 和 E_2 分别表示 Cu^{2+}/Cu 和 Ag^+/Ag 的电极电势，则电池电动势为(　　)。

A. E_1-E_2　　　　　　　B. E_2-E_1　　　　　　　C. $2E_1-E_2$　　　　　　　D. $2E_2-2E_1$

2. 下列反应设计成原电池，不需要惰性金属作电极的是(　　)。

A. Ag^++I^-=$=$$=$$AgI$　　　　　　　　　　B. H_2+Cl_2=$=$$=$$2HCl$

C. H^++OH^-=$=$$=$$H_2O$　　　　　　　　　　D. $Zn+2H^+$=$=$$=$$Zn^{2+}+H_2$

3. 若氧化还原反应的两个电对的电极电势差值为 E，下列判断正确的是(　　)。

A. E 值越大，反应自发进行的趋势越大

B. E 值越大，反应自发进行的趋势越小

C. E 值越大，反应速率越慢

D. E 值越大，反应速率越快

4. 下列氧化剂中，只能将 Cl^-、Br^-、I^- 混合溶液中的 I^- 氧化的是(　　)。已知 $E^{\ominus}(MnO_4^-/Mn^{2+})=$ 1.51 V，$E^{\ominus}(Cl_2/Cl^-)=1.358$ V，$E^{\ominus}(Br_2/Br^-)=1.066$ V，$E^{\ominus}(I_2/I^-)=0.535$ V，$E^{\ominus}(Fe^{3+}/Fe^{2+})=0.77$ V，$E^{\ominus}(Co^{3+}/Co^{2+})=1.92$ V，$E^{\ominus}(Cr_2O_7^{2-}/Cr^{3+})=1.36$ V

A. $KMnO_4$　　　　　　B. $K_2Cr_2O_7$　　　　　　C. $FeCl_3$　　　　　　D. Co_2O_3

5. 下面物质加入电池负极溶液中，使 $Zn^{2+}/Zn - H^+/H_2$ 原电池电动势增大的是(　　)。

A. $ZnSO_4$ 固体　　　B. Zn 粒　　　　　　C. Na_2SO_4 固体液　　　D. Na_2S 溶液

二、填空题

1. $KMnO_4$ 的还原产物，在强酸性溶液中一般是_____；在中性溶液中一般是_____；在碱性溶液中一般是_____。

2. 标准状态下用电池电动势可判断反应进行的趋势。若反应的平衡常数 $K^{\ominus}=10^5$，那么对得失电子数 n 不同的氧化还原反应，$n=1$ 时，$E^{\ominus}=$_____ V；$n=2$ 时，$E^{\ominus}=$_____ V；$n=3$ 时，$E^{\ominus}=$_____ V。

3. 盐桥的 U 形管中盛装的是_____溶液，用_____封口。饱和甘汞电极的电极反应式为_____。

4. 电池$(-)Pt \mid H_2(1.0\times10^5\ Pa) \mid H^+(1.0\times10^{-3}\ mol \cdot L^{-1}) \parallel H^+(1\ mol \cdot L^{-1}) \mid H_2(1.0\times10^5\ Pa) \mid Pt(+)$，该电池的电动势为_____。

5. 碱性介质中，碘元素的标准电极电势图为

$$IO_3^- \xrightarrow{0.14} IO^- \xrightarrow{0.45} I_2 \xrightarrow{0.54} I^-$$

能发生歧化反应的物质是_____，歧化反应的最终产物是_____。

三、判断题

1. 判断一氧化还原反应的方向，不仅要看两电对的标准电极电势，还要看各物质的浓度和压力。
(　　)

2. 氧化还原电对中，当还原型物质生成沉淀时其还原能力将减弱。(　　)

3. 在 Fe^{3+} 溶液中，加入 $NaOH$ 后，会使 Fe^{3+} 的氧化性降低。(　　)

4. 同类型的金属难溶物质的 $K_{sp}^{\ominus}$ 越小，相应金属的电极电势就越低。(　　)

5. 反应 $2Fe^{3+}+2I^-\!=\!\!=\!\!=2Fe^{2+}+I_2$ 和反应 $Fe^{3+}+I^-\!=\!\!=\!\!=Fe^{2+}+\dfrac{1}{2}I_2$ 的标准电动势 $E^\ominus$ 是相同的，因此上述

两种反应式的平衡常数是相同的。 ( )

四、简答题和计算题

1. 对于电极反应 $Fe^{3+}+e\!=\!\!=\!\!=Fe^{2+}$，$E^\ominus(Fe^{3+}/Fe^{2+})=0.77$ V，由 $\Delta_rG_m^\ominus=-nFE^\ominus$ 和 $\Delta_rG_m^\ominus$ 与平衡常数 $K^\ominus$ 的关系式，得 $K^\ominus=1.2\times10^{13}$，由此得出此反应进行很彻底的结论，是否合理？

2. 已知 $E^\ominus(PbSO_4/Pb)=-0.355\,8$ V，$E^\ominus(Pb^{2+}/Pb)=-0.126\,2$ V，计算 $PbSO_4$ 的 $K_{sp}^\ominus$。

3. 由镍电极和标准氢电极组成原电池。若 $c(Ni^{2+})=0.010\,0$ mol·L^{-1} 时，原电池的电动势为 0.315 V，其中镍为负极，计算镍电极的标准电极电势。

4. 判断下列氧化还原进行的方向(25℃的标准状态下)：

(1) $Ag^++Fe^{2+}\!=\!\!=\!\!=Ag+Fe^{3+}$

(2) $2Cr^{3+}+3I_2+7H_2O\!=\!\!=\!\!=Cr_2O_7^{2-}+6I^-+14H^+$

(3) $Cu+2FeCl_3\!=\!\!=\!\!=CuCl_2+2FeCl_2$

5. 在酸性介质中已知下列元素电势图：

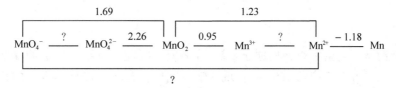

(1)求电势图有中"?" $E^\ominus$ 的值。(2)指出能发生歧化反应的物质。

习题解答

第10章 配位化合物

教学目的和要求：

(1)掌握配位化合物的组成、结构及螯合物等概念。

(2)掌握配位化合物的命名原则，能够根据化学式命名配位化合物。

(3)掌握配位化合物价键理论要点，并能够解释配位化合物的空间构型。

(4)掌握配位化合物稳定常数的概念，能进行有关计算。

(5)掌握酸碱平衡、沉淀溶解平衡、氧化还原反应对配位平衡的影响，并能进行有关计算。

配位化合物是一类由中心金属原子(离子)和配体以配位键结合形成的复杂化合物。它的发现可以追溯到1693年发现的铜氨配位化合物，1704年发现的普鲁士蓝和1760年发现的氯铂酸钾等配位化合物。1893年，瑞士化学家维尔纳(A. Werner)提出了配位理论学说，被看作是近代配位化学的创始人。

游效曾

20世纪以来，由于现代结构化学理论的发展和近代物理实验方法的应用，配位化学已经成为化学中一个非常活跃的研究领域，并已渗透到有机化学、分析化学、物理化学、量子化学、生物化学等许多学科，并广泛应用于工业、农业、生物、医药、国防、航天等领域。分离技术、配位催化、化学模拟生物固氮、人工模拟光合作用、太阳能利用和电镀工艺等都与配位化合物有着密切的关系。走向生态文明新时代，建设美丽中国，是实现中华民族伟大复兴的中国梦的重要内容。在生产工作中要践行绿水青山就是金山银山的发展理念。在治理已污染环境问题中，含有多孔结构的配位化合物可以起到吸附、富集重金属离子的作用。配位化学家在合成有特殊性能的配位化合物方面做了大量的工作，取得了一系列成果，促进了各领域的发展。

配位化合物中的配离子在溶液中是可以解离的，配离子的解离平衡称为配位平衡。配位平衡关系到配位化合物的稳定性，这是在如离子交换、溶剂萃取和矿物浮选等实际应用中必须考虑的配位化合物的重要性质。

10.1 配位化合物的基本概念

10.1.1 配位化合物的定义和组成

由中心原子(或离子)和几个配体分子(或离子)以配位键相结合而形成的复杂分子或离子，通常称为配位单元(或配合单元)。配位单元可以是配阳离子，如$[Cu(NH_3)_4]^{2+}$和

$[Ag(NH_3)_2]^+$；可以是配阴离子，如$[Fe(CN)_6]^{3-}$和$[PtCl_6]^{2-}$；也可以是电中性配位分子，如$[Ni(CO)_4]$和$[Fe(CO)_5]$。含有配位单元的化合物称为配位化合物，简称配合物，如$[Cu(NH_3)_4]SO_4$和$K_3[Fe(CN)_6]$等。配位化合物的组成一般分内界和外界两部分：内界为配位化合物的特征部分，是中心离子(或原子)和配体之间通过配位键结合而成的一个稳定的整体。外界是带有与配离子异号电荷的离子，中性配位分子无外界。

在配位化合物的化学式中，方括号内是配位化合物的内界，方括号以外是配位化合物的外界。外界的离子与配位单元以静电引力相结合，形成离子键。例如，$[Cu(NH_3)_4]SO_4$配位化合物在水溶液中，内外界之间全部解离。配位化合物的组成如图 10-1 所示。

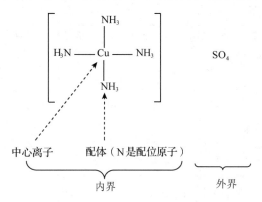

图 10-1　配位化合物的组成

（1）中心原子

中心原子是配位化合物内界中位于其几何结构中心的离子或原子，是配离子的核心，又称形成体。中心原子的特点是原子核外有空的原子轨道。最常见的中心原子是过渡金属的离子或原子，如$[Co(NH_3)_2Cl_2]Cl$中的Co^{3+}、$K_4[Fe(CN)_6]$中的Fe^{2+}、$[Pt(NH_3)_2Cl_2]$中的Pt^{2+}、$[Ni(CO)_4]$中的Ni、$[Fe(CO)_5]$中的Fe等；也可以是阴离子，如$K[I(I_2)]$中的I^-等；少数高氧化态的非金属原子也可以作为中心原子，如$Na[BF_4]$中的B、$H_2[SiF_6]$中的Si等。

（2）配体和配位原子

配体是配位化合物内界中，位于中心原子周围并沿一定方向与中心离子或中心原子以配位键结合的离子或分子。原则上，任何具有孤对电子并与中心离子形成配位键的分子或离子，都可以作为配体。常见的配体主要是阴离子配体，如F^-、Cl^-、OH^-、CN^-、SCN^-(硫氰酸根)、NCS^-(异硫氰酸根)、$S_2O_3^{2-}$、$C_2O_4^{2-}$、NO_2^-(硝基)、ONO^-(亚硝酸根)等，以及中性分子配体，如NH_3、H_2O、CO(羰基)、N_2、NO(亚硝酰基)、乙二胺(en)等。

配体中给出孤对电子与中心原子直接结合的原子称为配位原子。一般常见的配位原子主要是周期表中电负性较大的非金属原子。例如，H_2O和$C_2O_4^{2-}$中的O、NH_3中的N、CN^-中的C、SCN^-中的S^-、NCS^-中的N、NO_2^-中的N等。

根据配体中所含配位原子数多少可分为单齿配体和多齿配体。若一个配体分子或离子中只含一个配位原子则称为单齿配体(或单基配体)，其组成比较简单，如NH_3、H_2O、Cl^-、$S_2O_3^{2-}$、NO_2^-等；若一个配体分子或离子含有两个或两个以上的配位原子则称为多齿配体(或多基配体)，如草酸根($C_2O_4^{2-}$)、乙二胺为双齿配体，乙二胺四乙酸(EDTA)中 2 个 N 原子，4 个 O 原子(—OH 中的 O)均可配位，为六齿配体。一些常见的配体列于表 10-1。

表 10-1 一些常见的配体

配体类型	配位原子	实 例
单齿	C	CO, C_2H_4, CNR(R 代表烃基), CN^-
	N	NH_3, NO, NR_3, RNH_2, C_5H_5N(吡啶, 简写为 Py), NCS^-, NH_2^-, NO_2^-
	O	ROH, R_2O, H_2O, R_2SO, OH^-, $RCOO^-$, ONO^-, SO_4^{2-}, CO_3^{2-}
	P	PH_3, PR_3, PX_3(X 代表卤素), PR_2^-
	S	R_2S, RSH, $S_2O_3^{2-}$
	X	F^-, Cl^-, Br^-, I^-
双齿	N	乙二胺 $H_2\ddot{N}—CH_2—CH_2—\ddot{N}H_2$, (en) 联吡啶 $\ddot{N}H_2C_5—C_5H_5\ddot{N}$ (bipy)
	O	草酸根 $C_2O_4^{2-}$ 乙酰丙酮离子 (acac$^-$)
三齿	N	二乙基三胺 $H_2\ddot{N}—CH_2—CH_2—\ddot{N}H—CH_2—\ddot{N}H_2$ (dien)
四齿	N	氨基三乙酸
五齿	N, O	乙二胺三乙酸根离子
六齿	N, O	乙二胺四乙酸根离子

(3)配位数

配位数是配位化合物内界中与中心原子直接结合的配位原子的总数。注意不要将配位数与配体个数混淆。对于单齿配体，配位数等于配体总数，如在[$Cu(NH_3)_4$]$^{2+}$中，NH_3分子是单齿配体，N 是配位原子，Cu^{2+}配位数为 4；但是在多齿配体中，配位数不等于配体总数，如在[$Ni(en)_2$]$^{2+}$中，配体数是 2，每个乙二胺分子含有两个配位原子，所以 Ni^{2+}配位数为 4。

中心原子的配位数一般为 2、4、6、8，其中以 4 和 6 最常见。表 10-2 列出了一些常见金属离子的配位数。

影响配位数的因素很多，如与中心原子和配体的性质(如半径、电荷及它们之间的相互作用等)有关，同时也与生成配位化合物时的条件(如浓度、温度等)有关。但对某一中心离子

表 10-2 一些常见金属离子的配位数

1 价离子	配位数	2 价离子	配位数	3 价离子	配位数
Cu^+	2，4	Fe^{2+}	6	Fe^{3+}	6
Ag^+	2	Ca^{2+}	6	Co^{3+}	6
Au^+	2，4	Co^{2+}	4，6	Cr^{3+}	6
		Ni^{2+}	4，6	Sc^{3+}	6
		Cu^{2+}	4，6	Au^{3+}	4
		Zn^{2+}	4，6	Al^{3+}	4，6

来说，常有一特征配位数。一般中心离子的配位数为偶数，如 Ag^+ 的特征配位数为 2、Zn^{2+} 的特征配位数为 4、Co^{3+} 的特征配位数为 6。当然，配位数也不是一成不变的，如 Zn^{2+} 的配位数有时就表现为 6。

（4）配离子的电荷数

配离子的电荷数是中心离子的电荷数与配体的总电荷的代数和。配体是中性分子时，配离子的电荷数等于中心离子的电荷数。配位化合物内界与外界电荷数的代数和为零。例如，$K_4[Fe(CN)_6]$ 中配离子电荷数为 -4，$K_3[Fe(CN)_6]$ 中配离子电荷数为 -3。

10.1.2 配位化合物的命名

配位化合物的命名时，遵从无机化合物命名的一般原则，命名为某化某、某酸某、某酸和氢氧化某。若配位单元为配阳离子，外界为简单阴离子，如 X^-、OH^- 等，称为"某化某"；若外界酸根为复杂离子，如 SO_4^{2-}、NO_3^- 等，则称为"某酸某"。若外界为阳离子，配离子为阴离子时可将整个配离子看成一个复杂酸根离子，称为"某酸某"；若外界阳离子为 H^+ 时，则称为"某酸"。内界中，以"合"字将配体与中心离子连接起来，按如下顺序命名：配体数—配体名称—"合"—中心离子名称（氧化数）。其中，配体个数用中文数字一、二、三、四……表示；中心原子氧化数用罗马数字表示，并放置在圆括号"（ ）"内。没有外界的配位化合物，中心原子的氧化数为零时不标明。若内界中有几种配体时，不同配体之间用"·"隔开。配体的命名顺序为：无机配体在前，有机配体在后；阴离子配体在前，阳离子和中性分子配体在后；简单阴离子在前，复杂离子（原子数多）在后；同类配体按配位原子元素符号的英文字母顺序排列，如氨在前，水在后；配位原子相同时，含原子数目少的配体在前。

常见的单齿配体：F^-（氟）、Cl^-（氯）、Br^-（溴）、I^-（碘）、OH^-（羟基）、CN^-（氰根）、NC^-（异氰根）、H_2O（水）、NH_3（氨）、SCN^-（硫氰酸根）、NCS^-（异硫氰酸根）、CO（羰基）、NO_2^-（硝基）、ONO^-（亚硝酸根）、N_3^-（叠氮）等。

常见的多齿配体：$H_2N-CH_2-CH_2-NH_2$（乙二胺，缩写 en）、$^-OOC-COO^-$（$C_2O_4^{2-}$ 草酸根）、$(^-COO-CH_2)_2-N-CH_2-CH_2-N-(CH_2-COO^-)_2$（乙二胺四乙酸及其盐离子，缩写 EDTA）。

例如：

（1）含配阳离子的配位化合物

$[Pt(NH_3)_6]Cl_4$ 四氯化六氨合铂（Ⅳ）

$[Co(NH_3)_5H_2O]Cl_3$　　　　　三氯化五氨·一水合钴(Ⅲ)

$[Co(NH_3)_2(en)_2](NO_3)_3$　　　硝酸二氨·二乙二胺合钴(Ⅲ)

$[CrCl(NO_2)(en)_2]SCN$　　　　硫氰酸一氯·一硝基·二乙二胺合铬(Ⅲ)

(2)含配阴离子的配位化合物

$K_3[Fe(CN)_6]$　　　　　　　　六氰合铁(Ⅲ)酸钾

$K_4[Fe(CN)_6]$　　　　　　　　六氰合铁(Ⅱ)酸钾

$H_2[PtCl_6]$　　　　　　　　　六氯合铂(Ⅳ)酸

$Na_3[Ag(S_2O_3)_2]$　　　　　　二(硫代硫酸根)合银(Ⅰ)酸钠

(3)没有外界的配位化合物

$[Fe(CO)_5]$　　　　　　　　　五羰基合铁

$[PtCl_4(NH_3)_2]$　　　　　　　四氯·二氨合铂(Ⅳ)

$[Co(NO_2)_3(NH_3)_3]$　　　　　三硝基·三氨合钴(Ⅲ)

$[Cr(OH)_3(H_2O)(en)]$　　　　三羟基·一水·一乙二胺合铬(Ⅲ)

(4)同时含配阳离子和配阴离子的配位化合物

$[Pt(NH_3)_6][PtCl_4]$　　　　　四氯合铂(Ⅱ)酸六氨合铂(Ⅱ)

10.1.3　配位化合物的基本类型

配位化合物数量繁多，有许多分类方法。根据其组成和特点，可以分为简单配合物、螯合物和特殊配合物三类。

(1)简单配合物

简单配合物分子或离子中只有一个中心离子，每个配体只有一个配位原子(单齿配体)与中心离子成键。凡是由单齿配体与一个中心原子所形成的配合物都是简单配合物。这里只要求配体是单齿配体，并不限制配体的种类和数量。例如，$[Ag(NH_3)_2]Cl_2$，BF_4^-，$[Co(NH_3)_3(H_2O)_2(ONO)]Cl_2$。

(2)螯合物

螯合物中，多齿配体与同一金属离子(或原子)形成环状结构，其中，五元环和六元环最稳定。能与中心离子形成螯合物的、含有多齿配体的配位体称为螯合剂。例如，$[Cu(en)_2]^{2+}$的螯合物有 2 个五元环，Fe^{2+}与 o-phen(邻菲罗啉)形成的螯合物有 3 个五元环(图 10-2)。

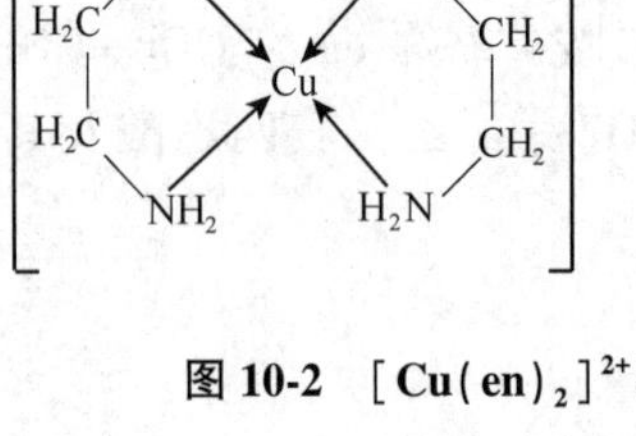

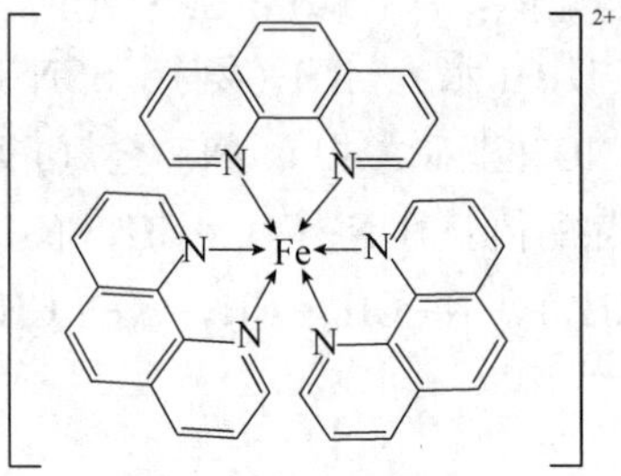

图 10-2　$[Cu(en)_2]^{2+}$和 $[Fe(o\text{-}phen)_3]^{2+}$的环状结构

此外，螯环的数目对螯合物的稳定性也有很大的影响。螯环数越多，螯合物越稳定。配体的齿数越多，螯环数也越多。例如，Ca^{2+} 与 EDTA 形成螯合物 $[Ca(EDTA)]^{2-}$ 中有 5 个五元环，稳定性非常高(图 10-3)。

(3)特殊配合物

除了上述两类配合物以外，还有其他类型。

①多核配合物　指在一个配合物中有两个或两个以上的中心原子，即一个配体同时和多个中心原子结合所形成的配合物。例如，Fe^{3+} 在水溶液中发生水解，会形成一种双聚体结构的配离子，该配离子就是多核配合物，如图 10-4 所示。

②金属羰合物　是由 d 区元素与一氧化碳为配体所形成的。金属羰合物有两个特点：配体与形成体之间形成的化学键非常强，如在 $[Fe(CO)_5]$ 中 Fe—C 键的平均键能为 118 kJ·mol^{-1}；在这类配合物中，形成体总是呈现较低的氧化态，通常氧化数为 0，有时也呈现较低的正氧化态，甚至负氧化态。

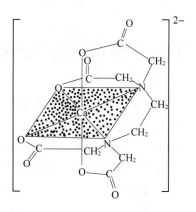

图 10-3　$[Ca(EDTA)]^{2-}$ 的结构示意图

金属羰合物无论在结构和性质上都比较特殊，熔点、沸点一般不高，较易挥发，不溶于水，易溶于有机溶剂，被广泛应用于制纯金属。金属羰合物有毒，使用时需注意安全。

③原子簇配合物　至少含有两个金属原子，并含有金属-金属(M—M)键的配合物，简称簇合物。如图 10-5 所示，$Mn_2(CO)_{10}$ 为原子簇配合物，形成原子簇配合物的金属离子主要是过渡金属。

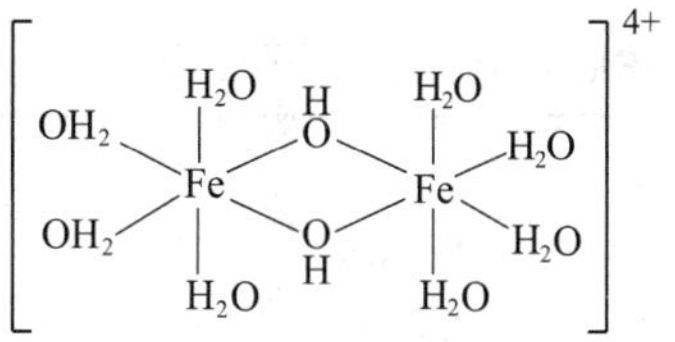

图 10-4　多核配合物的结构 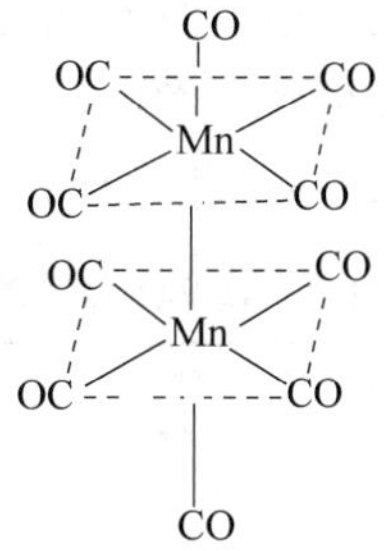　　　图 10-5　$Mn_2(CO)_{10}$ 的结构

④金属有机配合物　是由有机化合物与金属原子生成配位键的配合物。这类配合物包含两类：一类是金属与碳直接以 σ 键结合，如 C_6H_5HgCl、$HC \equiv CAg$ 等；另一类是非饱和烃配合物(又称 π 键化合物)，指金属与有机化合物中的 π 电子形成配位键。例如，直接氧化法由乙烯生产乙醛，该法以 $PdCl_2$ 为催化剂，$CuCl_2$ 为助催化剂，用氧气或空气作氧化剂。$PdCl_2$ 的催化作用与生成中间配合物($CH_2 \equiv CH_2 \cdot PdCl_2$)密切相关。反应过程如下：

$$2CH_2 \equiv CH_2 + 2PdCl_2 \Longrightarrow (CH_2 \equiv CH_2 \cdot PdCl_2)_2$$
$$(CH_2 \equiv CH_2 \cdot PdCl_2)_2 + 2H_2O \Longrightarrow 2CH_3CHO + 2Pd + 4HCl$$
$$Pd + 2CuCl_2 \Longrightarrow PdCl_2 + 2CuCl$$
$$4CuCl + O_2 + 4HCl \Longrightarrow 4CuCl_2 + 2H_2O$$

此外，还有一些结构和性质很特殊的配位化合物，如同多酸、杂多酸型配合物和金属大环多醚配合物等。总之，目前配位化合物种类繁多，而且新类型不断出现，因而对其分类无严格界限。

10.2 配位化合物的化学键理论

配位化合物的化学键理论的建立是以实验事实为依据，进而对实验事实做出解释。在对配位化合物的研究中得知，一些配位化合物有较高稳定性；一些配位化合物往往具有颜色，配位化合物中心离子的配位数会有变化，空间构型也会随之变化，这些性质都可以用相关理论解释，如价键理论、晶体场理论、配位场理论和分子轨道理论，本节主要介绍价键理论。

10.2.1 价键理论的要点

20 世纪 30 年代，鲍林(L. Pauling)把杂化轨道理论应用于配位化合物的研究，较好地说明了配位化合物的空间构型和某些性质，20 世纪 30 年代到 50 年代主要用这个理论来讨论配位化合物的化学键，这就是配位化合物的价键理论。

配位化合物的价键理论研究的对象是配位单元，要点如下：

①配位化合物的中心原子(或中心离子)提供与配位数相同的空原子轨道，配体提供孤对电子进入空轨道而形成配位键。

②为了使配位化合物具有结构匀称的空间构型，中心原子(或中心离子)提供的空原子轨道采用杂化后的杂化轨道与配体成键。

③不同类型的杂化轨道具有不同的空间构型。配离子的空间结构、中心离子的配位数和配离子的稳定性，主要决定于形成配位键时所用的杂化轨道的类型。

常见的杂化方式及其对应的空间构型见表 10-3 所列。

表 10-3 配位化合物的配位数、中心离子杂化方式和空间构型

配位数	杂化方式	空间构型	实　　例
2	sp	直线形	$[Ag(NH_3)_2]^+$, $[AuCl_2]^-$
3	sp^2	平面三角形	$[CuCl_3]^{2-}$, $[HgI_3]^-$
4	sp^3	正四面体	$[Zn(NH_3)_4]^{2+}$, $[Cu(CN)_4]^{2-}$, $[HgI_4]^{2-}$, $[Ni(CO)_4]$
	dsp^2	平面正方形	$[Ni(CN)_4]^{2-}$, $[AuCl_4]^-$, $[PtCl_4]^{2-}$
5	dsp^3	三角双锥	$[CuCl_5]^{3-}$, $[Fe(CO)_5]$
6	d^2sp^3	正八面体	$[Fe(CN)_6]^{3-}$, $[PtCl_6]^{2-}$, $[Cr(CN)_6]^{3-}$
	sp^3d^2		$[FeF_6]^{3-}$, $[Cr(NH_3)_6]^{3+}$, $[Ni(NH_3)_6]^{2+}$

由表可知，同是正八面体构型的配位化合物有两种杂化方式，同是配位数为 4 的配位化合物不仅有两种杂化方式，对应的空间构型也不同。对此，价键理论都给予了简单明了的解释。

10.2.2　配位化合物杂化轨道和空间构型

（1）配位数为 2 的配位化合物

例如 $[Ag(NH_3)_2]^+$，实验测定，该配位化合物为直线构型。Ag^+ 的核外电子构型为 $4s^24p^64d^{10}5s^05p^0$。价键理论认为，与 NH_3 生成配位化合物时，Ag^+ 中 1 个 5s 轨道与 1 个 5p 轨道发生等性 sp 杂化，形成 2 个新的能量相同的空的 sp 杂化轨道，分别接受 2 个 NH_3 中 N 上的孤对电子形成 2 个配位键，从而形成了直线形的配离子 $[Ag(NH_3)_2]^+$。2 配位的配离子均为直线形。

（2）配位数为 4 的配位化合物

配位数为 4 的配离子空间构型有两种：四面体和平面正方形。现以 $[Zn(NH_3)_4]^{2+}$ 和 $[Ni(CN)_4]^{2-}$ 为例来讨论。

例如 $[Zn(NH_3)_4]^{2+}$，实验测定，该配位化合物为正四面体构型。Zn^{2+} 的核外电子构型为 $3s^23p^63d^{10}4s^04p^0$。价键理论认为，与 NH_3 生成配位化合物时，Zn^{2+} 中全空的 4s 原子轨道与 3 个全空的 4p 原子轨道发生等性 sp^3 杂化，形成 4 个空的 sp^3 杂化轨道，分别接受 4 个 N 原子提供的孤对电子形成 4 个配位键，从而形成了正四面体形的配离子 $[Zn(NH_3)_4]^{2+}$。

又如 $[Ni(CN)_4]^{2-}$，实验测定，该配位化合物为平面正方形构型。Ni^{2+} 的核外电子构型为 $3s^23p^63d^84s^04p^0$。价键理论认为，CN^- 接近 Ni^{2+} 时，Ni^{2+} 中 2 个未成对 d 电子合并到 1 个 d 原子轨道上，空出的 1 个 3d 轨道与 1 个 4s 轨道及 2 个 4p 轨道发生 dsp^2 杂化，形成 4 个空的 dsp^2 杂化轨道，分别接受 4 个 CN^- 中 C 原子提供的孤对电子形成 4 个配位键，从而形成了平面正方形的配离子 $[Ni(CN)_4]^{2-}$。

（3）配位数为6的配位化合物

配位数为6的配位化合物绝大多数是八面体构型。这种构型的配位化合物可能采取 sp^3d^2 或 d^2sp^3 杂化轨道成键。

例如 $[FeF_6]^{3-}$，实验测定，该配位化合物为正八面体构型。Fe^{3+} 的核外电子构型为 $3s^23p^63d^54s^04p^04d^0$。价键理论认为，在与 F^- 形成配位化合物时，Fe^{3+} 中全空的 1 个 4s 原子轨道与 3 个全空的 4p 原子及 2 个全空的 4d 原子轨道发生等性 sp^3d^2 杂化，形成 6 个空的 sp^3d^2 杂化轨道，分别接受 6 个 F 原子提供的孤对电子形成 6 个配位键，6 个 sp^3d^2 杂化轨道指向八面体的 6 个顶点，从而形成了正八面体构型的配离子 $[FeF_6]^{3-}$。

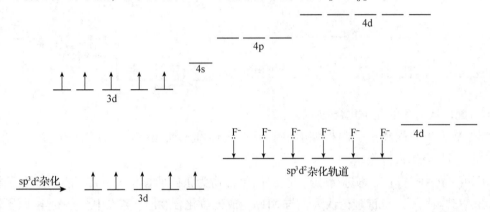

又如 $[Fe(CN)_6]^{3-}$，实验测定，该配位化合物为正八面体构型。价键理论认为，在与 CN^- 形成配位化合物时，Fe^{3+} 3d 原子轨道中的 5 个 3d 电子重排到 3 个 3d 原子轨道中，空出的 2 个 3d 轨道与 1 个 4s 轨道及 3 个 4p 轨道发生 d^2sp^3 杂化，形成 6 个空的 d^2sp^3 杂化轨道，分别接受 6 个 C 原子提供的孤对电子形成 6 个配位键，从而形成了正八面体构型的配离子 $[Fe(CN)_6]^{3-}$。

10.2.3 内轨型配合物和外轨型配合物

中心原子参与杂化的价层轨道属同一电子层，如 $[Ag(NH_3)_2]^+$、$[Zn(NH_3)_4]^{2+}$、$[FeF_6]^{3-}$，采用 ns、np、nd 原子轨道杂化形成的配合物称为外轨型配合物。中心原子参与杂化的价层轨道不属同一电子层，如 $[Ni(CN)_4]^{2-}$、$[Cu(NH_3)_4]^{2+}$、$[Fe(CN)_4]^{3-}$，采用 $(n-1)d$、ns、np 原子轨道杂化形成的配合物称为内轨型配合物。

在什么情况下形成内轨型配合物或外轨型配合物，主要与以下两个因素有关。

（1）中心原子的电子构型

具有 d^{10} 构型的离子，只能用外层轨道形成外轨型配合物。例如，Zn^{2+} 的电子构型为 $3s^23p^63d^{10}4s^04p^0$，$[Zn(NH_3)_4]^{2+}$ 中 Zn^{2+} 进行 sp^3 杂化，形成外轨型配合物。具有 d 轨道的电子数为 4~7 的离子在形成配离子时情况比较复杂，既可形成内轨型配合物，又可形成外轨型配合物。例如，Fe^{3+} 的电子构型为 $3s^23p^63d^54s^04p^0$，3d 亚层 5 个简并轨道内有 5 个电子，处于半充满状态，相对较稳定，所以可以进行外轨型的 sp^3d^2 杂化。另外，3d 亚层 5 个电子也可以重排后进行内轨型的 d^2sp^3 杂化。此时杂化方式主要决定于配体的性质。

（2）配位原子的电负性

配体的性质与形成内轨型配合物或外轨型配合物的关系比较复杂，难以做出全面概括，只能以实验事实为依据。一般情况下，当配位原子电负性很大（如 F 和 O）通常与 d 轨道的电子数为 4~7 的中心离子形成外轨型配合物；当配位原子电负性较小，如 CN^-、—CO 对中心离子中的 d 电子有排斥作用而重排，通常形成内轨型配合物。而对于 N 原子（如 NH_3）作配位原子时，随中心离子不同，既可形成内轨型配合物，也可形成外轨型配合物。

由于 $(n-1)d$ 比 nd 轨道的能量低，通常内轨型配合物比外轨型配合物稳定。内轨型配合物一般较外轨型配合物键能大，在水溶液中较难解离为简单离子。

物质的磁性是指它在磁场中表现出来的性质，主要与物质的原子、分子或离子中电子自旋运动有关。如果电子都是偶合的，由电子自旋产生的磁效应相互抵消，这种物质在磁场中表现出反磁性。反之，有未成对电子存在时，由电子自旋产生的磁效应不能抵消，这种物质表现为顺磁性。顺磁性物质在磁场中磁效应用物质的磁矩 μ 来表示，物质的磁矩与未成对电子数目有关。磁矩 μ 与未成对电子数目 n 的近似关系为 $\mu = \sqrt{n(n+2)}\,\mu_0$，$\mu_0$ 是磁矩的单位，称为玻尔磁子。例如 $[FeF_6]^{3-}$ 的 $\mu = 5.92\,\mu_0$，磁矩 μ 较大，单电子数 $n = 5$，所以 Fe^{3+} 为外轨型 sp^3d^2 杂化。又如配离子 $[Fe(CN)_6]^{3-}$ 的 $\mu = 1.73\,\mu_0$，磁矩 μ 较小，单电子数 $n = 1$，所以 Fe^{3+} 为内轨型的 d^2sp^3 杂化。如果配位原子电负性较高，对配离子的中心离子 d 电子排布几乎没有影响，因此未成对电子数目较高，形成的配合物又称高自旋配合物；而配位原子电负性较低，使中心离子 d 电子发生重排，自旋平行的 d 电子数减少，形成的配合物又称低自旋配合物。

鲍林的价键理论成功地解释了配位化合物的空间构型、磁性和稳定性。但是该理论毕竟是一个定性理论，仍然存在一定的局限性，如不能解释配位化合物的特征颜色及其内轨型配合物、外轨型配合物产生的原因。自 20 世纪 50 年代以来，人们逐渐提出了晶体场理论、分子轨道理论等，在解释配位化合物的颜色和某些配位化合物特殊构型时非常成功。然而，配位化合物的价键理论简单易懂，对初步掌握配位化合物结构至今仍是一个重要的理论。

10.3　配位化合物在水溶液中的平衡

10.3.1　配离子的稳定常数

中心离子与配位体生成配离子的反应称为配位反应。配位反应与酸碱反应、氧化还原反应等一样，最终也将达到平衡。在深蓝色的 $[Cu(NH_3)_4]SO_4$ 溶液中加 $BaCl_2$，会产生白色沉淀；若加入少量 NaOH 溶液，观察不到蓝色 $Cu(OH)_2$ 沉淀；若加入 Na_2S 溶液，却发现有黑色的 CuS 沉淀产生。这表明 $[Cu(NH_3)_4]^{2+}$ 在水溶液中只能解离出少量的 Cu^{2+}，也就是说，溶液中必存在下列平衡过程：

$$Cu^{2+}(aq) + 4NH_3(aq) \rightleftharpoons [Cu(NH_3)_4]^{2+}(aq)$$

这个平衡称为配位平衡，其平衡常数可写为

$$K^\ominus = \frac{c\{[Cu(NH_3)_4^{2+}]\}/c^\ominus}{\{c(Cu^{2+})/c^\ominus\} \cdot \{c(NH_3)/c^\ominus\}^4} = K_f^\ominus$$

$K_f^\ominus$ 称为配离子的标准稳定常数，其大小反映了配位反应进行的程度。一般来说，$K_f^\ominus$ 值越大，表示该配离子在水中越稳定，解离反应越不容易发生。常见配离子的标准稳定常数详见附录10，可供查阅。对于相同类型的配位化合物，其稳定性可以由 $K_f^\ominus$ 的大小直接加以比较，如 $[Ag(CN)_2]^-$ 的 $K_f^\ominus = 1.3 \times 10^{21}$，$[Ag(NH_3)_2]^+$ 的 $K_f^\ominus = 1.1 \times 10^7$，说明 $[Ag(CN)_2]^-$ 比 $[Ag(NH_3)_2]^+$ 稳定。但是对于不同类型的配位化合物，不能直接用 $K_f^\ominus$ 来比较它们的稳定性，应该通过计算说明。

$[Cu(NH_3)_4]^{2+}$ 解离反应的标准平衡常数用 $K_d^\ominus$ 表示。

$$[Cu(NH_3)_4]^{2+}(aq) \rightleftharpoons Cu^{2+}(aq) + 4NH_3(aq)$$

$$K_d^\ominus = \frac{\{c(Cu^{2+})/c^\ominus\} \cdot \{c(NH_3)/c^\ominus\}^4}{c\{[Cu(NH_3)_4^{2-}]\}/c^\ominus}$$

对同一配离子，$K_f^\ominus = \dfrac{1}{K_d^\ominus}$。

10.3.2 配位平衡的计算

利用配位化合物的稳定常数，可以计算出配位化合物溶液中某一离子的浓度，也可以判断配位反应进行的方向和程度。

例 10-1 将 0.1 mol $CuSO_4$ 溶解在 1.0 L 6.0 mol·L^{-1} 氨水中，计算溶液中 Cu^{2+}、NH_3、$[Cu(NH_3)_4]^{2+}$ 的浓度。已知 $[Cu(NH_3)_4]^{2+}$ 的 $K_f^\ominus = 2.1 \times 10^{13}$。

解： 两溶液混合后，各物质的起始浓度分别为：

$$c_0(Cu^{2+}) = 0.1\ mol \cdot L^{-1}, \quad c_0(NH_3) = 6.0\ mol \cdot L^{-1}$$

由于 NH_3 过量，且 $K_f^\ominus\{[Cu(NH_3)_4]^{2+}\}$ 很大，因此，可以认为 Cu^{2+} 几乎全部转化为 $[Cu(NH_3)_4]^{2+}$。设平衡时 $c(Cu^{2+})$ 为 x。做如下近似计算：

$$Cu^{2+}(aq) \quad + \quad 4NH_3(aq) \quad \rightleftharpoons \quad [Cu(NH_3)_4]^{2+}(aq)$$

平衡浓度/(mol·L^{-1})　　　x　　　$6.0-4\times0.1+4x \approx 5.6$　　　$0.1-x \approx 0.1$

$$K^\ominus = \frac{c\{[Cu(NH_3)_4]^{2+}\}}{c(Cu^{2+}) \cdot c^4(NH_3)} = \frac{0.1}{x \times 5.6^4} = 2.1 \times 10^{13}$$

解得　　$x = 4.9 \times 10^{-18}$

所以，平衡后溶液中 $c(Cu^{2+}) = 4.9 \times 10^{-18}$ mol·L^{-1}，$c(NH_3) = 5.6$ mol·L^{-1}，$c\{[Cu(NH_3)_4]^{2+}\} = 0.1$ mol·L^{-1}。

例 10-2 A 溶液 0.10 mol·L^{-1} $[Ag(NH_3)_2]^+$ 溶液中含 0.01 mol·L^{-1} NH_3，B 溶液 0.10 mol·

$L^{-1}[Ag(NH_3)_2]^+$ 溶液中含 $4\ mol \cdot L^{-1}\ NH_3$，试分别计算 A、B 溶液中 Ag^+ 浓度为多少？已知 $[Ag(NH_3)_2]^+$ 的 $K_f^{\ominus} = 1.1 \times 10^7$。

解： 设 A 溶液中，$c(Ag^+) = x$，可做如下近似计算：

$$Ag^+(aq) \quad + \quad 2NH_3(aq) \rightleftharpoons [Ag(NH_3)_2]^+(aq)$$

初始浓度/(mol·L^{-1})　　　　0　　　　　　0.01　　　　　　　0.10

平衡浓度/(mol·L^{-1})　　　　x　　　0.01+2x≈0.01　　　0.10−x≈0.10

$$K_f^{\ominus} = \frac{c\{[Ag(NH_3)_2]^+\}}{c(Ag^+) \cdot c^2(NH_3)} = \frac{0.10}{x \times 0.01^2} = 1.1 \times 10^7$$

解得　$x = 9.1 \times 10^{-5}$

即 A 溶液中 Ag^+ 浓度为 $9.1 \times 10^{-5}\ mol \cdot L^{-1}$。

同理，设 B 溶液中，$c(Ag^+) = x$，可做如下近似计算：

$$Ag^+(aq) \quad + \quad 2NH_3(aq) \rightleftharpoons [Ag(NH_3)_2]^+(aq)$$

初始浓度/(mol·L^{-1})　　　　0　　　　　　4　　　　　　　　0.10

平衡浓度/(mol·L^{-1})　　　　x　　　　4+2x≈4　　　　0.10−x≈0.10

$$K_f^{\ominus} = \frac{c\{[Ag(NH_3)_2]^+\}}{c(Ag^+) \cdot c^2(NH_3)} = \frac{0.10}{x \times 4^2} = 1.1 \times 10^7$$

解得　$x = 5.7 \times 10^{-10}$

即 B 溶液中 Ag^+ 浓度为 $5.7 \times 10^{-10}\ mol \cdot L^{-1}$。

通过计算可知，配体浓度越大，反应进行的越完全，配离子在溶液中越稳定。

10.3.3　配位平衡的移动

配离子的稳定性是相对的，当外界条件改变时，原来的平衡就被破坏，在新的条件下建立起新的平衡。下面主要讨论酸碱反应、沉淀反应、氧化还原反应等对配位平衡移动的影响。

(1) 配位平衡与酸碱平衡

许多配位化合物的配体是弱酸根（如 F^-、NH_3、CN^-、$C_2O_4^{2-}$、EDTA 等），当系统中 H^+ 离子浓度增大时，这些配体就与 H^+ 离子生成弱酸，使系统中配体的浓度降低，从而使配位化合物的稳定性降低，平衡发生移动。

例如，在含有 $[FeF_6]^{3-}$ 的溶液中加入强酸，会发生下列反应并达到平衡

$$[FeF_6]^{3-}(aq) + 6H^+(aq) \rightleftharpoons Fe^{3+}(aq) + 6HF(aq)$$

配离子稳定性越小，弱酸的酸性越弱，则平衡向右移动的趋势越大，配离子越容易被破坏。

例 10-3　100 mL 0.20 mol·L^{-1} $[Ag(NH_3)_2]^+$ 溶液与 100 mL 0.60 mol·L^{-1} HNO_3 等体积混合，求平衡后体系中 $[Ag(NH_3)_2]^+$ 的浓度。已知 $[Ag(NH_3)_2]^+$ 的 $K_f^{\ominus} = 1.1 \times 10^7$，$NH_3$ 的 $K_b^{\ominus} = 1.8 \times 10^{-5}$。

解： 两溶液等体积混合后 $c\{[Ag(NH_3)_2]^+\} = 0.1\ mol \cdot L^{-1}$，$c(H^+) = 0.3\ mol \cdot L^{-1}$

设平衡时 $c\{[Ag(NH_3)_2]^+\} = x$

$$[Ag(NH_3)_2]^+ \quad + \quad 2H^+ \quad \rightleftharpoons \quad Ag^+ \quad + \quad 2NH_4^+$$

反应后浓度/(mol·L^{-1})   0   0.3-0.1×2=0.1   0.1   2×0.1=0.2

平衡浓度/(mol·L^{-1}) x 0.1+2x≈0.1   0.1-x≈0.1   0.2-2x≈0.2

$$K^\ominus = \frac{c(Ag^+) \cdot c^2(NH_4^+)}{c\{[Ag(NH_3)_2]^+\} \cdot c^2(H^+)} = \frac{1}{K_f^\ominus\{[Ag(NH_3)_2]^+\} \cdot \{K_a^\ominus(NH_4^+)\}^2}$$

$$= \frac{1}{K_f^\ominus\{[Ag(NH_3)_2]^+\} \cdot \{K_w^\ominus/K_b^\ominus(NH_3)\}^2}$$

$$K^\ominus = \frac{1}{1.1\times10^7} \times \left(\frac{1.8\times10^{-5}}{10^{-14}}\right)^2 = 2.9\times10^{11}$$

由于该反应平衡常数数值很大,可以认为$[Ag(NH_3)_2]^+$几乎完全反应转化为Ag^+。

$$K^\ominus = \frac{0.1\times0.2^2}{x\times0.1^2} = 2.9\times10^{11}$$

解得 $x = 1.4\times10^{-12}$

所以,溶液混合后$c\{[Ag(NH_3)_2]^+\} = 1.4\times10^{-12}$ mol·L^{-1},可以认为$[Ag(NH_3)_2]^+$配离子已经完全被破坏。

(2)配位平衡与沉淀溶解平衡

在难溶盐的沉淀中,加入配位剂可以形成配离子而使沉淀溶解,而有些配位化合物溶液中加入某种沉淀剂后,又生成沉淀,使得配离子被破坏。这主要与沉淀剂和配体对金属离子的争夺能力及其浓度有关。利用配离子的稳定常数和沉淀的溶度积常数,可具体分析哪一种能使游离金属离子浓度降得更低,则平衡便向哪一方转化。

在配离子的溶液中加入能与中心离子生成难溶电解质的沉淀剂,可以破坏配离子的稳定性。

例如,在$[Cu(NH_3)_4]^{2+}$的溶液中加入Na_2S,可以生成CuS黑色沉淀:

$$[Cu(NH_3)_4]^{2+}(aq) + S^{2-}(aq) \rightleftharpoons CuS(s) + 4NH_3(aq)$$

在难溶电解质中加入能与阳离子生成配离子的溶液,可以通过生成配离子使沉淀溶解。

又如,在AgBr(s)加入$Na_2S_2O_3$溶液,可以使AgBr的沉淀溶解:

$$AgBr(s) + 2S_2O_3^{2-}(aq) \rightleftharpoons [Ag(S_2O_3)_2]^{3-}(aq) + Br^-(aq)$$

例 10-4 欲使0.1 mol AgCl溶解于1.0 L氨水中,所需氨水的最低浓度是多少?若用1.0 L $Na_2S_2O_3$溶液溶解0.1 mol AgBr,$Na_2S_2O_3$的最低浓度又是多少?已知$K_f^\ominus\{[Ag(NH_3)_2]^+\} = 1.1\times10^7$,$K_{sp}^\ominus(AgCl) = 1.77\times10^{-10}$,$K_{sp}^\ominus(AgBr) = 5.35\times10^{-13}$,$K_f^\ominus\{[Ag(S_2O_3)_2]^{3-}\} = 2.9\times10^{13}$。

解:（1） $AgCl(s) + 2NH_3(aq) \rightleftharpoons [Ag(NH_3)_2]^+(aq) + Cl^-(aq)$

$$K^\ominus = \frac{c\{[Ag(NH_3)_2]^+\} \cdot c(Cl^-)}{c^2(NH_3)} = \frac{c\{[Ag(NH_3)_2]^+\} \cdot c(Cl^-)}{c^2(NH_3)} \cdot \frac{c(Ag^+)}{c(Ag^+)}$$

$$= K_f^\ominus\{[Ag(NH_3)_2]^+\} \cdot K^\ominus(AgCl) = 1.1\times10^7 \times 1.77\times10^{-10} = 1.95\times10^{-3}$$

当0.1 mol AgCl完全溶解时

$$c\{[Ag(NH_3)_2]^+\} = c(Cl^-) \approx 0.1 \text{ mol·L}^{-1}$$

代入上式 $\dfrac{0.1\times0.1}{c^2(NH_3)} = 1.95\times10^{-3}$

解得　$c(NH_3) = 2.26\ mol \cdot L^{-1}$

$$c(NH_3)_{最低} = 2.26 + 0.1 \times 2 = 2.46\ mol \cdot L^{-1}$$

即欲使 0.1 mol AgCl 溶解于 1.0 L 氨水中，所需氨水的最低浓度为 2.46 $mol \cdot L^{-1}$。

（2）　　　　$AgBr(s) + 2S_2O_3^{2-}(aq) \rightleftharpoons [Ag(S_2O_3)_2]^{3-}(aq) + Br^-(aq)$

$$K^\ominus = \frac{c\{[Ag(S_2O_3)_2]^{3-}\} \cdot c(Br^-)}{c^2(S_2O_3^{2-})} = K_f^\ominus\{[Ag(S_2O_3)_2]^{3-}\} \cdot K_{sp}^\ominus(AgBr)$$

$$= 2.9 \times 10^{13} \times 5.35 \times 10^{-13} = 15.5$$

当 0.1 mol AgBr 完全溶解时，$[Ag(S_2O_3)_2]^{3-}$ 和 $Br^-(aq)$ 的浓度均为 0.1 $mol \cdot L^{-1}$，代入后

$$\frac{0.1 \times 0.1}{c^2(S_2O_3^{2-})} = 15.5$$

解得　$c(S_2O_3^{2-}) = 0.025\ mol \cdot L^{-1}$

$$c(S_2O_3^{2-})_{最低} = 0.025 + 0.1 \times 2 = 0.225\ mol \cdot L^{-1}$$

欲使 0.1 mol AgBr 溶解于 1.0 L $Na_2S_2O_3$ 中，所需 $Na_2S_2O_3$ 的最低浓度为 0.225 $mol \cdot L^{-1}$。所以 AgBr 可以溶解于 $Na_2S_2O_3$ 溶液中。

这类沉淀和配位的多重平衡在生产和科学实验中均有应用。例如，用海波（$Na_2S_2O_3$）溶液溶解胶片上未感光的 AgBr 乳胶。用生成 Ag_2S 沉淀的方法回收 $[Ag(S_2O_3)_2]^{3-}$ 定影液或 $[Ag(CN)_2]^-$ 电镀液中的 Ag^+ 离子。

（3）配位平衡与氧化还原平衡

在金属离子参与的氧化还原反应体系中，加入配位剂时，由于金属离子和配位剂发生反应生成稳定的配离子，使金属离子的浓度大大降低，从而引起电极电势的变化，使氧化还原平衡发生移动，甚至会改变反应进行的方向。例如，在 Fe^{3+} 溶液中加入 I^-，$2Fe^{3+} + 2I^- \rightleftharpoons I_2 + 2Fe^{2+}$（体系中加淀粉有蓝色出现）。如果在此溶液中加入 NaF，则 F^- 与 Fe^{3+} 反应生成配位化合物，$Fe^{3+} + 6F^- \rightleftharpoons [FeF_6]^{3-}$ 降低了 Fe^{3+} 的浓度，使 $2Fe^{3+} + 2I^- \rightleftharpoons I_2 + 2Fe^{2+}$ 平衡向左侧移动，蓝色会消失，减弱了 Fe^{3+} 的氧化能力。

同样，通过氧化还原反应改变电极电势，可以使配离子中心离子的浓度降低，从而使配离子离解。例如，在血红色的 $Fe(SCN)_3$ 的溶液中加入 $SnCl_2$，血红色褪去，这是由于发生了氧化还原反应 $2Fe^{3+} + Sn^{2+} \rightleftharpoons 2Fe^{2+} + Sn^{4+}$，使 $2Fe(SCN)_3 \rightleftharpoons 2Fe^{3+} + 6SCN^-$ 的平衡状态向右移动的结果。

例 10-5　已知 $E^\ominus(Ag^+/Ag) = 0.799\ V$，$K_f^\ominus\{[Ag(NH_3)_2]^+\} = 1.1 \times 10^7$，求电对 $[Ag(NH_3)_2]^+/Ag$ 的标准电极电势。

解： 当 $[Ag(NH_3)_2]^+$ 达到解离平衡时，溶液中 Ag^+ 的浓度可由下列平衡求出。

$$Ag^+ + 2NH_3 \rightleftharpoons [Ag(NH_3)_2]^+$$

$$K_f^\ominus = \frac{c\{[Ag(NH_3)_2]^+\}}{c(Ag^+) \cdot c^2(NH_3)} = 1.1 \times 10^7$$

根据题意先假定配离子和配体的浓度均为 1 $mol \cdot L^{-1}$，则

$$c(Ag^+) = \frac{c\{[Ag(NH_3)_2]^+\}}{K_f^\ominus \cdot c^2(NH_3)} = \frac{1}{1.1 \times 10^7} = 9.09 \times 10^{-8}$$

根据能斯特方程，得

$$E(Ag^+/Ag) = E^{\ominus}(Ag^+/Ag) + 0.059 \lg c(Ag^+) = 0.799 + 0.059 \lg(9.09 \times 10^{-8}) = 0.382 \text{ V}$$

即 $\quad\quad\quad E^{\ominus}\{[Ag(NH_3)_2]^+/Ag\} = 0.382 \text{ V}$

（4）配位化合物之间的转化平衡

当向一种配位平衡的体系中加入另外一种配体时，如果这种配体能与中心离子形成更稳定的配位化合物时，原有的配位平衡就会被破坏发生解离，平衡总是向配离子稳定性大的方向移动。两种配离子的稳定常数相差越大，则转化越完全。

例如，在血红色的 $[Fe(SCN)_6]^{3-}$ 溶液中加入 NaF，血红色褪去，这是因为配体 F^- 与中心离子 Fe^{3+} 形成了更稳定的无色配离子 $[FeF_6]^{3-}$。

$$[Fe(SCN)_6]^{3-} + 6F^- \Longrightarrow [FeF_6]^{3-} + 6SCN^-$$

若再向上述溶液中加入 $(NH_4)_2C_2O_4$ 溶液，并适当加热，溶液变为淡黄色。此时，又发生了下述反应：

$$[FeF_6]^{3-} + 3C_2O_4^{2-} \Longrightarrow [Fe(C_2O_4)_3]^{3-} + 6F^-$$

由此可知，配离子的稳定性为 $[Fe(SCN)_6]^{3-} < [FeF_6]^{3-} < [Fe(C_2O_4)_3]^{3-}$。

综上所述，可配位平衡常常与其他平衡共处于同一体系之中，它们相互影响、相互制约，构成竞争平衡。因此，可以利用平衡的移动进行制备、测量等各种化学工作。

10.4　配位化合物的应用

10.4.1　在分析化学中的应用

（1）离子鉴定和离子的分离

在定性分析中，广泛应用形成配位化合物反应以达到离子鉴定和离子分离的目的。某种配位剂若能和金属离子形成特征的有色配位化合物或沉淀，便可作为灵敏度高、选择性好的特效试剂。

例如，水溶液中的 Fe^{3+} 与 KSCN 溶液易形成特征的血红色的 $[Fe(SCN)_n]^{3-n}$：

$$Fe^{3+} + nSCN^- \Longrightarrow [Fe(SCN)_n]^{3-n} \quad (n = 1 \sim 6)$$

利用此反应来鉴定 Fe^{3+}，同时也可根据红色的深浅，确定溶液中 Fe^{3+} 的含量。

又如，利用 $K_4[Fe(CN)_6]$ 可与 Fe^{3+} 和 Cu^{2+} 分别形成 $Fe_4[Fe(CN)_6]_3$ 蓝色沉淀和 $Cu_2[Fe(CN)_6]$ 红棕色沉淀的反应，鉴定 Fe^{3+} 和 Cu^{2+}。

两种离子若有一种离子能与某种配位剂形成配位化合物，这种配位剂便可用于这两种离子的分离。这种分离方法是将配位剂加到难溶固体混合物中，其中一种离子与配位剂生成可溶性配位化合物而进入溶液，其余的留在沉淀中。

例如，在含有 Zn^{2+} 和 Al^{3+} 的混合溶液中，加入氨水，此时 Zn^{2+} 和 Al^{3+} 皆与氨水反应形成氢氧化物沉淀：

$$Zn^{2+} + 2NH_3 \cdot H_2O \Longrightarrow Zn(OH)_2 \downarrow + 2NH_4^+$$

$$Al^{3+} + 3NH_3 \cdot H_2O \Longrightarrow Al(OH)_3 \downarrow + 3NH_4^+$$

$$Zn(OH)_2 + 4NH_3 \Longrightarrow [Zn(NH_3)_4]^{2+} + 2OH^-$$

但当加入过量的氨水时，$Zn(OH)_2$ 可与 NH_3 形成 $[Zn(NH_3)_4]^{2+}$ 进入溶液，$Al(OH)_3$ 则不能与 NH_3 形成配位化合物，从而达到 Zn^{2+} 和 Al^{3+} 分离的目的。

（2）配位滴定

在定量分析中，配位滴定是一种十分重要的滴定分析方法。它利用配位剂（如 EDTA）与金属离子定量地进行配位反应，生成配位化合物来准确测定金属离子含量。这种方法应用十分广泛，在分析化学课程中将有详细讲解。

（3）掩蔽某些离子对其他离子的干扰作用

在分析鉴定中，常会因某种离子的存在而发生干扰，影响鉴定工作的正常进行。例如，在含有 Co^{2+} 和 Fe^{3+} 的混合溶液中，加入配位剂 KSCN 检测 Co^{2+} 时，将发生下列反应：

$$[Co(H_2O)_6]^{2+}+4SCN^- \rightleftharpoons [Co(SCN)_6]^{2-}+6H_2O$$

　　　　粉红色　　　　　　　　　　宝石蓝

但 Fe^{3+} 妨碍了对 Co^{2+} 的鉴定，只要先在溶液中加入足够量的 NaF，使 Fe^{3+} 生成稳定的无色的 $[FeF_6]^{3-}$，Fe^{3+} 不再与 SCN^- 配位，而把 Fe^{3+}"掩蔽"起来，排除 Fe^{3+} 对 Co^{2+} 鉴定的干扰。

10.4.2　在工业上的应用

配位化合物主要用于湿法冶金。湿法冶金就是用水溶液直接从矿石中将金属以化合物的形式提取出来，然后进一步还原为金属的过程，广泛用于从矿石中提取稀有金属和有色金属。在湿法冶金中金属配位化合物的形成起着重要的作用。例如，矿砂中金的提取就是应用了下列两个配位反应：

$$4Au+8CN^-+2H_2O+O_2 = 4[Au(CN)_2]^-+4OH^-$$
$$Zn+2[Au(CN)_2]^- = 2Au+[Zn(CN)_4]^{2-}$$

配位化合物还广泛用于电镀、印染、化肥、农药等工业和硬水软化、制备纯水等。环境治理中也常用生成配位化合物处理工业"三废"。

10.4.3　在生物、医药等方面的应用

配位化合物在生物化学中具有广泛而重要的作用。例如，植物中起光合作用的叶绿素是镁的配位化合物；在动物血液中起输送氧气作用的血红素是铁的配位化合物。在固氮菌中，能够固定大气中氮的固氮酶实际上是铁钼蛋白，这是以铁和钼为中心的复杂配位化合物。又如，在医药工业中，维生素 B_{12} 是钴的配位化合物（又称钴胺素），是治疗恶性贫血症的特效药；顺式-二氯·二氨合铂（Ⅱ）（简称顺铂）是目前常用的一种抗癌药；酒石酸锑钾用于治疗血吸虫病；含锌螯合物用于治疗糖尿病；EDTA 的钠盐是排出人体内铅、钒、铀、钍、钚、铜、锰等元素的高效解毒剂。

随着人们对金属配位化合物研究的深入，过渡金属配位化合物已经在生物标记、免疫分析、蛋白质染色、医学成像等生物医学领域获得广泛应用，并成功实现商业化。化学家和生物学家之间的跨领域交叉合作，为化学研究提供应用导向，也为生命科学研究人员丰富研究手段，促进生物医学技术的飞跃发展。

霍奇金

拓展阅读

单晶 X 射线衍射

1895 年，德国物理学家伦琴（W. C. Röntgen）发现了 X 射线。由于这种射线穿透力强，

当时对它的本质并不了解，不知道它是粒子流还是波，所以用 X 这一未知数符号表示，称为 X 射线。由于此重要发现，伦琴于 1901 年获得诺贝尔物理学奖。经过了一百多年的发展，X 射线已经广泛应用于社会的各个领域，其中 X 射线晶体衍射技术更是得到了迅猛的发展：德国科学家劳厄(Max von Laue)发现了晶体对 X 射线的"衍射效应"，他于 1912 年发表了计算衍射条件的公式(即劳厄方程)，并于 1914 年获得诺贝尔物理学奖。与此同时，布拉格(W. L. Bragg)也提出了布拉格方程，并测定了 NaCl 和 KCl 等的晶体结构，从此开启了简单无机物晶体结构的研究，于 1915 年获得诺贝尔物理学奖。到 20 世纪 30 年代，晶体学家们已经测定了一批无机物的晶体结构。而对有机化合物的晶体结构测定也在 1923 年取得突破。首例被测定晶体结构的有机化合物是六次甲基四胺。随后，有关有机化合物、配位化合物和金属有机化合物等的晶体结构研究也取得迅速发展，涉及的结构越来越复杂。X 射线晶体学的早期发展史在有关文献中有比较详细的记载。

在晶体结构解析的理论和方法方面，早期晶体学家们采用模型法和帕特森法(Patterson method)。到 20 世纪 40 年代，直接法(direct method)的研究也开展起来。仪器方面的发展极大地推动了 X 射线单晶结构分析的发展。早期采用各种照相方法，包括回摆法(oscillation method)、魏森贝格法(Weissenburg method)、旋进法(precession method)等。而 1970 年四圆单晶衍射仪的出现，实现了 X 射线衍射实验技术自动化的第一个重要飞跃。到 20 世纪 80 年代，计算机已经广泛应用于衍射数据收集的控制、结构解析和结构精修(有时也称结构修正)，从而在一定程度上实现了单晶结构分析过程的自动化。近几十年来，由于理论、衍射仪和计算机技术的飞速发展，X 射线结构分析从早期简单化合物的结构分析发展到不仅能解析复杂化合物的结构，而且能够解析十分复杂的蛋白质等生物大分子的结构。1962 年，诺贝尔化学奖授予测定肌红蛋白和血红蛋白晶体结构的坎德润(J. C. Kendrew)和佩鲁茨(M. F. Perutz)，诺贝尔生理学或医学奖则授予用 X 射线衍射方法测定 DNA 双螺旋结构的克里克(F. H. C. Crick)和沃森(J. D. Watson)。1985 年，诺贝尔化学奖授予直接法研究的主要奠基者豪甫特曼(H. Hauptman)和卡尔(J. Karle)。今天，X 射线单晶结构分析的理论和技术，尤其是小分子结构分析方面，已经相当成熟。

众所周知，物质的结构决定物质的物理化学性质和性能，物理化学性质和性能是物质结构的反映。只有充分了解物质的结构，才能深入认识和理解物质的性能，才能更好地改进化合物和材料的性质与功能，设计出性能优良的新化合物和新材料。

探测物质结构的方法有很多种，如常用的红外光谱、紫外光谱、质谱和核磁共振谱，人们能从这些谱图推导出该物质的一些结构与性质方面的信息，各种不同的波谱方法可以得到各种有用的信息。然而，这些方法无法给出分子或其聚集体的精细几何结构信息。

分子中原子间的键合距离一般为 100~300 pm，而可见光的波长为 300~700 nm。因此，光学显微镜无法显示分子结构图像。1912 年劳厄(M. von Laue)发现，晶体具有三维点阵结构，像光栅一样能散射波长与原子间距相近($\lambda = 50~300$ pm)的 X 射线。入射 X 射线由于晶体三维点阵引起的干涉效应，形成数目很多、波长不变、在空间具有特定方向的衍射，这就是 X 射线衍射。测量出这些衍射的方向和强度，并根据晶体学理论推导出晶体中原子的排列情况，称为 X 射线结构分析。X 射线结构分析已成为数学、物理学、化学、分子生物学、药物学、植物学、地质学、冶金学、材料科学等多学科的汇合点，成为一门渗透广泛的边缘学科。X 射线衍射在测定分子的结构方面的优点就在于其只需要一颗合适的单晶体，就可以不借助其他信息独立给出物质的立体分子结构，是当前认识固体物质微观结构的最强有力手段。

X 射线单晶结构分析可以提供一个化合物在固态中全部三维信息：原子在空间的位置，成键原子(离子)的键型及精确键长、键角与二面角值，分子的空间排列(堆积)规律(及对称性)，分子的构象特征，分子的绝对构型，分子的几何拓扑学特征，分子在晶体中的相互作用以及氢键关系、π-π 相互作用等各种有用信息。X 射线分析通常可以快速、准确地完成其他物理方法(质谱、核磁共振谱等)不能完满解决的疑难结构(包括大分子结构)问题，并为分子计算机辅助设计提供精确、定量的分子立体结构数据。单晶结构分析是有机合成、不对称化学反应、配合物研究、新药合成、天然提取物分子结构、矿物结构以及各种新材料结构与性能关系研究中不可缺少的最直接、最有效、最权威的方法之一。到目前为止，已经有多位科学家借助 X 射线单晶结构分析方法开展研究，取得十分重要的成果并获得诺贝尔化学奖。例如，霍奇金(D. C. Hodgkin)因为研究青霉素和维生素 B_{12} 等重要的生物活性化合物的结构而获得 1964 年诺贝尔化学奖；利普斯科姆(W. N. Lipscomb)因为在硼氢化合物的结构和键合研究中取得突出贡献而于 1976 年获得诺贝尔化学奖；克来姆(D. J. Cram)、莱恩(J. M. Lehn)和佩德森(C. J. Pederson)因在超分子化学方面的成就而于 1987 年共同获得诺贝尔化学奖。

直到 20 世纪 80 年代中期以前，X 射线单晶结构分析基本上是晶体学家和化学晶体学家的专业工作。但是，近 20 年来，随着晶体结构分析技术手段的提高，单晶衍射仪价格的降低和功能的提高，单晶衍射仪越来越普及。同时，其计算与画图等程序功能越来越强大，且使用越来越方便。因此，单晶结构分析已经成为十分常见且使用方便的研究方法。在很多的情况下，不一定需要专业晶体学家帮助就可以解决问题。在与合成化学密切相关的学科，包括配位化学、金属有机化学、有机化学、无机材料化学、生物无机化学等领域，特别是与晶体工程和超分子化学相关的科学研究中，X 射线单晶结构分析已经成为必不可少的研究手段。

X 射线晶体结构分析过程，从单晶培养开始，到晶体的挑选与安置，继而使用衍射仪测量衍射数据，再利用各种结构分析与数据拟合方法，进行晶体结构解析与结构精修，最后得到各种晶体结构的几何数据与结构图形等结果。利用目前的仪器设备和计算机，一个常规小分子化合物的 X 射线晶体结构分析全过程可以在几十分钟到几个小时内完成。

习　题

一、选择题

1. 在 $K[Co(C_2O_4)_2(en)]$ 中，中心离子的配位数是(　　)。

A. 3　　　　　　　　B. 4　　　　　　　　C. 5　　　　　　　　D. 6

2. 下列物质中，能作为螯合剂的是(　　)。

A. SCN^-　　　　　　　　　　　　　　B. $(CH_3)_2N—NH_2$

C. SO_4^{2-}　　　　　　　　　　　　　　D. $H_2N—CH_2—CH_2—CH_2—NH_2$

3. 下列配合物中, 不能稳定存在的是(　　)。

A. $[Ni(NH_3)_6]^{2+}$　　　B. $[Ni(H_2O)_6]^{2+}$　　　C. $[Ni(CN)_6]^{4-}$　　　D. $[Ni(en)_3]^{2+}$

4. 对于电对 Ag^+/Ag, 加入氨水溶液后, 银的还原能力将(　　)。

A. 增强　　　　　B. 减弱　　　　　C. 不变　　　　　D. 无法确定

5. 往组成 $CrCl_3 \cdot 4NH_3 \cdot 2H_2O$ 的化合物溶液中加入足量的 $AgNO_3$, 有 2/3 的氯生成 $AgCl$ 沉淀。该化合物的维尔纳化学式为(　　)。

A. $[Cr(NH_3)_4(H_2O)_2]Cl_3$　　　　　　B. $[Cr(NH_3)_4(Cl)_2]Cl$

C. $[Cr(NH_3)_4(H_2O)Cl]Cl_2 \cdot H_2O$　　　D. $[Cr(NH_3)_4Cl_2]Cl \cdot 2H_2O$

二、填空题

命名下列配位化合物。

1. $[Co(NH_3)_6]Cl_2$ _____

2. $K_2[Zn(OH)_4]$ _____

3. $K_2[Co(NCS)_4]$ _____

4. $Na_3[Co(ONO)_6]$ _____

5. $[CrCl_2(H_2O)_4]Cl$ _____

6. $H[Pt(NH_3)_2Cl_2]$ _____

7. $[Ni(en)_3]Cl_3$ _____

8. $Na_3[AlF_6]$ _____

9. $[Fe(CO)_5]$ _____

10. $K_3[Fe(SCN)_6]$ _____

根据下列配合物的名称写出它们的化学式。

1. EDTA 合钙(Ⅱ)酸钠 _____

2. 四硫氰·二氨合铬(Ⅲ)酸铵 _____

3. 硫酸一氯·一氨·二(乙二胺)合铬(Ⅲ) _____

4. 三氯·羟基·二氨合铂(Ⅳ) _____

5. 二氯·(草酸根)·(乙二胺)合铁(Ⅲ)离子 _____

6. 六氯合铂(Ⅳ)酸钾 _____

三、判断题

1. 配位化合物的内界与外界之间主要以共价键结合。(　　)

2. 只有金属离子才能作为配位化合物的形成体。(　　)

3. 配离子的几何构型取决于中心离子所采用的杂化轨道类型。(　　)

4. 在某些难溶金属化合物中加入适当的配位剂可增大其溶解度。(　　)

5. 氨水溶液不能装在铜制容器中, 其原因是发生了配位反应, 生成 $[Cu(NH_3)_4]^{2+}$ 使铜溶解。(　　)

四、简答题

1. $PtCl_4$ 和氨水反应, 生成化合物的化学式为 $Pt(NH_3)_4Cl_4$。将 1 mol 此化合物用 $AgNO_3$ 处理, 得到 2 mol $AgCl$。试推断配合物内界和外界的组分, 并写出其结构式。

2. 根据价键理论, 指出下列配离子中中心原子的杂化类型和空间构型。

$[Cd(NH_3)_4]^{2+}(\mu=0)$　　　$[Ag(NH_3)_2]^+(\mu=0)$　　　$[Fe(H_2O)_6]^{2+}(\mu=5.30)$

$[Mn(CN)_6]^{4-}(\mu=1.80)$　　　$[Co(NH_3)_6]^{2+}(\mu=4.26)$

3. 衣服上的铁锈渍, 可先用高锰酸钾酸性溶液润湿, 再滴加草酸溶液, 然后以水洗涤而去除。试予以解释。

五、计算题

1. 将等体积的 0.10 mol·L^{-1} $AgNO_3$ 溶液与 0.40 mol·L^{-1} NH_3 溶液混合。计算混合后溶液中

$[Ag(NH_3)_2]^+$ 和 Ag^+ 的浓度? 已知 $K_f^{\ominus}\{[Ag(NH_3)_2]^+\} = 1.1 \times 10^7$。

2. 在含有 $1\ mol \cdot L^{-1}\ NH_3$ 和 $0.1\ mol \cdot L^{-1}[Ag(NH_3)_2]^+$ 的溶液中，Ag^+ 的浓度等于多少? 若是含 $1\ mol \cdot L^{-1}\ KCN$ 和 $0.1\ mol \cdot L^{-1}[Ag(CN)_2]^-$ 的溶液，Ag^+ 的浓度等于多少? 由此可得什么结论? 已知 $K_f^{\ominus}\{[Ag(NH_3)_2]^+\} = 1.1 \times 10^7$，$K_f^{\ominus}\{[Ag(CN)_2]^-\} = 1.3 \times 10^{21}$。

3. 有一混合溶液含 $0.1\ mol \cdot L^{-1}\ NH_3$、$0.01\ mol \cdot L^{-1}\ NH_4Cl$ 和 $0.15\ mol \cdot L^{-1}[Cu(NH_3)_4]^{2+}$，这个溶液中有无 $Cu(OH)_2$ 沉淀生成? 已知 $K_{sp}^{\ominus}[Cu(OH)_2] = 2.2 \times 10^{-20}$。

习题解答

第 11 章　化学与材料

教学目的和要求：

(1) 了解材料的发展现状、材料的分类等。

(2) 了解金属材料的性质、合金的组成、结构特点及其应用。

(3) 了解无机非金属材料的组成、分类、性能及其在生活中的应用。

(4) 了解有机高分子材料的组成、分类、性能及其在生活中的应用。

材料是指人类利用单质或化合物的某些功能制作物件时所用的化学物质，即具有某些功能的化学物质。材料被称为发明之母、人类社会进步的里程碑、当代社会经济发展的先导、现代工业和现代农业发展的基础。世界上的万事万物，就其与人类生存和发展关系密切的程度而言，没有任何东西能与材料相比。科技强国一直是我国重要战略方针之一，党的二十大报告提出，要以国家战略需求为导向，集聚力量进行原创性引领性科技攻关。我们的生活离不开材料，人类的发展史也是材料的发展史，在材料领域内，我们跟国外还存在一定的差距，因此，新材料的设计、合成和开发，是我们学习和研究的重要领域之一。

实际上，人的衣食住行都离不开材料，人的一生都在与材料打交道，没有特殊的荧光材料，就没有彩色电视；没有高纯的单晶硅，就没有今天的计算机；没有特殊的新型材料，风云气象卫星就无法上天。可见，科技的发展和社会的进步往往受到材料的制约。反过来，一种新材料的发现可能会给社会带来革命性的变化。例如，19 世纪发展起来的现代钢铁材料推动了机器制造工业的发展，为现代社会的物质文明奠定了基础；20 世纪 50 年代以锗、硅单晶材料为基础，在半导体器件和集成电路所取得的突破，对社会生产力的提升起到了不可估量的推动作用。因此，材料科学的发展，给社会和人民生活带来了巨大的变化。

化学参与材料科学是理所当然和责无旁贷的，因为化学家不仅对物质的结构和性质有着深刻的理解，而且掌握着精湛的化学实验技术，这些相应的知识和技术，在探索和开发具有新组成、新结构、新功能的材料方面，在材料的复合、集成、加工等方面，都可以大有作为。因此，化学既是材料科学的重要组成部分，也是材料科学的基础之一。

材料是人类生活和生产的物质基础，是人类认识自然和改造自然的工具。可以这样说，自从人类出现就开始使用材料。从考古学的角度，人类文明曾被划分为旧石器时代、新石器时代、青铜器时代等，由此可见材料的发展对人类社会的影响。从人类的出现到 21 世纪的今天，人类的文明程度不断提高，材料科学也在不断发展。在人类文明的进程中，材料大致经历了以下五代。

第一代为天然材料。在远古时代，由于生产技术水平很低，人类只能使用天然材料(如兽皮、甲骨、羽毛、树木、草叶、石块、泥土等)，即人们通常所说的旧石器时代。这一阶段所利用的材料都是纯天然的，在后期，虽然人类文明的程度有了很大进步，在制造器物方面有了种种技巧，但是都只是纯天然材料的简单加工。

第二代为烧炼材料。烧炼材料是烧结材料和冶炼材料的总称。公元前 6000 年，人类发现了火。有了火，不仅可以熟食、取暖、照明和驱兽，还能用火将天然黏土烧制成砖瓦和陶器。在制造陶器的基础上进而烧制出瓷器。瓷器作为中华文明的象征，被大量运往欧亚各地，对世界文化的发展产生了深远的影响。人类用天然黏土烧制陶瓷，这是材料发展史上的第一次重大突破。以后，人类又制造出玻璃和水泥，这些都属于烧结材料。

在大量烧制陶瓷的实践中，人类熟练地掌握了高温加工技术，利用这种技术从天然矿石中提炼出铜及其合金、青铜和铁等冶炼材料。铜是人类社会最早出现的金属，它使人类社会从新石器时代转入青铜时代。距今约 2400 年前的春秋战国时期，我国人民已经掌握了炼铁技术，比欧洲早 1800 年左右。人们用铁作为材料制作农具，使农业生产力得到空前的提高，并促使奴隶社会解体和封建社会兴起。

第三代为合成材料。这一阶段以合成高分子材料的出现为开端，从 1907 年第一个小型酚醛树脂厂建立开始，一直延续至今。人工合成塑料、纤维及橡胶等高分子材料，加上已有的金属材料和陶瓷材料(无机非金属材料)构成了现代材料的三大支柱。除合成高分子材料以外，人类也合成了一系列的合金材料和无机非金属材料。超导材料、半导体材料、光纤等材料都是这一阶段的典型代表。

第四代为可设计材料。新技术的发展对材料提出了更高的要求，前三代单一性能的材料已不能满足需要。因此，科学工作者开始研究用新的物理、化学方法，根据实际需要设计特殊性能的材料。近代出现的金属陶瓷、铝塑薄膜等复合材料就属于这一类。复合材料的发展经历了古代—近代—先进复合材料的过程，对人类社会生活和科技进步起着重要的作用。人类自古以来不仅会使用天然的复合材料(如木材、竹材等)，还会用简单的方法制备复合材料，最原始的复合材料是在黏土泥浆中掺稻草，制成很好的土砖。历经几千年的发展，复合材料由古代复合材料发展到近代复合材料，包括软质复合材料(用各种纤维增强的橡胶)和硬质复合材料(用纤维增强的树脂，如玻璃钢等)。先进复合材料一般是指具有高强度和比模量的结构复合材料。先进复合材料的出现源于航空、航天工业的发展需要。同时，它又促进了航空、航天等高科技产业的发展，被公认为是当代科学技术中的重大关键技术。

第五代为智能材料。自然界中的材料都具有自适应、自诊断和自修复的功能。例如，所有的动物或植物都能在没有受到绝对破坏的情况下进行自诊断和自修复。人工材料目前还不能做到这一点，但是近三四十年研制出的一些材料已经具备其中的部分功能。这就是目前最引人注目的智能材料，如变色镜、PTC(正温度系数)热敏陶瓷、加热电阻和形状记忆合金等。近年来，智能材料的研究尽管已经取得重大进展，但是离理想智能材料的目标还相距甚远。

如上所述，在 20 世纪中，材料经历了五个发展阶段中的三个阶段，这种发展速度是前所未有的。当前，高科技、新材料的发展日新月异，材料科学的内涵也日益丰富，21 世纪会出现什么样的高科技材料，材料科学又将发展到何种程度，我们很难预料。

材料可按多种方法进行分类。目前，通常依据材料的化学成分、特性和材料的用途进行分类。依据材料的化学成分及特性，通常将材料分为金属材料、非金属材料、高分子材料和复合材料。依据材料的用途，通常将材料分为结构材料和功能材料两大类。结构材料主要用作产品或工程的结构部件，着重于材料的强度、韧性等力学性质，广泛用于机械制造、工程建设、交通运输和能源等各工业部门。功能材料则利用其热、光、电、磁等性能，用于电子、激光、通信、能源和生物工程等许多领域。功能材料被誉为21世纪的智能材料，具有环境判断功能、自我修复功能和时间轴功能。

11.1 金属元素与金属材料

11.1.1 金属元素

（1）概述

金属元素占元素总数的4/5左右。它们位于元素周期表中硼-硅-砷-碲-砹和铝-锗-锑-钋构成的对角线的左下方。对角线附近的锗、砷、锑、碲等为准金属，性质介于金属和非金属之间，准金属大多可作半导体。

地球上金属资源极其丰富，除了金、铂等极少数金属以单质形态存在于自然界中，绝大多数金属在自然界中以化合物的形式存在于各种矿石中，此外，海水中含有大量的钾、钙、钠、镁盐等。金属材料产品质量稳定、价格低廉、性能优异。例如，金属材料的韧性比陶瓷材料高，还具有导电性和磁性等。此外，金属材料自身还在不断发展，传统的钢铁工业在冶炼、浇铸、加工处理等方面不断出现新工艺。新型的金属材料（如轻质合金、硬质合金、记忆合金、储氢合金、超导合金等）相继问世，因此在发展中国家，金属材料仍然占据材料类的主导地位。

（2）金属单质

金属单质的使用非常广泛，用途也多种多样。这里分为几大类做简单的介绍。碱金属和碱土金属是化学活泼性最强的金属，极容易失去s电子，是很好的还原剂，金属钠或钠汞齐及金属镁在有机化工和冶金工业中有重要用途。铷和铯均具有优良的光电性能，即使在极弱的光照作用下，也具有放出电子的能力，因此，铷和铯常用来制造各种光电管中的光电阴极材料，广泛用于过程的自动控制和调节等现代控制领域。

s区的不活泼金属铍、镁，单位质量材料的强度高。它们能承受较大的冲击载荷，具有优良的机械加工性能，一般用于制造仪器、仪表零件、飞机的起落架等。

p区金属元素大多活泼性较差，其长周期元素次外层d电子已填满，不能参与成键，所以其长周期元素单质铋、锡、铅、汞等是常用的硬度较小的低熔点金属。汞（熔点-38.8℃）在室温时呈液态，且在0~200℃时体积膨胀系数很均匀，常用作温度计、气压计中的液柱。

ds区的铜、银、金和p区的铝是导电性能较好的金属，被大量用来制造电线和电缆。

d区的铁是用途最广的金属，与人们的生产和生活息息相关。铁、钴、镍、锰是许多磁性材料的主要成分。

稀土金属包括钪、钇和15种镧系元素，它们的物理和化学性质极为相似。在自然界中，它们共生且难以分离。工业上一般采用它们的混合物，称为混合稀土。我国有丰富的稀土资源（约占全世界的80%），近年来稀土元素受到广泛的重视，不但在冶金工业、石油化工工业中作为催化剂，在能源工业中作为储氢材料，而且在激光、电子和电视、原子能和农业等方面也得到广泛的应用。

11.1.2　金属材料

金属材料包括金属单质和合金。虽然纯金属具有良好的塑性、导电性和导热性，但单质金属强度低，数量有限，不能满足现代工程的众多性能要求，实际应用最多的是各种合金。合金是由一种金属与另一种或几种其他金属或非金属融合在一起形成的具有金属特性的物质。合金具有优异的力学性质，此外，许多合金还具有优异的物化性质，如电、磁、耐磨性、耐热性等。

（1）合金的结构类型

根据合金中组成元素之间的相互作用情况不同，合金可分为以下三种类型：

①固溶体　以一种金属为溶剂，另一种金属或非金属为溶质，共熔后形成的固态金属，称为固溶体。固溶体保持了溶剂金属的晶格类型，溶质原子可以以不同方式分布于溶剂金属的晶格中。根据溶质原子在溶剂晶格中位置的不同，可分为取代固溶体和间隙固溶体两种。

②金属化合物　当两种组分的原子半径和电负性相差较大时，可形成金属化合物。金属化合物的晶格不同于原来金属的晶格，但往往比纯金属有更高的熔点和硬度。例如，铁碳合金中形成的 Fe_3C 称为渗碳体。

③混合物　两种金属在熔融状态时完全互熔，但凝固后各组分又分别结晶，组成两种金属晶体的混合物，整个金属不完全均匀。例如，钢中渗碳体和铁素体相互存在，形成机械混合物。机械混合物的主要性质是各组分金属的平均性质。

（2）重要的合金材料及其应用

随着科学技术的发展，工程技术对材料的要求不断提高，合金材料已由最初的铜铁合金发展到现在各种各样具有新特性的合金品种。这里介绍其中几种重要的合金材料。

①轻质合金　是以轻金属为主要成分，合金材料通常是铝、钛、镁和锂等。

a. 铝合金。铝为银白色金属，密度小（约为 2.7 g·cm^{-3}），仅为钢铁的 1/3 左右。纯铝具有良好的导电性、导热性，仅次于银、铜、金，居第四位，已大量用于电气工业。纯铝的机械性能差，但在铝中加入少量其他元素，其机械性能可以大大改善。铝合金具有密度小、强度高等优点，是轻型结构材料。

铝合金经过热处理之后其强度大为提高，称为硬铝合金。根据合金元素的含量，硬铝合金有不同类型。增加铜和镁的含量可提高硬铝合金的强度，但铜含量的增加会降低合金的耐蚀性。加入少量锰能提高硬铝合金的耐热性，还可降低合金在焊接时形成裂纹的现象。

硬铝制品与钢的强度相近，但质量较轻，因此，在飞机、汽车等制造方面获得广泛的应用。但硬铝制品的耐蚀性较差，在海水中易发生晶间腐蚀，不宜用于造船工业。

锂铝合金是近期最有前途的新一代金属材料，加入 1% 的锂可使合金的质重减轻 3%，弹性模量提高 6%。制造飞机采用锂铝合金可使机体质量减少 10%~20%，提高飞机性能。但锂铝合金中的锂化学性质活泼，易与氧、水、氮、氢等化合物反应，因此目前还没有广泛应用。

b. 钛合金。钛在室温下为银白色，密度小（4.5g·cm^{-3}），强度高于铝和铁。钛表面容易形成一层致密的保护膜，使钛具有一定的耐蚀性，但在还原性酸中腐蚀较严重。在纯钛中加入铝、锡、钒、钼、硅等，可在一定程度上提高钛合金的强度、耐热性和耐蚀性。

钛合金在还原性介质中的耐蚀性优于纯钛，可广泛用于各种强酸环境中的反应器、高压釜、泵、电解槽等。钛和钛合金因密度小、强度高、耐蚀性等优点而广泛用于涡轮发动机、飞机构架、人造卫星等。此外，钛合金的弹性模量和人体骨骼的弹性模量相近，与人体具有很好的相容性，是理想的人体牙科植入物和人工关节材料。目前，钛合金牙托、牙齿已被大量应用于临床，用钛合金制作的人工心脏瓣膜、人工关节等都在临床应用中取得良好的效果。

②硬质合金　是一种以硬质化合物为硬质相，金属或合金作为黏结相的复合材料，是20世纪60年代初出现的一种新型工程材料。由于其硬度和熔点特别高，因此称为硬质合金。硬质合金的硬度高是因为合金中半径小的原子填充在金属晶格的空隙中，这些原子的价电子可以进入金属元素的空轨道形成共价键。金属元素的空轨道越多，合金的共价程度就越大，间隙结构越稳定。

硬质合金具有很高的硬度和耐磨性，常用于制造金属切削刀具、量具、模具等。硬质合金刀具的切削速度比高速刀具高 4 倍以上。例如，TiC-Ni-Co 合金主要用于切削钢；在钛钙硬质合金中加入碳化铌或碳化钽，可明显提高合金的热硬性和耐磨性，并广泛用于切削钢和铸铁的刀具；碳化钛具有硬度高、熔点高、抗高温氧化、密度小、成本低等特点，广泛应用于航空、舰船、兵器等重工业。

③记忆合金　1932 年，瑞典人奥兰德在金镉合金中首次观察到"记忆"效应，即合金的形状被改变之后，一旦加热到一定的跃变温度时，它又可以魔术般地变回原来的形状，人们把具有这种特殊功能的合金称为形状记忆合金。记忆合金的开发迄今不过几十年，但由于其在各领域的特效应用，被誉为"神奇的功能材料"。

记忆合金在航空航天领域内的应用有很多成功的范例。人造卫星上庞大的天线可以用记忆合金制作。发射人造卫星之前，将抛物面天线折叠起来装进卫星体内，火箭升空把人造卫星送到预定轨道后，只需加温，折叠的卫星天线因具有"记忆"功能而自然展开，恢复抛物面形状。记忆合金在临床医疗领域内有着广泛的应用，如人造骨骼、伤骨固定加压器、牙科正畸器、各类腔内支架、栓塞器、心脏修补器、血栓过滤器和手术缝合线等，记忆合金在现代医疗中正扮演着不可替代的角色。

目前已知的记忆合金有 Au-Cd、Ag-Cd、Cu-Zn、Cu-Ni-Al、Cu-Zn-Si、Cu-Sn、In-Ti、Au-Cu-Zn、Ni-Al、Fe-Pt、Ti-Ni、Ti-Ni-Pd、Ti-Nb、U-Nb 和 Fe-Mn-Si 等。

④储氢合金　20世纪60年代，出现了能储存氢的金属和合金，统称为储氢合金，这些金属或合金具有很强的捕捉氢的能力。在一定的温度和压力条件下，氢分子在合金（或金属）中先分解成单个的原子，而这些氢原子便"见缝插针"般地进入合金原子之间的缝隙中，并与合金进行化学反应生成金属氢化物，外在表现为大量"吸收"氢气，同时放出大量热量。当对这些金属氢化物进行加热时，它们会发生分解反应，氢原子又能结合成氢分子被释放出来，而且伴随有明显的吸热效应。

目前，储氢合金主要有钛系、锆系、铁系和稀土系储氢合金。其主要用途包括以下几个方面：氢气分离、回收和净化材料；制冷或采暖设备材料；镍氢充电电池。

⑤超导合金　一般随温度下降，金属电阻也跟着下降。然而，有些物质在极低的温度（T_c，临界温度）时突然出现电阻变为零的现象，这种零电阻现象就称为超导现象。具有这种性质的材料称为超导材料。

除具有零电阻现象外，超导材料还具有完全抗磁性。当超导材料处于超导态时，在外磁场的作用下，其表面产生感应电流，该电流产生的磁场恰好与外加磁场大小相等、方向相反，因而总合成磁场为零。当外加磁场强度超过某一临界值(H_c)时，可以破坏其超导性，由超导态转变为正常态，电阻更新恢复。因此，材料的超导性受温度、外加磁场和电流的控制。现已发现大多数金属元素以及数以千计的合金、化合物都在不同条件下显示出超导性。例如，钨的转变温度为 0.012 K，锌为 0.725 K，铝为 1.196 K，铅为 7.193 K。由于大部分超导元素的临界磁场很低，其超导态易受磁场的影响而遭到破坏，因此，金属单质超导材料基本无实用价值。相比而言，超导合金具有塑性好、易大量生产、成本低等优点，并具有较高的 T_c 和特别高的 H_c，有较高的实用价值。常见的超导合金有 Nb-Ti、Ni-Cr-Fe、Ni-Cr-Al 等。

超导材料有很广阔的应用前景。利用超导性可以制造发电机、电动机，并能降低能耗，使其小型化。将超导体应用于潜艇的动力系统，可以大大提高其隐蔽作战能力。超导体用于微波器件可以改善卫星通信质量。负载能力强、速度快的超导悬浮列车和超导船即是利用超导材料的体积小、质量轻、抗磁性、超导磁铁与铁路路基导体间所产生的磁性斥力等特点研制的。

11.2 非金属元素与无机非金属材料

11.2.1 非金属元素

目前，已知的 22 种非金属元素大多集中在元素周期表右上方，除氢外都在 p 区，分别位于周期表 ⅢA～ⅦA 及零族，其中砹、氡为放射性元素。除稀有气体以单原子分子存在外，其他非金属单质都至少由两个原子通过共价键结合在一起。例如，氢气、卤素、氧气、氮气都是由共价键结合而成的双原子分子。

在这些非金属元素中，稀有气体具有稳定的 ns^2np^6（氦为 $1s^2$）外层电子构型，因而表现出特殊的化学稳定性。其余非金属元素的外层电子构型为 $ns^2np^{1~5}$（氢为 $1s^2$），具有较强的获得电子或吸引电子的倾向。非金属元素大多具有可变的氧化数，最高正氧化数在数值上等于它们所处的族数 n。由于电负性比较大，它们还有负氧化数，其最低负氧化数的绝对值等于 $8-n$。

非金属元素的单质除硼、碳、硅为原子晶体外，大都是分子晶体。磷、砷、硒、碲处于金属与非金属元素交界处，都出现了过渡型的同素异晶现象。这种晶形的过渡也是金属性与非金属性之间存在着某种过渡的表现之一。

非金属元素单质的熔、沸点与其晶体类型有关。属于分子晶体的物质熔、沸点都很低，其中一些单质常温下呈气态（如稀有气体及氟气、氯气、氧气、氮气）或液态（如溴气）。氦是所有物质中熔点(-272.2℃)和沸点(-246.4℃)最低的。液态的氦、氖、氩、氧和氮等常用来作为低温介质。例如，利用氦可获得 0.001 K 的超低温。属于原子晶体的硼、碳、硅、磷、砷、硒、碲、碘等，虽然呈固态，共熔沸点也不高，可以用来做半导体材料；单质半导体材料中，以硅和锗为最好，其他如碘易升华、硼熔点(2 300℃)高。磷的同素异形体中，白磷有剧毒(致死量为 0.1 g)，不能作为半导体材料。

11.2.2　无机非金属材料

无机非金属材料是指某些元素的氧化物、碳化物、氮化物、硼化物、硫系化合物(包括硫化物、硒化物及碲化物)和以硅酸盐、钛酸盐、铝酸盐、磷酸盐等含氧酸盐为主要组成成分的无机材料。无机非金属材料的名目繁多,用途各异,目前尚没有统一而完善的分类方法。通常把它们分为传统(普通)无机非金属材料和新型(特种)无机非金属材料两大类。前者指以硅酸盐为主要成分的材料并包括一些生产工艺相近的非硅酸盐材料,如陶瓷、玻璃、水泥、耐火材料等。这类材料通常生产历史较长,产量较高,用途也很广。后者主要指 20 世纪以来发展起来的具有特殊性质用途的材料,如压电、导体、半导体、磁性、超硬、高强度、超高温、生物工程材料以及无机复合材料等。

(1)传统(普通)无机非金属材料

①陶瓷材料　我国制陶技艺的产生可追溯到公元前 4500 年的新石器时代至公元前 2500 年的时代,那时我们的祖先已经开始用黏土与适量水混合后,制成各种形状的容器,经过高温(1 200~1 300℃)烧制硬化成为陶器。大约到了商代(公元前 1700—前 1046 年),人们在陶器表面涂上一层半透明的保护膜,从而使陶器表面更加光洁,且不透气、不渗水。到宋代景德年间,江西高岭村一带的人们用含杂质极少的优质黏土烧制成上了釉的器皿,就称为瓷器。由于制瓷器的陶土产自高岭村,就称它为高岭土,后来高岭村改名为景德镇,成为驰名中外的瓷都。可以说,中华民族发展史中的一个重要组成部分是陶瓷发展史,我国在科学技术上的成就以及对美的追求与塑造,在许多方面都是通过陶瓷制作来体现的,并形成各时代非常典型的技术与艺术特征。陶瓷的发明不仅解决了人们的生活问题,如生活用具、建筑材料等,而且也为人们提供艺术的享受。如今,陶瓷更是得到了空前的发展,已经形成了以日用陶瓷为主,兼制工业陶瓷、建筑卫生陶瓷、特种陶瓷等大陶瓷格局。目前,我国已经形成了江西景德镇,湖南醴陵,山东淄博,江苏宜兴,河北唐山、邯郸,福建德化,辽宁海城和广东佛山、潮安、大埔、饶平 12 处主要陶瓷产区,全国各省(自治区、直辖市)几乎都有陶瓷生产企业。陶瓷工业已形成布局比较合理,重点产区、原辅材料工业、加工工业、科研教育等基本配套的行业体系。陶瓷研究开发体系越来越完善,已经拥有包括国家级、省级和市级陶瓷研究所在内的三级研究机构,并成立了我国唯一的一所培养陶瓷高级专业人才的高等学府——景德镇陶瓷大学。

陶瓷的主要成分是硅酸盐。黏土(层状结构硅酸盐)是传统陶瓷的主要原料。黏土与适量水充分调制后,掺入适量 SiO_2 粉以减少坯体在干燥、烧结时收缩,加入一定量的长石等助熔剂,制成一定形状的坯体,再经低温干燥、高温烧结、保温处理、冷却等阶段,最终生成以 $3Al_2O_3 \cdot 2SiO_2$ 为主要成分的坚硬固体,即为陶瓷材料。

氧化铝陶瓷是以氧化铝为主要成分的一类陶瓷,其主晶相为六方晶系的 $\alpha\text{-}Al_2O_3$。经烧结,致密的氧化铝陶瓷硬度大、耐高温(可高达 1 980℃)、抗氧化、耐骤冷骤热、机械强度高、化学稳定性好且高度绝缘,是最早使用的结构陶瓷,广泛用作机械部件、刀具等各种工具。

碳化硅陶瓷不仅具有优良的常温力学性能,如高的抗弯强度、抗氧化性、抗磨损性、耐腐蚀性和较低的摩擦系数,而且高温力学性能(强度、抗蠕变等)是已知陶瓷材料中最好的,在石油、化工、微电子、汽车、航空航天、原子能、激光及造纸等工业领域有着广泛应用。

②玻璃　玻璃的制造已有悠久的历史，一般认为最早制造玻璃的是古埃及人。其实从我国出土的先秦时期玻璃器物可以看出，我国制造玻璃的历史至少也有 3 000 多年。玻璃是一种既古老又现代且与人类生活密不可分的重要材料，是日常生活中经常用到的材料。例如，透光的玻璃门窗、晶莹剔透的玻璃器皿、灯泡、电视机显像管、眼镜和望远镜、耐化学腐蚀的化学仪器等都离不开玻璃。随着工业技术的发展，玻璃材料进入更加广泛的应用领域，如家用电器、交通工具、电子信息业、建筑装修、医疗设备等。现在玻璃材料又进入高新技术领域，如光纤玻璃、激光玻璃、生物玻璃等，已经在航空航天、通信、生物工程、核能等方面发挥不可替代的作用。玻璃的种类很多，主要分为普通玻璃、特种功能玻璃和新型玻璃。玻璃是由熔融物急冷硬化制得的非晶态固体。其结构为短程有序、长程无序，具有各向同性及亚稳性，向晶态转变时放出能量。广义来讲，玻璃包括单质玻璃、无机玻璃。

将 Na_2CO_3、$CaCO_3$ 和 SiO_2 按比例混合共熔，Na_2CO_3 和 $CaCO_3$ 高温分解成 Na_2O 和 CaO，后者进一步和 SiO_2 反应，断裂部分 Si—O 键，从而使系统黏度下降，成为透明的熔体，将熔体稍微冷却成型，再缓慢提高强度，就可以制得非晶态普通窗用玻璃，其成分大致为 $Na_2SiO_3 \cdot CaSiO_3 \cdot 4SiO_2$。若向熔体中加入 CoO 可制成蓝色玻璃。若用 B_2O_3 代替部分 SiO_2，则制得硼硅酸硬质玻璃，它适用于高温的玻璃仪器或器皿。

最早制造玻璃的主要原料除纯碱（Na_2CO_3）、石英砂（SiO_2）和石灰石（$CaCO_3$）外，还有长石[$K_2O(Na_2O) \cdot Al_2O_3 \cdot 6SiO_2$]等。把这些原料按一定比例混合、粉碎，加热使之熔融。其中所发生的反应可用下式表示：

$$Na_2CO_3 + CaCO_3 + 6SiO_2 \xrightarrow{\quad} Na_2CaSi_6O_{14} + 2CO_2 \uparrow$$

玻璃并不是一种组成固定的化合物，而是不同硅酸盐（Na_2SiO_3、$CaSiO_3$、K_2SiO_3 等）的混合物。因此，玻璃的主要成分可表示为 $Na_2O \cdot CaO \cdot 6SiO_2$。这种含 Na_2O 成分的玻璃通常称为钠玻璃。

制造钾玻璃时，为使成分中含 K_2O 必须加入钾长石，制造光学玻璃时需要加入 PbO，制造硼玻璃可以加入硼酸（H_3BO_3）、硼砂（$Na_2O \cdot 2B_2O_3 \cdot 10H_2O$）或含硼矿物（如硼镁石、硅钙硼石）等。

玻璃材料具有良好的光学性能和较好的化学稳定性，是现代建筑、交通、化工、医药、光通信技术、激光技术、光集成电路、新型太阳能电池等领域不可缺少的材料。

③水泥　是粉状水硬性无机胶凝材料。水泥加水搅拌后呈浆体，能在空气中硬化或者在水中更好地硬化，并能把沙、石等材料牢固地胶结在一起。水泥是重要的建筑材料之一，由于其具有较丰富的原料资源、相对较低的生产成本和良好的凝胶性能，已成为人类社会中十分重要的、不可替代的建筑材料，广泛应用于土木建筑、水利、国防和海洋开发等工程建设中，素有"建筑工业的粮食"之称。水泥加水后成为塑性胶体，可将各种材料（沙、石）黏结硬化成为整体，具有高的机械强度。它不仅能在空气中凝结硬化，而且能在水中继续硬化并增加强度。水泥的品种极多，其中使用量最大的是硅酸盐水泥，硅酸盐水泥简称普通水泥。要了解普通水泥，首先要知道什么是生料，什么是熟料。生料是由石灰质原料（石灰石、泥灰岩、白垩、大理石、海生贝壳等）、黏土质原料（天然黏土质原料有黄土、黏土、页岩、粉砂岩及河泥等，此外还有粉煤灰、煤矸石等工业废渣）及少量校正原料（当石灰质原料和黏土质原料配合所得生料成分不能满足配料方案要求时，必须根据其所缺少的组分掺加相应的原料）组成的混合物。将生料按一定的比例混合、磨细制成粉末，然后煅烧制成块状，冷却

后得到的半成品即为熟料。再加入石膏等辅料，得到以硅酸钙为主要成分的水硬性胶凝物质就是水泥。

普通水泥主要成分是硅酸三钙（$3CaO \cdot SiO_2$）、硅酸二钙（$2CaO \cdot SiO_2$）、铝酸三钙（$3CaO \cdot Al_2O_3$）和铁铝酸四钙（$4CaO \cdot Fe_2O_3 \cdot Al_2O_3$），因此称其为硅酸盐水泥。普通硅酸盐水泥的主要化学式常以氧化物表示，如 CaO 62%、SiO_2 22%、Al_2O_3 7.5%、Fe_2O_3 2.5%、MgO 2.5%、其他 3.5%。

将黏土与石灰石加热到 1 723 K 左右，使之成为烧结块，再经磨碎即成水泥。普通水泥呈灰褐色是因为含有少量 Fe_2O_3，若在生产中尽量除去 Fe_2O_3，就得到接近纯白色的白水泥。白水泥可用作彩色水泥的基料、建筑业的外装饰及人造大理石等。

白水泥属特种水泥，属特种水泥的还有很多，如膨胀水泥、超快硬水泥、蒸压养护水泥、油井水泥等，这些水泥分别具有不同的特殊用途。

目前，我国水泥的发展方向为：

a. 新原料的开发。我国生产水泥用的天然原料的储量相当丰富，但有些地区与农业争土地，同时又有不少储量的低品位的石灰石未能得到利用。因此，从化学性质和矿物特征等基础研究着手，积极开发新的原料来源，特别是各种冶金渣、粉煤灰等工业废渣以及低品位矿产资源的综合利用，高度重视混合材料、矿化剂或助溶剂等新品种的开发。

b. 节能。水泥作为高能耗工业，以节能为中心，进一步降低生产中的能耗始终是应给予高度重视的研究方向。

c. 水化过程的调节。通过水化过程和机理的基础研究，实现凝结时间的调节，以满足加快凝结或者需要延缓的实际工程需要。

d. 高性能水泥的研制。研制快硬高强水泥，不但可改变当前建筑上胖柱肥梁的现状，还可节约水泥、降低工程造价等，从而带来一定经济效益。

e. 改善耐久性。为了保证耐久性，在研究如何降低孔隙率的同时，应进一步重视硬化浆体和混凝土的渗透性和扩散率及其与孔结构的关系，以及对耐久性的影响，注意碱集料反应等水泥与集料的匹配问题以及钢筋的阻锈机理，从微结构的形成和发展以及各种暴露条件下的变化规律，加强对不同环境下硬化浆体长期性能的研究。

（2）新型（特种）无机非金属材料

①半导体材料　半导体的导电性能介于导体和绝缘体之间。半导体的主要特点不仅表现在电阻率的数值上，而且反映在导体电阻变化的敏感性上。它的敏感性与所含杂质和晶格缺陷、外界条件（如热、光、磁、力等）的作用有关。半导体中存在两种载流子——电子和空穴，半导体通过这两类载流子的迁移来实现导电。满带中少部分电子受热或其他方式激发后，可以跃迁至无电子的空带上而在满带中留下空穴，在外电场作用下，满带中其他电子移动来填补此空穴，而这些电子又留下新的空穴，形成的空穴不断移动，就好像是带正电的粒子沿着与电子流动相反的方向移动。

常用的半导体材料分为单质半导体和化合物半导体。单质半导体是由单一元素制成的半导体材料，主要有硅、锗、硒等，以硅和锗应用最为广泛。化合物半导体分为一元系、三元系、多元系和有机化合物半导体。二元系化合物半导体有 Ⅲ－Ⅴ 族（如砷化镓、磷化镓等）、Ⅱ－Ⅵ 族（如硫化镉、硒化镉、硫化锌等）、Ⅳ－Ⅵ 族（如硫化铅、硒化铅等）、Ⅳ－Ⅳ 族（如碳化硅）化合物。三元系和多元系化合物半导体主要为三元和多元固溶体，如镓－铝－砷固溶体、镓-锗-砷-磷固溶体等。有机化合物半导体有萘和蒽聚丙烯腈等。此外，还有非晶态和液态半导体材料，其与半晶态类半导体的最大区别是不具有严格周期性排列的晶体结构。

半导体的应用非常广泛，主要用于半导体器件和电子元件，如晶体管、集成电路、整流器、激光器、发光二极管、光电器件和微波器件等；半导体在太阳能的利用上有十分重要的作用，用单晶硅制作的太阳能电池具有较高的光电转换率，但因为对材料要求高而价格昂贵。多晶硅或非晶态的价格要便宜得多，但转换率只有 13% 左右，不过使用砷化镓转换率可达 20%~28%，有商业公司已研制出一种转换率达到 40% 的多层复合型半导体器件。

②低温材料　许多非金属或化合物分子晶体的熔点和沸点都很低，常被用作低温冷液和低温介质材料。例如，某些化合物溶解具有吸热效应，可以用作低温制冷剂。一些盐的水溶液被用作冷却液（氯化钙水溶液可以将冰点降低至 -55℃）；将十二水磷酸氢二钠盐与硝酸铵混合后，可以使体系的温度降低至 -15℃。冰、固态二氧化碳（俗称干冰）、液氨、液氮、液氩、液氙、氯仿、二硫化碳等低分子有机化合物是常用的制冷剂。利用液态稀有气体沸点低的特点可以获得超低温。例如，液氦的沸点仅 4.3 K，利用它可以获得 4×10^{-9} K 的低温。

有些非金属元素或化合物的化学活泼性很差，常被用作保护气体，是一种很好的惰性材料。例如，二氧化碳和氮气等可用作无氧反应的保护气体；在某些条件下二氧化碳和氮气如参与反应，则采用稀有气体氩作保护气体。白炽灯泡和日光灯管中充有氩气，可防止钨丝被氧化。

③高温材料　耐高温材料又称耐火材料，通常是指能耐 1 400℃ 以上的无机物材料。这些材料在高温下仍然具有高的强度和机械性能。在许多工业（如钢铁、水泥、玻璃等）生产中，耐火材料起着关键性的作用。如果没有这些材料，这些工业几乎不可能存在。

耐火材料按其化学性质可以分为酸性、碱性和中性三种。酸性耐火材料的主要组分是 SiO_2 等酸性氧化物，如硅砖。碱性耐火材料的主要组分是 MgO 和 CaO 等碱性氢化物，如镁砖。中性耐火材料的主要组分是 Al_2O 和 Cr_2O_3 等两性氧化物。中性耐火材料具有较好的抗酸碱腐蚀的性能，这是由于高温下它可生成一种既不易与酸性物质作用，又不易与碱性物质作用的惰性物质。

耐火材料既有离子键组成的材料，又有共价键组成的材料。对于离子键组成的材料，其耐受温度与其晶格能有关，晶格能越高，耐受温度就越高。例如，MgO 的熔点为 2 800℃，CaO 的熔点只有 2 580℃，这是因为两者虽电荷数相同，但镁的半径比钙小，其氧化物晶格能较大。

对于以共价键组成的耐火材料，其耐温性能与键强度及结构有关。如果键强度高，结构为三维或网状结构，该物质就有高的熔点。显然，符合上述两个条件的是两种元素电负性相近且其中一种元素可以形成 sp^3 杂化成键的物质。例如，氮化硅（Si_3N_4）熔点 1 900℃、氮化硼（BN）熔点 3 000℃、碳化硼（B_4C）熔点 2 350℃、二硼化铌（NbB_2）熔点 2 900℃、氮化钽（TaN）熔点 3 360℃。

用碳化硅（SiC）和氮化硅（Si_3N_4）与石墨混合可以制成比上述材料更耐高温且抗腐蚀的特种耐火材料，但其抗高温氧化性能不如氧化物材料。空间技术和能源技术的发展，促进了既耐高温又强度高的耐火材料的快速发展。例如，航天器的喷嘴、燃烧室的内衬、喷气发动机叶片等就需要这类高温材料。SiC 及 BN 等能同时满足耐高温和高强度的双重要求，且价格较低廉，是目前首选的耐热高强度结构材料。

④人造金刚石　金刚石即人们常说的钻石，它是一种由纯碳组成的矿物，是自然界中最坚硬的物质。其硬度高、耐磨性好，工业上常用于制作硬质刀具和拔丝的模具。金刚石也可作首饰，如果其中含少量的氧化铬(Cr_2O_3)，则为红钻石；如果其中含有少量的铁及钛的氧化物，则为蓝钻石。

工业用金刚石主要来源于人工合成，其硬度和强度不亚于天然金刚石。人工金刚石有多种合成方法。

a. 静水超高压高温合成法。又称静压法，它是把石墨原料和金属装在一个腔体内，放在上万吨的大压机里，催化剂与石墨分别做成薄片状交替叠放或做成颗粒均匀混合，经高温高压转化后，再用化学方法处理将所合成的人造金刚石与未转化的石墨、催化剂分离。因为石墨要在很高的温度和压力下碳原子才能重新"排队"，转变成金刚石。在石墨里加一点其他金属(如 Ni、Fe、Co、Mn 等)作为"熔剂"，可以帮助碳原子重新"排队"，这样在 5 万~10 万个标准大气压、1 200~1 300℃下，石墨就变成了金刚石。

b. 冲击波超高压高温合成法。又称爆炸法，在石墨中加入硝化甘油等炸药，放在密封容器中，通电使炸药爆炸，火药爆炸产生的高压(压力可达 40 GPa，比静水压高得多)和高温，使石墨向金刚石转变，过程中不需要催化剂，但由于冲击高压的瞬间性，晶体只能形成微细粉末。

c. 晶种法。就是在石墨里预先加入一颗小金刚石晶体作为"种子"，在高温高压下，使石墨粉或金刚石粉熔化，然后在晶种上逐渐长大。

20 世纪 90 年代初，人们对石墨直接施加 3 273 K 以上高温和 1×10^{10} Pa 超高压，在无黏结剂的情况下，使石墨在瞬间变成金刚石，结果可得到 100% 的金刚石烧结体——人造黑金刚石，在此合成过程中，合成、烧结同时完成。除黑金刚石外，人造金刚石一般颗粒较小，要制成工具还需要对细小金刚石粉进行烧结。其方法是以钴粉作黏结剂，使金刚石粉末在高温高压下烧结。

11.3　有机高分子化合物与高分子材料

11.3.1　基本概念

有机高分子化合物简称高分子化合物或高分子，又称高聚物。有机高分子分为天然高分子和合成高分子。天然高分子往往是在生物体内形成的，如动物的肌肉、毛、皮、骨骼、蛋白质和植物的纤维素(如棉花等)。合成高分子通常指已投入工业化生产的一些有机聚合物。常见的有人工合成的塑料、橡胶、纤维、有机胶黏剂和各种各样用于涂料的合成树脂等。由于它们已具备作为材料所要求的形态和物理性能，故又称合成高分子材料。

高分子化合物相对分子质量很大，通常大于 10^4，链长为 101~102 nm 甚至更长。高分子化合物的这种很不一般的结构，使它表现出非同凡响的特性。例如，高分子主链有一定内旋自由度，可以弯曲，使高分子链具有柔性；高分子结构单元间的作用力和分子链间的交联结构直接影响它的聚集态结构，从而决定高分子材料的主要性能。

随着科学的发展，合成高分子材料几乎渗透到国民经济的各个部门，贯穿了从工业到生活的各个领域。其产量迅速增长，品种层出不穷。就我国而言，合成高分子材料在近几十年发展尤为迅速，现已建成庞大的合成高分子工业体系，在国民经济中占有举足轻重的地位。

11.3.2　高分子材料

（1）合成高分子材料

①塑料　是以聚合物为主要成分、在一定温度和压力条件下可塑成一定形状，并在常温下能保持基本形状的材料。根据塑料的物理性能可分为热塑性塑料和热固性塑料两类。

热塑性塑料：加热时变软以致流动，冷却变硬，这种过程是可逆的，可以反复进行。聚乙烯、聚丙烯、聚氯乙烯、聚苯乙烯、聚甲醛、聚酰胺、丙烯酸、聚苯醚、氯化聚醚等塑料都是热塑性塑料。热塑性塑料中树脂分子链都是线形或带支链的结构，分子链之间无化学键产生，加热时软化流动。冷却变硬的过程是物理变化。

热固性塑料：第一次加热时可以软化流动，加热到一定温度发生化学反应——交链固化而变硬，这种变化是不可逆的，此后，再次加热时，已不能再变软流动。热固性塑料正是借助这种特性进行成型加工，利用第一次加热时的塑化流动，在压力下充满型腔，进而固化成为确定形状和尺寸的制品。热固性塑料的树脂固化前是线形或带支链的结构，固化后分子链之间形成化学键，成为三维的网状结构，不仅不能再熔融，在溶剂中也不能溶解。酚醛、三聚氰胺、甲醛、环氧、不饱和聚酯、有机硅等塑料都是热固性塑料，具有隔热、耐磨、绝缘、耐高压电等特点。在恶劣环境中使用的塑料，大部分是热固性塑料，如炒锅把手和高（低）压电器。

工程塑料：属于热固塑料，具有高性能又可能代替金属材料的塑料。工程塑料还具有耐热性优良、抗拉、抗弯和抗冲击强度高和不易变形等优点；与金属相比，工程塑料则具有密度低、比强度高、电气绝缘性能良、耐磨、减摩性能好、吸震、消声性能优异、耐化学药品腐蚀性能强、成型加工方便和成本低等优点。

工程塑料可广泛用于汽车、家用电器、电子设备、机械、照相机、钟表、飞机、导弹等产品，具有较大的经济价值及社会效益。

②橡胶　是具有可逆形变的高弹性聚合物材料。其在室温下富有弹性，在外力作用下能产生较大形变，除去外力后能恢复原状。橡胶属于完全无定形聚合物，相对分子质量往往很大，大于几十万。橡胶的分子链可以交联，交联后的橡胶受外力作用发生变形时，具有迅速复原的能力，并具有良好的物理性能和化学稳定性。橡胶广泛用于制造轮胎、胶管、胶带、电缆等制品。橡胶按使用又分为通用型和特种型两类。

通用橡胶：是指部分或全部替代天然橡胶使用的胶种，如丁苯橡胶、顺丁橡胶、异戊橡胶等，主要用于制造轮胎和一般工业橡胶制品。

特种橡胶：也称特种合成橡胶，是指具有特殊性能和能适应苛刻条件的合成橡胶。例如，耐-100℃低温和260℃高温、对温度依赖性小、具有低黏流活化能和生理惰性的硅橡胶；耐300℃高温、耐强侵蚀、耐臭氧、耐光、耐辐射和耐油的氟橡胶；耐热、耐溶剂、耐油、电绝缘性好的丙酸酯橡胶。其他还有聚氨酯橡胶、聚醚橡胶、氯化聚乙烯橡胶、氯磺化聚乙烯橡胶、环氧丙烷橡胶、聚硫橡胶等，它们也各具优异的独特性能，可以满足一般通用橡胶所不能胜任的特定要求，在国防、工业、尖端科学技术、医疗卫生等领域有着重要作用。

③合成纤维 是化学纤维的一种。它是以小分子的有机化合物为原料，经加聚反应或缩聚反应合成的线形有机高分子化合物，如聚丙烯腈、聚酯、聚酰胺等。

合成纤维的主要品种如下：

a. 按主链结构可分：碳链合成纤维，如聚丙烯纤维(丙纶)、聚丙烯腈纤维(腈纶)、聚乙烯醇缩甲醛纤维(维尼纶)；杂链合成纤维，如聚酰胺纤维(锦纶)、聚对苯二甲酸乙二酯(涤纶)等。

b. 按性能功用可分：耐高温纤维，如聚苯咪唑纤维；耐高温腐蚀纤维，如聚四氟乙烯；高强度纤维，如聚对苯二甲酰对苯二胺；耐辐射纤维，如聚酰亚胺纤维；还有阻燃纤维、高分子光导纤维等。

生产合成纤维有三大工序：合成聚合物制备、纺丝成型、后处理。

合成纤维50年来在全世界得到迅速的发展，已成为纺织工业的主要原料。它广泛用于服装、装饰和产业三大领域，其使用性能有的已经超过天然纤维。

(2)功能高分子材料

功能高分子材料是指高分子除了机械特性以外，另有其他的功能性，如导电性、光敏性、催化性、生物活性、选择分离性等。材料的这种作用与材料分子中具有特殊功能的基团和分子结构是分不开的。功能高分子一般是指在高分子主链和侧链上带有反应性功能基团，并具有可逆或不可逆的物理功能或化学活性的一类新型高分子。

①导电高分子材料 通常，高分子材料被看作是一类导电性能差的绝缘材料。20世纪70年代以来，出现了具有导电性能的一些有机材料，聚乙炔则是公认的第一个有机导电高分子。导电高分子材料具有质量轻、易成型、电阻率可调节、组成结构变化多样性等特点，从而引起了人们的极大兴趣。随着电子工业、情报信息技术的发展，对具有导电功能的高分子材料的需求越来越多。

导电聚合物可以分为两类：本征型(或结构型)导电聚合物和掺和型导电聚合物。

本征型导电聚合物：是指聚合物本身具备"固有"的导电性，如乙炔分子中碳与碳以三键结合，单体经加聚聚合后得到聚乙炔，这是一种双键、单链间隔连接的线形高分子，分子中存在共轭 π 键体系，π 电子可以在整个共轭体系中自由流动，因此可以导电。这类导电高分子包括共轭聚合物、聚电解质等，如聚乙炔、聚对苯硫醚、聚吡咯、聚噻吩。

掺和型导电聚合物：本身并无导电性，它的导电过程靠掺入的导电微粒来实现。某些导电塑料、导电涂料、导电胶黏剂属于此类。这类功能高分子在防静电、消除静电、微波吸收、电磁波屏蔽等方面获得了比较广泛的应用。

②光致导电高分子材料与光能转换高分子材料 均是利用共轭高分子存在的作用下发生异构现象而实现的。光致导电高分子材料在无光照射下呈绝缘状态，但在光照的作用下，借助于所吸收的能量使分子内或分子间产生化学上或者结构上的变化。这种吸收光的过程并不一定由高分子本身来完成，也包括由所共存的感光化合物(光敏剂)吸收了光能以后引发反应的情况。

聚乙烯醇肉桂酸酯是1952年美国制造的第一种感光树脂。由于聚乙烯醇肉桂酸酯存在体积较大的苯环，在适当的光敏剂存在下，受光照射后，其只能发生二聚加成反应，形成一种不溶于水和溶剂的交联产物。这部分交联产物显影时用溶剂冲洗不溶解，而未曝光部分却能被溶剂溶解除去，经显影所呈现的图像与底片恰好相反，故这类树脂称为负型树脂。另一类称为正型树脂，此类感光树脂受光作用发生光降解，经显影后未曝光部分成像。这类感光树脂常用的有聚甲基丙烯酸甲酯类、邻重氮醌等化合物。

光致变色材料还可以应用于防伪识别技术，用于贵重商品防伪识别技术，可直观地进行双重防伪识别，光照下防伪标记变色，既可以大众防伪识别，也可以仪器测试识别。除此以外，军事上，光致变色材料可用于隐蔽伪装材料，即可在固定的建筑物、国防和军事目标上应用，把这些目标利用光致变色材料的特点进行隐蔽，使它们融入大自然中不被发现。

③离子交换树脂　是一种聚合物骨架上含有离子交换基团的功能高分子材料。作为吸附剂使用时，骨架上所带离子基团可以与不同反离子通过静电引力发生作用，从而吸附环境中的各种反离子。当环境中存在其他与离子交换基团作用更强的离子时，将发生竞争性吸附，原来与之配对的反离子将被新离子取代。反离子与离子交换基团结合的过程称为吸附过程，原被吸附的离子被其他离子取代的过程为脱附过程，也称离子交换过程。吸附与脱附的实质是环境中存在的反离子与固化在高分子骨架上的离子相互作用，特别是与原配对离子之间相吸附的结果，因此这类树脂通常称为离子交换树脂。

按骨架结构不同，离子交换树脂可分为凝胶型和大孔型两类。按其所具有的交换功能基团的特性，分为阳离子交换树脂、阴离子交换树脂和其他树脂。按功能基团上酸或碱的强弱程度，分为强酸阳离子交换树脂、弱酸阳离子交换树脂、强碱阴离子交换树脂、弱碱阴离子交换树脂。

离子交换树脂与溶液中的离子交换是可逆的，交换达饱和的树脂一般可用适当浓度的无机酸或碱进行洗涤（再生），使之恢复原状而再次使用。

离子交换树脂自 1935 年问世以来，品种和数量都发展得很快。目前，离子交换树脂、吸附树脂和其他新型树脂已成为具有吸附分离功能的高分子材料，在硬水的软化，高纯水的制备，水法冶金（如铀矿中铀的提取和重金属的回收），工业废水的深度处理抗生素及天然药物的提取、分离、纯化等领域获得广泛应用。

11.4　其他新型材料

11.4.1　概述

科学技术的发展对材料提出越来越高的要求，单一的金属、非金属或有机高分子材料往往不能满足人们的需要。采用复合技术，把具有不同性能的材料复合在一起，从而获得单一材料不具备的优越的综合性能，即是复合材料。复合材料是以一种材料为基体、另一种材料为增强体组合而成的材料。各种材料在性能上取长补短，产生协同效应，使复合材料的综合性能优于原组成材料以满足不同的要求。

复合材料的基体材料分为金属和非金属两大类。金属基体常用的有铝、镁、铜、钛及其合金。非金属基体主要有合成树脂、橡胶、陶瓷、石墨、碳等。增强材料主要有玻璃纤维、碳纤维、硼纤维、芳纶纤维、碳化硅纤维、石棉纤维、晶须、金属丝和硬质细粒等。

复合材料使用的历史可以追溯到古代。从古至今沿用的稻草增强黏土及使用了上百年的钢筋混凝土均属于复合材料。20 世纪 40 年代，因航空工业的需要，发展了玻璃纤维增强塑料(俗称玻璃钢)。50年代以后,陆续发展了碳纤维、石墨纤维和硼纤维等高强度和高模量纤维。70年代出现了芳纶纤维和碳化硅纤维。这些高强度、高模量纤维能与合成树脂、碳、石墨、陶瓷、橡胶等非金属基体或铝、镁、钛等金属基体复合,构成各具特色的复合材料。

11.4.2　其他新型材料的分类

复合材料种类很多,分类不统一,常见的分类有以下几种:按其基体类型分为聚合物基、金属基、无机非金属基复合材料;按性能分为结构复合材料和功能复合材料;按增强材料种类和形状分为纤维增强、颗粒增强、层叠增强复合材料。

20世纪60年代,为满足航空、航天等尖端技术所用材料的需要,先后研制和生产了以高性能纤维(如碳纤维、硼纤维、芳纶纤维、碳化硅纤维等)为增强材料的复合材料,其比强度大于$4×10^6$ cm,比模量大于$4×10^8$ cm。为了与第一代玻璃纤维增强树脂复合材料相区别,将这种复合材料称为先进复合材料。先进复合材料除作为结构材料外,还可用作功能材料,如梯度复合材料(材料的化学和结晶学组成、结构、空隙等在空间连续梯变的功能复合材料)、机敏复合材料(具有感觉、处理和执行功能,能适应环境变化的功能复合材料)、仿生复合材料、隐身复合材料等。

11.4.3　其他新型材料的应用

(1)纤维增强树脂基复合材料

①玻璃钢　是以塑料作为基体材料、以玻璃纤维作为增强材料的复合材料。其强度相当于钢材,又含有玻璃组分,也具有玻璃那样的色泽、形体和耐腐蚀、电绝缘、隔热等性能,俗称玻璃钢。这类复合材料是出现最早、应用最广的现代复合材料之一。玻璃钢分为两类:一类是玻璃纤维和热塑性树脂组成的复合材料,称为热塑性玻璃钢;另一类是玻璃纤维和热固性树脂组成的复合材料,称为热固性玻璃钢。

玻璃钢材料除可用作建筑业中的结构材料外,还广泛用于需耐腐蚀的石油化工设备和船舰的制造及电子工业中印刷电路的制造。玻璃钢的缺点是其刚性不如钢铁,受力后易发生形变。另外,玻璃钢耐高温性能较差,当温度超过40℃时,强度不易保持。

②碳纤维　是一种纤维状碳材料。它是一种比人头发细,强度比钢大,密度比铝小,比不锈钢耐腐蚀,比耐热钢耐高温,又能像铜那样导电,具有电学、热学和力学性能的新型材料。碳纤维的发明可以追溯到爱迪生时代,他在发明电灯过程中选用多种材料作灯丝都失败了,后来将竹子烘烤后制成碳丝,终于使电灯亮了。碳丝可以说是当今碳纤维的前身。但是,由于碳丝的强度小,没有其他用途,一直到1950年美国空军为了解决火箭喷嘴的烧蚀问题,首次用胶黏丝碳化制取了湿度较高的碳纤维,并和酚醛树脂复合做成了耐高温、耐烧蚀的火箭喷嘴后,碳纤维才得到长足的发展。

碳纤维可通过高分子有机纤维的固相碳化或低分子烃类的气相热解来制取。目前,生产销售的碳纤维绝大部分都是用聚丙烯腈纤维的固相碳化制得的。

碳纤维另一优异的力学性能是耐疲劳。金属材料在使用一段时间后便会发生疲劳。例如,有的飞机因为金属疲劳而突然解体,造成空难。用碳纤维与塑料制成的复合材料所做的飞机不但轻巧,而且消耗动力少、推力大、噪声小;用碳纤维制成电子计算机的磁盘,能提高计算机的储存量和运算速度;用碳纤维增强塑料来制造卫星和火箭等宇宙飞行器,机械强度高、质量小，可节约大量的燃料。

　　③芳纶纤维　全称芳香族聚酰胺纤维，是一类新型的特种用途合成材料。它诞生于 20 世纪 60 年代末，最初用作宇宙开发材料和重要的战略物资。冷战结束后，芳纶作为高技术含量的纤维材料大量用于民用领域。

　　芳纶纤维中芳香基取代了脂肪基，使分子链的柔性减小而刚性增强，反映在纤维性能方面，其耐热性和初始模量都显著增大，所以芳香族聚酰胺纤维是目前有机耐高温纤维中的主要类别。其中最具实用价值的品种有两个：一种是分子链排列呈锯齿状的间位芳纶纤维，我国称其为"芳纶 1313"；另一种是分子链排列呈直线状的对位芳纶纤维，我国称其为"芳纶 1414"。两者化学结构相似，性能差异却很大，应用领域各有不同：用芳纶 1313 结构材料可制作仿生型多层蜂巢结构板材，具有突出的强度质量比和刚性质量比(约为钢材的 9 倍)，还具有质量轻、耐冲击、抗燃、绝缘、耐腐蚀、耐老化及透电磁波性良好等特点，适于制作飞机、导弹及卫星上的宽频透波材料和大刚性次受力结构部件(如机翼、整流罩、机舱内衬板、舱门、地板、货舱和隔墙等)，也适于制作游艇、赛艇、高速列车及其他高性能要求的夹层结构；而芳纶 1414 极好的金属特性使其在高性能纤维中占据着重要核心地位。

　　(2)纤维增强金属基复合材料

　　尽管树脂基复合材料是出现较早、应用较广的现代复合材料之一，但其也存在不足之处。例如，树脂基复合材料的耐热性低，一般不超过 300℃，且不导电，导热性也较差，这就限制了它们在某些条件下的使用。而金属基复合材料恰好具有这方面的优势，成为各国竞相发展的新材料。

　　金属基复合材料一般都在高温下成形，因此要求作为增强材料的耐热性高。在纤维增强金属中主要使用硼纤维、碳纤维、碳化硅纤维和氧化铝纤维，不能选用耐热性低的玻璃纤维和有机纤维，而基体金属用的较多的是铝、镁、钛及某些合金。

　　碳纤维是金属基复合材料中应用最广泛的增强材料。碳纤维增强铝具有耐高温、耐热疲劳、耐紫外线和耐潮湿等性能，适合在航空、航天领域中用作飞机的结构材料。硼纤维增强铝也可用于空间技术和军事方面。

　　碳化硅纤维增强铝比铝轻 10%，强度高 10%，刚性高 1 倍，具有更好的化学稳定性、耐热性和高温抗氧化性等，主要用于汽车工业和飞机制造业。用碳化硅纤维增强钛做成的板材和管材可用来制造飞机垂尾、导弹壳体和空间部件。

　　(3)纤维增强陶瓷基复合材料

　　一般来说，陶瓷材料具有很高的强度和刚度，并且很脆。陶瓷基复合材料又称多相复合陶瓷或复相陶瓷。在陶瓷基体中引入第二相，可使陶瓷获得补强增韧的材料，主要包括纤维补强多相陶瓷、颗粒弥散强化复相陶瓷、自补强复相陶瓷(原位生长复相陶瓷)、梯度功能复合陶瓷、纳米复相陶瓷等。多相复合陶瓷材料的性能明显优于其基体本身的性能，具有广泛的用途。

　　在纤维增强陶瓷基复合材料中，陶瓷材料本体具有耐高温、抗氧化、抗高温蠕变性好、硬度高、耐磨损性好、热膨胀系数小、耐化学腐蚀等优点，但也存在致命弱点，即脆性。它不能承受激烈的机械冲击和热冲击，这限制了它的应用。除通过控制晶粒、相变韧化等加以改善外，纤维增强是重要手段之一。陶瓷基复合材料基体陶瓷大体有 Al_2O_3、$MgO \cdot Al_2O_3$、SiO_2、$Al_2O_3 \cdot ZrO_2$、Si_3N_4、SiC 等。增强材料有碳纤维、碳化硅纤维和碳化硅晶须。晶须就是由晶体生长形成的针状短纤维。

　　由纤维增强陶瓷做成的陶瓷瓦片用黏结剂贴在航天飞机机身上，能使航天机安全地穿越大气层回到地球。

拓展阅读

可降解与吸收材料

　　许多医学植入装置和材料，如矫形装置和药物控释制剂等，只需要短期或暂时性作用，当其作用完成后，材料和装置作为异物继续留在体内，存在长期毒性的潜在危险，因而需要再次手术取出。可降解和吸收材料正是适应这类医学应用的需要而发展起来的，在生物医用材料领域中显示出独具的优越性。其主要特征是在体内生理环境下可逐步降解或溶解并被机体吸收代谢，不需要再次动手术取出；此外，大部分可降解医用材料的组成单元或降解产物是生物体内自身存在的小分子，因此比非降解材料具有更好的生物相容性和生物安全性。

　　在《生物基材料定义、术语和标识》一书中把"生物降解"定义为由特定的生物活动引起的材料逐渐被破坏；但材料在体内的实际降解过程往往是多种因素交叉作用的结果，因此除了专门研究降解机制的文章外，在文献中把可降解与吸收材料广义地定义为泛指在生物体内能逐渐被破坏，最后完全消失的材料。表示降解材料的术语很多，并且被广泛交叉使用，通常有"可降解(degradable)材料""生物降解(biodegradable)材料""生物吸收(bioabsorbable, bioresorbable)材料""生物溶蚀(bioerodible)材料"等，为了叙述的简便，这里用"降解材料"泛指所有在生物体内可降解与吸收的材料。

　　可降解材料是近30年来迅速发展起来的一个新兴材料领域，还没有正式的发展史，也很难指出它的确切起源。目前，公认它首先是从可吸收缝线开始应用的。第一个合成的可吸收缝线是1970年由美国 Davis & Geck 公司以 Dexon 的商品名上市的聚羟基乙酸(PGA)缝线。在此之前，临床一直使用羊肠线缝合内脏，但羊肠线在体内降解太快，两周内完全失去强度，同时由于异种蛋白免疫会引起严重炎症，影响伤口愈合。与此相反，合成材料不存在类似羊肠线的免疫问题并且降解时间可人为地调节和控制，显示出明显的优越性，从20世纪70年代到80年代相继有四种可吸收合成缝线进入市场，成为目前临床使用的主要手术缝线。

　　可降解内植骨科固定装置与可吸收缝线几乎同时发展起来。20世纪60年代初，随着医学的进步，开始应用植入体内的固定装置进行复杂的外科手术，辅助机体自我修复。不锈钢具有优良的机械性能，是主要的内植固定材料。但由于不锈钢的强度和韧性远大于人体骨，并且不能随着骨愈合过程动态地变化力学性能，产生了医学上称为应力遮蔽现象，导致骨折部位的骨质疏松和自身骨退化。1971年，开始用可降解高分子材料作内植的骨固定夹板，随着自体骨的愈合可降解夹板的强度不断减弱，从而克服了应力遮蔽现象，提高了自身骨修复效果，目前已有数种用降解材料制成的内植骨固定装置在临床使用。

　　近年来，随着药物控释和组织工程技术的发展，可降解材料作为不可缺少和不可代替的关键材料，得到迅速发展。其应用范围涉及几乎所有非永久性的植入装置，包括药物控释载体、手术缝线、骨折固定装置、器官修复材料、人工皮肤、手术防粘连膜及组织和细胞工程等。

习　题

1. 材料在人类文明进步过程中的意义是什么？
2. 金属、非金属在周期表中的分布如何？
3. 离子交换树脂的结构原理和作用是什么？

习题解答

第 12 章 化学与能源

教学目的和要求：

(1) 熟悉能源的概念与分类。

(2) 理解和掌握常见的化石燃料：煤炭、石油和天然气。

(3) 理解和掌握新能源的概念、分类及其应用。

能源是人类赖以生存和发展的重要物质基础，是人类社会发展与社会进步的动力。党的二十大报告中明确提出："积极稳妥推进碳达峰碳中和"，为了早日实现"双碳"目标，我们要积极推进能源清洁低碳高效利用和能源革命，加快规划建设新型能源体系，确保能源安全。伴随人类文明的进步，人类利用能源形态和能源技术也在不断演化发展，从旧石器时代远古人使用火开始，人类利用能源的方式从传统的薪柴阶段逐步过渡到高新技术开发、高能密度、高效利用和低碳排放的"三高一低"阶段，人类社会也从原始文明、农业文明、工业文明逐步向绿色生态文明转型。但是，随着社会的发展，能源供需之间的矛盾日趋尖锐。因此，如何合理地利用现有能源，开发新的能源是人类必须关注的一个重大社会问题，而能源的利用和开发离不开化学。

12.1 能源的分类

能源是指可以提供能量的自然资源，是从事各种经济活动的原动力。按能源的基本形态分类，能源可分为一次能源和二次能源。一次能源，即天然能源，指自然界现成存在的能源，如煤炭、石油、天然气、水能等；二次能源，指由一次能源经过加工转换以后得到的能源，包括电能、汽油、柴油、液化石油气和氢能等。一次能源可以进一步分为再生能源和非再生能源两大类型。再生能源包括太阳能、水能、风能、生物质能、波浪能、潮汐能、海洋温差能、地热能等。它们在自然界可以循环再生，是取之不尽、用之不竭的能源，不需要人力参与便会自动再生。非再生能源是在自然界中经过亿万年形成，短期内无法恢复且随着大规模开发利用，储量越来越少，总有枯竭的一天的能源。非再生能源包括煤炭、石油、天然气、油页岩等。

按照应用的广泛程度，能源分为常规能源和新能源。常规能源又称传统能源，是指已经大规模生产和广泛利用的能源。新能源又称非常规能源，是指传统能源之外的各种能源形式，指刚开始开发利用或正在积极研究、有待推广的能源。

李四光

$$能源\begin{cases}一次能源\begin{cases}再生能源\begin{cases}太阳能、水能、风能、生物质能\\波浪能、潮汐能、海洋温差能、地热能等\end{cases}\\非再生能源——煤炭、石油、天然气、油页岩等\end{cases}\\二次能源——电能、汽油、柴油、液化石油气和氢能等\end{cases}$$

$$能源\begin{cases}常规能源\begin{cases}水能\\煤炭、石油、天然气等\end{cases}\\新能源——太阳能、风能、地热能、海洋能、生物质能及核能等\end{cases}$$

一次能源通过装置或设备转换成二次能源时，转换率通常很低，其中一部分能量被白白浪费掉了。人类目前面临的问题一方面是开发新型能源，满足人类日益增长的能源需求；另一个重要方面就是开发高效率的转换技术和高能量密度的仪器设备，以便提高能源利用率和减小仪器设备体积，同时达到节能减排的效果。

双碳目标

12.2 化石燃料

化石燃料也称矿石燃料，是多种烃或烃的衍生物的混合物，其包括的天然资源为煤炭、石油和天然气等，是由植物和动物残骸在地下经长时期的堆积、埋藏，受到地质变化的作用（包括物理、化学、生物等作用），逐渐分解而最后形成的可燃性矿物燃料，是不可再生资源，所以它们的组成主要是有机化合物以及部分无机化合物、水分和灰分。

燃料的化学组成极其复杂，它是由有机可燃物和不可燃的金属氯化物、硫酸盐、硅酸盐等无机矿物杂质（灰分）与水分等组成的混合物。固体燃料和液体燃料中的可燃物质是各种复杂的有机化合物的混合物。根据燃料的元素分析可知，这些可燃的有机化合物都是由碳、氢、氧、氮、硫等化学元素所组成的。

12.2.1 煤炭

煤炭是古代植物遗体堆积在湖泊、海湾、浅海等地方，经过复杂的生物化学、物理化学和地球化学作用转变而成的一种具有可燃性的沉积岩。人们在煤层及其附近发现大量保存完好的古代植物化石；在煤层中可以发现炭化了的树干；在煤层顶部岩石中可以发现植物的根、茎、叶的遗迹；把煤切成薄片，在显微镜下可以发现煤中有植物细胞组成的孢子、花粉。这些现象都说明成煤的原始物质是植物。

我国是一个缺油、少气、煤炭资源相对丰富的国家，因此，煤在我国能源可持续利用中扮演了重要角色。目前，我国煤产量的 75% 左右直接用于燃烧，是国民经济和人民生活的主要能源。由于煤中的碳含量高且含有硫、氮等杂原子和无机矿物质及芳香族类物质等，煤燃烧带来了严重的环境污染问题，而且煤的燃烧也不完全，热效率低。因此，如何开发和提高煤的使用价值显得尤为重要。必须弄清楚煤的燃烧机理，掌握先进的燃烧技术，最终在生产中实现煤的高效低耗燃烧，从而达到降低污染的目的。

12.2.2 石油

未经加工处理的石油又称为原油，是一种黏稠的深褐色液体，主要是各种烷烃、环烷烃和芳香烃的混合物。它是由几百万年前的海洋动、植物经过漫长的演化形成的混合物，与煤一样属于化石燃料。石油主要用于生产燃油和汽油，而且是许多化学工业产品的原材料。

石油是当今世界的主要能源。在世界能源消费结构中，石油已超过煤炭跃居首位，成为推动现代化工业和经济发展的主要动力，在国民经济中占有非常重要的地位。汽车、内燃机车、飞机、轮船等现代交通工具都是利用石油产品——汽油、柴油作为动力燃料；一切转动的机械，其中"关节"部位所需添加的优质润滑剂，也都是从石油中提炼的。石油还是重要的化工原料，利用石油产品可加工出超 5 000 种重要的有机合成原料，现代生活的衣、食、住、行等都直接或间接地与石油产品有关。因此，石油又称为工业的"血液"。

12.2.3 天然气

天然气是存在于地下岩石储集层中以烃为主体的混合气体的统称，相对密度约为 0.65，比空气轻，具有无色、无味、无毒的特性。天然气是世界上继煤炭和石油之后的第三大能源。天然气主要成分是烷烃，其中甲烷占绝大多数，另有少量的乙烷、丙烷和丁烷，此外一般有硫化氢、二氧化碳、氮、水汽、少量一氧化碳及微量的稀有气体(如氦和氩等)。

天然气的主要用途是作为家庭或工业的燃料气。由于天然气的主要成分为甲烷(体积含量高达 80% 以上)，燃烧时生成热量大(每立方米产热量为 41.9~83.7 MJ)，比煤气的产热量高 4~5 倍，而且对人体无毒，燃烧后的产物主要是二氧化碳和水，对环境污染较小，因此天然气常作为家庭的燃料气。用天然气作汽车燃料时，其突出的优点是抗震性能好，排出的废气不污染环境，二氧化碳排放量可减少 1/3，尾气中一氧化碳含量可降低 99%，是一种优质高效的洁净能源。为此，我国城市的公交车正逐步采用纯电动或氢能源来取代汽油作燃料。同时在工业领域，天然气代替焦炭炼铁的技术正不断扩大。这种"直接还原法"炼铁对那些没有煤炭资源的国家来说具有特殊意义。因此，世界各地均大量开采利用天然气，使它成为能源领域中的后起新秀。

世界范围内的天然气资源十分丰富。目前，俄罗斯是世界上天然气储量最多的国家，已探明的储量占世界总量的 28% 左右。

12.3 新能源

新能源一般是指在新技术基础上加以开发利用的可再生能源，包括太阳能、生物质能、风能、地热能、波浪能、洋流能和潮汐能，以及海洋表面与深层之间的热循环等；此外，还有氢能、沼气、乙醇、甲醇等，随着常规能源的有限性以及环境问题的日益突出，以环保和可再生为特点的新能源越来越受到各国的重视。

12.3.1 太阳能

太阳能是由太阳中的氢气经过核聚变反应所产生的一种能源。太阳能既是一次能源，又是可再生能源。大力发展太阳能资源将为人类提供充足的能源，减少化石能源的消耗，减轻环境污染，减缓全球气候变暖，是解决能源和环境问题、实现可持续发展的重要措施。所以，太阳能逐渐从众多的新型可再生能源中脱颖而出，成为世界各国在能源发展战略中优先选择的新能源。

太阳辐射到地球大气层的能量仅为其辐射能量的二十亿分之一，但数量仍然巨大，太阳每秒辐射到地球上的能量就相当于 $5×10^7$ t 标准煤。地球上的风能、潮汐能等都来源于太阳，即使是地球上的化石燃料，从根本上来说也是远古以来储存下来的太阳能。太阳照在地球上 1 h 的能量相当于全人类 1 年所消耗的能量，实际上可用来发电的部分也是人类消耗能量的几十倍，因此太阳能光伏发电完全有可能满足全世界的能量需求。

"绿色"是 2022 年北京冬奥会的理念之一，奥运会场馆周围 80% ~ 90% 的公共照明利用的是太阳能发电技术，奥运会 90% 的洗浴热水采用太阳能集热技术，场馆所用全部为清洁能源。

12.3.2　氢能

氢能作为一种储量丰富、来源广泛的绿色能源及能源载体，正引起人们的广泛关注。氢是宇宙中分布最广泛的物质，它构成了宇宙质量的 75%，因此氢能被称为人类的终极能源。水是氢的大"仓库"，若把海水中的氢全部提取出来，将是地球上所有化石燃料的 9 000 倍。氢具有燃烧热值高、能量密度大、容量大、寿命长、便于存储和运输的优点。氢燃烧的产物是水，是世界上最干净的能源，而且氢燃烧生成的水可以继续制氢而反复循环利用。氢能已经成为 21 世纪世界能源舞台上一种举足轻重的能源，氢的制取、储存、运输、应用技术也已成为 21 世纪备受关注的焦点。

虽然氢是地球上最丰富的元素，但游离态氢极少。因此必须将含氢物质加工后才能得到氢气。因为氢是一种二次能源，它的制取不但需要消耗大量能量，而且目前制氢效率很低，因此寻求大规模廉价制氢技术是各国科学家共同关心的问题。

12.3.3　生物质能

广义上讲，生物质是各种生命体产生或构成生命体的有机质的总称，生物质蕴涵的能量称为生物质能。生物质能源是绿色植物通过叶绿素将太阳能转化为化学能而储存在生物质内部的能量。从能源利用的角度来看，凡是能够作为能源而利用的生物质能均统称生物质能源。它直接或间接地来源于绿色植物的光合作用，可转化为常规的固态、液态和气态燃料，取之不尽、用之不竭，是一种可再生能源。目前，生物质能的开发利用主要集中在以下几个方面。

(1) 以自然界生物质为原料制成醇类汽油或生物柴油

自然界生物质资源种类繁多、分布广泛，如常见的农业生产废弃物(主要为作物秸秆)，各种农林加工废弃物，动物油脂和餐饮废油等。利用现代生物转换技术将自然界废弃生物质资源转化成液体能源燃料(如车用乙醇汽油或生物柴油等)，对缓解人类化石燃料资源紧缺具有重要意义。

(2) 沼气的开发和利用

沼气是有机物质在厌氧环境中，在一定的温度、相对湿度、酸碱度条件下，通过微生物发酵作用产生的一种可燃气体。由于这种气体最初是在沼泽、湖泊、池塘中发现的，所以称为沼气。沼气是多种气体的混合物，一般含甲烷 50% ~ 70%，其余为二氧化碳和少量的氮、氢和硫化氢等。沼气的热值达 20 900 kJ·m^{-3}，比一般城市煤气热值高，因此可以作为人类的燃料。目前，广泛采用生产沼气的方法是厌氧发酵法。发酵用的有机物一般是人畜粪便、植物秸秆、野草、海藻、城市垃圾和工业有机废料等，这些有机物经过厌氧发酵，在细菌分解作用下产生沼气。由于其具有价廉、简便、废物利用和环保等优点，因此宜于在农村推广。目前，沼气资源的开发和利用已经受到世界各国广泛的关注。

12.3.4 核能

原子由带正电荷的原子核和核外带负电荷的电子组成。普通化学反应的热效应来源于外层电子重排时键能的变化，而原子核及内层电子并没有变化。而另外一类反应的热效应却来源于原子核的变化，这类反应叫作核反应。核反应可分为核衰变、核裂变和核聚变三大类。核裂变和核聚变释放出的能量叫作核能，它比化学变化(燃烧、炸药爆炸等)释放的能量大百万倍。

原子核在发生核裂变时，释放出的巨大的能量称为原子核能，俗称原子能。连续核裂变释放出巨大的核能，若人工控制使链式反应在一定程度上连续进行，产生的能量加热水蒸气，推动发电机，这是建设核电站的基本原理；若让裂变释放的能量不断积聚，最后则可以在瞬间酿成巨大的爆炸，这是制造原子弹的原理。

拓展阅读

认识可燃冰

可燃冰又称天然气水合物，也称甲烷水合物，是类似于冰的天然气和水的组合体，在自然界中天然形成的，数量巨大。可燃冰不是冰，而是一种自然存在的微观结构为笼型的化合物。可燃冰是其俗称，其外观结构看起来像冰，且遇火即可燃烧，因此，这种天然气水合物又称为"固体瓦斯"或"气冰"。

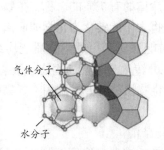

可燃冰的结构示意图

可燃冰燃烧

在高压和低温条件下，只要有足够的甲烷和水，就能自然形成可燃冰。甲烷本身是通过埋藏在沉积物中有机碳分解而产生的，这些甲烷会向上运移。在合适的条件下，这些甲烷与水结合，就会形成天然气水合物。由于可燃冰的形成需要高压和低温条件，因此可燃冰的分布是有规律可循的，主要分布于深海沉积物或陆域的永久冻土中。据科学家初步估算，世界上可燃冰中碳的总量是地球上煤、石油、天然气等化石燃料中碳总量的 2 倍，可燃冰蕴藏的天然气资源潜力巨大，它也是迄今为止最具开采价值的海底矿产资源之一。我国从 1999 年起开始对可燃冰进行调查研究，现已在南海北部神狐海域、珠江口盆地东部海域和祁连山冻土区等多处区域发现了可燃冰。

可燃冰燃烧后几乎不产生任何残渣，污染比煤、石油、天然气都要小得多。据测算，1 体积可燃冰可转化为 164 体积的天然气和 0.8 体积的水。因此，它是最清洁的能源，被誉为未来的新能源。

由于可燃冰的形成和存储条件需要高压、低温环境，因此在海底或者陆地冻土中发现的甲烷型天然气水合物是稳定的。几乎没有人看到过固体天然气水合物，不仅是它们位于气候恶劣且人类通常难以到达的极地地区，而且它们被取出到地表后很快就融化分解了，分解成液态水和气态甲烷，这为可燃冰的开采带来了困难和挑战。第一，海底铺设的大量输油、输气管道，以及光缆、电缆纵横交错，所以开采海底可燃冰困难重重。第二，从海底大量开采可燃冰是否会导致局部海底崩塌，引发地震、海啸等重大自然灾害，还有待于进一步深入研究。第三，开发和利用可燃冰还有可能引起大量甲烷气体向大气中散发。因为甲烷也属于温室气体，而且它的温室效应比二氧化碳强 20 倍，这无疑会对全球的生态带来严重影响。第四，目前开采海底可燃冰的技术还不够成熟，成本比较高。只有当上述问题得到妥善解决后，海底可燃冰的开发利用才有望成为现实。

习　　题

一、选择题

1. 下列能源形式属于二次能源的是(　　)。

A. 煤炭　　　　　　　B. 汽油　　　　　　　C. 天然气　　　　　　D. 石油

2. 下列能源形式属于非再生能源的是(　　)。

A. 水能　　　　　　　B. 风能　　　　　　　C. 太阳能　　　　　　D. 天然气

3. 天然气的主要成分是(　　)。

A. 甲烷　　　　　　　B. 乙烷　　　　　　　C. 丙烷　　　　　　　D. 丁烷

4. 下列能源形式不属于新能源的是(　　)。

A. 太阳能　　　　　　B. 生物质能　　　　　C. 水能　　　　　　　D. 潮汐能

5. 生物质能源最终来源于(　　)。

A. 绿色植物　　　　　B. 太阳能　　　　　　C. 化学能　　　　　　D. 化石燃料

二、填空题

1. 化石燃料主要有：_____、_____、_____。

2. _____称为工业的"血液"。

3. 天然气燃烧的主要产物是_____和_____。

4. 太阳能是由太阳中的氢气经过_____反应所产生的一种能源。

5. 核能是_____。核反应可分为_____、_____和_____三大类。

三、判断题

1. 化石燃料是不可再生的"二次能源"。　　　　　　　　　　　　　　　　　　(　　)

2. 由光合作用储存于植物的能量属于生物质能，又称可再生有机质能源。　(　　)

3. 生物质能是可再生能源。　　　　　　　　　　　　　　　　　　　　　　(　　)

4. 太阳上发生的是复杂的核聚变反应。　　　　　　　　　　　　　　　　　(　　)

5. 氢是一种非常清洁的能源，但其热效率较低。　　　　　　　　　　　　　(　　)

四、简答题

1. 什么是"一次能源"？什么是"二次能源"？

2. 什么是"再生能源"？什么是"非再生能源"？

3. 简述化石燃料对环境的影响及未来新能源的发展趋势。

4. 我国新能源汽车发展的现状和前景如何？

习题解答

第 13 章 化学与环境保护

教学目的和要求：
(1) 了解环境保护与可持续发展的意义。
(2) 了解环境污染的主要方面及其防治方法。
(3) 了解环境质量的评价标准及监测。

环境是人类赖以生存和发展的物质条件的综合体，包括自然环境和社会环境。本章讨论的环境是指由大气、水、土地、矿藏、森林、草原、动植物、微生物等因素所组成的自然环境。人类与环境之间关系密切，人类不断地从环境中摄取生存所必需的物质和能量，同时也对环境产生影响。工农业的发展破坏了生态平衡，使环境受到污染；而环境质量的变化又不断地反馈作用于人类，开展控制污染源和对污染防治的研究，对人类的身体健康十分重要。

徐晓白

13.1　环境保护与可持续发展

环境问题已是一个引起世界关注的主题。对环境的关注已从环境污染的末端治理转向对环境问题的整体性思考。很长时间以来，环境被视为外在于人类的范畴，但随着环境问题涌现，一方面人们在抱怨，另一方面人们开始警醒地发现，人类与环境之间是互动的，正是由于人类的所为才导致了今天环境问题的产生，人类终于认识到人类与环境之间的和谐，不应当仅仅是人类获取更大利益的一种手段，而是人类生存的根本目的。所以，环境保护与可持续发展对于人类的生存和发展至关重要。党的二十大报告中明确指出："坚持绿水青山就是金山银山的理念……全方位、全地域、全过程加强生态环境保护"。

引导学生
自主学习，
增强生态
文明意识

13.2　环境污染及其防治

环境污染是指人类直接或间接地向环境排放超过其自净能力的物质或能量，从而使环境质量恶化，对人类的生存与发展、生态系统和财产造成不利影响的现象。环境污染包括物理、化学和生物三方面因素，其中由化学物质引起的污染占总污染的 80%～90%。

现在世界各国已在不同程度地抓紧对环境的治理和保护工作。我国对环境问题也非常重视。

13.2.1　水污染及其防治

水是人类生活、动植物生长和工农业生产不可缺少的物质，是一种宝贵的自然资源。尽管地球上水的储量很大，但淡水只占 2.5%，其中比较容易被人类开发利用的淡水不足总水量的 0.3%。因此，人类可利用的淡水资源十分有限，而且在地域分布上是很不均匀的。据联合国调查，全球约有 4.6 亿人生活在用水高度紧张的国家或地区，还有 1/4 人口即将面临严重用水紧张的局面。我国是一个干旱缺水程度严重的国家。2014 年我国的淡水资源总量为 $2.73×10^{12}$ m³，占全球水资源的 6%，仅次于巴西、俄罗斯和加拿大，位列世界第四。但是，我国的人均水资源量只有 1 999 m³，不到世界平均水平的 1/4，是全球人均水资源最贫乏的国家之一。

而随着地球上人口的剧增，工农业生产的迅速发展，大量未经处理的废水、固体废弃物排入江河湖泊，造成水的污染，使本来就短缺的水资源形势更加严重。据联合国调查统计，全世界每年排放的污水在 $4.26×10^{11}$ t 以上，使全世界河流稳定流量的 40% 左右受到污染。当前，水污染已成为公害严重的社会问题。因此，合理利用水资源，防治水污染是工程技术人员应予重视和值得研究的一项课题。

(1) 水体污染

水体污染主要指由于人类的各种活动排放的污染物进入河流、湖泊、海洋或地下水等水体中，使水体的物理、化学性质发生变化，破坏了水体原有的功能（如饮用、灌溉、养鱼等），使水质恶化。水体污染会严重危害人体健康，据世界卫生组织报道，全世界 75% 左右的疾病与水有关。常见的伤寒、霍乱、胃炎、痢疾和传染性肝炎等疾病的发生与传播都和直接饮用污染水有关。

水体污染有两类：一类是自然污染，另一类是人为污染，而后者是主要的。污染水质的物质种类繁多，下面就几类主要污染物质加以说明。

① 无机污染物　包括无毒无机物和有毒无机物两类。大部分酸碱盐是污染水体的无毒物质，也会产生一定危害作用。例如，酸性水或碱性水不利于农作物的生长，当水中含有磷酸盐、硝酸盐和铵盐等时，能使水中藻类大量繁殖，消耗大量氧气，使水质恶化，严重时会造成鱼虾大量死亡，甚至绝迹。

有毒的无机物主要是重金属、砷化物、氰化物。工业废水、农田排水、矿山排水和生活污水是其主要来源。

污染水体的重金属有汞、镉、铅、铬、钡、钴、钼等，其中以汞、镉毒性最大。研究表明，汞中毒以甲基汞最为严重，这是因为含汞化合物在自然界中能转化为甲基汞，而甲基汞在脂肪中溶解度比在水中大，进入人体后几乎全部被吸收，在人体停留时间较长，使人体某些酶的功能受到破坏。镉进入人体后，首先损害肝和肾，并能置换骨骼里的钙，导致骨质疏松和骨骼软化，疼痛使人无法忍受，故名"痛痛病"。水体中的重金属含量是判断水质污染的一个重要指标。饮用水中汞含量不得超过 0.001 mg·L⁻¹，镉含量不得超过 0.1 mg·L⁻¹。

氰化物（KCN，NaCN）是一种剧毒物质，毫克数量级即可致死。中毒的途径可以通过呼吸、误食和皮肤渗透。CN⁻ 与 CO 相似，进入人体血液后，会破坏血红蛋白传递氧的生理功能，使人呼吸困难，组织细胞缺氧，导致窒息死亡。由于氰化物毒性很大，所以一般饮用水中含氰（以 CN⁻ 计）不得超过 0.01 mg·L⁻¹，地面水不得超过 0.1 mg·L⁻¹。

②有机污染物　分无毒和有毒两类。无毒的如碳水化合物、脂肪、蛋白质等；有毒的如酚、多环芳烃、多氯联苯、有机氯农药、有机磷农药等。它们在水中有的能被好氧微生物降解，有的则难降解。

生活污水和某些工业废水中所含的碳水化合物、脂肪、蛋白质等有机物，可在微生物作用下，最终分解为简单的无机物。在分解过程中这些有机物要消耗水中的溶解氧，因此称它们为耗氧有机物。耗氧有机物排入水体后，被好氧微生物分解时，会使水中溶解氧急剧下降，从而影响水体中的鱼类和其他水生生物的正常生活，甚至会使鱼类和其他水生生物因缺氧而死亡。另外，如果水体中溶解氧被耗尽，这些有机物又会被厌氧微生物分解，产生甲烷、硫化氢、氨等恶臭物质，即发生腐败现象，使水变质。

随着现代石油化学工业的高速发展，产生了许多种原来自然界没有的、难分解的、有剧毒的有机化合物。它们是合成洗涤剂、有机氮农药、有机磷农药、有机氯农药、多氯联苯等，它们进入水中会长期存在，即使由于水体的稀释作用浓度较小，也会因为它们能被水生生物吸收，通过食物链逐渐富集，在人体内积累，产生毒害。

③石油类污染物　近年来，石油对水质的污染问题十分突出，特别是海湾及近海水域，已引起世界的关注。对水体污染的主要石油类污染物是各种烃类化合物——烷烃、环烷烃、芳香烃等。在石油的开采、炼制、储运、使用过程中，原油和各种石油制品进入环境而造成污染，其中包括通过河流排入海洋的废油、船舶排放和事故溢油、海底油田泄露和井喷事故等。1989 年，美国埃克森石油公司的"瓦尔迪兹"号油轮漏油，导致 3.4×10^4 t 原油流入阿拉斯加州威廉王子湾。事故造成几十万只海鸟、数千只大型海洋动物死亡，当地渔业多年绝收，沿岸经济萎靡不振。2010 年 4 月 20 日，一座由英国石油公司租赁的位于墨西哥湾的钻井平台爆炸起火。平台沉入海底后发生原油泄漏，截止到 8 月 2 日漏油总量达到约 490 万桶（折合 7.79×10^8 L），成为有史以来最严重的原油泄漏事件。

石油进入水体，除了挥发一部分外，在水面形成油膜（低分子烃类可溶于水），由于风浪作用，又可生成乳化油（其油滴平均直径 0.5~25 μm）。油能黏住鱼卵和鱼，降低孵化率并使鱼畸形、死亡。例如，海水中含油 100 mg·L^{-1}，可使 95% 的美洲大海虾幼体于 24 h 内死亡；含油 0.01 mg·L^{-1} 可使鱼虾贝类有石油臭味。油类还会附着在海洋哺乳动物和鱼类的呼吸器官，使其窒息死亡。总之，油类会降低水生生物的品质和数量。

④水体富营养化状态　水体富营养化状态是指水中总氮、总磷量超标，即总氮含量大于 1.5 mg·L^{-1}，总磷含量大于 0.1 mg·L^{-1}。在人类活动的影响下，生物所需的氮、磷等营养物质大量进入湖泊、河口、海湾等缓流水体，引起藻类及其他浮游生物迅速繁殖，水体溶解氧量下降，水质恶化，鱼类及其他生物大量死亡。在自然条件下，湖泊也会从贫营养状态过渡到富营养状态，不过这种自然过程非常缓慢。而人为排放含营养物质的工业废水和生活污水所引起的水体富营养化则可以在短时间内出现。这种由于植物营养元素大量排入水体，破坏水体生态平衡的现象，称为水体的富营养化。它是水体污染的一种形式。目前，我国 88.6% 的湖泊水质已呈富营养化和中度富营养化。例如武汉南湖，每年 4~5 月岸边水体呈深黑色，十分浑浊，大范围死鱼已成为一种季节性现象。

⑤赤潮与海洋污染　赤潮是海洋中某一种或几种浮游生物暴发性增殖或聚集而引起水体变色的一种有害的生态异常现象。它不一定都是红色的，还有褐色、棕黄色、绿色等。

近几十年来，由于工农业生产的高速发展，污水大量排放入海，赤潮与日俱增。赤潮的危害性很大。1987年，美国东海岸的一次赤潮，仅养殖贝类的损失就有3 600万美元，1997年10月，墨西哥湾北部沿海和美国德克萨斯沿海出现了大面积赤潮，死亡鱼类达超20 t。近年来，我国海域频发赤潮，因赤潮造成的经济损失十分严重。

据不完全统计，现在每年流入海洋的石油约达1×10^7 t，剧毒氯联苯2.5×10^4 t，锌3.9×10^6 t，汞5 000 t等。目前，海洋污染最严重的海域有波罗的海、地中海等。地中海尤为严重，因为它虽与大海相连，但与大海进行水循环却很难，因而它所受到的污染比大海更严重。我国沿海的污染情况相当严重，其中污染最严重的是渤海，由于污染已造成渔场外迁、鱼群死亡、赤潮泛滥，有些滩涂养殖场荒废，一些珍贵的海生资源正在丧失。

（2）水体污染的防治

污染水体的污染物主要来自城市生活污水、工业废水和径流污水，这些污水若不经处理就排入地面水体，会使河流、湖泊受到严重污染。因此必须先将其输送至污水处理厂进行处理后排放。但这些污水水量非常大，若全部经污水处理厂进行处理，投资极大，因此应尽量减少污水和污物的排放量。例如，在工业生产中尽可能采用无毒原料，可杜绝有毒废水的产生；若使用有毒原料，则应采用合理的工艺流程和设备，消除溢漏，以减少有毒原料的流失量；重金属废水、放射性废水、无机毒物废水和难以生物降解的有机毒物废水，应与其他量大而污染轻的废水（如冷却水等）分流；剧毒废水在厂内要进行适当预处理，达到排放标准后才能排入下水道；冷却水等相对清洁的废水，则在厂内经过简单处理后循环使用。这样既可减少工业废水排放量，减轻污水处理厂的负荷，又可达到废水回用、节省水资源的目的。

排放到污水处理厂的污水及工业废水可利用多种分离和转化方法进行无害化处理，其基本方法可分为物理法、物理化学法、化学法、生物法和电化学法。

①物理法　主要是用机械方法去除污水中的悬浮物质，在处理过程中不改变其化学性质。可用沉淀法、离心分离法、过滤法及蒸发结晶法等，将废水中的悬浮物或乳状微小油粒除去；还可用活性炭、硅藻土等吸附剂过滤吸附处理低浓度的废水，使水净化；也可用某种有机溶剂溶解萃取的方法处理（如含酚等有机污染物的废水）。物理法多用作污水的预处理。

②物理化学法　利用萃取、吸附、离子交换等操作过程，处理或回收利用工业废水的方法称为物理化学法。它包括反渗透法、吸附法和萃取法等，反渗透法是利用水分子能通过半透膜，污染物分子不能通过半透膜的原理来净化污水。目前，该处理方法已用于海水淡化、含重金属的废水处理及污水的深度处理等方面。

③化学法　利用化学反应来分离并回收废水中的各种污染物，或改变污染物的性质，使它们从有害变为无害。常用的方法有混凝法、中和法、氧化还原法、离子交换法等。

混凝法是向污水中投加一定量的药剂，经过脱稳、架桥等反应过程，使水中的污染物凝聚并沉降。废水中常有不易沉淀的细小悬浊物，它们往往带有相同的电荷，因此相互排斥而不能凝聚。若加入某种电解质（混凝剂），由于混凝剂在水中能产生带相反电荷的离子，水中原来的胶状悬浊物失去稳定性而沉淀下来，达到净化水的效果。常用的混凝剂有明矾、氢氧化铁、聚丙烯酰胺等。

中和法就是通过调节污水的pH值，使之达到排放要求。酸性污水可用废碱、石灰、石灰石、电石渣等中和；碱性污水可用废酸中和，也可通入含有二氧化碳、二氧化硫等成分的烟道废气，达到中和效果。如同时有酸性污水和碱性污水，可将二者混合而中和。中和法也是除去水中某些重金属离子的有效方法。调节水的pH值可使某些金属离子生成氢氧化物沉淀而被除去。这种基于沉淀反应的方法叫作沉淀法。例如，欲除去污水中的 Pb^{2+}，可加入石灰或废碱使 Pb^{2+} 生成氢氧化铅沉淀而除去。

氧化还原法是利用氧化还原反应将溶解在废水中的有害物质转化为无害物质，达到处理废水的效果。例如，可用氧气、氯气、漂白粉等处理含酚、氰等废水；又如，用铁屑、锌粉、硫酸亚铁等处理含铬、汞等的废水。

离子交换法是利用离子交换树脂与污水中有害离子进行交换，从而将污水净化的方法。此法多用在含重金属(铜、镍、锌、金、银、铂等)废水的回收和处理上；还可用在电厂锅炉或工业锅炉用水的处理中。电厂锅炉对水质要求极高，不允许有任何阳离子和阴离子，也不允许水中溶有氧气和二氧化碳等气体。对于溶于水中的阳离子和阴离子，可经过多次的离子交换反应而除去，得到的水称为去离子水。离子交换树脂可以重复使用。

④生物法　主要利用微生物的生物化学作用，将复杂的有机污染物分解为简单的物质，将有毒物质转化为无毒物质。此法可用来处理多种废水，在环境保护中起着重要的作用。

生物法可分为两大类，是根据微生物对氧气的要求不同而区分的，即好氧处理法和厌氧处理法两大类，目前大多采用好氧处理法。这种方法的原理是将空气(需要的是氧气)不断通入污水池中，再加入一定的营养物质，使污水中的微生物大量繁殖，经过一定时间，水中能产生褐色絮状泥粒，这种絮状泥粒即活性污泥；另外，在污水中装填多孔滤料或转盘，让微生物在其表面栖息，大量繁殖，形成生物滤池。活性污泥和生物滤池把有机污染物作为养料，在较短时间内几乎吃掉全部污染物。

用生物法处理含酚、含氰废水，脱酚率可达99%以上，脱氰率可达94%~99%，可见处理效果是很好的。但微生物生命活动与其生存环境密切相关，而污水的水质和水量经常有变化，会导致处理效果不稳定。

⑤电化学法　在废水池中插入电极板，当接通直流电源后，废水中的阴离子移向阳极板，发生失电子的氧化反应；阳离子移向阴极板，发生得电子的还原反应，从而除去废水池中的含铬、氰等污染物。

电化学法适用于处理含铬酸、铅、汞、溶解性盐类的废水，也可处理含有机污染物的带有颜色的及有悬浮物的废水。因为用铁或铝金属板作为阳极，溶解后能形成对应的氢氧化物活性凝胶，对污染物有凝聚作用，易于将其除去。又因为电解过程中会产生原子氧和原子氢，以及放出氧气和氢气，既能对废水中的污染物产生氧化还原作用，又能起泡，有浮选废水中絮状凝胶物的作用，达到净化水质的目的。

13.2.2　大气污染及其防治

(1)大气的组成

大气的组成十分复杂，它是多种气体的混合物，可分为恒定的、可变的和不定的三种组分。

恒定组分主要由氮(78.09%)、氧(20.94%)、氩(0.93%)组成，这三者共占大气总体积的99.96%。此外，还有氖、氦、氪、氙等少量的稀有气体。在地球表面上任何地方其组成几乎是可以看成不变的成分。

可变组分是指大气中的二氧化碳和水蒸气。通常情况下，大气中二氧化碳含量为0.02%~0.04%，水蒸气的含量为4%以下，它们的含量受季节、气象条件和人类活动的影响而有所变化。大气中的二氧化碳来源于自然界和人类活动。据研究，地质作用过程释放出的二氧化碳和动物呼出的二氧化碳，基本上与植物和海洋吸收之间保持动态平衡。目前，大气中二氧化碳含量的猛增主要是由人类活动造成的。

不定组分是指大气中可有可无的成分，如尘埃、硫化氢、硫氧化物、氮氧化物、煤烟、金属粉尘等。这部分物质在大气中含量变化非常大，在一些工业密集的地区含量非常高，常严重威胁人体健康。通常说的大气污染就是指这部分物质在大气中含量超过一定的标准。不定组分可来源于自然界的火山爆发、森林火灾、海啸、地震等暂时性的灾难，更多是来源于人类的生活和生产活动。

(2) 大气中的主要污染物

大气环境的污染物主要有总悬浮颗粒物、可吸入颗粒物(飘尘)、氮氧化物、二氧化硫、一氧化碳、臭氧、挥发性有机化合物等。

① 总悬浮颗粒物与可吸入颗粒物　总悬浮颗粒物是指能长时间悬浮在空气中，粒子直径小于等于 100 μm 的颗粒物。它主要来源于燃料燃烧时产生的烟尘、生产加工过程中产生的粉尘、建筑和交通的扬尘、风沙扬尘，以及气态污染物经过复杂物理化学过程在空气中生成的相应盐类颗粒。

总悬浮颗粒物中粒径小于 10 μm 的称为 PM10，小于 2.5 μm 的称为 PM2.5。PM10 会随气流进入人体气管甚至肺部，因此人们称其为可吸入颗粒物，PM2.5 则称为细颗粒物。

颗粒物对人体的危害与颗粒物的大小有关。颗粒物的直径越小，进入呼吸道的部位越深。直径 10 μm 的颗粒物通常沉积在上呼吸道，直径 5 μm 的可进入呼吸道的深部，2 μm 以下的可 100% 深入细支气管和肺泡。它不仅会在肺部沉积下来，还可以直接进入血液到达人体各部位。由于颗粒物表面往往附着各种有害物质，一旦进入人体就会引发心脏病、肺病、呼吸道疾病，降低肺功能等。2012 年联合国环境规划署公布的《全球环境展望 5》指出，每年有近 200 万的过早死亡病例与颗粒物污染有关。

② 氮氧化物　种类很多，造成大气污染的主要是一氧化氮和二氧化氮，因此环境学中的氮氧化物就是指这二者的总称。

一氧化氮是无色、无刺激气味的不活泼气体，可被氧化成二氧化氮。二氧化氮是一种红棕色有刺激性臭味的气体，具有腐蚀性和生理刺激作用，长期吸入会导致肺部构造改变，主要来自汽车尾气、火力发电站和其他工业的燃料燃烧及硝酸、氮肥、炸药的工业生产过程。近年来，随着机动车保有量的迅速增加，机动车排放的二氧化氮已经成为部分大城市中大气污染的主要来源，是形成光化学烟雾的主要因素之一，另外也会形成酸雨产生危害。

③ 二氧化硫　是一种无色的中等刺激性气体，主要来自含硫燃料的燃烧。几乎所有煤中都含有硫。空气中的二氧化硫很大部分来自发电过程及工业生产。我国二氧化碳总排放量全球排名第一，这主要与中国大量的人口、日益增长的工业和汽车带来的排放有很大关系。

二氧化硫主要影响呼吸道。吸入二氧化硫可使呼吸系统功能受损，加重已有的呼吸系统疾病(尤其是支气管炎)及心血管病，尤其是在悬浮粒子的协同作用下更会导致死亡率上升。1952 年发生在伦敦的烟雾事件就是由二氧化硫污染所引起的。二氧化硫还是酸雨形成的主要原因之一。

④ 一氧化碳　为无色、无味气体。一氧化碳的来源可归纳为两类：一类为自然界天然产生，如森林大火、火山爆发时释放；另一类为燃料的不完全燃烧，其中 80% 为汽车尾气的

排放。一氧化碳与血红蛋白的亲和力为氧的 200 ~ 300 倍，形成碳氧血红蛋白，削弱血红蛋白向人体各组织输送氧的能力，从而使人产生头晕、头痛、恶心等中毒症状，严重的可致人死亡。

⑤臭氧　大气中臭氧层对地球生物的保护作用现已广为人知——它吸收太阳释放出来的绝大部分紫外线，使动植物免遭这种射线的危害。但对人类来说，地面附近大气中的臭氧浓度过高反而是有害的。臭氧的产生源于人类活动，汽车、燃料、石化等是臭氧的重要污染源。2016 年 5 月中旬北京市环境保护监测中心预报显示，北京市大气首要污染物为臭氧。

研究表明，臭氧能导致人皮肤刺痒，眼睛、鼻咽、呼吸道受刺激，肺功能受影响，引起咳嗽、气短和胸痛等症状。原因在于，臭氧作为强氧化剂几乎能与任何生物组织反应。当臭氧被吸入呼吸道时，就会与呼吸道中的细胞、流体和组织很快反应，导致肺功能减弱和组织损伤。对患有气喘病、肺气肿和慢性支气管炎的人来说，臭氧的危害更为明显。

⑥挥发性有机化合物　是指碳的任何挥发性化合物，可见于很多产品之中，如有机溶剂、油漆、印刷油墨、石油产品和许多消费品。除了车辆，使用这些含挥发性有机化合物的产品也会释放出挥发性有机化合物。在阳光下，挥发性有机化合物与主要来自汽车、发电厂及工业活动的氮氧化物产生化学作用，形成臭氧，继而导致微粒的形成，最终形成烟雾。

烟雾会刺激人们的眼睛、鼻子和喉咙，令患有心脏或呼吸疾病(如哮喘)的人病情恶化。长时间身处严重的烟雾环境中，可能会对人体的肺部组织造成永久性伤害，并损及免疫系统。

(3)全球关注的四大环境问题

①臭氧层的破坏　臭氧层位于离地面约 25 km 高的地方，厚度约 20 km，臭氧层中的臭氧能吸收太阳紫外线辐射，保护人类和动植物的生存，是生物圈的一个天然保护伞。测量结果表明臭氧层已开始变薄。1985 年发现了南极上方有个面积与美国大陆大小相似的臭氧层空洞。1989 年又发现了北极上空正在形成另一个臭氧层空洞。此后发现空洞并非固定在一个区域内，而是每年在移动，且面积不断扩大。1996 年全球上空臭氧层空洞的面积已达 $9.8×10^6$ km^2，1998 年 8 月达到 $2.72×10^7$ km^2。臭氧层变薄和出现空洞，就意味着有更多的紫外线辐射到达地面，紫外线对生物具有破坏性，对人的皮肤、眼睛，甚至免疫系统都会造成伤害，使皮肤癌的患者增多。研究表明，大气中的臭氧每减少 1%，照射到地面的紫外线就增加 2%，人类患皮肤癌的发病率就增加 3%，白内障发病率增加 0.3% ~ 0.6%，同时还会抑制人体免疫系统功能，降低海洋生物的繁殖能力，扰乱昆虫的交配习惯，毁坏植物(特别是农作物)，使地球的农作物减产 2/3，导致生态平衡的破坏。

人类活动产生的微量气体，如氯氧化物和氟氯烃等，对大气中臭氧的含量有很大的影响。引起臭氧层被破坏的原因有多种，其中公认的原因之一是氟利昂的大量使用。氟利昂被广泛用作制冷剂、发泡剂、清洗剂、气喷雾剂等。氟利昂化学性质稳定，易挥发，不溶于水。但进入大气平流层后，受紫外线辐射而分解产生氯自由基则可破坏臭氧。

另外，大型喷气机的尾气和核爆炸烟尘的释放高度均能到达平流层，其中含有各种可与臭氧作用的污染物，如一氧化氮和某些自由基等。人口的增长和氮肥的大量施用等也可以危害臭氧层。

为了保护臭氧层，各国通力合作努力淘汰、研制和减少使用臭氧层消耗物质，并取得了明显的成效。2014 年，联合国环境规划署和世界气象组积宣布，臭氧层在 2000—2013 年变厚了 4%，是 35 年来首次变厚。此外，南极洲上空每年一次的臭氧层空洞也在停止扩大。不过，臭氧层虽然在恢复，距离痊愈还很遥远，南极臭氧层空洞依旧存在。

②温室效应　是大气保温效应的俗称。大气能使太阳的短波辐射到达地面，但地表升温后向外反射出的长波辐射却被大气吸收，这样就使得地表与低层大气温度增高。因其作用类似于栽培农作物的温室，故称温室效应。

温室效应是地球上生命赖以生存的必要条件。现代地球的地面平均温度约为 15℃，如果没有大气，根据地球获得的太阳热量和地球向宇宙空间放出的热量相等，可以计算出地球的地面平均温度应为 -18℃，人类将难以生存。反之，若温室效应不断加强，全球温度也必将逐年持续升高。

实际上，并不是大气中每种气体都能强烈吸收地面长波辐射。地球大气中起温室作用的气体称为温室气体，主要有二氧化碳、甲烷、臭氧、氟利昂和水汽等。不幸的是，自从工业革命以来，人类就不断地将这些物质大量地排放到空气中。

研究表明，工业革命以前大气中二氧化碳含量一直比较稳定，而工业革命以后，由于人类大量燃烧化石燃料和毁灭森林，全球大气中二氧化碳含量开始不断上升，从 18 世纪中叶开始至 20 世纪 90 年代，人类只用了 240 年左右的时间便使大气中二氧化碳浓度增加了 25% 以上。

随着大气中温室气体浓度的升高，大气的温室效应也随之增强。从而导致地球气温在相对较短的时期内出现显著升高，即出现"全球变暖"，进而引起极冰融化、海平面上升、传染病流行等一系列严重问题。

由于气候变化，全球冰川消融速度正在加快。以南极冰川为例，2010—2013 年，每年融化达 1.59×10^{11} t，冰川融化每年导致全球海平面升高 0.45 mm。

要想解决全球变暖问题，必须设法降低大气中温室气体的浓度。一方面，通过广泛植树造林，加强绿化，停止滥伐森林，用太阳光的光合作用大量吸收和固定大气中的二氧化碳；另一方面，要削减温室气体的排放量。我们国家制定的"双碳"目标（二氧化碳排放力争于 2030 年前达到峰值，努力争取 2060 年前实现碳中和）展现了中国人民同世界各国人民一道推动构建人类命运共同体的真诚愿望，也彰显了中国积极应对气候变化的大国担当。

③光化学烟雾　光化学烟雾事件最早发生在美国的洛杉矶。汽车、工厂等污染源排入大气的碳氢化合物和氮氧化物等一次污染物，在太阳紫外线的作用下会发生一系列复杂的光化学反应，生成臭氧、醛、酮、酸、过氧乙酰硝酸酯等二次污染物。光化学烟雾是指参与光化学反应过程的一次污染物和二次污染物的混合物所形成的烟雾污染。

光化学烟雾的成分非常复杂，但是对动物和植物有害的是臭氧、丙烯醛、甲醛等二次污染物。人和动物受到的主要伤害是眼睛和黏膜受刺激，头痛，呼吸障碍，慢性呼吸道疾病恶化，儿童肺功能异常等。植物受到臭氧的损害，开始时表皮褪色，呈蜡质状，经过一段时间后色素发生变化，叶片上出现红褐色斑点。

光化学烟雾的形成及其浓度，除直接取决于汽车尾气中污染物的数量和浓度外，还受太阳辐射强度、气象和地理等条件的影响。

④酸雨　空气中含有二氧化碳，它的体积分数约为 3.16×10^{-4}，溶入雨水中形成碳酸，这时雨水的 pH 值可达 5.6。如果雨水的 pH 值小于 5.6，就称其为酸雨。

酸雨形成的主要原因是大气中含有二氧化硫和二氧化氮。二氧化硫可被大气中的臭氧和过氧化氢氧化成三氧化硫，它溶入雨水就形成硫酸；二氧化氮溶入雨水会生成硝酸和亚硝酸。它们的浓度虽很稀，但会使雨水的 pH 值下降，使雨水带有一定程度的酸性。

酸雨会给环境带来广泛的危害，造成巨大的经济损失，如腐蚀建筑物和工业设备；破坏露天的文物古迹；损坏植物叶面，导致森林死亡；使湖泊中鱼虾死亡；破坏土壤成分，使农作物减产甚至死亡；酸化饮用的地下水，对人体造成危害。我国是仅次于欧洲和北美的世界第三大酸雨区，1998 年全国一半以上的城市出现过酸雨，覆盖面积占国土面积的 30% 以上，因酸雨而造成的直接经济损失曾达 1 100 亿元。此后，由于国家采取了有效的防治措施，酸雨污染程度逐渐降低。《2022 中国生态环境状况公报》中指出，全国酸雨区面积约 4.84×10^5 km^2。

预防酸雨的最根本措施是减少二氧化硫和二氧化氮的排放量，例如，控制燃煤炉灶的数量；对燃煤、燃油锅炉进行改造，对燃烧废气进行净化处理；对汽车尾气加以控制和处理；改进车用燃料等。

（4）大气污染的防治

①大气污染治理技术简介　在解决大气污染问题中，物理方法和化学方法起着重要的作用。

a. 粉尘。大气污染物中粉尘是最危险的物质，可以采用不同方法将它去除。机械除尘法是利用机械力（重力、惯性力、离心力等）将尘粒从气流中分离出来；洗涤除尘法是用水洗涤含尘气体，气体中的尘粒与液滴（或液膜）相接触碰撞而被俘获，并随水流走；过滤除尘法是将含尘气体通过过滤材料，把尘粒阻留下来。

b. 二氧化硫。研究结果表明，煤的气化和液化，以及重油脱硫均是减少二氧化硫污染的好办法。但由于工艺复杂，费用昂贵，有一定局限性。对于燃烧后生成二氧化硫浓度大的（>3.5%），可用来制硫酸。低浓度的二氧化硫，可选择适当的碱性化学试剂作为吸收剂与二氧化硫反应，如用氢氧化钠溶液来吸收，得到的亚硫酸钠可供造纸厂使用。

c. 氮氧化物。氮氧化物的清除比二氧化硫的清除更困难，原因是前者不易反应。比较可行的方法是用催化还原法除去氮氧化物，在柱状催化剂上与二氧化硫、一氧化碳、氨等还原性气体反应，把氮氧化物还原成氮气。

d. 一氧化碳。可以通过改进燃烧设备和燃烧方法以减少一氧化碳的排放量，也可以通过改变燃料的结构和成分以减少或消除一氧化碳的排放。

e. 碳氢化合物。碳氢化合物的排放可用焚烧、吸附、吸收和凝结等方法来控制。吸附可用活性炭作吸附剂，吸附后的活性炭可以再生。

值得一提的是，国土绿化对防治大气污染也是一种很有效的措施。植物不仅能吸收二氧化碳产生氧气，而且对二氧化硫、光化学烟雾也有一定的吸收能力，对粉尘还有很大的阻挡和过滤作用，它是天然的吸尘器。此外，森林还能调节气温、保持水土、减弱噪声，对保护环境、改善环境都能发挥重要作用。

②大气污染综合防治原则　一般可通过下列措施防止或减少污染物的排放：

a. 改革能源结构，积极开发无污染能源（核能、太阳能、地热能、海洋能、风能等），或采用相对低污染能源（天然气、沼气等）以减少对燃料能源的依赖，从而降低污染源的排放。

b. 提高资源能源利用率，这方面主要靠科技进步，改进能源应用技术来实现。例如，让燃料充分燃烧；采取保温隔热措施，减少热量的损失；充分利用余热和减少有害摩擦；减少能量转化的中间环节；改进燃煤技术和能源供应办法，逐步采取区域采暖、集中供热的方法等。

c. 倡导低碳生活方式，例如，少开私家车，倡导利用公共交通工具；不使用一次性餐具等。

d. 采用无污染或低污染的工业生产工艺。

e. 及时清理和合理处置工业、生活和建筑废渣，减少地面扬尘。

f. 国土绿化，这是治理大气污染、绿化环境的重要途径。

g. 强化大气环境质量管理，开展环境分析方法和方法标准化的研究，建立高灵敏度、高选择性、快速、自动化程度高的监测方法。

13.2.3　土壤污染及其防治

(1) 土壤污染

土壤是地球陆地表面的疏松层，是人类和生物繁衍生息的场所，是农业生产的基础。一方面它能为作物源源不断地提供其生长必需的水分和养料，经作物叶片的光合作用合成各种有机物质，为人类及其他动物提供充足的食物和饲料；另一方面它又能承受、容纳和转化人类从事各种活动所产生的废弃物(包括污染物)，在消除自然界污染的危害方面起着重要作用。

当污染物进入土壤后会使污染物在数量和形态上发生变化，降低它们的危害性。但土壤的自净能力是有一定限度的，如果进入土壤中的污染物超过土壤的净化能力，就会引起土壤污染。

判断土壤是否受到污染有以下三个标准：一是土壤中有害物质的含量超过了土壤背景值的含量；二是土壤中有害物质的累计量达到了抑制作物正常发育或使作物发生变异的量；三是土壤中有害物质的累计量使得作物体或果实中存在残留，达到了危害人类健康的程度。

土壤污染物分无机和有机两大类：无机污染物有重金属汞、镉、铅、铬等和非金属的砷、氟、氮、磷和硫等；有机污染物有酚、氰及各种合成农药等。这些污染物质大多由受污染的水和受污染的空气，也有一部分是由某些农业措施(如施用农药和化肥)而带进土壤的。

土壤污染的危害主要是对植物生长产生影响。例如，过多的锰、铜和磷酸将会阻碍植物对铁吸收，而引起酶作用的减退，并且阻碍体内的氮素代谢，从而造成植物的缺绿病。

污染物进入土壤以后，可能被土壤吸附，也可能在光、水或微生物作用下进行降解，或者通过挥发作用而进入大气造成大气污染；受水的淋溶作用或地表径流作用，污染物进入地下水和地表水影响水生生物；污染物被作物吸入体内后，最终通过人体呼吸作用、饮水和食物链进入人体内，给人体健康带来不良的影响。

塑料饭盒、农用薄膜、方便袋、包装袋等难降解的有机物被抛弃在环境中造成的"白色污染"日益引起人们的关注。它们在地下存在 100 年之久也不能消失，引起土壤污染，影响农业产量。所以，现在全世界都在要求使用可降解的有机物。

(2) 土壤污染的防治

由于土壤污染存在潜伏性、不可逆性、长期性和后果严重性，土壤污染的防治需要贯彻预防为主、防治结合、综合治理的基本方针。控制和消除土壤污染源是防治的根本措施，其关键是控制和消除工业"三废"的排放，大力推广闭路循环，无毒排放。合理施用化肥、农药也是控制土壤污染源的重要内容，禁止和限制使用剧毒、高残留农药，发展生物防治措施，不仅可以降低土壤中污染物的含量，而且能够提高土壤自身的净化能力。

①重金属污染土壤的治理

a. 采用排土法（挖去污染土壤）和客土法（用非污染的土壤覆盖于污染土表上）进行改良。

b. 施用化学改良剂。添加能与重金属发生化学反应而形成难溶性化合物的物质以阻碍重金属向农作物体内转移。常见的这类物质有石灰、磷酸盐、碳酸盐和硫化物等。在酸性污染土壤上施用石灰，可以提高土壤 pH 值，使重金属变成氢氧化物沉淀。施用钙镁磷肥也能有效地抑制镉、铅、铜、锌等金属的活性。

c. 生物改良排施。通过植物的富集而排除部分污染物，如种植对重金属吸收能力极强的作物，这种方法只适用于部分重金属。

②农药污染土壤的治理　农药对土壤的污染主要发生于某些持留性的农药，如有机汞农药、有机氯农药等。由于它们不易被土壤微生物分解，因而得以在土壤中积累，造成农药的污染。20 世纪 60 年代以来，许多国家决定禁止使用有机汞、有机氯等农药。为了减轻农药对土壤的污染，各国十分重视发展高效、低毒、低残留的"无污染"农药。

对已被有机氯农药污染的土壤，可以通过旱作改水田或水旱轮作方式，使土壤中有机氯农药很快地分解排除。对于不宜进行水旱轮作的地块，可以通过施用石灰以提高土壤 pH 值以及灌水并且提高土壤湿度等方法，来加速有机氯农药在土壤中的分解。

2022 年 2 月，国务院印发《关于开展第三次全国土壤普查的通知》，决定自 2022 年起开展第三次全国土壤普查，利用四年时间全面查清农用地土壤质量家底，为加快农业农村现代化、全面推进乡村振兴、促进生态文明建设提供有力支撑。

13.3　环境质量的评价与监测

13.3.1　环境质量的评价

环境质量关系到人类的健康和生活，关系到工农业生产活动的正常进行，关系到生态平衡的正常延续。要保护环境，改善环境质量，必须制定环境质量标准，并对环境质量进行评价。环境质量评价是研究环境质量好坏，并以是否适于人类生存和发展作为判断的标准，通过对区域环境质量的现状评价可以弄清楚区域环境的污染程度及其变化规律，从而为制定环境目标、环境规划以及区域环境污染进行总量控制提供可靠的科学依据。

进行环境评价时，不但要考虑自然环境质量、化学污染引起的环境质量变异，还要考虑社会、经济、文化、美学等方面的内容，大致可分为三种评价类型：

（1）回顾评价

对某一区域在过去一定历史时期的环境质量，根据历史资料进行回顾性地评价，从而揭示出该区域环境污染的发展变化过程。

（2）现状评价

根据近三五年的环境资料进行评价，来阐明环境污染的现状，为进行区域环境污染综合防治提供科学依据。一般包括大气质量评价、水质污染评价和整体环境质量综合评价等。对水体质量进行评价时一般需要测定的项目有三类：①有机物，包括生化需氧量、化学需氧量、有机酸、氰化物、洗涤剂等的含量；②无机物，包括硝酸盐、铵态氮、磷酸盐、氯化物、水中总固体浓度、硬度、pH 值等；③重金属，铬、镉、铅、汞、砷等含量。此外，还有色度、臭度、透明度、温度、放射性物质浓度、细菌总数、藻类含量及水文条件等许多项目供各种评价目标选择。

（3）预测评价

预测评价也称环境影响评价，是指对区域的开发活动给环境质量带来的影响进行评价。我国环境保护法规定，在新的大中型厂矿企业、机场、港口、铁路干线及高速公路等建设以前，必须进行环境影响评价，并形成环境影响评价报告书。

13.3.2　环境质量的监测

环境监测是将物理测定原理和测量工艺相结合，使测量连续化、自动化，并有目的地对环境质量某些代表值进行长时间（连续的或间断的）测定的过程。通过进行环境监测，积累大量的长期监测数据，查出污染的来源，摸清污染物在传输过程中的分布和变化规律；通过开展模拟研究，对环境污染的趋势做出预测报告；通过准确地评价环境质量，提出或确定控制环境污染的对策。因此说环境监测对环境科学研究和环境保护是十分重要的。

根据环境监测的性质可将环境监测分为研究性监测（目的是找出污染物在环境中的迁移转化规律）、监视性监测（也称例行监测，目的是通过评价环境污染的现状、超标程度、污染的变化趋势来确定一个区域、一个国家或全球的污染状况）、特定目的监测（多为意外的严重污染发出警报，以便在污染造成危害之前采取预防措施，确定各种紧急情况下的污染程度波及范围）三类。

目前环境监测中污染物的分析方法主要有五大类：化学分析法、光化学分析法、电化学分析法、色谱分析法、中子活化分析法。为提高分析结果的可靠性和可比性，我国环境分析方法的标准化工作已有很大进展，发布了很多相关分析方法。所选用的分析方法都具有灵敏、准确和简便等特点，适应环境保护和环境监测工作的需要，各种化学物质的具体分析方法，可参阅有关资料。

拓展阅读

生态文明建设

面对资源约束趋紧、环境污染严重、生态系统退化的严峻形势，必须树立尊重自然、顺应自然、保护自然的生态文明理念，走可持续发展道路。

生态文明建设其实就是把可持续发展提升到绿色发展高度，为后人"乘凉"而"种树"，就是不给后人留下遗憾而是留下更多的生态资源。生态文明建设是中国特色社会主义事业的重要内容，关系人民福祉，关乎民族未来，事关"两个一百年"奋斗目标和中华民族伟大复兴中国梦的实现。党中央、国务院高度重视生态文明建设，先后出台了一系列重大决策部署，推动生态文明建设取得了重大进展和积极成效。

　　党的十八大以来，以习近平同志为核心的党中央把生态文明建设作为统筹推进"五位一体"总体布局和协调推进"四个全面"战略布局的重要内容。十九大把坚持人与自然和谐共生纳入新时代坚持和发展中国特色社会主义基本方略，全方位、全地域、全过程加强生态环境保护，决心之大、力度之大、成效之大前所未有。经过顽强努力，我国生态文明建设实现由重点整治到系统治理的重大转变、由被动应对到主动作为的重大转变、由全球环境治理参与者到引领者的重大转变、由实践探索到科学理论指导的重大转变，我国天更蓝、地更绿、水更清，万里河山更加多姿多彩。习近平总书记深刻指出："新时代生态文明建设的成就举世瞩目，成为新时代党和国家事业取得历史性成就、发生历史性变革的显著标志。"

　　生态文明建设是关系中华民族永续发展的根本大计。党的二十大擘画了全面建设社会主义现代化国家、以中国式现代化全面推进中华民族伟大复兴的宏伟蓝图，提出到 2035 年"广泛形成绿色生产生活方式，碳排放达峰后稳中有降，生态环境根本好转，美丽中国目标基本实现"的目标任务，围绕"推动绿色发展，促进人与自然和谐共生"作出重大部署。要深刻认识到，中国式现代化是人与自然和谐共生的现代化，尊重自然、顺应自然、保护自然是全面建设社会主义现代化国家的内在要求。同时必须清醒看到，我国生态环境保护结构性、根源性、趋势性压力尚未根本缓解。我国经济社会发展已进入加快绿色化、低碳化的高质量发展阶段，生态文明建设仍处于压力叠加、负重前行的关键期。只有坚持以习近平生态文明思想为指导，站在人与自然和谐共生的高度谋划发展，像保护眼睛一样保护自然和生态环境，坚定不移走生产发展、生活富裕、生态良好的文明发展道路，才能实现中华民族永续发展。

习　　题

一、选择题

1. 当前科学家们认为引起全球性大气温度升高的主要原因是(　　　)。

A. 核爆炸　　　　　　　　　　　　　　B. 光化学烟雾

C. 大气中 CO_2 含量的不断增加　　　　　D. 高空臭氧层"空洞"

2. 酸雨是指雨水的 pH 值小于(　　　)。

A. 5.6　　　　　　　B. 6.0　　　　　　　C. 6.5　　　　　　　D. 7.0

3. 煤炭燃烧时，直接产生的污染大气的有害气体，主要有(　　　)。

A. SO_3 和 SO_2　　　B. SO_2 和水蒸气　　　C. NO_2 和 SO_2　　　D. SO_2 和 CO

二、填空题

1. 城市空气质量日报用_____加以区别，并确定_____级别。

2. 中国的大气污染以_____为主，主要污染物为_____和_____。

3. 悬浮颗粒物即_____，包括___，粒径在_____以上，_____粒径在 10 μm 以下。

三、判断题

1. 臭氧层的破坏会导致大气温度升高。　　　　　　　　　　　　　　　　　　(　　　)

2. "无氟冰箱"是指制冷剂中不含氟的环保型冰箱。　　　　　　　　　　　　　(　　　)

3. 赤潮是海洋水体富营养化造成的。　　　　　　　　　　　　　　　　　　　(　　　)

4. 水体中的重金属污染物可以通过食物链进入人体，危害人类健康。　　　　　(　　　)

四、简答题

1. 什么是环境？

2. 什么是水体污染？水体污染包括哪些内容？

3. 结合你家乡或周围环境谈谈环境问题的严重性。

习题解答

第14章 化学与生命

教学目的和要求：

(1) 了解构成生物体的主要化合物及其功能。

(2) 了解新陈代谢的一般过程。

生物化学是一门生物学和化学的交叉学科，它的研究对象是生物体，它从分子水平阐述生命的物质组成和运行机理，因此生物化学是研究生命体的化学。

本章主要介绍组成生物体的化合物，以及生物体内的化学反应——新陈代谢的一般过程。

14.1 生物体的分子组成及功能

生物体内的元素在自然界都可以找到，但其元素含量上的差异却很大（图 14-1）。在自然界中，地壳中的岩石、土壤、沙子等物质，主要由氧、硅和铝等元素组成；而动植物和微生物主要由氧、碳、氢、氮等元素构成。

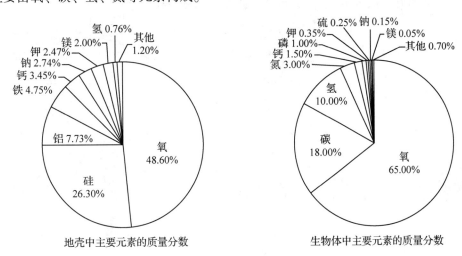

地壳中主要元素的质量分数　　　　　生物体中主要元素的质量分数

图 14-1　地壳和生物体的主要元素组成

很早以来，无机物和有机物是人类用来区分非生物物质和生物物质的两个词汇，这两个词汇的最初含义是：有机物是组成或取自生物体的物质，无机物是组成或取自非生物体的物质。显然这两个词汇过去和今天的含义已经有了很大差别，因为在生物体内，无机物比有机物的数量要大得多。虽然一些简单的有机物可以不通过生物体产生，但地球上绝大多数的有机物依然是由生物体合成的。含有碳元素是有机物的一个共同特征，并且绝大多数有机物是含有氢的，通常还含有氧、氮等元素。有机物的骨架元素是碳，在生物体中，含量最多的元素依次是氧、碳、氢、氮。

生物体内的物质分为有机物和无机物两大类，其中无机物主要包括水和无机盐两类，有机物主要包括蛋白质、核酸、糖和脂类等，以下就人体内的主要物质进行描述。

14.1.1　水

水是构成生物体的第一大化合物，含量通常在 50% 以上，有些生物甚至可达 99%，人体的含水量随年龄增长而减少，从新生儿 80% 到老年的 55%。水为生命各种新陈代谢活动提供一个适宜的环境。

地球表面的 71% 被水覆盖，水是地球表面最丰富的物质，水在地球表面以固态（冰）、液态（水）和气态（水蒸气）三种状态同时存在。液态水是良好的极性溶剂，很多物质都能溶于水中，众多的化学反应在水中能非常好地进行。生命现象主要是生物体内一系列生物化学反应的外部体现，因此，水是生命存在的介质环境，没有水就没有生命。

水分子的形状是一个等腰三角形，其中 O—H 键的键长约为 0.096 5 nm，H—O—H 的键角为 104.5°。氢原子的电子由于氧原子核的强力吸引而偏向氧，结果使氢呈正电性，氧呈负电性。由于水分子中氧原子只有两对电子是与质子（氢原子核）共享的，在 8 电子壳层中还有两对电子暴露在 O—H 的外部，这两对电子可以吸引相邻水分子上的带正电的氢原子，从而形成氢键。因此，水分子通过氢键而相互连接起来（图 14-2）。

水也可以与其他分子中电负性大的原子形成氢键，如羧基中的 —OH 基团中的氧或蛋白质 —NH 基团中的氮都可与水分子中的氢形成氢键。在分子中，含有 —OH 、—NH

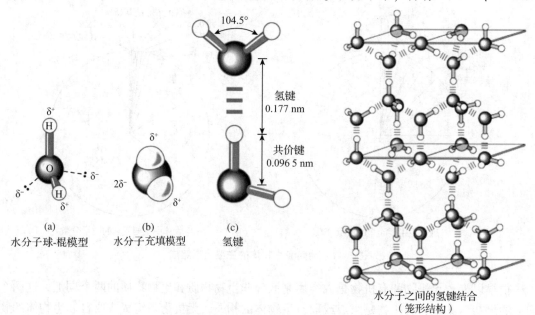

图 14-2　化学反应的良好介质——水

等极性基团的分子与电负性强的原子也能形成氢键。在蛋白质分子中，存在着大量的氢键，从而使蛋白质的结构得到加固。氢键在加固核酸的特殊结构中也起着重要的作用（图 14-3）。此外，水还能够和一些小分子有机化合物形成氢键。

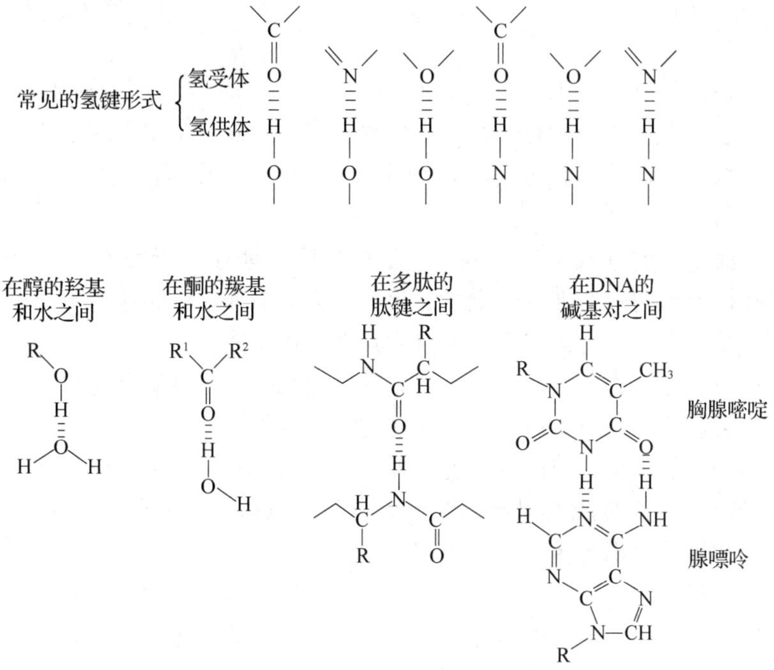

图 14-3　生物体系中常见的氢键

氢键的键能大约只有共价键的 1/10，较小幅度的温度变化就可能使氢键断开，这就使得具有氢键结构的物质具有显著的柔韧性，它们能随着内外环境的变化而发生形态上的改变。

生物体内物质的运输是依赖具有良好的流动性的水完成的，另外水还有保温、润滑等多种作用。

14.1.2　无机盐

无机盐在细胞里含量较小，占人体质量的 4%~5%，种类很多，含量最多的无机盐是钙盐和磷酸盐，约占无机盐含量的一半左右，主要沉积在骨骼和牙齿中，无机盐的另一半大多以水合离子状态存在于体液中。

由于无机盐的种类多样，因此功能不一。总体来说，无机盐有如下功能：

①构成骨骼和牙齿的无机成分，对身体起支撑作用　骨骼中无机物约占 1/3，有机物占2/3。存在于骨骼中的无机盐主要是钙盐和磷酸盐，有机物主要是蛋白质。有机物使骨骼具有韧性，无机盐使骨骼具有硬度。

②维持生命活动的正常生理环境　Na^+、Cl^-、K^+、HPO_4^{2-} 在维持细胞内外液的渗透压方面起着重要的作用。体内各种酶的作用需要相对恒定的 pH 值，体液的缓冲系统由这些盐类构成，发挥稳定氢离子浓度的功能。同样，无机盐对肌肉、心肌的应激性的维持也有重要的作用。

③参与或调节新陈代谢 体内很多酶需要与无机离子结合才具有活性，有些离子可以增强或抑制酶的活性，如镁离子是 ATP 酶的激活剂。某些离子参与物质转运、代谢反应、信息传递等多种功能，如钾离子可以调节神经元的兴奋性，调控疼痛信号的传导等。

14.1.3　蛋白质

蛋白质是生物体的第二大化合物，在细胞的干重中，约一半以上是蛋白质，在活细胞中的含量在 15% 以上。蛋白质是大分子物质，相对分子质量在 6 000 至百万。蛋白质在生物体内占有特殊的地位。蛋白质和核酸是构成原生质的主要成分，而原生质是生命现象的物质基础。

蛋白质是生命的结构基础和功能基础。蛋白质广泛地存在于细胞膜、液态基质、细胞器、核膜、染色体等结构中，细胞中众多的化学反应由酶催化，而这些酶类也是蛋白质。蛋白质种类众多，功能各异，总体来说，蛋白质具有下述功能：

①催化和调控 体内物质代谢的一系列化学反应几乎都是由酶催化的。体内各组织细胞各种代谢的进行和协调，都与蛋白质的调控功能密切相关。

②在协调运动中的作用 肌肉收缩是一种协调运动，肌肉的主要成分是蛋白质，肌肉收缩是肌肉中多种蛋白质组装成的粗丝、细丝完成的，从微观上看是细胞内微丝、微管的活动，精子、纤毛的运动等都与蛋白质的作用有关。

③在运输及储存中的作用 蛋白质在体内物质的运输和储存中起重要作用。例如，全身各组织细胞不能缺少的氧分子，就是由血红蛋白运输的；氧在肌肉中的储存靠肌红蛋白来完成。铁在细胞内需与铁蛋白结合才能储存。

④在识别、防御和神经传导中的作用 体内各种传递信息的信使需与特异的受体相互识别，受体多为蛋白质，可见蛋白质在信息传递过程中起重要作用，另外，抗体对抗原的结合、神经冲动的传递等也是蛋白质参与完成的。

因此，蛋白质是生命过程中的主要分子，是生命现象的主要"演员"。

14.1.4　核酸

核酸在体内含量很少，可分为两类：脱氧核糖核酸（DNA）和核糖核酸（RNA）。DNA 主要存在于细胞核中，RNA 主要存在于细胞质中。RNA 主要有信使核糖核酸（mRNA）、转运核糖核酸（tRNA）和核糖核蛋白体核糖核酸（rRNA）三种。

核酸是重要的生物大分子，是生物化学与分子生物学研究的重要对象。生物的特征是由生物大分子决定的。生物大分子有四类：核酸、蛋白质、多糖和脂质复合物。糖和脂质的合成由酶（蛋白质）催化完成，它们与蛋白质在一起，增加了蛋白质结构与功能的多样性。蛋白质的合成取决于核酸；而生物功能通过蛋白质来实现，包括核酸的合成也需要蛋白质的作用。因此，生物体内最重要的大分子物质是 DNA、RNA 和蛋白质。

核酸的功能主要有以下三点：

①DNA 是主要的遗传物质 DNA 分布在细胞核内，是染色体的主要成分，而染色体是基因的载体。细胞内的 DNA 含量十分稳定，而且与染色体数目平行。基因是染色体上占有一定位置的遗传单位。基因有三个基本属性：一是可通过复制，将遗传信息由亲代传给子代；二是通过转录表达产生表型效应；三是可突变形成各种等位基因。但有些病毒的基因组

是 RNA，基因是 RNA 的一个片段。一些可作用于 DNA 的物理化学因素均可引起 DNA 突变从而引起遗传性状的改变。DNA 的突变是生物进化的基础，即突变的累积导致生物进化。

②RNA 参与蛋白质的生物合成　实验表明，由三类 RNA 共同控制着蛋白质的生物合成。核糖体是蛋白质合成的场所。过去以为蛋白质肽键的形成是由核糖体的蛋白质所催化，称为转肽酶。1992 年诺勒等证明 23S rRNA 具有核酶活性，能够催化肽键形成。rRNA 约占细胞总 RNA 的 80%，它是装配者并起催化作用。tRNA 占细胞总 RNA 的 15%，它是转换器，携带氨基酸并起解译作用。mRNA 占细胞总 RNA 的 3%～5%，它是信使，携带 DNA 的遗传信息并起蛋白质合成的模板作用。

③RNA 的其他功能　20 世纪 80 年代 RNA 的研究揭示了 RNA 功能的多样性，它不仅是遗传信息由 DNA 传递到蛋白质的中间传递体，虽然这是它的核心功能。归纳起来，RNA 有五类功能：控制蛋白质合成；作用于 RNA 转录后加工与修饰；基因表达和细胞功能的调节；生物催化功能；遗传信息的加工与进化。病毒 RNA 是上述功能 RNA 的游离成分。

生物体通过 DNA 复制，而使遗传信息由亲代传给子代；通过 RNA 转录和翻译而使遗传信息在子代得到表达。RNA 具备诸多功能，无不关系着生物机体的生长和发育，其核心作用是基因表达的信息加工和调节。

14.1.5　糖类

糖类也称碳水化合物，在动物体内的含量是四大类生物分子中最小的，但糖类是草食动物及人体消化吸收最多的食物成分（不计水），原因在于吸收的单糖作为最主要的能源物质，消耗很快，过量的单糖会大量转化为脂肪及糖原等储能物质造成的。

糖是多羟基醛（图 14-4）或多羟基酮类化合物。

糖的基本单位是单糖，如葡萄糖、果糖等。多数单糖有链式和环式两种结构，并且环式结构存在 α 和 β 两种异构体，三者之间可以相互转化（图 14-5）。

由单糖可以聚合成双糖、寡糖、多糖。双糖中常见的有蔗糖（葡萄糖-果糖二聚体）、麦

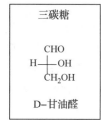
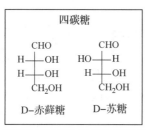

图 14-4　生物体内的 D-系醛糖

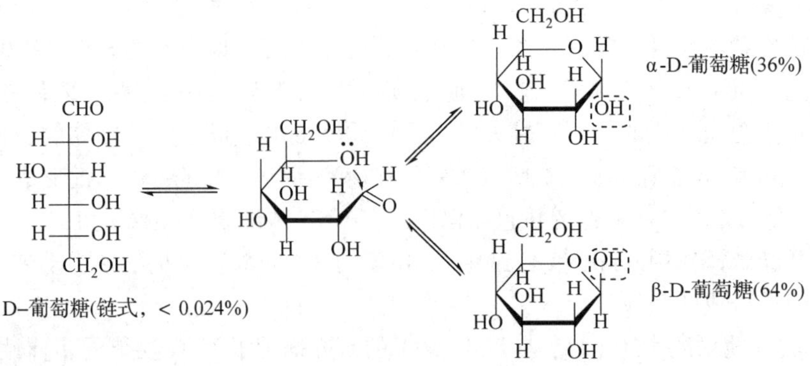

图 14-5　葡萄糖的链式和环式结构

芽糖(葡萄糖二聚体)和乳糖(半乳糖二聚体)等。多糖的典型代表是植物中的淀粉和纤维素,以及动物体内的糖原。

糖在植物体中储存较多,在动物体相对含量较小。动物体不能由无机物合成糖,动物体内的糖最初都是由植物提供的,植物通过光合作用能将二氧化碳和水合成为糖。

糖在体内有以下两方面的功能:

①细胞的重要能源物质　动物体摄取糖后,大量的糖是作为能源物质被使用。糖在体内氧化,释放能量,释放的能量以热散发维持体温和储存于 ATP、磷酸肌酸中以供生命活动所用。动物体摄取的糖如果有剩余,能够合成肝糖原和肌糖原以储存糖,但量相对较小,一个中等身材的人只能储存 500 g 左右的糖原。糖在身体内很容易转化为高度还原的能源储存形式——脂肪,储存于脂肪组织,以供糖缺乏的时候给身体提供能量。

②糖在细胞内与蛋白质构成复合物,形成糖蛋白和蛋白聚糖,广泛地存在于细胞间液、生物膜和细胞内液中,它们有些作为结构成分出现,有些作为功能成分出现。因此,糖蛋白和蛋白聚糖也是生命现象的"演员"。

14.1.6　脂类

脂类是动物体内的第三大类物质。脂类大都是非极性或弱极性物质,很难溶于水,脂类分为脂肪和类脂两大类。脂肪是由甘油和脂肪酸缩合而成,类脂有磷脂、胆固醇和胆固醇酯等形式。脂肪的含量不稳定,是体内储存的能源物质,变化很大,称为可变脂或储脂,一般成年男性脂肪占体重的 10%～20%。磷脂由于是细胞的结构成分,因此含量是稳定的,称为固定脂或膜脂,约占体重的 5%(图 14-6)。

脂类的主要作用有以下三点:

①脂肪是储存的能源物质　脂肪是高度还原的能源物质,含氧很少,因此相同质量的脂肪和糖相比氧化释放的能量很多,可达糖的 2 倍以上,并且由于脂肪疏水,因此可以大量储存,但脂肪作为能源物质的缺点也是明显的,因为疏水,所以脂肪的动员速度比亲水的糖要慢。脂肪主要的储存部位是皮下、大网膜、肠系膜和脏器周围,储存量可达 15～20 kg,足以维持一个人 1 个月的能量需要。

②磷脂是生物膜的结构基础　磷脂是脂肪的一条脂肪酸链被含磷酸基的短链取代的产物,因为这条磷酸基链的存在,使磷脂的亲水性比脂肪的大,能够自发形成磷脂双分子层

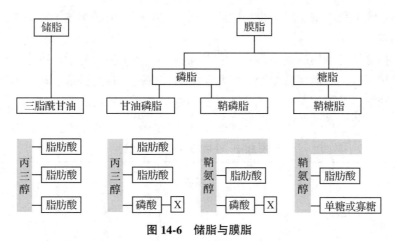

图 14-6 储脂与膜脂

注：①三脂酰甘油(脂肪)的丙三醇头部是亲水的，而 3 条脂肪酸尾部是疏水的；②X 基团是极性的，常见的有胆碱、乙醇胺、丝氨酸等；③磷脂和糖脂只有 2 条或 1 条疏水性尾部，其余都是亲水的，因此磷脂和糖脂很容易形成油与水的分界膜。

膜。生物膜的骨架就是磷脂双分子层，再加上一系列的蛋白质和多糖就构成生物膜。生物膜在细胞中是广泛存在的，因此，一个细胞的膜表面积很大。膜分隔细胞的空间使不同类的化学反应可以在不同的区间完成而不互相干扰，很多化学反应在膜的表面上进行。神经元细胞由于树突轴突的存在，细胞膜面积十分巨大，因此神经组织是体内含磷脂最丰富的组织。

③胆固醇的衍生物是重要的生物活性物质　胆固醇可在肝脏转化为胆汁酸排入小肠，胆汁酸可以乳化脂类食物而加速脂类食物的消化；7-脱氢胆固醇可在皮肤中(日光照射下)转化为维生素 D_3，然后在肝脏和肾脏的作用下形成二羟基维生素 D_3，通过促进肠道和肾脏对钙磷的吸收使骨骼牙齿得以生长发育；胆固醇可在肾上腺皮质转化为肾上腺皮质激素和性激素；胆固醇可在性腺转化为性激素。另外，不饱和脂肪酸也是体内其他一些激素或活性物质的代谢前体，胆固醇也作为生物膜的结构成分出现。

脂类物质是储存的能源物质、生物膜的结构成分和体内一些生理活性物质的代谢前体。

14.2　生物分子的功能分类

生物体体内的物质是多种多样的，但可以从大的功能上划分为三大类，即结构物质、能源物质和功能物质(活性物质)。

14.2.1　结构物质

结构物质是生物体各种结构的基础，它们构成生物膜、细胞质骨架、各种细胞器、细胞核等结构，这些结构是细胞执行各种生命活动的场所。

(1)生物膜系统

生物膜系统包括细胞质膜(外周膜)、细胞质内各种细胞器包膜(如线粒体膜、叶绿体膜、内质网膜、溶酶体膜、高尔基体膜、过氧化物酶体膜)及核膜等。与真核细胞相比，原核细胞的内膜系统不很丰富，只有少量的膜结构，如某些细菌的间体，蓝绿藻中进行光合作用的类囊体膜等。

生物膜结构是细胞结构的基本形式，它对细胞内很多生物大分子的有序反应和区域化提供了必须的结构基础，从而使各个细胞器和亚细胞结构既各自有恒定、动态的内环境，又相互联系、相互制约，从而使整个细胞活动有条不紊、协调一致地进行。

生物膜系统主要由类脂、蛋白质和糖类构成，还有水、金属离子等（表 14-1、图 14-7）。

表 14-1　生物膜的化学组成　　　　　　　　　　　　　　　　　　　　　　　　　　%

类别	蛋白质	类脂	糖类	类别	蛋白质	类脂	糖类
神经鞘质膜	18	79	3	嗜盐菌紫膜	75	25	0
人红细胞	49	43	8	线粒体内膜	76	24	0
小鼠肝细胞	44	52	4				

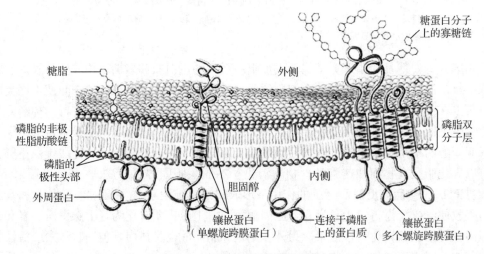

图 14-7　细胞膜的结构与组成

以下就构成生物膜的三类化合物分别进行介绍：

①类脂　有磷脂、胆固醇，膜的主体成分是磷脂。糖类与脂类复合构成糖脂，通常存在于膜的外表面，神经组织是含类脂比例最大的组织，尤以神经元为甚，因为神经元是多突起的细胞，膜/质比例很大。

膜的骨架是磷脂双分子层。磷脂分子是一端亲水一端疏水的分子，它们通过疏水端黏合、亲水端指向外侧构成双分子层。膜的外侧是亲水的，膜中间是疏水的。膜内的磷脂分子位置是流动的，并不具有固定的位置，因此生物膜的物理状态是介于液态和固态之间的一种状态，既有类似于固体的相对稳定形状，又具有液态分子的流动性。正因为此，膜上的所有分子都具有流动性。

②膜蛋白　根据粗略计算，细胞中 20%～25% 的蛋白质是与膜结构相连的，膜蛋白可根据它们在膜上的定位分为膜周边蛋白质（表面蛋白）和膜内在蛋白质（镶嵌蛋白质），这些蛋白质有些是酶，有些是支撑细胞外形的支撑蛋白，有些是受体，有些是离子通道。

③糖类　在生物膜中，糖类的含量较少，其中多数分布在质膜上，占质膜的 2%～10%，

内膜的含量相对较少。糖类在膜上通常与蛋白质和脂质复合，在质膜的外侧形成一层多糖，即"糖被"，这在细胞膜尤其明显。糖被与细胞识别、信息分子传递等相关，如 ABO 血型物质、一些激素和活性物质(干扰素、霍乱菌素、促甲状腺素、破伤风素、某些药物等)的受体。

(2)细胞壁

植物细胞和细菌都存在细胞壁，动物细胞缺乏细胞壁。细胞壁的主要成分是多糖。

(3)细胞溶胶(细胞质基质、细胞浆)及核基质

细胞溶胶的成分复杂，含结构物质、功能物质和能源物质，其中起主要支撑定型作用的物质是蛋白质。

(4)细胞间质

细胞间质的主要成分是蛋白质和多糖，在结缔组织尤为明显。

机体的结构物质还有皮肤的角质层、肌腱、肌肉纤维、毛发、角、甲等，这些结构的主体成分都是蛋白质。

14.2.2　能源物质

前已述及，体内的能源物质有糖类、脂肪和蛋白质，其中糖类和脂肪是主要的能源物质，蛋白质也可作为能源物质使用，但蛋白质的主要功能是活性物质(功能物质)和结构物质。

单位质量的糖类、脂肪和蛋白质可以提供的能量值，分别为 $17\ kJ\cdot g^{-1}$、$40\ kJ\cdot g^{-1}$ 和 $24\ kJ\cdot g^{-1}$。

14.2.3　功能物质(活性物质)

此类物质从化学组成上种类繁多，有蛋白质、脂类、糖类、核酸、维生素及其他化学物质，可分为以下几种类型。

(1)功能蛋白

诸如红细胞中的血红蛋白、肌肉细胞中的肌球蛋白和肌动蛋白、细胞间质的胶原蛋白和弹性蛋白、铁蛋白、血浆中的转运蛋白、膜上的转运蛋白等，这些蛋白质有些既是功能蛋白又是结构蛋白。

(2)酶——生物催化剂

酶的化学本质是蛋白质，即具有催化能力的蛋白质。酶广泛分布于各种细胞中，现已鉴定出 4 000 多种，而且每年都有新酶被发现。生物机体是一个复杂的化学系统，细胞内绝大多数的化学反应都依赖酶的催化。

(3)细胞间信息物质

这类物质携带信息从而使机体细胞进行联络和沟通，调节机体生命活动。细胞间信息物质有激素、神经递质、细胞因子等。从化学组成上分为三类：蛋白质及肽类、氨基酸类(氨基酸衍生物)、胆固醇类(甾醇类)，某些细胞间信息物质还含有糖。

从产生细胞到靶细胞的传输距离上划分，细胞间信息物质分为远距离信息物质(激素)、旁细胞分泌的信息物质(细胞因子)和作用于自身细胞的自分泌信息物质(细胞因子)。

（4）细胞内信息物质

细胞内信息物质担当细胞内信息传递的任务，这些物质有核苷酸类（如 cAMP、cGMP）、糖类（如磷酸肌醇）、无机离子（如 Ca^{2+}）等。

（5）DNA 和 RNA

DNA 和 RNA 是遗传信息的载体，通过复制与细胞分裂将遗传信息传递至子细胞和子代，通过表达途径产生蛋白质和酶，全面调控细胞的新陈代谢。

需要注意的是，很多物质的功能不是单一的，而具有多种功能。例如，细胞膜上的受体蛋白，它既是细胞膜的结构蛋白，又是功能蛋白，在细胞破解死亡后可作为其他细胞的能源物质；肌肉中的肌球蛋白和肌动蛋白既是结构蛋白，又是功能蛋白，在长期饥饿时，肌肉中的一部分蛋白质被动员，而被当作能源物质利用；同样，酶是生物催化剂，蛋白质和氨基酸类激素是信息物质，它们降解后，也作为能源物质被利用。

14.3　新陈代谢概述

生物体内的各种物质都不是孤立存在的，彼此之间有着错综复杂的关系。这些物质不是静止不变的，它们在不停地发生变化。生物体自外界摄取物质，即营养物质，以维护其生命活动。这些物质进入体内，转变为生物体自身的分子以及生命活动所需的物质与能量等。营养物质在生物体内所经历的一切化学变化总称为新陈代谢。

新陈代谢简称代谢，是生物体表现其生命活动的重要特征之一。生物体内的新陈代谢并不是完全自发进行的，而是靠生物催化剂——酶来催化的。酶是推动生物体内全部代谢活动的工具。代谢通过一系列连续的反应，无论是外界引入的或是体内形成的有机分子，最后都转变成代谢的最终产物。新陈代谢途径中的个别环节、个别步骤称为中间代谢。

新陈代谢可概括为 5 个方面：①从周围环境获得营养物质；②将外界引入的营养物质转变为自身需要的结构元件，即大分子的组成前体；③将结构元件装配成自身的大分子，如蛋白质、核酸、脂类和其他组分；④形成或分解生物体特殊功能所需的生物分子；⑤提供生命活动所需的一切能量。

14.3.1　分解代谢和合成代谢

新陈代谢包含物质合成和分解两个方面。有机营养物不管是从外界环境获得的，还是自身储存的，通过一系列反应步骤转变为较小的、较简单的物质的过程称为分解代谢。与分解代谢相伴随的，是将蕴藏在有机大分子中的能量逐步释放出来。合成代谢又称生物合成，是生物体利用小分子或大分子的结构元件建造自身大分子的过程。由小分子建造大分子是使分子结构变得更复杂。这种过程都是需要消耗能量的。

应当注意的是，同一种物质的合成和分解途径往往不是简单的可逆反应，而是通过不同的中间反应或不同的酶来实现的。可以把分解代谢形象地比作高山上的巨石往山下滚动。巨石在不断滚动中，逐步释放出本身所具有的潜能。山坡越陡峭，巨石滚动的越快，能量释放的也越快。若是沿着相同的途径将巨石上推到原来的位置，几乎是不可能的。但是如果沿着盘山路逐步上推，就可以比较容易地到达山顶。合成代谢正是通过比较容易实现的途径，合成机体所需要的大分子。分解代谢和合成代谢选择不同的途径，使生物机体增加了体内化学反应的数量，并使其对代谢活动的调控具有更大的灵活性和应变能力。

不仅分解代谢和合成代谢采取不同的途径，而且同一种物质的两种过程是在细胞的不同部位进行的。例如，ATP 的合成反应在线粒体内进行，而 ATP 的分解反应(供能反应)大多是在细胞质的液态基质(细胞质)中进行的。虽然合成和分解的代谢途径往往不同，但有许多代谢环节还是双方都可共同利用的。典型的例子如三羧酸循环，多种物质的分解代谢和合成代谢都可利用这一途径进行代谢。

14.3.2　能量代谢在新陈代谢中的重要地位

合成代谢和分解代谢都伴随着能量转化，合成代谢需要能量推动，分解代谢释放能量。生物体的一切过程都需要提供能量。生物体的生长、发育(包括核酸、蛋白质的生物合成)、机体运动(包括肌肉的收缩以及生物膜的传递、运输功能等)，都需要消耗能量。如果没有能量来源，生命活动也就无法进行，生命也就停止。

自养生物通过光合作用，由 CO_2 和 H_2O 合成葡萄糖，将太阳能储存在葡萄糖分子中；异养生物从自养生物取得葡萄糖等有机物，分解有机物最终生成 CO_2 和 H_2O，释放的能量的 60%左右以热的形式释放，40%左右的能量转化储存到 ATP 等高能化合物中。

ATP 等高能化合物是细胞生命活动能量的直接提供者，ATP 在细胞里担负着能量传递者(能量使者)的作用，ATP 被形象地称为生命的推动者。生物机体对能量的消耗是惊人的，一个处于安静状态的成人，据计算，每日消耗 40 kg 的 ATP。在激烈运动时，ATP 的利用率可达 0.5 kg/min。能够直接提供自由能推动生物体多种化学反应的核苷酸类分子除 ATP 外，还有 GTP、UTP、CTP 等。

拓展阅读

欧洲医生的"兔道主义"

欧洲医生的
"兔道主义"

维生素，指的是生物的生长和代谢过程中所必需的微量有机物。维生素的发现过程中有很多有趣的故事，扫描右方的二维码，查看发现维生素 U 的故事——《欧洲医生的"兔道主义"》。

习　　题

1. 构成生物体的化合物可以分为哪些类别？各有什么主要功能？
2. 新陈代谢中的化学反应很多在体外也是可以发生的，这些反应在生物体内和体外进行时有什么区别？谈一下你的看法。

第 15 章　化学与生活

教学目的和要求：

(1) 了解食品添加剂的种类和作用。

(2) 理解食品添加剂的误区。

(3) 了解常用的日化用品。

化学与我们的日常生活密切相关，本章主要介绍食品化学和日用化学品的相关内容。

15.1　食品化学

食品是人类赖以生存和发展的物质基础。从远古时代到现代社会，食品的作用已经从最初单一的果腹，发展到营养保健、美食享受和交流载体等多个方面。工程学的渗入，使食品加工逐渐规范化、系统化，从而开始确立有别于传统作坊式的食品加工体系——食品工业，食品化学就是在 20 世纪初随着化学、生物化学的发展和食品工业的兴起而形成的一门独立学科，它与人类生活和食品的生产实践密切相关。

食品化学是用化学的理论和方法研究食品本质而形成的一门学科。它通过对食品营养价值、安全性和风味特征的研究，阐明食品的组成、结构、性质和功能，以及食品成分在贮藏加工中发生的变化，从而构成了这门学科的主要内容。

15.1.1　食品添加剂

随着社会的不断发展，人们的生活水平也不断提高，对于饮食提出了更高的要求，食品添加剂也应运而生。伴随食品工业的发展不断壮大，食品添加剂已经成为食品工业中研发最活跃、发展最快的项目之一。

根据我国《中华人民共和国食品安全法》和《食品安全国家标准　食品添加剂使用标准》（GB 2760—2014），食品添加剂是指为改善食品品质和色、香、味，以及为防腐和加工工艺的需要而加入食品中的化学合成或天然物质。

15.1.2　食品添加剂的分类

我国商品分类中的食品添加剂种类共有 35 类，包括增味剂、消泡剂、膨松剂、着色剂、防腐剂等，含食品添加剂的食品达万种以上。其中，《食品添加剂使用标准》和卫生部公告允许使用的食品添加剂分为 23 类，主要有酸度调节剂、抗结剂、消泡剂、抗氧化剂、漂白剂、膨松剂、胶基糖果中基础剂物质、着色剂、护色剂、乳化剂、酶制剂、增味剂、面粉处理剂、被膜剂、水分保持剂、营养强化剂、防腐剂、稳定剂和凝固剂、甜味剂、增稠剂、食品用香料、食品工业用加工助剂、其他等。

防腐剂——常用的有苯甲酸钠、山梨酸钾、二氧化硫、乳酸等。用于果酱、蜜饯等食品中。

抗氧化剂——与防腐剂类似，可以延长食品的保质期。常用的有维生素 C、异维生素 C 等。

着色剂——常用的着色剂为合成色素，有胭脂红、苋菜红、柠檬黄、靛蓝等。它可改变食品的外观，使其增强食欲。

增稠剂和稳定剂——可以改善或稳定冷饮食品的物理性状，使食品外观润滑细腻。它们使冰激凌等冷冻食品长期保持柔软、疏松的组织结构。

膨松剂——部分糖果和巧克力中添加膨松剂，可促使糖体产生二氧化碳，从而起到膨松的作用。常用的膨松剂有碳酸氢钠、碳酸氢铵、复合膨松剂等。

甜味剂——常用的人工合成的甜味剂有糖精钠、甜蜜素等。目的是增加甜味感。

酸味剂——部分饮料、糖果等常采用酸味剂来调节和改善香味效果。常用柠檬酸、酒石酸、苹果酸、乳酸等。

增白剂——过氧化苯甲酰是面粉增白剂的主要成分。我国食品在面粉中允许添加最大剂量为 $0.06 \ \mathrm{g \cdot kg^{-1}}$。增白剂超标会破坏面粉的营养，水解后产生的苯甲酸会对肝脏造成损害，过氧化苯甲酰在欧盟等发达国家已被禁止作为食品添加剂使用。我国在 2011 年 5 月也禁止了过氧化苯甲酰作为增白剂。

香料——香料有合成的，也有天然的，香型很多。

15.1.3　食品添加剂的主要作用

食品添加剂大大促进了食品工业的发展，并被誉为现代食品工业的灵魂，这主要是因为它给食品工业带来许多好处，其主要作用大致如下：

①防止变质　例如，防腐剂可以防止由微生物引起的食品腐败变质，延长食品的保存期，同时还具有防止由微生物污染引起的食物中毒作用。又如，抗氧化剂可阻止或推迟食品的氧化变质，以提供食品的稳定性和耐藏性，同时也可防止可能有害的油脂自动氧化物质的形成。此外，还可用来防止食品，特别是水果、蔬菜的酶促褐变与非酶促褐变。这些对食品的保藏都是具有一定意义的。

②改善食品感官性状　适当使用着色剂、护色剂、漂白剂、食用香料和乳化剂、增稠剂等食品添加剂，可以明显提高食品的感官质量，满足人们的不同需要。

③保持提高营养价值　在食品加工时适当地添加某些属于天然营养范围的食品营养强化剂，可以大大提高食品的营养价值，这对防止营养不良和营养缺乏、促进营养平衡、提高人们健康水平具有重要意义。

④增加品种和方便性　市场上已拥有多达 20 000 种的食品可供消费者选择，尽管这些食品的生产大多通过一定包装及不同加工方法处理，但在生产工程中，一些色、香、味俱全的产品，大都不同程度地添加了着色、增香、调味和其他食品添加剂。正是这些众多的食品，尤其是方便食品的供应，给人们的生活和工作带来极大的方便。

⑤方便食品加工　在食品加工中使用消泡剂、助滤剂、稳定剂和凝固剂等，可有利于食

品的加工操作。例如，当使用葡萄糖酸-δ-内酯作为豆腐凝固剂时，有利于豆腐生产的机械化和自动化。

15.1.4 食品添加剂的误区

当下，食品添加剂已经广泛用于食品加工业，可以说，没有食品添加剂，就没有现代食品工业。但目前人们对于食品添加剂还存在一些误区。

误区一：不使用食品添加剂的食品更健康、更安全。

实际上，食品加工过程中如果不使用防腐剂等食品添加剂，将具有更大的危险性。这是因为不使用防腐剂时，食品更容易变质，而变质的食物往往会引起食物中毒。另外，防腐剂除了能防止食品变质外，还可以杀灭曲霉素菌等产毒微生物，这无疑是有益于人体健康的。

误区二：天然的食品添加剂比人工化学合成的安全。

实际上，许多天然产品的毒性受到检测手段和检测内容限制，尚不能做出准确的判断，而且，就已检测出的结果比较，天然食品添加剂并不比合成的毒性小。

在卫生部出台的《关于进一步规范保健食品原料管理的通知》中，以下天然的原料禁用：八角莲、土青木春、山莨菪、川乌、广防己、马桑叶、长春花、石蒜、朱砂、红豆杉、红茴香、洋地黄、蟾酥等59种。因此，绿色加工食品的生产中，生产厂在使用天然食品添加剂时一定要掌握合理的用量。

天然食品添加剂的使用效果在许多方面不如人工化学合成添加剂，使用技术也需要很高的水平，所以在使用中要仔细研究、掌握天然食品添加剂的应用工艺条件，不得为达到某种效果而超标加入。

误区三：食品添加剂=非法添加剂。

根据《食品添加剂使用标准》各类食品中的各种食品添加剂在使用过程中都有安全用量，指的是对健康无任何毒性作用或不良影响的食品添加剂用量，用每千克体重每天摄入的质量（mg）来表示。一般来说，一个符合 GB 2760—2014 的食品中的食品添加剂是不会对人体健康产生影响的。

食品添加剂的使用有安全规范，这与非法添加剂是有明显区别的。很多人可能听说过吊白块、三聚氰胺等用于食品，引起食物中毒的事件。而实际上，吊白块是一种工业漂白剂和还原剂，三聚氰胺是皮革加工的鞣剂和填充剂，二者均被禁止用于食品加工。

吊白块：又称吊白粉，以福尔马林（甲醛溶液）与亚硫酸氢钠反应，再由锌粉还原制得，化学名称为甲醛次硫酸氢钠，化学式为 $CH_2(OH)SO_2Na$，呈白色块状或结晶性粉状。常温时较为稳定，吊白块水溶液在 60℃ 以上就开始分解为有害物质，120℃ 下分解为甲醛、二氧化硫和硫化氢等有毒气体，这些气体可使人头痛、乏力、食欲差，严重时甚至可导致鼻咽癌等，所以国家严禁将其作为食品添加剂在食品中使用。

吊白块 120℃ 时分解为甲醛和产生还原性的反应方程式为：

$$CH_2(OH)SO_2Na+H_2O \longrightarrow NaHSO_3+CH_2O+2[H]$$

2008 年，我国卫生部印发的《食品中可能违法添加的非食用物质和易滥用的食品添加剂品种名单（第一批）》的通知中，明确了可能违法添加吊白块的主要食品类别为腐竹、粉丝、面粉和竹笋；可能的主要作用为增白、保鲜、增加口感和防腐。

三聚氰胺：2008 年，很多婴幼儿食用三鹿集团生产的奶粉后被发现患有肾结石，随后在其奶粉中发现化工原料三聚氰胺。根据公布数字，因使用婴幼儿奶粉而接受门诊治疗咨询的婴幼儿超过 52 000 人，住院超 10 000 人，死亡 4 人。事件引起各国的高度关注和对乳制品安全的担忧。

$$N\equiv C-NH_2$$
$$(CH_2N_2)$$
氰胺

氰胺

三聚氰胺

三聚氰胺俗称密胺、蛋白精，分子式为 $C_3H_6N_6$，学名为 1,3,5-三嗪-2,4,6-三胺，是一种三嗪类含氮杂环有机化合物，用作化工原料。它是白色单斜晶体，几乎无味，对身体有害，不可用于食品加工或食品添加物。

不法厂家之所以在奶粉等奶制品中添加三聚氰胺，是采用欺骗的手段想"提高"奶制品中的蛋白质含量。目前，食品中蛋白质含量的测定方法多采用凯氏定氮法。其基本原理是人们发现不同来源的蛋白质，无论是动物蛋白、植物蛋白还是菌类蛋白，其中氮元素的含量均在 16% 左右，如果测定了食品中氮元素的质量，然后乘以 6.25 就是食品中蛋白质的含量。而某些厂家的奶制品中蛋白质含量达不到我们国家食品安全标准中关于奶制品蛋白质含量的要求，就非法添加三聚氰胺，而三聚氰胺中氮元素高达 66.63%，少量三聚氰胺的加入，即可显著增加奶制品中的氮元素，进而增加依据凯氏定氮法计算出来的蛋白质的含量。但三聚氰胺属于非法添加物，加入三聚氰胺不仅不会增加蛋白质含量，人体过量摄入还会引发肾结石，对人体产生伤害。

15.2　日用化学品

日用化学品（household chemicals）也称日化用品，简称日化，是指人们平日常用的科技化学制品，包括洗发水、沐浴露、护肤、护发、化妆品、洗衣粉等。

随着社会生产力发展水平及人民生活水平的提高，日用化学品的种类和范畴也不断变迁，在效用区分上更加细致，功能性更强。迄今为止，日用化学品大致可分为以表面活性剂为主要成分的合成洗涤剂、化妆品、香料和香精等。

15.2.1　肥皂

肥皂是使用最早的洗涤剂和日化用品。据传肥皂是古埃及时期的腓尼基人发明的。传说在公元前 7 世纪古埃及的一个皇宫里，一个腓尼基厨师不小心把一罐食用油打翻在地下，他赶紧用草木灰撒在上面，然后用手捧出去扔掉。他惊奇地发现沾在手上的油腻就很容易地洗掉了，包括难以洗净的老污垢。于是，厨房里的佣人们就经常用油脂拌草木灰来洗手。这是肥皂最早的雏形。

现代意义上的肥皂，是高级脂肪酸盐的总称，通式为 RCOOM，RCOO 为高级脂肪酸根，M 为金属阳离子。日用肥皂中的脂肪酸碳数一般为 10~18，金属主要是钠或钾等碱金属，也有用氨及某些有机碱（如乙醇胺、三乙醇胺等）制成特殊用途肥皂的。广义上，油脂、蜡、松香或脂肪酸等和碱类起皂化或中和反应所得的脂肪酸盐，皆可称为肥皂。肥皂能溶于水，有洗涤去污作用。肥皂的各类有香皂，又称盥洗皂、金属皂和复合皂。

现代肥皂的工业化生产，包括以下步骤：

①精炼　除去油脂中的杂质，常用精炼过程包括脱胶、碱炼（脱酸）、脱色。

②皂化　油脂精炼后与碱进行皂化反应，沸煮法是主要的皂化方法。

③盐析　在闭合的皂料中，加食盐或饱和食盐水，使肥皂与稀甘油水分离。

$$
\begin{array}{l}
CH_2O-\overset{\displaystyle O}{\underset{\displaystyle\|}{C}}-R^1 \\[4pt]
CHO-\overset{\displaystyle O}{\underset{\displaystyle\|}{C}}-R^2 \\[4pt]
CH_2O-\overset{\displaystyle O}{\underset{\displaystyle\|}{C}}-R^3
\end{array}
\xrightarrow{\ \text{NaOH}\ }
\begin{array}{l}
CH_2OH \\[4pt]
CHOH \\[4pt]
CH_2OH
\end{array}
+
\begin{array}{l}
R^1COONa \\[4pt]
R^2COONa \\[4pt]
R^3COONa
\end{array}
$$

④洗涤　分出废液后，加水及蒸汽煮沸皂粒，使之由析开状态成为均匀皂胶，洗出残留的甘油、色素及杂质。

⑤二次皂化（碱析）　为使皂粒内残留的油脂完全皂化，经碱析进一步洗出皂粒内的甘油、食盐、色素及杂质。

⑥整理　调整碱析后皂粒内电解质及脂肪酸含量，减少杂质，添加色素和香料等，改善色泽，获得最大的出皂率和质量合格的皂基。

⑦成型　皂基冷凝成大块皂板，然后切断成皂坯，经打印、干燥成洗衣皂、香皂等产品。

15.2.2　表面活性剂及其去污原理

肥皂的主要成分高级脂肪酸盐，是一种表面活性剂，表面活性剂在去污过程中起到了主要作用。表面活性剂是洗涤剂的主要原料，很多品种都具有良好的去污、润湿、泡沫、分散、乳化和增溶能力。

表面活性剂（surfactant）是指加入少量能使其溶液体系的界面状态发生明显变化的物质。具有固定的亲水亲油基团，在溶液的表面能定向排列。表面活性剂的分子结构具有两亲性：一端为亲水基团，另一端为疏水基团；亲水基团常为极性基团，如羧酸、磺酸、硫酸、氨基或胺基及其盐，羟基、酰胺基、醚键等也可作为极性亲水基；而疏水基团常为非极性烃链，如 8 个碳原子以上烃链。

以前多以配方中含表面活性剂的多少来衡量洗涤剂的优劣。表面活性剂是洗涤剂的主要原料，很多品种都具有良好的去污、润湿、泡沫、分散、乳化和增溶能力。现在，生产洗涤剂的企业一般都采用两种以上的表面活性剂进行复配，有时在较低的表面活性剂的含量下，由于多种表面活性剂相互间的协同效应，使洗涤剂也具有良好的洗涤去污能力。常用的表面活性剂有以下几种：

①阴离子表面活性剂　如烷基苯磺酸钠（LAS）、脂肪醇硫酸钠、脂肪醇聚氧乙烯醚硫酸钠（AES）和烷基磺酸钠（AOS）等。

②非离子表面活性剂　如烷基酚聚氧乙烯醚、脂肪醇聚氧乙烯醚（AEO）和烷醇酰胺。聚醚是近年来生产低泡洗涤剂的常用活性物，一般常用环氧乙烷和环氧丙烷共聚的产物，常与阴离子表面活性剂复配，主要作消泡剂。

③两性表面活性剂　如甜菜碱等，一般用于低刺激的洗涤剂中。

洗涤与日常生活密切有关，但要解释洗涤过程绝非易事。洗涤至少包含去污、漂洗过程。去污过程十分复杂，涉及物理、化学（生物化学）和流体力学等因素。影响因素涉及洗涤剂种类、污垢种类、被洗涤物（基质）的性质、流体力学特性等。洗涤过程中包括复杂的界面现象和传质现象，如润湿、乳化、增溶、分散、发泡和消泡、吸附等；通常是多种现象的综合结果。迄今，尚未能圆满解释去污过程。在此，仅介绍成熟的去污模型。

去污过程可大致分为以下几种：

①对液体油污，通过洗涤剂的润湿、增溶、分散等作用，并借助机械力，使其悬浮于洗涤介质（通常为水）中而除去。

②对固体污垢，通过洗涤剂在污垢和基质表面的润湿、吸附、提高固体界面电荷量和分散性能，并辅以机械力而清除。对固体污垢的去除，主要是由于表面活性剂在固体污垢和基质表面上吸附，降低了固体污垢的黏附力的结果。

③对蛋白质、淀粉类、脂肪类及色斑污垢，主要通过洗涤剂中蛋白酶、淀粉酶和漂白剂的作用，将其分解而去除。

15.2.3 洗涤剂

洗涤剂是人们日常生活中不可缺少的日用品。洗涤剂的作用除了提高去污能力外，还能赋予其他功能，如增加织物的柔软性、金属的防锈、防止玻璃表面吸附尘埃等。

目前使用的洗涤剂按照使用环境，可以分为以下几类。

①衣物洗涤剂　洗涤剂根据需要可以制成块状、粉状和液状等形式。块状洗涤剂即肥皂和香皂，是人们使用最久的洗涤剂，主要成分为高级脂肪酸的盐类；粉状衣物洗涤剂即合成洗衣粉，主要成分为烷基磺酸钠。块状和粉状洗涤剂使用的都是阴离子型表面活性剂，碱性较强（如洗衣粉 pH 一般大于 12），使用时对皮肤的刺激和伤害较大。液状衣物洗涤剂即洗衣液，其主要成分为非离子型表面活性剂，pH 接近中性，对皮肤温和，并且排入自然界后，降解较洗衣粉快，成为新一代的洗涤剂。

②个人卫生清洁剂　包括洗发用的洗发剂，沐浴用的各式浴剂，口腔清洁剂，以及洗手、洗脸用的清洁品。随着生活水平的提高，人们对个人卫生清洁剂的要求越来越高，不仅要求具有清洁作用，而且还要有保护皮肤、保护头发和防止皮肤病等功效。因此，个人卫生清洁剂的种类和品种日渐增多。

③家庭日用洗涤剂　日常生活时刻离不开清洗。现代化的设施和摆设是由玻璃、瓷砖、木材、塑料和金属等不同材质构成，为使居室窗明地净，生活舒适卫生，家庭日用洗涤剂即应用而生，并且品种日益繁多，其中有供居室清洗家具、地板墙壁、窗玻璃用的硬表面清洁剂和地毯清洁剂；有洗涤玻璃器皿、塑料用具、珠宝装饰品用的各种专用洗涤剂；有厨房里用的餐具洗涤剂、炉灶清洁剂、水果蔬菜消毒清洗剂、冰箱清洗剂、瓷砖清洁；还有卫生间里用的浴盆清洁剂、便池清洁剂、卫生除臭剂等。

15.2.4 化妆品

化妆品包括基础化妆品、美容化妆品和特殊用途化妆品三类。基础化妆品是为了保护皮肤、毛发以及增进皮肤和毛发健康的制品；美容化妆品是为了修饰脸面、指甲等部位，使之增加魅力而使用的制品；特殊用途化妆品是指用于面部、毛发等部位具有防御功能或需经过一些特殊的理化处理的制品，还具有一定的缓和治疗作用。化妆品学科涉及物理学、有机化学、界面化学、胶体化学、美学、生物化学、物理化学、染料化学、香料香精、化学工程、微生物和皮肤物理学等，是一门多学科交叉，涉及面广又复杂的学科。

实际上，化妆品已经深入人们的日常生活之中，每人每天都在使用，而且是长期连续地使用。从化妆品的起源上可以看出，美容修饰是人类的一种本能欲望，是文化发展的一个标志。不仅女士用、儿童用，而且男士也用化妆品。使用化妆品人群的年龄也在逐渐扩大，可以说化妆品的社会意义越来越重要了。

化妆品的种类繁多，按化妆品的功能分类，可分为以下几种：

①清洁类、卫生类　如洗面奶、洁面泡沫、面膜、洗发水、花露水、爽身粉、空气清新剂、去痱水、足粉、去甲水、香水等。

②护肤类　包括营养类和药物类，如雪花膏、防裂油、精华素、美白霜、防晒水、雀斑霜、护手霜、保湿平衡液、保湿霜、柔肤水、紧肤水、收敛水等。

③护发类　如护发素、头油、发乳、焗油膏、发蜡、发露、洗后防晒修复水、免蒸焗油膏、防晒香波、药性发乳、调理香波、养发香波、须后水等。

④美容类　如胭脂、唇膏、睫毛膏、眼影粉、脱毛膏、指甲油、减肥露、健胸霜等。

⑤美发类　如摩丝、定型水、染发香波、气溶胶整发剂等。

⑥口腔卫生用　如牙膏、牙粉、漱口水等。

化妆品是人们常用的日用消费品，而且几乎天天用在健康的皮肤上，因此对化妆品的质量要求较高，首要的是安全可靠，不得有碍人体健康，同时使用时不得有副作用，因此对其必须做一些必要的测试，即毒性试验、刺激性试验、护肤化妆品的效果测试。为了保障人们的身体健康，对化妆品的生产，我国已有明确规定，必须经有关部门检验合格发放生产合格许可证后方可生产。

化妆品不仅是单纯对美的追求，而且用作保护皮肤，成为日常生活的必需品。人们追求美的心态与希望保持身心健康、拥有优美的生活环境的心态是相辅相成的。

拓展阅读

食盐中的抗结剂——亚铁氰化钾

一些人看到食盐的成分表中含有亚铁氰化钾，如果稍微有点化学常识，一定都知道氰化钾是剧毒物质，但这是不是意味着亚铁氰化钾也有很大的毒性，食盐中被添加了剧毒物质吗？

这里给大家澄清一下食盐中的亚铁氰化钾究竟有没有毒。

亚铁氰化钾又称六氰合铁(Ⅱ)酸钾，化学式为 $K_4[Fe(CN)_6]$，是黄色结晶状粉末，它略带咸味，溶于水，不溶于乙醇，主要用于制造油墨、色素、制药中，也可以作为食盐抗结剂使用。

在亚铁氰化钾作为食盐抗结剂使用之前，人们食用的食盐很多都是颗粒比较大的粗盐，这些盐在存放一段时间之后会成块状，这是食盐中少量的钙盐或镁盐容易吸潮的缘故。这些结块的食盐非常坚固，有时候甚至需要用锤子去敲击，食用起来也非常不方便。

而在食盐中添加少量的亚铁氰化钾，即可有效防止食盐结块，使食盐形成细小的结晶粉末，方便加工和使用。1996 年，我国在《食品添加剂使用卫生标准》(GB 2760—1996) 中最早以国家标准的形式，对食盐中的亚铁氰化钾给出限量标准：$0.01\ \mathrm{g}\cdot\mathrm{kg}^{-1}$，即每千克食盐中最多添加 0.01 g(10 mg)亚铁氰化钾(以亚铁氰根计)。目前，我国食盐中亚铁氰化钾的含

量多在 $0 \sim 7 \, mg \cdot kg^{-1}$，是符合国家标准的。

那么食盐中的亚铁氰化钾究竟有没有毒？毒性研究表明，亚铁氰化钾通过小鼠测得的 LD_{50}（半数致死量）为 $5 \sim 6.4 \, g \cdot kg^{-1}$，而食盐（氯化钠）本身的 LD_{50} 为 $3 \, g \cdot kg^{-1}$，二者毒性相当，换句话说食用亚铁氰化钾和食用食盐一样安全。

亚铁氰化钾在 $400℃$ 以上时，确实会分解产生剧毒物质氰化钾，这是不是意味着加热做菜时，使用添加了亚铁氰化钾的食盐存在安全隐患呢？答案仍然是否定的。首先，我们日常使用的食用油的油温为 $200 \sim 300℃$，达不到亚铁氰化钾分解的温度。其次，氰化钾的 LD_{50} 为 $6.4 \, mg \cdot kg^{-1}$，使一个成年人（体重按 $60 \, kg$ 计算）中毒的氰化钾的量约为 $384 \, mg$，要产生这么多的氰化钾，按照等质量的亚铁氰化钾计算，大概需要 $3 \, kg$ 的食盐，现实中是不可能一次食用这么食盐的，也就不存在氰化钾中毒的可能。

习　题

1. 找一个你吃过的食品包装袋上的配料表，指出哪些是食品添加剂？并指出其主要作用。
2. 简述食品添加剂的利弊。
3. 某化妆品宣传材料上说，该化妆品取自纯天然原料，不含任何化学添加物，你觉得可信吗？谈一下你的看法。

第 16 章　大学化学实验

实验 1　化学实验室基本知识

【实验目的】

了解化学实验室规则及有关安全基本知识；熟悉废弃物的处理方法；了解常见玻璃仪器的使用，掌握玻璃仪器的洗涤和干燥方法。

【预习知识】

化学实验室规则；化学实验室安全守则；化学实验室各类警示标志；实验室废弃物处理方法；化学实验室意外事故的一般处理；常用玻璃仪器；常用磨口仪器；玻璃仪器的洗涤；玻璃仪器的干燥。

【实验内容】

(1) 化学实验室规则。

(2) 化学实验室安全守则。

(3) 化学实验室各类警示标志。

(4) 实验室废弃物处理方法。

(5) 化学实验室意外事故的一般处理。

(6) 常用玻璃仪器。

(7) 常用磨口仪器。

(8) 玻璃仪器的洗涤。

(9) 玻璃仪器的干燥。

【思考题】

1. 查阅资料，简述玻璃仪器的主要成分及分类。

2. 你对基础化学实验这门课程的学习有何要求？现有实验室哪些地方需要改进？

3. 你认为实验前的预习有必要吗？谈一谈在化学实验中应如何注意安全问题？

【背景知识】

一、化学实验室规则

为了保证实验教学顺利进行，维持实验教学的正常秩序，防止意外事故的发生，必须严格遵守化学实验室规则。

(1)实验前必须认真预习，明确实验目的，了解实验的基本原理、方法、步骤和有关的基本操作及注意事项，经指导教师检查预习报告后方能进入实验室。

(2)实验过程中应听从教师的指导，保持安静，严格按操作规程进行，仔细观察，周密思考，实验现象和数据应如实记录在记录本上。

(3)实验中所用的实验仪器是国家财产，务必爱护，小心使用。使用玻璃仪器时，应在实验前先清点实验所用仪器。使用精密仪器时，必须严格遵守操作规程和注意事项，如发现故障，应立即停止使用并报告教师，找出原因，排除故障。仪器使用完毕后，必须自觉填写使用本(卡)，待教师验收签字后方可离去。试剂应按照实验中规定的规格、浓度和用量取用，以免浪费；如果实验中未规定用量或自行设计的实验，应尽量少用试剂，注意节省；用后应立即放回原处，避免混错，沾污试剂。

(4)实验台上的仪器应整齐地放在指定的位置上，并经常保持实验台面的清洁。废纸、火柴棒、碎玻璃等应倒入垃圾箱内；酸性废液应倒入废液桶内，切勿倒入水槽中，以防堵塞或腐蚀下水管道；碱性废液倒入水槽后立即用自来水冲洗。

(5)实验完毕，操作人员应将所用仪器洗刷干净，放在原来的位置，实验台及试剂架擦干净，请教师检查签字后，方能离开实验室。值日生负责打扫和整理实验室，最后应检查门、窗、水、电的关闭情况，并如实填写实验室日志，经教师签字后，方可离开实验室。

(6)实验后，根据原始记录，联系理论知识，认真分析问题，处理数据，按照要求的格式完成实验报告，按时交给教师批阅。实验报告一般包括姓名、实验项目、日期、实验目的、实验原理及主要实验步骤、实验原始记录、实验结果处理、实验总结或讨论等。

二、化学实验室安全守则

在化学实验中，经常使用易碎的玻璃仪器，易燃、易爆、有腐蚀、有毒性的化学药品，电器设备等，存在着不安全因素。因此，重视实验安全操作，熟悉一般的实验室安全知识是非常必要的。第一，要从思想上重视安全工作，决不能麻痹大意；第二，在实验前应了解仪器的性能和药品的性质及本实验的注意事项，在实验过程中，应集中注意力，并严格遵守化学实验室安全守则，以免意外事故的发生；第三，要学会一般救护措施，一旦发生意外事故，可及时进行处理；第四，对于实验室的废液，也要知道一些处理的方法，以确保环境不受污染。

严格遵守化学实验室安全守则：

(1)实验室内严禁饮食、吸烟、打闹，或把餐具带进实验室。

(2)必须熟悉实验室及其周围的环境和水闸、电闸的位置，水、电使用完毕立即关闭。

(3)使用电器设备时，人体与电器导电部分不能直接接触，也不能用湿手接触电器插头。

(4)洗液、浓酸、浓碱具有强腐蚀性，应避免溅落在皮肤、衣服、书本上，更应防止溅入眼睛里。

(5)易挥发和易燃的有机溶剂(如乙醚、乙醇、丙酮、苯等)，使用时必须远离明火，用后应立即拧紧瓶盖，放在阴凉处。

(6)加热试管时，不要将试管口对着自己或他人。

(7)不要俯向容器去嗅放出的气味，闻气体时，应用手轻拂。

(8)任何试剂不得进入口中或接触伤口，有毒试剂更应特别注意，有毒液体不能倒入水槽，避免与水槽中的废酸作用产生有毒气体，防止污染环境，增强自身的环保意识。

(9)严禁任意混合各种试剂，以免发生意外事故。

(10)实验室所有试剂、仪器不得带出室外。

三、化学实验室各类警示标志

1. 警示词

根据化学品的危险程度和类别，用"危险""警告""注意"三个词分别进行危害程度的警示。具体规定见表16-1所列。当某种化学品具有两种以上的危险性时，用危险性最大的警示词。警示词位于化学品名称的下方，要求醒目、清晰。

表16-1　警示词与化学品危险性类别的对应关系

警示词	化学品危险性类别
危险	爆炸品　易燃液体　有毒气体　低闪点液体　一级自燃物品　一级遇湿易燃物品　一级氧化剂　有机过氧化物　剧毒品　一级酸性腐蚀品
警告	不燃气体　中闪点液体　一级易燃液体　二级自燃物品　二级遇湿易燃物品　二级氧化剂有毒品　二级酸性腐蚀品　一级碱性腐蚀品
注意	高闪点液体　二级易燃固体　有害品　二级碱性腐蚀品　其他腐蚀品

2. 化学品危险性类别

危险性分类依据《化学品分类和危险性公示　通则》(GB 13690—2009)和《危险货物分类和品名编号》(GB 6944—2012)两个国家标准，将危险化学品按其危险性划分为9类。

第1类　爆炸品

第2类　压缩气体和液化气体

第3类　易燃液体

第4类　易燃固体、易于自燃的物质、遇水放出易燃气体的物质

第5类　氧化性物质和有机过氧化物

第6类　毒性物质和感染性物质

第7类　放射性物质

第8类　腐蚀性物质

第9类　杂项危险物质和物品，包括危害环境物质

3. 常用警示标志

警示标志通常由符号和底色两部分组成，同类符号加分级以示区别，如图16-1所示。

爆炸物　　　　　不可燃的非毒性气体　　　　腐蚀性物质

易燃物质　　　　　自燃物质

氧化物　　　　　有机过氧化物

易燃固体　水生毒性物质　　　有毒物质　　　　有害物质　　　致癌性物质

图 16-1　常用警示标志图

四、实验室废弃物处理方法

实验中经常会产生某些有害的气体、液体和固体，需要及时排弃。如不经处理直接排放，就可能污染周围空气和水源，造成环境污染，损害人体健康。因此，对产生少量有毒气体的实验应在通风橱内进行，通过排风设备将少量毒气排到室外(使排出气在外面大量空气中稀释)，以免污染室内空气。产生毒气量大的实验必须备有吸收或处理装置。NO_2、SO_2、Cl_2、H_2S、HF 等可用导管通入碱液中，使其大部分被吸收。CO 可点燃转化成 CO_2。废渣(包括少量有毒的废渣)应掩埋于指定地点的地下。一般酸、碱废液可中和或稀释后排放。对含重金属离子或汞盐的废液可加碱调 pH 值至 $8 \sim 10$ 后再加硫化钠处理，使其毒害成分转变成难溶于水的氢氧化物和硫化物而沉淀分离，残渣掩埋，清液达环保排放标准后可排放。废铬酸洗液可加入 $FeSO_4$，使六价铬还原为无毒的三价铬后按普通重金属离子废液处理。少量含氰废液可先加 $NaOH$ 调节 pH 值大于 10，再加适量 $KMnO_4$，使 CN^- 氧化分解；大量含氰废液则在碱性介质中加入 $NaClO$ 使 CN^- 氧化分解成 CO_2 和 N_2。

五、化学实验室意外事故的一般处理

(1)酸蚀伤　先用大量清水冲洗，再用饱和 $NaHCO_3$ 溶液或肥皂水冲洗，最后用清水冲洗。如果酸液溅入眼睛里，应立刻用大量清水冲洗，然后用 2% $Na_2B_4O_7$ 溶液冲洗，最后用蒸馏水冲洗。

(2)碱蚀伤　先用大量清水冲洗，再用 2%乙酸溶液冲洗，最后用清水冲洗干净并敷硼

酸软膏。如果碱液溅入眼睛里，应立即用大量清水冲洗，再用3% 硼酸溶液冲洗，最后用蒸馏水冲洗。

（3）溴蚀伤 用乙醇或10% $Na_2S_2O_3$ 溶液冲洗，再用清水冲干净，然后敷甘油。

（4）割伤 应先取出伤口内的异物，用碘伏擦洗后，洒上消炎粉或敷消炎膏并用纱布包扎，必要时送医院治疗。

（5）烫伤 立即用大量水冲淋或浸泡，以迅速降温避免高温烫伤。若起水泡不宜挑破，可用纱布包扎后送医院治疗。对轻微烫伤，可在伤处涂鱼肝油或烫伤油膏后包扎。

（6）吸入刺激性或有毒气体 若吸入 Br_2、Cl_2、HCl 等气体时，可吸入少量乙醇和乙醚的混合蒸气以解毒；若吸入 H_2S 气体感到不适时，应马上到室外呼吸新鲜空气。

（7）触电 立即切断电源，必要时进行人工呼吸。

（8）起火 根据起火原因立即采取灭火措施，首先切断电源，移走易燃药品。有机溶剂和电器设备着火，马上用四氯化碳灭火器、专用防火布、干粉等灭火，切不可用水或泡沫灭火器灭火，火势较大，应立即报警。

起火原因，一般可分为4 种：①可燃的固态药品或液态药品，因接触火焰或处在高温下而燃烧；②易燃物质由于放置时间过长，被空气中的氧所氧化而燃烧（如白磷的燃烧）；③化学反应（如金属钠与水的反应）引起的燃烧和爆炸；④火花引起的燃烧（如电器材料接触不良而出现的火花，导致可燃气体着火）。

（9）若伤势较重，应立即送医院。

（10）灭火知识 灭火要根据起火的原因和火灾周围的情况，采取不同的扑灭方法，起火后，不要惊慌，一般要立即采取以下措施：

①为防止火势蔓延应立即关闭电源和停止加热；停止通风以减少空气的流通；切断电源以免引燃电线；把易燃、易爆的物品移至远处。

②迅速扑灭火焰，小火可用灭火毯或砂土覆盖在着火的物体上。实验室常用的灭火器及其适用范围见表16-2 所列。

表16-2 实验室常用的灭火器及其适用范围

灭火器的类型	药液成分	适用范围
酸碱灭火器	H_2SO_4 和 $NaHCO_3$	适用于非油类和电器失火的一般初起火灾
泡沫灭火器	$Al_2(SO_4)_3$ 和 $NaHCO_3$	适用于油类起火
二氧化碳灭火器	液态 CO_2	适用于电器设备、小范围油类及忌水的化学药品的失火
四氯化碳灭火器	液态 CCl_4	适用于电器设备、小范围的汽油、丙酮等失火；不适用于金属钾、钠的失火，因 CCl_4 与钾、钠反应会强烈分解，甚至爆炸；电石、CS_2 的失火，也不能使用它，因为会产生光气一类的毒气
干粉灭火器	主要成分是 $NaHCO_3$ 等盐类物质与适当的润滑剂和防潮剂	适用于油类、可燃性气体、电器设备、精密仪器、图书文件和遇水易燃物品的初起火灾

六、常用玻璃仪器

常用玻璃仪器的用途及注意事项见表16-3 所列。

表 16-3　常用玻璃仪器的用途及注意事项

仪　器	规　格	主要用途	注意事项
试管、离心试管	分硬质试管、软质试管、普通试管和离心试管；普通试管以试管口外径（mm）×长度（mm）表示，离心试管以其容积（mL）表示	普通试管用作少量试剂的反应容器，便于操作和观察；离心试管还可用于定性分析中的沉淀分离	可以加热至高温（硬质的），但不能骤冷，加热时管口不能对人，且要不断移动试管，使其受热均匀；反应液体积不能超过其容量的1/2
烧杯	分玻璃和塑料材质，以容积（mL）表示，如 1 000、800、250、100、50 等	常温或加热条件下用作反应物量大时的反应容器，反应物易混合均匀，也可用于配制溶液	加热时将杯壁擦干并放置在石棉网上，使其受热均匀，可以加热至高温
试剂滴瓶	分无色和棕色，以容积（mL）表示，如 125、60 等	用于盛少量液体试剂或溶液	见光易分解的或不太稳定的试剂用棕色试剂滴瓶盛装；碱性试剂要用带橡皮塞的试剂滴瓶，但不能长期盛放浓碱液
广口瓶　细口瓶	分玻璃和塑料材质，有无色和棕色、磨口和不磨口之分；以容积（mL）表示，如 1 000、500、250、125 等	广口瓶盛装固体试剂，细口瓶盛装液体试剂	不能加热，取用试剂时，瓶盖倒放在桌上，不能弄脏、弄乱；碱性物质要用橡皮塞；稳定性差的物质用棕色瓶
锥形瓶	以容积（mL）表示，如 500、250、150 等	反应容器，振荡方便，适用于滴定操作或作为接收器	盛液体不能太多，加热时应放置在石棉网上

（续）

仪　器	规　格	主要用途	注意事项
研钵	以铁、瓷、玻璃、玛瑙制作，以口径（cm）大小表示，如9、12等	用于研磨固体物质；大块物质不能敲，只能压碎	不能用于加热，按固体的性质和硬度选用不同的研钵；放入量不宜超过容积的1/3
表面皿	以口径（mm）大小表示，如90、75、65、45等	盖在烧杯上防止液体迸溅或作其他用途	不能用火直接加热，直径要略大于所盖容器
滴定管和滴定管架	滴定管分碱式和酸式、无色和棕色，以容积（mL）表示，如50、25等	滴定或量取准确体积的溶液时使用；滴定管架用于夹持滴定管	碱式滴定管盛碱性溶液或还原性溶液；酸式滴定管盛酸性溶液或氧化性溶液；碱式滴定管不能盛放氧化剂；见光易分解的滴定液宜用棕色滴定管
漏斗	以口径（mm）大小表示，如60、40、30等	用于过滤操作	不能用火加热
梨形分液漏斗　球形分液漏斗　滴液漏斗	以容积（mL）和形状（梨形、球形）表示	用于分离互不相溶的液体，或用作发生气体装置中的加液漏斗	不能加热，漏斗塞子、活塞不能互换

（续）

仪　器	规　格	主要用途	注意事项
熔点测定管(b 形管)	以口径（mm）大小表示	用于测定固体化合物的熔点或微量法测液体的沸点	所装溶液的液面应高于上支管处
干燥器	分普通干燥器和真空干燥器，内放干燥剂；以外径（mm）表示大小	保持物品干燥	防止盖子滑动打碎，热的物品待稍冷后才能放入；盖子的磨口处涂适量的凡士林，干燥剂要及时更换
称量瓶	分扁形和高形，以外径（mm）×高（mm）表示，如高形 25×40，扁形 50×30	扁形用于测定水分或干燥基准物质；高形用于称量基准物质或样品	不可盖紧磨口塞烘烤，磨口塞要与称量瓶配套使用，不得互换
容量瓶	以刻度以下的容积（mL）表示大小，如 1 000、500、250、100、50、25 等	用于配制准确浓度的溶液	不能受热，不得贮存溶液，不能在其中溶解固体，瓶塞与容量瓶配套使用，不能互换

（续）

仪　器	规　格	主要用途	注意事项
 25mL 20℃ 移液管　　吸量管	以其最大容积（mL）表示，吸量管，如10、5、2、1等；移液管，如50、25、20、10等	用于精确转移一定体积的液体	移液管与容量瓶搭配使用，因此，使用前常做两者相对体积的校正。为了减少测量误差，吸量管每次都应从最上面刻度起往下放出所需体积
 100mL 50mL 量筒和量杯	以其最大容积（mL）表示，量筒，如100、50、10、5等；量杯，如20、10等	用于量取一定体积的液体	不能直接加热
 布氏漏斗和吸滤瓶	布氏漏斗为瓷质，以直径（cm）表示，如8、6等；吸滤瓶为玻璃制品，以容积（mL）表示，如500、250等；两者配套使用	用于减压过滤	不能直接加热，滤纸要略小于漏斗的内径；使用时先开抽气泵，后过滤；过滤完毕，先拔掉抽滤瓶接管，后关抽气泵
 洗瓶	分塑料和玻璃材质，以容积（mL）表示	用蒸馏水洗涤沉淀和容器时使用	不能加热

（续）

仪　器	规　格	主要用途	注意事项
点滴板	瓷质，分白色、黑色、十二凹穴、九四穴、六凹穴等	用于点滴反应，尤其是显色反应	白色沉淀用黑色板；有色沉淀或者溶液用白色板
漏斗架	木制，有螺丝可固定于支架上；可移动位置，调节高度	过滤时盛放漏斗用	固定漏斗板时，不要把它倒放
热水漏斗	由普通玻璃漏斗和金属外套组成，以口径（mm）大小表示，分 60、40、30 等	用于热过滤操作	加水不超过其容积的 2/3
蒸发皿	有瓷、铂、石英等制品，分有柄和无柄，以容积（mL）表示，如 125、100、35 等	用于蒸发液体，还可以作为反应器用	可耐高温，可直接加热，但高温时不能骤冷；随液体性质不同可选用不同材质的蒸发皿

（续）

仪　器	规　格	主要用途	注意事项
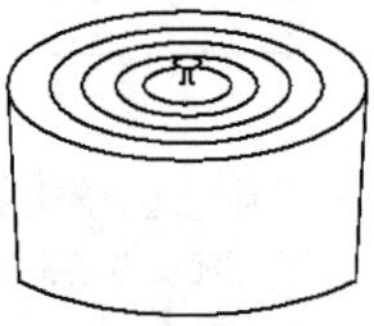 水浴锅	铜或铝制品	用于间接加热，也可以用于粗略控制温度实验	所选择的圈环正好使加热器皿浸入水浴锅中 2/3；不要让水浴锅里的水烧干，用完后应将水浴锅擦干保存
 坩埚	有瓷、石英、铁、镍、铂等材质，以容积(mL)表示	用于灼烧试剂	一般忌骤冷、骤热，依试剂性质选用不同材质的坩埚
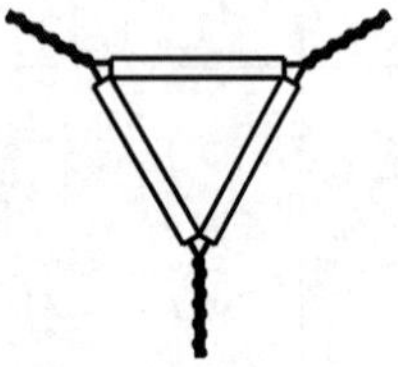 泥三角	有大小之分	支撑灼烧坩埚	

七、常用磨口仪器

化学实验标准磨口玻璃仪器，如图 16-2 所示。

标准磨口玻璃仪器使用的注意事项：

（1）组装仪器之前，磨口接头部分应用洗涤剂清洗干净，再用纸巾或布擦干，以免磨口对接不紧密，导致漏气。洗涤时，应避免使用去污粉等固体摩擦粉，以免损坏磨口。

（2）组装仪器时，应将各部分分别夹持好，排列整齐，角度及高度调整适当后，再进行组装，以免磨口连接处因受力不均衡而折断。

（3）仪器使用后，应尽快清洗并分开放置。否则，易造成磨口接头的黏结，难以拆开。对于带活塞、塞子的磨口仪器，活塞、塞子不能随意调换，应垫上纸片配套存放。

（4）常压下使用磨口仪器，一般不涂润滑剂，以免沾污反应物或产物。但是，当反应物中有强碱存在时，则应在磨口处涂抹润滑剂，以免磨口连接处因碱腐蚀而黏结。

（5）如遇玻璃磨口接头黏结难以拆开时，可用木棒或实验桌边缘轻轻敲击接头处，使其松开。

圆底三口烧瓶　　　　梨形三口烧瓶　　　　短颈圆底烧瓶

蒸馏头　　　　　克氏蒸馏头　　　　二口连接管

接头(口小塞大)　　　三角烧瓶　　　　抽滤瓶

刺形分馏柱(具上支管塞)　　刺形分馏柱(管)　　　直形冷凝管

图 16-2　常用标准磨口玻璃仪器

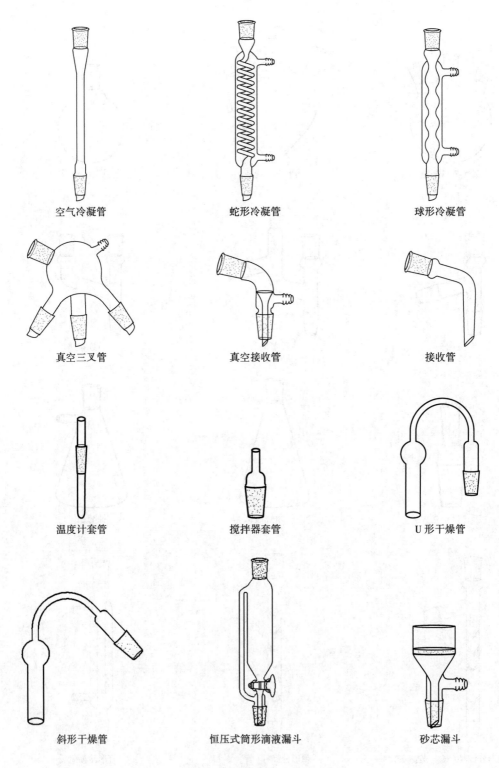

空气冷凝管　　蛇形冷凝管　　球形冷凝管

真空三叉管　　真空接收管　　接收管

温度计套管　　搅拌器套管　　U 形干燥管

斜形干燥管　　恒压式筒形滴液漏斗　　砂芯漏斗

图 16-2　常用标准磨口玻璃仪器（续）

八、玻璃仪器的洗涤

玻璃仪器的洗涤方法很多，应根据实验要求、污物的性质和污染的程度来选择合适的洗涤方法。玻璃仪器的一般洗涤方法有用水冲洗、用去污粉或合成洗涤剂刷洗、用洗液洗涤及超声波清洗等。

1. 用水冲洗

可以洗去水溶性的污物，又可以使附着在玻璃仪器上的尘土和其他不溶性物质脱落下来。

2. 用去污粉或合成洗涤剂刷洗

当玻璃仪器上附有不易冲洗掉的污物时，可用刷子蘸取去污粉，直接刷洗其内外表面。由于去污粉中含有 Na_2CO_3，它和合成洗涤剂一样，能够除去玻璃仪器上的油污。去污粉中还含有白土和细沙，刷洗时起摩擦作用，使洗涤效果更好(如烧杯、锥形瓶、试剂瓶等)。

3. 用洗液洗涤

在进行精确的定量实验时，对玻璃仪器的洁净程度要求更高，或所用玻璃仪器容积精确、形状特殊，不能用刷子机械地刷洗(易造成磨损)，或有些杂质附着在玻璃仪器上，用上述两种方法很难洗净，这时就要选用适当的洗液进行清洗(如滴定管、移液管等)。

选用洗液要有针对性，要根据具体条件，充分运用已学的化学知识来处理实际问题。如盛过奈斯勒试剂的瓶子常有碘附着在器壁上，用上述几种方法均很难洗净，这时可用 $1 \text{ mol} \cdot \text{L}^{-1}$ KI 溶液洗涤，其洗涤效果较好。

用洗液洗涤玻璃仪器时，先往玻璃仪器内加少量洗液(其用量约为仪器总容量的 1/5)。然后将玻璃仪器倾斜并慢慢移动，使玻璃仪器的内壁全部被洗液润湿，这样反复操作，最后把洗液倒回原来瓶内，再用水把残留在玻璃仪器上的洗液洗去。如果用洗液把玻璃仪器浸泡一段时间或者用热的洗液洗涤，则效率更高。

用上述方法洗去污物后的玻璃仪器，经自来水冲洗后，往往还残留有 Ca^{2+}、Mg^{2+}、Cl^- 等离子，如果实验中不允许这些杂质存在，则应用蒸馏水或去离子水把它们洗去。用蒸馏水或去离子水洗时，每次用量不必太多。应遵循"少量多次"的原则，这是洗涤玻璃仪器时的重要原则。这样洗涤效果好，既洗得干净又不致浪费洗涤液和蒸馏水。

已洗净的玻璃仪器器壁上，不应附着有不溶物或油污。器壁可以被水润湿。如果把水加到玻璃仪器内，再把玻璃仪器倒转过来，水会顺着器壁流下，器壁上只留下一层既薄又均匀的水膜，并无水珠附着在上面，这样的玻璃仪器才算洗干净。

4. 超声波清洗

把液体放入超声波清洗机清洗槽内，进行超声波清洗。由于超声波是一种疏密的振动波，介质的压力做交替变化。如果对液体中某一点的压力进行观察，该点将发生压力的增减，若增强超声波的强度，则压力振幅也将增加。在清洗过程中，超声波频率在合理的范围内往复扫动，带动清洗液形成真空的空泡，当压力达到一定值时，气泡将迅猛增长，然后又突然闭合，在气泡闭合时，由于液体间相互碰撞产生强大的冲击波，在其周围产生上千个大气压的压力。这就是"超声空化"。因空泡破灭时产生强大的冲击波，污垢层在冲击波的作用下被剥离下来，重复作用于污垢层，污垢一层层被剥开，小气泡再继续向前推进，直到污垢层被剥下为止。这就是空化二次效应。

超声波清洗是一种洗净效果好、价格经济、有利于环保的清洗工艺。超声波清洗可用于清洗各式各样、形状复杂、清洁度要求高的仪器。其洗涤方法一般可分为以下两种：

（1）超声波水洗　使用自来水或蒸馏水为清洗液的超声波清洗。主要利用超声振动，常用于一般污垢的洗涤。

（2）组合清洗　较难清洗的污垢，可采用向清洗液中添加一些性质稳定的洗涤剂；也可在容器中加入实验室常用洗液，将待洗仪器放入容器，然后一起放入清洗槽的洗涤方法。该法属于组合清洗。在超声振动和洗涤剂溶解和乳化等综合作用下，其洗涤效果明显优于水洗。

超声波清洗效果与声学参数、清洗液的物理化学性质和清洗温度等多项参数有关，如温度适当升高，对清洗有利，但温度过高将使空化减弱。对于水洗较适宜的温度约为60℃。针对不同的清洗对象应选用不同的洗涤剂或洗液，清洗效果会更加明显。但应注意一些精密仪器不宜高温洗涤。

目前，还有一种超声气相清洗机，它是用有机溶剂作清洗液，具有极强的溶解污垢的能力，常用于清洗半导体晶片等洁净度要求特别高的物件。

常用洗液的配制方法及使用注意事项见表16-4所列。

表16-4　常用洗液的配制方法及使用注意事项

洗液名称	配制方法	特　点	使用注意事项
铬酸洗液	一般浓度为5%~12%；配制5%洗液：重铬酸钾（或重铬酸钠）20 g溶于40 mL水中，慢慢加入320 mL浓硫酸，洗液为红棕色	强酸性，具有很强的氧化能力；去除油污	①小心使用，防止腐蚀皮肤和衣服；②贮瓶盖紧，防止吸水；③洗液若呈绿色，则表示已失效；④废液应处理后再排放 *
碱性高锰酸钾洗液	4 g高锰酸钾溶于少量水中，加入100 mL 10%氢氧化钠溶液	作用缓慢，适用于洗涤油污及有机物	洗后器壁上留有二氧化锰沉淀物，可用浓盐酸或亚硫酸钠处理
碱性乙醇洗液	1 L 95%的乙醇溶液，加入157 mL氢氧化钠（或氢氧化钾）饱和溶液	遇水分解力很强，适用于洗涤油脂、焦油和树脂等	①注意防止挥发和防火；②久放失效；③对磨口瓶塞有腐蚀作用
磷酸钠洗液	57 g磷酸钠和28.5 g油酸钠（$C_{17}H_{33}COONa$）溶于470 mL水中	洗涤碳的残留物	在洗液中浸泡几分钟再刷洗
硝酸-过氧化氢洗液	15%~20%硝酸和5%过氧化氢	洗涤特别顽固的化学污物	①久存易分解，现用现配；②贮于棕色瓶中

注：＊简便的处理方法是在废液中加入硫酸亚铁，使有毒的六价铬还原为无毒的三价铬。

九、玻璃仪器的干燥

洗净的玻璃仪器的干燥可采用以下方法：

①凉干　对于不急用的仪器（如量筒等），可将洗净的仪器倒置在干燥架上自然凉干（倒置后不稳定的仪器则应平放）。

②烤干　烧杯和蒸发皿可以放在石棉网上用小火烤干。烤干试管时，试管要略微倾斜，管口向下，并不时地来回移动试管，把水珠赶掉。烤到不见水珠时，使管口朝上，继续烘烤一会儿，以便把水气赶尽。

③吹干　将仪器倒置控去水分，并擦干外壁，用气流干燥器或电吹风的热风将仪器内残留的水分吹出。

④烘干 洗净的仪器控去残留水，口朝下放在电烘箱的隔板上，电烘箱的最下层放一个搪瓷盘，以接收从仪器上滴下的水珠，避免水滴在电炉丝上，以免损坏电炉丝。烘干温度控制在 105℃左右。

⑤用有机溶剂干燥 在洗净的仪器内加入少量的有机溶剂（如乙醇、丙酮等），转动仪器，使仪器内的水分与有机溶剂混合，倒出混合液（回收），留在仪器内的乙醇或丙酮挥发，仪器即迅速干燥。

必须指出，在实验化学中，许多情况下并不需要将仪器干燥，如量器、容器等，使用前先用少量溶液涮洗 2~3 次，控去残留水滴即可。带有刻度的计量仪器不能加热，因为加热会影响这些仪器的精密度。常用凉干、冷风吹干或有机溶剂干燥的方法。

实验 2 摩尔气体常数 *R* 的近似测定

实验 2 视频

【实验目的】

巩固理想气体状态方程和分压定律的应用；熟悉电子天平和气压计的使用；掌握一种测定气体常数的方法。

【预习知识】

理想气体状态方程和分压定律；水在不同温度下的饱和蒸气压。

【实验原理】

根据理想气体状态方程 $pV = nRT$，可以得到摩尔气体常数 $R = pV/nT$，通过实验对 R 的数值进行测定。图 16-3 是简易测定气体常数装置。

本实验通过金属镁与盐酸发生反应置换出 H_2 来测定 R 的数值。其反应式为

$$Mg + 2HCl =\!=\!= MgCl_2 + H_2 \uparrow$$

图 16-3 测定气体常数的微型装置

称取一定质量的金属镁与过量的盐酸反应，在一定压力和温度下，可以测出反应所放出的 H_2 体积。实验的温度和压力可以根据温度计和压力计的读数得到。H_2 的物质的量可以通过反应中镁的质量换算得到。同时，由于 H_2 是水面上收集的，混有一定的水蒸气。在该条件下水的饱和蒸气压 p_{H_2O} 可以在手册中查到。根据分压定律，H_2 的分压可由下式求得：

$$p_{总} = p_{(H_2)} + p_{(H_2O)}$$

则

$$p_{(H_2)} = p_{总} - p_{(H_2O)}$$

式中：$p_{总}$ 为大气压，可由气压计读出。

由于 p_{H_2}、V_{H_2}、n_{H_2}、T 均可由实验测得，这样将以上所得各项数据代入 $R = pV/nT$，即可算出 R 的数值。本实验也可通过铝或锌等金属与盐酸反应来测定。

【实验用品】

1. 仪器

烧杯(250 mL)、量筒(10 mL)、漆包铜丝、橡皮塞、温度计、气压计、多用滴管、洗气瓶。

2. 试剂

盐酸(2 mol·L^{-1})、镁条(铝片或锌片；预先将表面氧化层除去)等。

【实验内容】

(1)氢气的发生。

(2)气体体积的测量。

【实验步骤与记录】

实验步骤	实验记录
1. 氢气的发生 按照图16-3安装实验装置。在一个 250 mL 烧杯中装入 3/4 体积的水。取一根长约 5 cm 的漆包铜丝，插入橡皮塞，下端漏出 2～3 cm。准确称取 0.007 0～0.009 0 g 镁条(除去表面氧化层)，记录镁条的质量，并将其夹在橡皮塞的铜丝上，固定好。用一支多用滴管，吸入 3 mL 2 mol·L^{-1}盐酸，深入 10 mL 量筒底部进行滴加；并用另一支干净的多用滴管小心地把蒸馏水沿着量筒壁加满整个量筒，操作时尽量减少酸和水的混合。将装好镁条的塞子塞进量筒，并将量筒倒置，把有塞子的一端浸入装有水的烧杯中，记录观察到的现象。 **2. 气体体积的测量** 待镁条完全反应后，静置 5 min，待量筒冷却到室温，再用玻璃棒轻轻敲击量筒外侧，尽可能将附着量筒内壁上的气泡赶到上部。上下移动量筒(移动过程始终保持量筒开口端浸没在液面以下)，使量筒内液面与烧杯中水面相平，这时内外压力相等，记录量筒内气体的体积。 **3. 大气压与温度的读取** 记录实验现场的温度和大气压力。从背景知识中查出水在此温度时的饱和蒸气压 $p(H_2O)$。按照同样步骤再重做 2 次。	**1. 氢气的发生** 次数 / 镁条的质量/g 1 2 3 为何要减少水和酸的混合？ 镁条质量不在此范围内对结果的影响： _____ _____ 减少两者混合的措施： _____ **2. 气体体积的测量** 次数 / H$_2$ 的体积/mL 1 2 3 **3. 大气压力与温度的测量** 大气压力 $p(Pa) = $ _____ 温度 $T(K) = $ _____ 水在此温度下的饱和蒸气压： $p(H_2O) = $ _____ Pa

【结果与讨论】

根据原始数据进行整理，将相关数据填入数据处理表中。计算实验结果和相对平均偏差。

$$实验相对误差 = (R_{测定值} - R_{通用值})/R_{通用值} \times 100\%$$

内　容	1	2	3
镁条的质量 m/g			
氢气的量 n/mol			
氢气的体积 V/ m^3			
实验温度 T /K			
大气压力 $p_{总}$/Pa			
水的饱和蒸气压 $p(H_2O)$ /Pa			
氢气的分压/Pa　$p(H_2) = p_{总} - p(H_2O)$			
R 的测定值/(J·K^{-1}·mol^{-1})			
R 的平均值			
实验的相对误差/%			

【思考题】

1. 造成实验误差的主要原因有哪些？读取氢气的数值时，为何要使量筒内外水面相平？

2. 由镁的摩尔质量出发，在 273 K 和 101 kPa 的条件下，计算镁条的质量(mg)与氢气的体积(mL)之比是多少？该数值对实验结果有无参考价值？

【背景知识】

一、注意事项

(1)用塞子塞量筒时，不可用力过猛，防止量筒被完全堵死，产生的氢气不能将里面的水排出。

(2)由于称取镁条质量较小，因此称量误差较大。同时，实验室内不同地方温度也有差别，检测结果误差也较大，但本实验旨在练习实验基本操作，不追求有效数字位数。

(3)镁条不要过轻，防止产生的氢气过少而读数时产生较大的误差；镁条不要过重，以免产生的氢气的体积超过量筒的测量限度。

(4)用多用滴管加盐酸时，不能沿试管壁流下，应伸到底部加。

(5)反应后静置 5 min，把气泡赶到上层空间。

(6)温度应在水溶液中测量。

二、水在不同温度下的饱和蒸气压

温度/℃	饱和蒸气压/(×10³ Pa)	温度/℃	饱和蒸气压/(×10³ Pa)	温度/℃	饱和蒸气压/(×10³ Pa)	温度/℃	饱和蒸气压/(×10³ Pa)
1	0.657 16	26	3.363 9	51	12.970	76	40.239
2	0.705 99	27	3.567 0	52	13.631	77	41.905
3	0.758 13	28	3.783 1	53	14.303	78	43.703
4	0.813 55	29	4.007 8	54	15.022	79	45.487
5	0.872 60	30	4.247 0	55	15.752	80	47.414
6	0.935 36	31	4.495 3	56	16.533	81	49.324
7	1.002 1	32	4.759 6	57	17.324	82	51.387
8	1.073 0	33	5.033 5	58	18.171	83	53.428
9	1.148 2	34	5.325 1	59	19.028	84	55.635
10	1.228 2	35	5.626 7	60	19.946	85	57.815
11	1.312 9	36	5.947 9	61	20.873	86	60.173
12	1.402 8	37	6.279 5	62	21.867	87	62.499
13	1.497 9	38	6.632 8	63	22.868	88	65.017
14	1.599 0	39	6.996 9	64	23.943	89	67.496
15	1.705 6	40	7.384 9	65	25.022	90	70.182
16	1.818 8	41	7.784 0	66	26.183	91	72.823
17	1.938 0	42	8.209 6	67	27.347	92	75.684
18	2.064 7	43	8.646 3	68	28.599	93	78.494
19	2.197 8	44	9.112 4	69	29.852	94	81.541
20	2.339 3	45	9.589 8	70	31.201	95	84.529
21	2.487 7	46	10.099	71	32.549	96	87.771
22	2.645 3	47	10.620	72	34.000	97	90.945
23	2.810 4	48	11.177	73	35.448	98	94.390
24	2.985 8	49	11.745	74	37.009	99	97.759
25	3.169 0	50	12.352	75	38.563	100	101.42

实验 3 视频

实验3　毛细管法测定苯甲酸的熔点

【实验目的】

了解熔点测定的原理和意义；掌握毛细管法测熔点的操作方法。

【预习知识】

熔程和物质纯度的关系；初熔温度如何确定；测定熔点时应如何控制升温速度。

【实验原理】

熔点（melting point，缩写为 m.p.）是固体物质重要物理性质之一，是鉴别化合物和定性检测其纯度的一种重要手段。

熔点是固体物质在 101.325 kPa 压力下其固相和液相达到平衡时的温度。如图 16-4 所示，曲线 *SM* 表示该物质的固相蒸气压随温度的变化，曲线 *ML* 表示液相蒸气压随温度的变化，由于固相蒸气压随温度的变化比液相蒸气压的变化大，所以两条曲线相交，在交点 M 处固液两相蒸气压相等，达到平衡，此时的温度 T_M 即为该物质的熔点。若该物质含有杂质，二者不形成固熔体，根据拉乌尔(Raoult)定律，在一定的温度和压力下，在溶剂中增加溶质的物质的量，溶剂蒸气分压降低，其曲线为 $M'L'$，固相蒸气压随温度变化曲线 SM 与曲线 $M'L'$ 在 M' 处交叉，熔点 $T_{M'}$ 比纯物质的 T_M 低，因此通过测定熔点可定

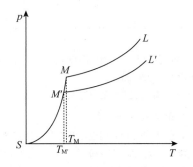

图 16-4 物质蒸气压随温度变化曲线

性检测该物质的纯度。由于大多数固体物质的熔点各不相同，因此可通过测定未知物的熔点与已知物的熔点相比较来进行鉴别，若二者熔点相同，可初步判断二者为同一物质，然后把二者按 1∶9、1∶1、9∶1 三种比例混合，分别测定熔点，如果混合物的熔点不变，则二者为同一物质；若混合物的熔点降低，则二者为不同物质。

纯物质有固定的熔点，但是在实际的测定中，一个纯的化合物从开始熔化(初熔)至完全熔化(全熔)有一定的温度范围，该温度范围称为熔程或熔点距，一般为 0.5~1℃，若含有杂质，则熔程延长，熔点降低。熔点的测定有毛细管法和显微熔点仪法两种。

【实验用品】

1. 仪器
b 形管、温度计、毛细管、表面皿、橡皮圈、橡胶塞、铁架台(铁夹)、酒精灯等。
2. 试剂
苯甲酸、未知样品等。

【实验内容】

(1)熔点管的准备。
(2)苯甲酸熔点的测定。

【实验步骤与记录】

实验步骤	实验记录
1. 测定熔点前毛细管的准备 将一根直径 1~1.5 mm，长 70~100 mm 干净的毛细管一端放于酒精灯的外焰灼烧，使毛细管口封闭，封口要圆滑。加热毛细管时，一边加热一边旋转，使毛细管受热均匀，毛细管封得要严、薄、直，不能弯曲、有疙瘩。	1. 测定熔点前毛细管的准备 毛细管封得不严对熔点测定的影响有 ＿＿＿＿＿
2. 装填样品 (1)将苯甲酸样品用研钵研成粉末，干燥。 (2)取 0.1~0.2 g 上述样品放于干净的表面皿上，堆成小堆，将一端已封口的毛细管开口的那一端插入样品堆中。 (3)取一根长约 50 cm 的玻璃管垂直于一干净的表面皿上，按图 16-5 所示，将上述毛细管开口向上，从玻璃管上口自由落下多次，使样品进入管底。	2. 装填样品 苯甲酸样品外观＿＿＿＿＿＿＿＿＿ 苯甲酸样品质量＿＿＿＿＿＿＿＿ 样品装得不紧密对熔点测定的影响有 ＿＿＿＿＿＿＿＿＿＿＿＿＿＿

(续)

实验步骤	实验记录
(4)重复上述操作,使样品装得紧密,高度为2~3 mm。样品装完后,要擦净毛细管外样品。 (5)每种样品装3根毛细管。 3. 测定熔点装置的安装 (1)将干燥的b形管固定在铁架台上,将导热液(一般用浓硫酸、甘油、液体石蜡或硅油作导热介质,本实验用甘油作导热液)装入b形管中,使液面高于上侧管约1 cm。 (2)取一个与b形管管口合适的橡胶塞,钻孔,使温度计卡于其中,将该橡胶塞切一个小开口。 (3)将上述装好样品的熔点毛细管(开口端向上,封口端向下)用橡皮圈紧固在温度计上,熔点毛细管中样品部位应靠在温度计水银球的中部,如图16-6所示,小心地将温度计垂直伸入导热液中。注意橡皮圈应在导热液液面之上,熔点毛细管开口端应高于导热液液面。 (4)调整温度计的位置,使其处于b形管上下两侧管的中间。 4. 加热测定 (1)用酒精灯加热b形管侧管,如图16-7所示。 (2)开始时温度可以升得快一些,离熔点15℃时,调整酒精灯火焰与b形管的距离,使温度上升的速度控制在1~2℃/min,越接近熔点,温度升得越慢。 (3)当毛细管中样品开始塌落、有液体出现(即初熔)时,记录此时的温度t_1,继续加热,直至固体样品完全变为液体(即全熔),记录此时的温度t_2,停止加热。 (4)b形管导热液降温,当温度下降30℃时,将上述制好的苯甲酸样品的第二根熔点毛细管用橡皮圈紧固在温度计上,重复上述操作,进行第二次测定。测定的熔点数据至少要有2次数据能重复。测定过程中应注意观察样品有无萎缩、变色、发泡、升华、碳化等现象。 5. 实验结束 实验完毕后,取下温度计,让其自然冷却,接近室温时,用水冲洗。待b形管冷却后,将导热液甘油倒入回收瓶中。	3. 测定熔点装置的安装 甘油外观:_____ 将橡胶塞切一个小开口的目的是:_____ _____ 温度计刻度面向塞子的小开口的目的是: _____ _____ 熔点毛细管开口端高于导热液液面的原因是:_____ _____ 测熔点时须在b形管侧管处加热的原因是:_____ _____ 4. 加热测定 第一次: t_1 _____ ℃ t_2 _____ ℃ 第二次: t_3 _____ ℃ t_4 _____ ℃ 第三次: t_5 _____ ℃ t_6 _____ ℃ 样品变化现象:_____ _____

【思考题】

1. 测过熔点的毛细管冷却后,样品再次成为固体样品,为什么不能直接进行第二次测定?

2. 测定熔点时,下列因素将分别对测定结果产生什么影响?

(1)毛细管壁太厚;(2)毛细管不干净;(3)样品研得不细或装得不紧;(4)加热太快。

3. 如果有两种化合物的熔点相同,能确定二者是同一化合物吗?如何用测定熔点的方法进行确定?

4. 测定熔点有什么意义?简述毛细管法测定熔点的步骤。

【背景知识】

一、毛细管法测定熔点的实验装置(图 16-5~图 16-7)

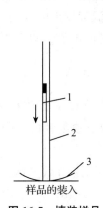

图 16-5　填装样品

1. 毛细管　2. 玻璃管
3. 表面皿

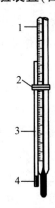

图 16-6　样品固定

1. 温度计　2. 橡皮圈
3. 熔点毛细管　4. 样品

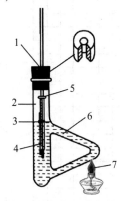

图 16-7　加热 b 形管测定熔点

1. 开口橡胶塞　2. 加热后导热液液面
3. 室温时导热液液面　4. 熔点毛细管
5. 橡皮圈　6. 导热液　7. 酒精灯

二、温度计的校正

用毛细管法测得的熔点和沸点与标准熔点和沸点(文献值)不完全一致,原因是多方面的,其中温度计引起的误差是一个重要因素,如温度计的毛细孔径不均匀、刻度不准确;另外,温度计的刻度是在温度计全部均匀受热的情况下刻出来的,而测量时温度计仅有部分与待测物质接触,有一段水银线露在外面,受热并不均匀。这些都会引起误差,因此有必要对温度计进行校正以获得准确的熔点和沸点。

温度计的校正方法有以下两种:

1. 以纯的有机化合物的熔点为标准

(1)选用已知熔点的标准化合物(表 16-5),用待校正的温度计分别测定熔点。

(2)计算每种化合物的实测熔点与标准熔点的差值。

表 16-5　标准化合物的熔点

样品名称	熔点/℃	样品名称	熔点/℃
水-冰	6	苯甲酸	122.4
α-萘胺	50	尿素	135
对二氯胺	53	二苯基羟基乙酸	151
二苯胺	54~55	水杨酸	159
苯甲酸苄脂	71	对苯二酚	173.~174
萘	80.6	3,5-二硝基苯甲酸	205
间二硝基苯	90	蒽	216.2~216.4
二苯乙二酮	95~96	酚酞	262~268
乙酰苯胺	114.3	蒽醌	286(升华)

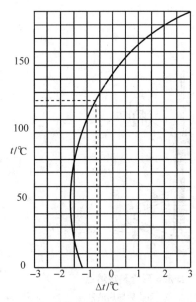

图 16-8 温度校正曲线

（3）以实测熔点为纵坐标，以实测熔点与标准熔点的差值为横坐标，画出温度校正曲线图（图16-8）。

（4）用待校正温度计测定样品的熔点。

（5）在温度校正曲线图中找到温度校正值。

（6）将样品实测熔点加上温度校正值，即为该样品的熔点。

2. 以标准温度计为标准

（1）将标准温度计和待校正温度计平行放在热浴中，缓慢均匀加热，每升高5℃记录两支温度计的读数，计算出二者的差值。

（2）以待校正的温度计测得的温度为纵坐标，以两支温度计测得的温度的差值为横坐标，画出温度校正曲线图。

（3）用待校正温度计测定样品的熔点或沸点。

（4）在温度校正曲线图中找到温度校正值。

（5）将样品实测熔点或沸点加上温度校正值，即为该样品的熔点或沸点。

三、显微测定法测定物质熔点

毛细管法测定熔点常用的装置是b形管，即提勒管（Thiele tube）。用毛细管法测定熔点的优点是仪器简单，缺点是不易确切地观察到晶体在加热过程中发生的变化，采用显微熔点仪测定熔点可以克服该缺点。

有多种熔点仪可用于样品熔点的测定，现以 X-型显微熔点仪（图16-9）为例说明如何用熔点仪进行熔点的测定。

（1）将待测样品烘干，用研钵研细。

（2）用丙酮洗净载玻片和盖玻片，用擦镜纸擦干，将载玻片放在熔点仪的可移动支持器上。

（3）将研细的样品小心地铺在载玻片的中央，不能堆积，用盖玻片盖住样品。

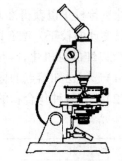

图 16-9 X-型显微熔点仪

（4）调节支持器使样品对准加热台中心洞孔，再用隔热玻璃罩罩住，插上温度计。

（5）调节镜头焦距，直至从镜孔中看清晶体外形。

（6）通电加热，调节电位器旋钮控制升温速度，开始时可以每分钟升高5℃，当温度升到比样品熔点低10~15℃时，用微调旋钮控制升温速度，使其不超过1℃/min；接近熔点时，升温速度控制在0.2~0.3℃/min。仔细观察样品变化，当晶体棱角开始变圆时，记录此时的初熔温度；当晶体完全消失时，记录全熔温度。

（7）停止加热，撤去隔热玻璃罩，用镊子取下载玻片，用铝散热块加速冷却加热台。

（8）用新的载玻片重复上述操作，对同一样品重复测定2~3次。

实验 4 微量法测定乙醇的沸点

【实验目的】

了解沸点测定的原理和意义；掌握微量法测定沸点的操作技术。

【预习知识】

如何确定沸点；毛细管封口不严对实验有何影响；升温速度对沸点测定有何影响。

【实验原理】

沸点（boiling point，缩写为 b. p. ）是液体物质的重要物理性质之一，是鉴别化合物和定性检测其纯度的一种重要手段。

如果物质是液体，组成它的分子由于分子运动有从液体表面逸出的倾向，并且这种倾向随温度的升高而增大，从而在液面上部形成蒸气，同时逸出的蒸气分子不断地回到液体，当液体分子从液体表面逸出的速度和蒸气分子回到液体内的速度相等时，液面上的蒸气达到饱和，即饱和蒸气，它对液面所施加的压力称为饱和蒸气压。该饱和蒸气压只与温度有关，与液体和蒸气的绝对量没有关系。随着温度的升高，该液体的蒸气压也增大，当蒸气压达到外界施予液面的压力时，液体内部就有大量气泡逸出，液体沸腾，这时的温度即为该外界压力下的沸点。沸点与外界压力有关，如果外界压力为 101. 325 kPa（标准大气压），液体沸腾时的温度即为通常意义上的沸点，此时，液相与气相达到平衡，因此沸点也可表述为在101. 325 kPa 压力下某种液体气、液两相达到平衡时的温度。

纯的液体在一定压力下有一定的沸点，因此可通过测定液体沸点定性鉴定化合物的纯度。但是具有一定沸点的物质不一定是纯的化合物，因为某些化合物形成的共沸物也具有一定的沸点。

沸点的测定有常量法和微量法两种，当样品的量较少时可采用微量法测定。

测定沸点、提纯物质时也需要对温度计进行校正。

【实验用品】

1. 仪器

酒精灯、b 形管、毛细管、温度计、橡皮圈、玻璃管（φ5 mm，一端封口）、橡胶塞、胶头滴管、铁架台等。

2. 试剂

乙醇、未知样品等。

【实验内容】

（1）微量法测定乙醇的沸点。

（2）微量法测定未知样品的沸点。

【实验步骤与记录】

实验步骤	实验记录
1. 测定沸点前的准备 (1)测沸点用的毛细管内管的准备。将一根直径 1~1.5 mm、长 100 mm 的干净的毛细管一端放于酒精灯的外焰灼烧，使毛细管口封闭，封口要严、圆滑。 (2)液体样品的加入。用胶头滴管吸取待测样品无水乙醇，往外管滴加 3~4 滴样品。外管为长 7~8 cm、内径 5 cm、一端封闭的玻璃管。	1. 测定沸点前的准备 毛细管封得不严对沸点的测定影响有：___ _____ 乙醇外观：_____ _____
2. 测定沸点装置的安装 (1)把 b 形管固定在铁架台上，将导热液(一般用浓硫酸、甘油、液体石蜡或硅油为导热介质，本实验用甘油作导热液)装入 b 形管中，使液面高于上侧管约 1 cm。 (2)取一个与 b 形管管口合适的橡胶塞，钻孔，使温度计卡于其中，将该橡胶塞切一个小开口。 (3)将温度计插于橡胶塞孔中，刻度面向塞子的开口。 (4)将内管开口向下插入盛有乙醇样品的外管中，做成沸点管，然后将沸点管用橡皮圈紧固在温度计旁。小心地将温度计垂直伸入导热液中。注意橡皮圈应在导热液液面之上，样品管开口端应高于导热液液面。 (5)调整温度计的位置，使其处于 b 形管上下两侧管中间。	2. 测定沸点装置的安装 测沸点的关键技术是： _____ 将橡胶塞切一个小开口的目的是： _____ 温度计刻度面向塞子小开口的目的是： _____ _____
3. 沸点的测定 (1)用酒精灯加热 b 形管侧管，以 5℃/min 的速度升温，当温度升到比沸点稍高时，沸点管内不断有气泡逸出，停止加热，注意观察。当气泡不再冒出而液体刚要进入沸点内管时，即毛细管内蒸气压与外压相等，记下此时的温度 t_1，即样品的沸点。注意开始加热时，要将内管中空气完全排出，要控制好升温速度。 (2)待 b 形管温度下降 20℃后，再测一次。注意：两次测定数值相差不超过 1℃，若超过，则需要多次测定。	3. 沸点的测定 现象：_____ _____ 第一次测定： $t_1 = $ _____ ℃ 第二次测定： $t_2 = $ _____ ℃ 第三次测定： $t_3 = $ _____ ℃
4. 实验结束 实验完毕后，取下温度计，使其自然冷却，接近室温时，用水冲洗。待 b 形管冷却后，将导热液甘油倒入回收瓶中。	

【思考题】

1. 微量法测定沸点时，如何准确判断沸点？若加热速度很快，对沸点的测定有无影响？
2. 测量沸点有何意义？如何根据化合物的沸点判断其纯度？
3. 微量法测定沸点装置与熔点测定装置有何异同？两种测定方法结果有何不同？

【背景知识】

一、常量法测定物质沸点

液体的蒸气压只与体系的温度有关，随温度的升高而增大。当液体的蒸气压增大到与外界大气压相等时，液体沸腾，温度不再上升，此时的温度就是该液体的沸点。

纯的液体有机化合物在一定的压力下有一定的沸点，如果沸点发生变动，则说明液体不纯。但是在一定的压力下具有一定沸点的不一定是纯的液体有机化合物，因为某些有机化合物能与其他化合物形成二元或三元共沸物，这些混合物具有一定的沸点。例如，乙醇(沸点为 78.5℃）与水形成二元共沸物（含乙醇 95.6%，含水 4.4%），沸点为 78.2℃；乙醇与苯（沸点为 80.1℃）形成二元共沸物（含乙醇 32.4%，含苯 67.6%），沸点为 67.8℃；乙醇、水与苯形成三元共沸物（含乙醇 18.5%，含水 7.4%，含苯 74.1%），沸点为 64.6℃。

液体沸腾时，液体被汽化，蒸气冷凝后用另一容器收集冷凝液，该过程即为蒸馏。在蒸馏过程中测定液体沸腾时温度，可测定液体沸点，这就是常量法测定化合物的沸点。蒸馏还可以分离和提纯液态有机化合物。

常量法测定沸点需要用到的仪器有圆底烧瓶、蒸馏头、温度计、温度计套管、直形冷凝管、尾接管、接收瓶、电加热套、铁架台、铁夹等，用乙醇作样品。

常量法测定沸点的操作如下：

1. 安装实验装置

按普通蒸馏装置安装好测沸点装置。

2. 测定乙醇样品的沸点

（1）取下温度计和温度计套管，把长颈漏斗放进蒸馏头，然后将无水乙醇倒入长颈漏斗，注意不能使无水乙醇流入冷凝管中。加入 2~3 粒沸石，装好温度计套管和温度计。

（2）缓慢打开自来水管，使冷凝水进入冷凝管。

（3）开始加热。加热至沸腾时，调节加热速度，使馏出液的速度为 1~2 滴/s。记录第一滴馏出液进入接收瓶时的温度 t_1。等温度恒定时，换另一接收瓶接收，记录此时的温度 t_2，此温度即样品的沸点。

（4）当圆底烧瓶内剩余少量液体样品时，停止蒸馏，移去热源，关闭冷凝水。

（5）按从右到左、从上到下的顺序拆除实验装置。

二、微量法测定物质沸点

蒸气压与温度的关系曲线如图 16-10 所示。

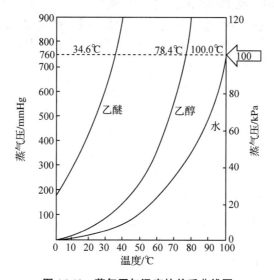

图 16-10　蒸气压与温度的关系曲线图

实验 5 反应热和中和热的测定

【实验目的】

了解用量热计测定热容的原理和方法；掌握测定反应热、中和热的操作技术。

【预习知识】

反应热的概念；盖斯定律；量热计测定热容的原理和方法。

【实验原理】

酸碱反应是一个放热过程，在一定的温度和压力下，1 mol H^+ 和 1 mol OH^- 反应生成 1 mol H_2O 的过程中所放出的热量为中和热。对于强酸和强碱的反应，由于它们在水溶液中完全电离，反应的实质是 H^+ 和 OH^- 反应生成 H_2O，因此不同的强酸和强碱的反应中和热是相同的。

$$H^+(aq)+OH^-(aq)=\!=\!=H_2O \qquad \Delta_r H_m^\ominus = -57.2 \ \text{kJ} \cdot \text{mol}^{-1}(25℃)$$

如果用固体 NaOH 和 HCl 溶液进行反应，由于固体 NaOH 溶于水是一个放热过程，所以 1 mol HCl(aq) 和 1 mol NaOH(s) 反应生成 1 mol 水的反应热大于中和热，据盖斯定律可计算出 NaOH(s) 的溶解热(见背景知识)。

对于弱酸和强碱的反应、弱碱和强酸的反应，由于在发生中和反应的同时，还分别发生了弱酸的电离、弱碱的电离，而电离过程需要吸收热量，其各自的中和反应热不等于 $-57.2 \ \text{kJ} \cdot \text{mol}^{-1}$，而是小于强酸和强碱反应的中和热。

中和反应是在绝热良好的杜瓦瓶中进行，且酸和碱的初始温度相同，同时使碱稍微过量，以使酸能够被完全中和，则可以近似认为中和反应放出的热量全部被溶液和量热计吸收。这时可写出如下热平衡式：

$$\Delta_r H_{中和} + \Delta H_{量热计} = 0$$

$$c_{酸} \ V_{酸} \ \Delta_r H_{m中和} + (m_{溶液} \ C_{溶液} + C_{量热计}) \Delta T_{中和} = c_{酸} \ V_{酸} \ \Delta_r H_{m中和} + K' \Delta T_{中和} = 0$$

$$\Delta_r H_{m中和} = -\frac{K' \Delta T_{中和}}{c_{酸} \ V_{酸}}$$

式中：$c_{酸}$——酸溶液物质的量浓度，$\text{mol} \cdot \text{L}^{-1}$；

$\quad V_{酸}$——酸溶液体积，mL；

$\quad \Delta_r H_{m中和}$——中和反应热效应，$\text{kJ} \cdot \text{mol}^{-1}$；

$\quad \Delta H_{量热计}$——反应溶液及量热计所吸收热量，$\text{kJ} \cdot \text{mol}^{-1}$；

$\quad m_{溶液}$——酸碱总质量，kg；

$\quad C_{溶液}$——溶液比热容，$\text{J} \cdot \text{kg}^{-1} \cdot \text{K}^{-1}$；

$\quad C_{量热计}$——量热计热容，$\text{J} \cdot \text{K}^{-1}$；

$\quad K'$——量热计常数，溶液与量热计总热容值，$\text{J} \cdot \text{K}^{-1}$；

$\Delta T_{中和}$——溶液的真实温升，可用雷诺图解法求得，K。

实验中需要测定量热计常数 K'。常用的方法有三种：

（1）化学标定法　使已知热效应的反应过程在量热计中发生，根据量热计的温度升高值，计算量热计常数。

（2）电热标定法　对量热计及一定量的水在一定的电流、电压下通电一定时间，使量热计升高一定温度，根据供给的电能及量热计温度升高值，计算量热计常数。

（3）混合平衡法　向一定量的水中加入一定量的冰水混合物达到温度平衡，由热量平衡关系计算量热计常数。

本实验采用电热标定法测定量热计常数。其方法是：在中和反应完成后，在一定的加热功率(P)下向量热计通电一定时间(t)，使量热计升高一定温度($\Delta T_{电}$)，根据供给的电能(Pt)及量热计升温值($\Delta T_{电}$)，由下式计算量热计常数 K'：

$$K' = \frac{Q}{\Delta T_{电}} = \frac{Pt}{\Delta T_{电}}$$

测量时因系统与外界有热交换，所以 $\Delta T_{中和}$ 及 $\Delta T_{电}$ 都是经过校正后得到的值。

由于温度计、量热计的滞后性，反应后的温度需要一定的时间才能升到最高，而量热计又非严格的绝热体系，因此在这段时间里量热计与环境之间通过传导、辐射、对流、蒸发和机械搅拌进行微小的热交换。为了消除热交换的影响，求得绝热条件下的真实温升值，由电子温差测量仪测得的温度差值，不能直接使用，要经过校正后才能获得准确的温度变化值。本实验使用雷诺图解法(温度–时间曲线)进行校正。

【实验用品】

1. 仪器

中和热测定装置(量热杯、电加热器、搅拌器、温度传感装置)、烧杯、量筒、台秤、磁珠。

2. 试剂

1 mol·L^{-1} NaOH 溶液、1 mol·L^{-1} HCl 溶液、0.2%酚酞、NaOH(s)等。

【实验内容】

（1）仪器的组装。

（2）量热计常数 K' 的测定。

（3）NaOH(aq)和 HCl(aq)反应的中和热的测定。

（4）NaOH(s)和 HCl(aq)反应的反应热的测定。

【实验步骤与记录】

实验步骤	实验记录
1. 仪器的组装 (1)打开机箱盖，将仪器平稳地放在实验台上，将传感器插头插入后面板传感器插座，接好加热功率输出线，接入 220 V 电源。 (2)打开电源开关，仪器处于待机状态，此时待机指示灯亮，预热 10 min。	1. 仪器的组装

（续）

实验步骤	实验记录
(3)将量热杯放到反应器的固定架上。 **2. 量热计常数 K' 的测定** (1)量取 400 mL 室温水注入量热计，放入磁珠，调节适当的转速。 (2)此时状态为"待机"，插入温度传感器，待温度基本稳定后，按下"温差采零"键。 (3)通过"△""▽"键，设置定时时间为 30 s，按下"状态转换"切换为测量状态，此后每间隔 30 s 记录一次温度差值。 (4)在记录 6 个读数后，接上 2 个恒流电源的输出线，设定输出功率为 8.5 W，温度升高，继续间隔 30 s 记录温差值，待温度升高 1.5℃ 后，断开恒流电源输出线，继续记录温差值，直到温差值连续 3 次读数基本稳定为止。 (5)将"加热功率"调节旋钮逆时针旋到底，按下"状态转换"切换为待机状态。	**2. 量热计常数 K' 的测定** 通电时间 $t =$ _____ s 测试时间/s ＼ 温差值/K 输入功率 $P =$ _____ W 升高温度 $\Delta T_{电} =$ _____ K 量热计常数 $K' =$ _____
3. NaOH(aq) 和 HCl(aq) 反应的中和热的测定 (1)将量热计中的水倒掉，用干布擦拭量热杯内部重新量取 300 mL 室温水，并加入 50 mL 1 mol·L^{-1} HCl 溶液，滴入 2 滴酚酞，另取 50 mL 1 mol·L^{-1} NaOH 溶液注于储碱管中，仔细检查防止漏液。 (2)断开电热丝接头，待温度稳定后，每隔 30 s 记录一次温差，读取 6 次数据后，迅速拔出玻璃棒，加入 1 mol·L^{-1} NaOH 溶液，温度上升，连续记录温差变化，直到温差值连续 3 次读数基本稳定为止。 (3)用作图法确定温度变化 ΔT。	**3. NaOH(aq) 和 HCl(aq) 反应的中和热的测定** 测试时间/s ＼ 温差值/K
4. NaOH(s) 和 HCl(aq) 反应的反应热的测定 (1)量热计常数 K' 的测定(与步骤 2 重复，但室温水只需 300 mL)。 (2)量热计常数 K' 确定后，重新量取 250 mL 室温水，并加入 50 mL 1 mol·L^{-1} HCl 溶液，滴入 2 滴酚酞。 (3)断开电热丝接头，待温度稳定后，按下"状态转换"切换为测量状态，记录 6 次数据，加入 2.4 g NaOH，温度快速上升，连续记录温差变化，直到温差值 3 次读数基本稳定为止。 (4)用作图法确定温度变化 ΔT。	**4. NaOH(s) 和 HCl(aq) 反应的反应热的测定** 测试时间/s ＼ 温差值/K
5. 实验结束 关闭电源，清洗量热杯、储碱管、盛过溶液的量器和烧杯，将传感器、电源线、加热线取下，放入箱中，盖上盖子。	

【结果与讨论】

(1)绘制温度-时间曲线，求得中和反应中溶液真正的温升值(图 16-11)；计算 NaOH(aq) 和 HCl(aq) 反应的中和热(表 16-6)。

$$\Delta_r H_{m中和} = -\frac{K' \Delta T_{中和}}{c_{酸} V_{酸}}$$

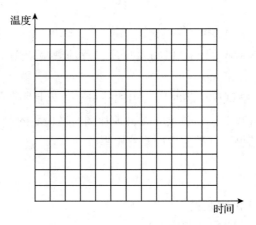

图 16-11 温度–时间曲线

表 16-6 实验数据处理表

量热计常数 K'	$\Delta T_{中和}$	$c_{酸}$	$V_{酸}$	$\Delta_r H_{m中和}$

（2）绘制温度–时间曲线，求得反应中溶液真正的温升值（图 16-12）；计算 NaOH(s) 和 HCl(aq) 反应的反应热和溶解热（表 16-7）。

$$\Delta_r H_{m反应} = -\frac{K' \Delta T_{反应}}{c_{酸} V_{酸}}$$

$$\Delta_r H_{m溶解} = \Delta_r H_{m反应} - \Delta_r H_{m中和}$$

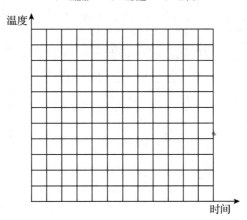

图 16-12 温度–时间曲线

表 16-7 实验数据处理表

量热计常数 K'	$\Delta T_{反应}$	$c_{酸}$	$V_{酸}$	$\Delta_r H_{m反应}$	$\Delta_r H_{m溶解}$

【思考题】

1. 本实验计算测定 NaOH(s) 和 HCl(aq) 反应的反应热应以 HCl 的量还是以 NaOH 的量为准？为什么？

2. $1 \ mol \cdot L^{-1} \ H_2SO_4$ 被强碱中和时所放出的热量是否就是中和热？

3. 在测定量热计热容及反应的热效应时，为什么要使最后的混合液总体积相等？

4. 分析造成本实验结果误差的主要因素有哪些？

【背景知识】

一、SWC-ZH 中和热测定装置

测定装置如图 16-13~图 16-15 所示。

图 16-13　SWC-ZH 中和热的测定装置

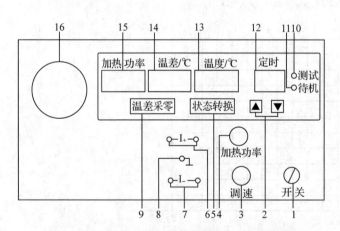

图 16-14　SWC-ZH 中和热测定装置前面板示意图

1. 电源开关　2. 增、减键按钮　3. 调速旋钮　4. 加热功率旋钮
5. 状态转换键　6. 正极接线柱　7. 负极接线柱　8. 接地接线柱
9. 温差采零键　10. 测试指示灯　11. 待机指示灯
12. 定时显示窗口　13. 温度显示窗口　14. 温差显示窗口
15. 加热功率显示窗口　16. 固定架

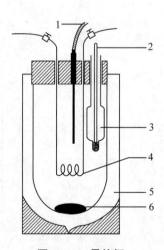

图 16-15　量热杯

1. 传感器　2. 玻璃棒
3. 储碱管　4. 加热丝
5. 量热杯　6. 磁珠

雷诺图的作法：根据实验数据作出温度对时间的变化曲线，如图 16-16 所示。图中 *ab* 段表示反应前的温度，*b* 点相当于开始加热点；*bc* 段相当于反应期；*cd* 段则为后期。由于量

热计与周围环境有热量交换，所以曲线 ab 和 cd 常发生倾斜，在实验中所测量的温度变化值 ΔT 实际上是按如下方法确定：取 b 点所对应的温度 T_1，c 点所对应的温度 T_2，其平均温度 $(T_1+T_2)/2$ 为 T，经过 T 点作横坐标轴的平行线 TO，与曲线 $abcd$ 相交于 O 点，然后通过 O 点作横坐标轴的垂线 AB，垂线与 ab 线和 cd 线的延长线分别交于 E、F 两点，则 E、F 两点所表示的温度差即为所求的温度变化值 ΔT。图中 EE' 表示环境辐射进来的热量所造成的温度升高，这部分是应当扣除的；而 FF' 表示量热计向环境辐射出的热量所造成的温度降低，这部分是应当加入的。经过上述温度校正所得的温度差 EF 表示由于样品发生反应，使量热计温度升高的数值。

如果量热计绝热性较好，则反应器的温度并不下降，在这种情况下，ΔT 仍然按上述方法进行校正，如图 16-17 所示。

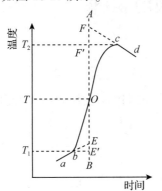

图 16-16　绝热较差时的雷诺校正图　　图 16-17　绝热良好时的雷诺校正图

二、反应热

化学反应过程中不仅有物质的变化，而且有能量的变化，这种能量的变化表现为反应热效应，而化学反应通常是在恒压条件下进行的，所以此反应热效应为等压热效应。化学反应的等压热效应 Q_p 等于化学反应的摩尔反应焓变 $\Delta_r H_m$（放热反应为负值，吸热反应为正值）。在标准状态下化学反应的焓变称为化学反应的标准焓变，用 $\Delta_r H_m^{\ominus}$ 表示。

对于固体 NaOH 和 HCl 溶液的反应，由于固体 NaOH 溶于水是一个放热过程，所以 1 mol HCl(aq) 和 1 mol NaOH(s) 反应生成 1 mol H_2O 的反应热大于 -57.2 kJ·mol^{-1}。

由于中和热 $\Delta_r H_m^{\ominus}$ 只决定于始终态，与反应的途径无关，所以 NaOH(s) 和 HCl(aq) 的反应可设计为 NaOH(s) 的溶解与 H^+ 和 OH^- 反应生成 H_2O 两步进行，如图 16-18 所示。

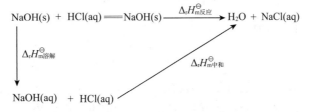

图 16-18　**NaOH(s) 和 HCl(aq) 的反应途径**

根据盖斯定律，可知：

$$\Delta_r H_{m反应}^{\ominus} = \Delta_r H_{m溶解}^{\ominus} + \Delta_r H_{m中和}^{\ominus}$$

因此，$\Delta_r H_{m溶解}^{\ominus} = \Delta_r H_{m反应}^{\ominus} - \Delta_r H_{m中和}^{\ominus}$，从而计算出 NaOH(s) 的溶解热。

三、注意事项

（1）在整个实验过程中，时间是连续记录的，如温度上升很快可改为每 15 s 记录一次温差。

（2）在加入 NaOH 溶液时，动作既要迅速，又不能用力过猛，以免损坏仪器。

（3）中和热反应开始后，还需要用少量去离子水冲洗装 NaOH 溶液的储液管，以保证 NaOH 溶液全部转移至反应体系中。

（4）实验过程中，搅拌速度不可太快并应保持恒定。

实验 6　电位法测量溶液的 pH 值

实验 6 视频

【实验目的】

了解电位法测量溶液 pH 值的原理和方法；熟悉 pH 计（酸度计）仪器的使用方法；熟悉双标准缓冲溶液法测量溶液 pH 值的测量技术。

【预习知识】

电位法测量溶液 pH 值的原理；能斯特方程；pH 计的操作方法。

【实验原理】

电位法可以用来测量溶液的 pH 值，其原理是将一个与氢离子活度 a_{H^+} 有关的指示电极与另一个电势恒定的参比电极放在待测溶液中构成原电池，然后根据能斯特方程测量该原电池的电动势 E。由于参比电极电势恒定，所测得的原电池的电动势就只与待测溶液中的氢离子活度有关，于是可根据 E 的数值求算出待测溶液 pH 值。原电池可简单表示为

（−）指示电极　|　待测溶液 ‖ 参比电极（+）

其电动势为

$$E = E_{参比} - E_{指示} + E_{液接}$$

用玻璃电极作为指示电极时，其电位与待测溶液 pH 值的关系为

$$E_{指示} = K - \frac{2.303RT}{F} \text{pH}$$

则原电池电动势可表示为

$$E = E_{参比} - K + \frac{2.303RT}{F} \text{pH} + E_{液接}$$

在测定条件下，参比电极的电位、液接电位、不对称电位和内参比电极（Ag/AgCl 电极）的电位都是常数，故合并在一起用新常数 K' 表示。则原电池电动势：

$$K = K' + \frac{2.303RT}{F} \text{pH}$$

由上式可见，原电池电动势与待测溶液的 pH 值成线性关系。由于上式中包含了难于确定的液接电位和不对称电位，K' 不易求得，因此不能由上式直接计算待测溶液的 pH 值。在

实际测试中，需要将已知 pH 值的标准缓冲溶液作为基准，采用比较法来确定待测溶液的 pH 值。

设有两种溶液，分别为已知 pH 值的标准缓冲溶液 s 和待测 pH 值的溶液 x。测定各自的电动势为

$$E_s = K'_s + \frac{2.303RT}{F}pH_s \qquad E_x = K'_x + \frac{2.303RT}{F}pH_x$$

若测定条件完全一致，则 $K'_x = K'_s$，两式相减得

$$pH_x = pH_s + \frac{(E_x - E_s)F}{2.303RT}$$

式中 pH_s 为已知，实验测量出 E_x 和 E_s 后，即可由上式计算出待测溶液的 pH_x。得出上式的前提条件是两次测量过程中的 $K'_x = K'_s$，但实际测量中，K' 受多种因素影响而发生变化，给测量带来误差，故测量时应尽量保持温度恒定并选用与待测溶液 pH 值接近的标准缓冲溶液进行。

测量待测溶液 pH 值的仪器——pH 计(酸度计)是按上述原理设计的，测量时首先要用标准 pH 值缓冲溶液对仪器进行定位校正，然后在相同条件下测定待测溶液，由仪器可直接读出测定的 pH 值。采用一种标准缓冲溶液进行定位校正称为单标准缓冲溶液法，为了提高测量准确度，常采用双标准缓冲溶液法进行定位校正。本实验采用双标准缓冲溶液法，并采用复合电极即把玻璃电极和参比电极组合在一起而成的电极进行实验，操作更加方便。

【实验用品】

1. 仪器

pH 计(PHS-3 型)、复合电极(E201-C 型)、滤纸、烧杯、洗瓶。

2. 试剂

邻苯二甲酸氢钾标准 pH 缓冲溶液(pH=4.00)、磷酸氢二钠与磷酸二氢钾标准 pH 缓冲溶液(pH=6.86)、硼砂标准 pH 缓冲溶液(pH=9.18)、未知 pH 值试样溶液等。

【实验内容】

(1) 熟悉仪器操作。

(2) 标准缓冲溶液对仪器定位校正。

(3) 测量待测溶液 pH 值。

【实验步骤与记录】

实验步骤	实验记录
1. 熟悉仪器操作 (1) 将复合电极和温度传感器的一端插入 pH 计后面板上对应的插口中，另一端固定在电极夹上。 (2) 拔下复合电极下端的保护套，将保护套放好，不要洒出套里的饱和氯化钾溶液。检查复合电极上端的小孔是否露出在外，若有橡皮套包裹，需将橡皮套拉下以露出小孔。	

（续）

实验步骤	实验记录
2. 双标准缓冲溶液法校正 （1）打开 pH 计电源开关，按"标定"键，显示屏上显示"标定 1""4.00"。先用蒸馏水清洗复合电极和温度传感器并用滤纸小心擦干，然后插入盛有标准缓冲溶液（pH=4.00）的烧杯内，没入液面下方，液面略高于电极内砂芯即可。仪器显示屏上显示实测的电位（mV）值，等 mV 值读数稳定后，按"确认键"完成第一点标定。	pH 4.00：＿＿＿＿＿＿＿＿mV
（2）接着显示屏上显示"标定 2""9.18"。可通过按"△"键选择不同的标准缓冲溶液（共有 4.00、6.86 和 9.18 三种 pH 值可选）。本实验选择"6.86"。然后把电极和温度传感器清洗干净，插入标准缓冲溶液（pH=6.86）内。等仪器读数稳定后，按"确认键"完成第二点标定。	pH 6.86：＿＿＿＿＿＿＿＿mV
3. 测量待测溶液 pH 值 （1）第二点标定确认后，仪器显示"测量"，进入测量状态。把电极和温度传感器清洗干净，插入待测溶液内，搅匀以缩短电极响应时间。仪器显示屏上显示的就是待测溶液的 pH 值，等仪器读数稳定后读数即可得到待测溶液的 pH 值。	待测溶液：＿＿＿＿＿＿＿＿mV
（2）测量状态下，仪器面板上的"pH/mV"键可以用来切换显示 pH 值数据或者电位（mV）值。按此键可以切换至 mV 数据，做好记录。	待测溶液 pH 值：＿＿＿＿＿
4. 结束测量 待测溶液测完后，关闭仪器电源，用蒸馏水清洗电极，并套上装有饱和氯化钾溶液的电极保护套。做好仪器和实验台的清洁，结束实验。	

【思考题】

1. 为什么在测量溶液的 pH 值时，pH 计要用标准缓冲溶液进行标定？
2. pH 复合电极由哪几部分构成？是如何工作的？

【背景知识】

一、pH 玻璃电极和 pH 复合电极

1. pH 玻璃电极

pH 玻璃电极是用对氢离子活度有电势响应的玻璃薄膜制成的膜电极，是常用的氢离子指示电极。它通常为圆球形，内置 0.1 mol·L^{-1} 盐酸和银/氯化银电极（内参比电极）。内参比电极的电位是恒定不变的，它与待测溶液中氢离子活度无关。玻璃电极之所以能够作为氢离子的指示电极，主要作用体现在玻璃膜上。当玻璃电极浸入待测溶液时，玻璃膜处于内部溶液（$\alpha_{H^+内}$）和待测溶液（$\alpha_{H^+测}$）之间，跨越玻璃膜产生电势差 $\Delta E_膜$，它与氢离子活度之间的关系符合能斯特方程：

$$\Delta E_膜 = \frac{2.303RT}{F}\lg\frac{\alpha_{H^+测}}{\alpha_{H^+内}} = K + \frac{2.303RT}{F}\lg\alpha_{H^+测} = K - \frac{2.303RT}{F}pH_测$$

此式表明玻璃膜电极的电势差与待测液的 pH 值成正比，因此可作为测量 pH 值的指示电极。理论上当玻璃膜内外氢离子活度相等时，$\Delta E_膜 = 0$，但实际上并不为零，跨越玻璃膜仍有一定的电势差，称为不对称电位，是由玻璃膜内外表面情况不完全相同而产生的。

使用前浸在纯水中使表面形成一薄层溶胀层，能够对氢离子有好的响应，并降低不对称电位的影响。使用时将它和另一个参比电极放入待测溶液中组成电池，电池电动势 E 与待

测溶液 pH 值直接相关。由于存在不对称电位、液接电位等因素，还不能由此电池电势直接求得 pH 值，要采用标准缓冲溶液来标定，进而算出待测溶液的 pH 值。玻璃电极不受氧化剂、还原剂和其他杂质的影响，pH 值测量范围宽广，应用广泛。

2. pH 复合电极

（1）pH 复合电极的构造

把 pH 玻璃电极和参比电极组合在一起的电极就是 pH 复合电极。根据外壳材料的不同分塑壳和玻璃两种。相对于两个电极而言，复合电极最大的好处就是使用方便。pH 复合电极主要由玻璃薄膜球、玻璃支撑管、内参比电极、内参比液、外壳、外参比电极、外参比液、液接界、电极帽、电极导线、插口等组成，如图 16-19 所示。

可充式 pH 复合电极在电极外壳上有一加液孔，当电极的外参比溶液流失后，当参比液液面低于加液孔 2 cm 时，可将加液孔打开，重新补充 KCl 溶液。而非可充式 pH 复合电极内装凝胶状 KCl，不易流失也无加液孔。可充式 pH 复合电极

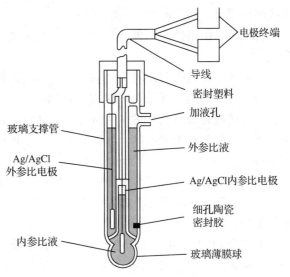

图 16-19　pH 复合电极结构示意图

的特点是参比溶液有较高的渗透速率，液接界电位稳定重现，测量精度较高。而且当参比电极减少或受污染后可以补充或更换 KCl 溶液，但缺点是使用较麻烦。

（2）pH 复合电极的使用与维护

①第一次使用的 pH 复合电极或长期停用的 pH 复合电极，在使用前必须在 3 mol·L^{-1} 氯化钾溶液中浸泡 8~24 h 或更长，时间根据玻璃薄膜球的膜增大或不稳定厚度、电极老化程度而不同。这样可以使玻璃膜充分活化，对氢离子有良好的响应，并使不对称电位大大下降并趋向稳定。也可以充分浸泡参比电极的液接界，因为如果液接界干涸会使液接界电位增大或不稳定。在酸性环境中浸泡效果更好，可以按照以下方法配制 pH 复合电极浸泡液：取 pH 4.00 缓冲剂（250 mL）一包，溶于 250 mL 蒸馏水中，再加入 56 g 分析纯氯化钾，适当加热，搅拌至完全溶解即成。

②一些 pH 复合电极的头部装有一个密封的塑料小瓶（保护套），内装电极浸泡液，电极头长期浸泡其中，使用时拔出洗净就可以，非常方便。这种保存方法不仅方便，而且利于延长电极寿命，应注意不要污染塑料小瓶中的浸泡液，要注意更换。

③使用可充式 pH 复合电极时应将加液孔打开，以增加液体压力，加速电极响应，并注意及时补充新的外参比液。

④使用时应检查玻璃薄膜球前端不应有气泡，如有气泡应用力甩去。

⑤取下电极护套时，应避免电极的玻璃薄膜球与硬物接触，因为任何破损或擦毛都可使电极失效。

⑥在每次标定、测量后进行下一次操作前，应该用蒸馏水或去离子水充分清洗电极，再

用被测溶液清洗一次电极。

⑦电极插入被测溶液后，要搅拌晃动几下再静止放置，这样会使玻璃薄膜球或液接界与溶液接触充分，加快电极的响应。

⑧电极在测量前必须用已知 pH 值的标准缓冲溶液进行标定。

⑨测量结束，及时将电极保护套套上，电极套内应放少量饱和氯化钾溶液，以保持玻璃薄膜球的湿润，切忌浸泡在蒸馏水中。

⑩电极的引出端必须保持清洁干燥，绝对防止输出两端短路，否则将导致测量失准或失效。

⑪电极应与输入阻抗较高的 pH 计($\geqslant 3 \times 10^{11}$ Ω)配套，以使其保持良好的特性。

⑫电极应避免长期浸在蒸馏水、蛋白质溶液、酸性氟化物溶液中；避免与有机硅油接触；避免接触强酸强碱或腐蚀性溶液，如果测试此类溶液，应尽量减少浸入时间，用后仔细清洗干净；避免在无水乙醇、浓硫酸等脱水性介质中使用，它们会损坏玻璃薄膜球表面的水合凝胶层。

⑬被测溶液中如含有易污染玻璃薄膜球或堵塞液接界的物质而使电极钝化，会出现斜率降低，显示读数不准现象。如发生该现象，则应根据污染物质的性质，用适当溶液清洗，使电极复新。

⑭塑壳 pH 复合电极的外壳材料是聚碳酸酯(PC)塑料，PC 塑料在有些溶剂中会溶解，如四氯化碳、三氯乙烯、四氢呋喃等，如果测试中含有以上溶剂，就会损坏电极外壳，此时应改用玻璃外壳的 pH 复合电极。

二、PHS-3 型 pH 计

1. 外型结构

PHS-3 型 pH 计是数字显示 pH 计，采用蓝色背光、双排数字显示液晶，可同时显示 pH 值、温度值或电位(mV)值。仪器的外型及后面板结构如图 16-20 所示。

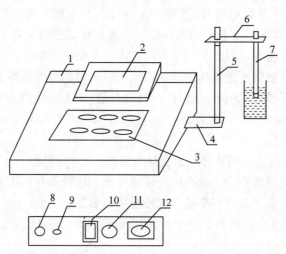

图 16-20 PHS-3 型 pH 计外型及后面板结构

1. 机箱　2. 显示屏　3. 键盘　4. 电极杆座　5. 电极杆　6. 电极夹　7. 电极
8. 电极插座　9. 温度传感器插座　10. 电源开关　11. 保险丝座　12. 电源插座

2. 仪器键盘说明

"pH/mV"转换键：pH、mV 测量模式转换。

"温度"键：对温度进行手动设置，自动温度补偿时此键不起作用。

"标定"键：对 pH 值进行二点标定工作。

"△"键：为数值上升键，按此键为调节数值上升。

"▽"键：为数值下降键，按此键为调节数值下降。

"确认"键：按此键为确认上一步操作。

3. 操作步骤

仪器使用前首先要标定。一般情况下仪器在连续使用时，每天要标定一次。

(1) 打开电源开关，仪器进入 pH 值测量状态。

(2) 按"温度"键，使仪器进入溶液温度调节状态(此时温度单位为℃)。按"△"键或"▽"键调节温度显示数值上升或下降，使温度显示值和溶液温度一致，然后按"确认"键。仪器确认溶液温度值后回到 pH 值测量状态(温度设置键在 mV 测量状态下不起作用)。

注：当接入温度电极(传感器)时"温度"键不起作用，仪器进行自动温度补偿，显示的温度即为溶液温度。每次测量时温度传感器也要插入溶液中。

(3) 按"标定"键，此时显示"标定 1""4.00"及"mV"，把用蒸馏水或去离子水清洗过的电极插入标准缓冲溶液(pH = 4.00)中，仪器显示实测的 mV 值，待 mV 读数稳定后按"确认"键，仪器显示"标定 2""9.18"及"mV"，把用蒸馏水或去离子水清洗过的电极插入标准缓冲溶液(pH = 9.18)中，仪器显示实测的 mV 值，待 mV 读数稳定后按"确认"键，标定结束，仪器显示"测量"进入测量状态。

注：仪器在标定状态下，可通过按"△"键选择三种标准缓冲溶液中的任意二种(pH = 4.00、pH = 6.86、pH = 9.18)作为标定液，标定方法同上，第一种溶液标定好后仍须按"△"键选定第二种标准缓冲溶液。

(4) 用蒸馏水及被测溶液清洗电极后即可对被测溶液进行测量。一般情况下，在 24 h 内仪器不需再标定。

(5) 用蒸馏水清洗电极头部，再用被测溶液清洗一次，把复合电极和温度传感器浸入被测溶液中，用玻璃棒搅拌溶液，使其均匀，在显示屏上读出溶液的 pH 值。

实验 7　红外光谱法鉴定塑料包装袋的成分

实验 7 视频

【实验目的】

了解红外(FT-IR)光谱仪的结构；熟悉红外光谱仪的使用方法。

【预习知识】

红外光谱仪的原理；红外光谱仪的操作方法；红外光谱仪的结构。

【实验原理】

红外光谱是物质被红外光照射后，吸收特定频率的红外光，发生振动能级跃迁，从而产生的特征吸收光谱。

红外光谱定性分析一般采用两种方法：一种是已知标准物对照法，另一种是标准图谱查对法。

(1) 已知标准物对照法　应由标准品和被检物在完全相同的条件下，分别给出其红外光谱进行对照，图谱相同，则肯定为同一化合物。

(2) 标准图谱查对法　是一个最直接、可靠的方法。根据待测样品的来源、物理常数、分子式和谱图中的特征谱带，查对标准谱图来确定化合物。

【实验用品】

1. 仪器

FTIR-650 型红外光谱仪。

2. 样品

聚乙烯塑料薄膜或聚苯乙烯塑料薄膜等。

【实验内容】

(1) 准备待测样品。

(2) 测定红外光谱图。

(3) 利用检索软件进行定性鉴定。

【实验步骤与记录】

实验步骤	实验记录
(1) 开机，预热 15 min 以上。 (2) 打开操作软件，进行参数设置。 (3) 制备样品：根据样品本身的性质选取合适的制样方法。注意避免水分对谱图造成影响。 (4) 单击"采样品"，软件会提示采集背景，采集背景后弹出对话框提示放入样品，此时将样品放入样品室，单击"确定"，软件自动采集样品，采集结束后自动除去背景峰，从而得到样品谱图。 (5) 对谱图进行对比检索，并进行特征峰分析。 (6) 保存谱图，取出样品。 (7) 测试其他样品。 (8) 测试完成后取出样品，做好清洁，关闭电源。	仪器参数： 波长范围＿＿＿＿＿＿＿ 扫描次数＿＿＿＿＿＿＿ 分辨率＿＿＿＿＿＿＿＿

【思考题】

1. 本实验所用塑料薄膜的主要成分是什么？

2. 根据物质红外光谱特征吸收规律，试对该塑料薄膜的主要特征峰进行分析。

3. 化合物产生红外吸收的基本条件是什么？

4. 对一个普通的固体有机物，怎样才能获得一个符合要求的红外光谱图？

5. 红外光谱图能够提供化合物的哪些信息？简要描述中红外区官能团的吸收波数范围。

【背景知识】

一、红外光谱仪的原理

红外吸收光谱(infrared absorption spectrometry, IR)是将红外线照射试样，测定分子中电偶极矩变化的振动产生的吸收所得到的光谱。在分子中，原子的运动方式有三种：一是按线性平动方式的运动；二是原子绕着质量中心的周期性转动；三是振动。我们可以用 X、Y、Z 三个坐标来描述这种运动，若分子中有 n 个原子，则其运动方式总共有 $3n$ 个坐标。其中 3 个是描述分子平动的，另外 3 个是描述非线性分子的转动，线性分子转动只需两个坐标。因此，非线性分子的振动自由度有 $(3n-6)$ 个，而线性分子的振动自由度只有 $(3n-5)$ 个。对于简单分子，用理论解析这些振动是可能的，但是实际上复杂的有机物不仅振动的数目多，而且倍频和组合频也出现吸收，使光谱变得很复杂，对全部吸收带都做理论解析是非常困难的。因此，红外光谱用于定性分析时通常用各种特征吸收图表，找出基团和骨架结构引起的吸收谱带，然后与推断的化合物的标准谱图进行对照，得出结论。

为便于谱图的解析，通常把红外光谱分为官能团区和指纹区两个区域。波数 4 000 ~ 1 400 cm^{-1} 的频率为官能团区，吸收主要是由于分子的伸缩振动引起的。常见的官能团在这个区域内一般都有特定的吸收峰；低于 1 400 cm^{-1} 的区域称为指纹区，其间吸收峰的数目较多，是由化学键的弯曲振动和部分单键的伸缩振动引起的，吸收带的位置和强度随化合物而异。例如，不同人彼此有不同的指纹一样，许多结构类似的化合物，在指纹区仍可找到它们之间的差异，因此指纹区对鉴定化合物起着非常重要的作用。如未知物的红外光谱图中的指纹区与标准样品相同，就可以断定它和标准样品是同一物(对映体除外)。按官能团和化学键的特征吸收频率可将红外区 4 000 ~ 400 cm^{-1} 划分为四个区，见表 16-8 所列。

表 16-8 常见官能团和化学键的红外特征吸收频率范围

频率范围	4 000 ~ 2 500/cm^{-1}	2 500 ~ 2 000/cm^{-1}	2 000 ~ 1 500/cm^{-1}	1 500 ~ 400/cm^{-1}
基团区	氢键区	三键区和累积双键区	双键区	单键区
基团及振动形式	O—H、N—H、C—H 等含氢基团的伸缩振动	C≡C、C≡N、N≡N 等三键和 C=C=C 等累积双键基团的伸缩振动	C=C、C=O、C≡N、NO$_2$ 等双键基团的伸缩振动	C—C、C—N、C—O、C—X 等单键基团的伸缩振动和 O—H、C—H 等含氢基团的弯曲振动

分析红外光谱的顺序是先官能团区，后指纹区；先高频区，后低频区；先强峰，后弱峰。即先在官能团区找出最强的峰的归宿，然后在指纹区找出相关峰。对许多官能团来说，往往不是存在一个而是一组彼此相关的峰，将其结合起来进行分析，才能证实官能团的存在。

目前，人们对已知的化合物的红外光谱图已陆续汇集成册，这就给鉴定未知物带来了极大的方便。如果未知物和某已知物具有完全相同的红外光谱，那么这个未知物的结构也就确定了。

红外光谱主要应用于有机物的定性分析和结构分析，也可以进行物质的定量分析。

红外光谱有许多吸收峰，而这些吸收峰的位置和形状与分子中存在的基团及整个分子结构有着密切的关系。因此，红外光谱在有机物的定性和结构分析方面应用非常广泛，已成为有机化学和结构化学中研究有关问题不可缺少的工具。与紫外-可见光光度法一样，红外光谱定量分析也是以朗伯-比尔定律为基础的。一般将分析波长选在被分析组分的特征吸收处，以避免其他共存组分的干扰。原则上，液体、气体和固体样品都可使用红外光谱法做定量分析。气体和液体样品在吸收池中进行测定，固体样品常采用压片制样进行测定。

红外光谱法的主要缺点是灵敏度一般不如紫外分光光度法高，并且这种方法只有鉴别能力而无分离能力。因此，对于一些复杂分子的解析还得与其他分析手段相配合，如采用色谱-红外光谱联用，并与质谱分析、核磁共振波谱分析进行对照。

二、红外光谱仪的构造

傅立叶变换红外光谱技术是利用干涉图和光谱图之间的对应关系，通过测量干涉图和对干涉图进行傅立叶积分变换的方法来测定和研究光谱的技术。与传统的色散型光谱仪相比，傅立叶变换红外光谱仪能同时测量、记录所有波长的信号，并以更高的效率采集来自光源的辐射能量，具有更高的信噪比和分辨率。

如图 16-21 所示为双光路傅立叶变换红外光谱仪的结构示意图，一路为参比光路，另一路为测样光路。整个仪器系统由光源、干涉仪、样品池、探测器、计算机和光纤测样头附件等构成，计算机负责对光谱仪的控制和光谱数据处理。不同公司的仪器在干涉仪的结构设计上有所不同。

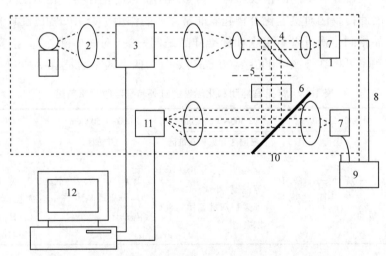

图 16-21　双光路傅立叶变换红外光谱仪的结构示意图

1. 红外光源　2. 透镜　3. 干涉仪　4. 旋转反光镜　5. 参比光路　6. 样品池

7. 光纤维接口　8. 光纤　9. 光纤测样头　10. 半投射镜　11. 探测器　12. 计算机

实验 8 视频

实验 8　气相色谱法测定白酒中乙醇含量

【实验目的】

了解气相色谱法的原理；了解氢火焰检测器的使用方法；掌握色谱内标定量方法。

【预习知识】

气相色谱法的原理；气相色谱仪的操作方法；气相色谱仪的定性定量方法。

【实验原理】

内标法是一种准确而应用广泛的定量分析方法，操作条件和进样量不必严格控制，限制条件较少。当样品中组分不能全部流出色谱柱，某些组分在检测器上无信号或只需测定样品中的个别组分时，可采用内标法。

内标法就是将准确称量的纯物质作为内标物，加入准确称取的样品中，根据内标物的质量 m_s、样品的质量 m 与相应的峰面积 A 求出待测组分的含量。

通常先由标准溶液求出相对校正因子。标准溶液是将准确量取的内标物加入已知质量的待测组分中配制而成。一般情况下，在气相色谱中，组分所给出信号的峰面积与该组分的质量成正比，即

$$m = g\,A$$

在标准溶液中，待测组分的质量 m_i、内标物的质量 m_s 与相应的峰面积 A 关系如下式所示：

$$m_i = g_i A_i$$
$$m_s = g_s A_s$$

式中：g_i、g_s——分别为标准样品中 i 组分和内标物的绝对质量校正因子；

A_i、A_s——分别为标准样品中 i 组分和内标物的峰面积。

因此，可以求出 i 组分和内标物的相对校正因子：

$$G = \frac{g_i}{g_s} = \frac{m_i A_s}{m_s A_i}$$

样品溶液是将准确量取的内标物加入未知质量的待测组分中配制而成。在样品溶液中，待测组分质量 m'_i 和内标物质量 m'_s 也与相应的峰面积成正比，即

$$m'_i = g'_i A'_i$$
$$m'_s = g'_s A'_s$$

式中：g'_i、g'_s——分别为待测样品中 i 组分和内标物的绝对质量校正因子；

A'_i、A'_s——分别为待测样品中 i 组分和内标物的峰面积。

可以得到

$$m'_i = \frac{g'_i A'_i}{g'_s A'_s} m'_s$$

仪器操作条件一致的情况下，相对校正因子近似认为相等，即

$$G = \frac{g_i}{g_s} = \frac{g'_i}{g'_s}$$

因此，样品溶液中待测组分的质量为

$$m'_i = \frac{m_i A_s A'_i}{m_s A_i A'_s} m'_s$$

待测组分的质量分数为

$$w_i = \frac{m'_i}{m} \times 100\%$$

式中：m——样品的总质量。

待测组分的质量浓度为

$$\rho_i = \frac{m'_i}{V}$$

式中：V——待测样品溶液的体积。

待测组分的体积分数为

$$\varphi_i = \frac{V'_i}{V} \times 100\% = \frac{m'_i}{\rho_{组分} V} \times 100\%$$

式中：V'_i——待测组分的体积；

$\rho_{组分}$——待测组分的密度。

白酒的度数表示白酒中乙醇的体积分数，通常是以 20℃ 的体积比表示的，如 53 度的白酒，表示在 100 mL 的白酒中含有乙醇 53 mL(20℃)。

选用内标物时需满足下列条件：①内标物应是样品中不存在的物质；②内标物应与待测组分的色谱峰分开，并尽量靠近；③内标物的量应接近待测物的含量；④内标物与样品互溶。

本实验样品中乙醇的含量可用内标法定量，以正丙醇作为内标物。

【实验用品】

1. 仪器

气相色谱仪、微量注射器、容量瓶、色谱工作站、吸量管等。

2. 试剂

乙醇(分析纯)、正丙醇(分析纯)、食用酒、蒸馏水。

【实验内容】

(1)色谱操作条件的设定。

(2)标准溶液的测定。

(3)样品溶液的测定。

【实验步骤与记录】

实验步骤	实验记录
1. 色谱操作条件 柱箱温度为 100℃，进样口温度为 230℃，检测器温度为 250℃，N_2(载气)流速为 30 mL·min^{-1}，H_2 流速为 30 mL·min^{-1}，空气流速 300 mL·min^{-1}。 以上为参考条件，实际条件可根据仪器操作规程进行设置并记录。 2. 标准溶液的测定 准确移取 2.50 mL 乙醇和 2.50 mL 正丙醇于 50 mL 容量瓶中，用蒸馏水稀释至刻度，摇匀。用微量注射器吸取 0.5 μL 标准溶液，注入色谱仪内，记录各峰的保留时间 t_R 宽和峰面积 A，求出以正丙醇为标准的相对校正因子。 3. 样品溶液的测定 准确移取 5.00 mL 酒样和 2.50 mL 内标物正丙醇于 50 mL 容量瓶中，加水稀释至刻度，摇匀。用微量注射器吸取 0.5 μL 样品溶液注入色谱仪内，记录各峰的保留时间 t'_{Ri} 和峰面积 A'，并与标准溶液对照，求样品中乙醇的含量。	1. 色谱操作条件 柱箱温度 _____ ℃ 进样口温度 _____ ℃ 检测器温度 _____ ℃ N_2 流速 _____ mL·min^{-1} H_2 流速 _____ mL·min^{-1} 空气流速 _____ mL·min^{-1} 2. 标准溶液的测定 乙醇的质量 m_i _____ g 正丙醇的质量 m_s _____ g 记录各峰的保留时间和峰面积 乙醇的保留时间 $t_{R,i}$ _____ min 正丙醇的保留时间 $t_{R,s}$ _____ min 乙醇的峰面积 A_i _____ V·s 正丙醇的峰面积 A_s _____ V·s 计算以正丙醇为标准的相对校正因子 $G = \dfrac{g_i}{g_s} = \dfrac{m_i A_s}{m_s A_i}$ _____ 3. 样品溶液的测定 正丙醇的质量 m'_s _____ g 记录各峰的保留时间和峰面积 乙醇的保留时间 t'_{Ri} _____ min 正丙醇的保留时间 t'_{Rs} _____ min 乙醇的峰面积 A'_i _____ V·s 正丙醇的峰面积 A'_s _____ V·s

【结果与讨论】

以标准溶液与样品溶液的保留时间 t_R 对照，定性分析样品中的醇含量，测定乙醇、正丙醇的峰面积，求样品中乙醇的质量及体积分数(表 16-9)。

表 16-9　实验数据处理

溶液	乙醇质量	正丙醇质量	乙醇峰面积	正丙醇峰面积
标准溶液	$m_i =$ _____ g	$m_s =$ _____ g	$A_i =$ _____ V·s	$A_s =$ _____ V·s
样品溶液	$m'_i =$ _____ g	$m'_s =$ _____ g	$A'_i =$ _____ V·s	$A'_s =$ _____ V·s

$$白酒中乙醇的体积分数\ \varphi = 10\varphi_i = \frac{10 m'_i}{\rho_{乙醇} V} \times 100\% = \underline{\qquad}$$

本实验中乙醇的密度为 0.789 g·mL^{-1}，正丙醇的密度为 0.896 g·mL^{-1}。

【思考题】

1. 为什么可以利用色谱峰的保留时间进行定性分析?

2. 什么是气相色谱测定中的内标法和外标法？简述内标法的优缺点。

3. 气相色谱和液相色谱的应用范围分别是什么？

4. 气相色谱有哪几种检测器？适用对象是什么？

【背景知识】

气相色谱仪与其他分析仪器一样，用来测定物质的化学组分的特性。物质的化学组分是指一种化合物或混合物是由哪些分子、原子或原子团组成的，这些分子、原子和原子团的含量各是多少。气相色谱仪广泛应用于石油、化工、造纸、电力、冶炼、医药、农药残留、土壤、环境监测、劳动保护、商品检验、食品卫生、公安侦破，以及超纯物质研究等领域。如今，气相色谱仪已成为化学分析实验室中不可缺少的分析设备之一，若色谱分析与质谱分析（MS）或核磁共振（NMR）联用，则能对物质进行立体结构的分析。

气相色谱是以气体（N_2、He、Ar、H_2 等）为流动相（载气）的柱色谱分离技术，与适当的检测手段相结合，就构成了气相色谱分析法。根据固定相的不同，气相色谱可以分为气-固色谱和气-液色谱。气-固色谱中的固定相是一种具有表面活性的吸附剂，当样品随载气流过色谱柱时，由于吸附剂对各组分的吸附能力不同，经过反复多次的吸附与解吸过程，使各组分得以分离。气-液色谱中的固定相是在化学惰性的固体微粒（用来支持固定液的，称为担体、支持剂）表面涂上一层高沸点有机物的液膜，这种高沸点有机化合物称为固定液。在气-液色谱柱内，被测物质中各组分的分离是基于各组分在固定液中溶解度的不同，经过反复多次的溶解、挥发、再溶解、再挥发而将各组分分离。

气相色谱具有以下特点：

（1）分离效能高 对物理化学性质很接近的复杂混合物都能很好地分离并进行定性、定量分析。有时一次分析可同时解决几甚至上百个组分的分离测定。

（2）灵敏度高 能检测出 10^{-6} 级甚至 10^{-9} 级的杂质含量。

（3）分析速度快 一般几分钟或几十分钟内可完成一次样品测定。

（4）应用范围广 可分析低分子质量的气体、易挥发且在高温下不易变质的液体和固体样品。对有机物分析最为广泛，可分析约 20% 的有机物。此外，某些无机物通过衍生化也可以通过气相色谱进行分析。

一、气相色谱仪的构造

1. 气相色谱仪的结构

气相色谱仪一般由气路、进样器（汽化室）、色谱柱、检测器、放大器、工作站等部分组成。气相色谱的载气最常用的是氮气。

气相色谱的检测器常见的有：①氢火焰离子化检测器（FID），分析有机物；②热导检测器（TCD），分析所有化合物；③电子捕获检测器（ECD），分析电负性化合物；④火焰光度检测器（FPD），分析硫磷化合物。

色谱柱根据材料不同分为玻璃柱、不锈钢柱、铝柱等；根据形状不同分为 U 形、螺旋形等；根据固定相的充填类型分为填充柱和空心柱，填充柱是将固定相填充到色谱柱中，长度为 1~10 m，内径为 2~4 mm，空心柱常见的为空心毛细管柱，长度为 50~300 m，内径为 0.1~0.5 mm。

气相色谱仪的工作流程如图 16-22 所示，载气经净化器净化后进入汽化室，空气和氢气经净化器净化后进入检测器。待分离的样品组分进入汽化室后被高温汽化，然后随着载气流经色谱柱，由于在色谱柱中所受到的作用力不同而被分开，先后进入检测器。在检测器中由于氢气燃烧产生的高温可以使待测组分变成离子，从而由质量信号变成电信号，被放大器放大后进入计算机中的工作站给出谱图并进行数据处理。根据色谱流出曲线上得到的每个峰的保留时间可进行定性分析，根据峰面积或峰高的大小可进行定量分析。

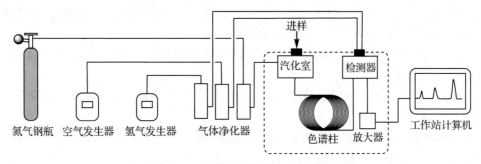

图 16-22　气相色谱仪的工作流程图

2. 气相色谱仪的定性方法

(1) 根据保留时间定性　这是最常用的一种定性方法，操作方便、简单。依据相同物质在相同的色谱条件下具有相同的保留时间，若试样中某组分的保留时间(t_R)与已知物相同，则试样中含有该物质。若在待测物中加入已知物的纯物质，再与待测物色谱图比较，峰增高者为该物质。这种方法要求对试样的组分有初步了解，有已知纯物质，且两次进样在同一根色谱柱上，操作条件(如载气流速、检测器温度和柱温等)完全相同。

(2) 双柱定性法　两个纯化合物在极性不同的两根柱子上有相同的保留时间(不同柱上保留时间不同)，则基本上认为这两个纯化合物是同一种物质。该方法适用于同分异构体的定性，具有定性准确但较复杂的特点。

3. 气相色谱仪的定量方法

(1) 面积归一化法　以色谱图中所得各种组分的峰面积的总和为 100，按各组分的峰面积总和之比，求出各组分的组成比率。

(2) 内标法　取标准被测组分，按依次增加或减少的已知阶段量，分别加到各单体所规定的定量内标物中，配制标准溶液，制作标准曲线。按单体中所规定的方法配制试样液。在配制试样液时，预先加入与配制标准溶液时等量的内标物，按制作标准曲线时的同样条件得出色谱图，求出被测组分的峰面积或峰高和内标物的峰面积或峰高之比，再按标准曲线求出被测组分的含量。

二、气相色谱仪的使用方法

气相色谱仪主要由色谱柱箱、进样器、检测器、流量调节部分、键盘操作/显示部分等构成。气相色谱仪的操作步骤可参考仪器说明书。

三、注意事项

1. 气路使用注意事项

(1) 不要自行改变气路内部稳压阀的输出气压，即不得调节气路系统后部的三个轴杆，以免影响刻度——流量曲线的有效性和输出精度。

(2) 气相色谱的气路部件所使用的阀门大多数为刻度式阀门，出厂时都已经过严格的调整及选配，用户不得拆下阀门的多圈旋钮，不然将使刻度指数与所附流量曲线表不相附合，万一多圈旋钮松动，刻度线走动，则需用皂沫流量计逐点校正，使其刻度-流量值与曲线表相符。为了保护针形阀和稳流阀，旋钮不宜旋至"0"圈，需关闭气体时，可直接关闭净化器上的开关阀，或将阀门旋至曲线表上"0"流量的刻度上(旋至约1圈处)。

(3)当使用填充柱时，毛细管柱气路面板上的开关阀，应处于"关"状态；当使用毛细管柱时，填充柱载气流量 A、B 稳流阀应处于"关"状态(旋至约1圈处)，以免造成载气浪费。

2. 氢火焰离子化(FID)检测器使用注意事项

(1)本检测器是高灵敏度检测器，必须用高纯度的载气($99.99\% N_2$)，而且载气、氢气及空气应经净化器净化。

(2)柱子老化时，不要把柱子与检测器连接，以免检测器被污染，同时在老化柱子时不要打开氢气气源。

(3)在各操作温度未平衡之前将氢气及空气源关闭，以防止检测器内积水。

(4)在点火时，不要使按扭按下的时间过长，以免损坏点火圈。

(5)在使用仪器最高灵敏度挡或程序升温分析时，所用的色谱柱应经过彻底老化。

(6)仪器开机后，应先通载气再升温，待氢火焰离子化检测器温度超过 100℃ 时方能点火。

(7)为方便点火，建议先把氢气流量调大，然后点火。待点着火后，再慢慢地把氢气流量调回分析所需的流量值。

(8)仪器关机时应先关闭氢气(灭火)，然后降温，再关闭载气。

3. 微量进样器使用注意事项

(1)不可将活塞拉至超过其刻度，更不可拔出。

(2)吸取溶液时应将活塞来回拉几次，以排净其中空气。

(3)针头不可在进样器中长时间停留。

(4)使用后将其放回盒子，固定放好。

参考文献

傅献彩，魏元洲，芦昌盛，等．2019．大学化学(上、下册)[M].2版．北京：高等教育出版社．

华彤文，王颖霞，卞江，等，2013．普通化学原理[M].4版．北京：北京大学出版社．

吉林大学，武汉大学，南开大学，等，2019．无机化学[M].4版．北京：高等教育出版社．

曲宝涵，2019．普通化学[M].2版．北京：中国农业出版社．

张祖德，2018．无机化学[M].2版．合肥：中国科学技术大学出版社．

赵士铎，2007．普通化学[M].3版．北京：中国农业大学出版社．

浙江大学普通化学教研组，徐端钧，方文军，等，2020．普通化学[M].7版．北京：高等教育出版社．

郑先福，胡晓娟，2017．普通化学[M].2版．北京：中国农业出版社．

周伟红，曲保中，2022．新大学化学[M].4版．北京：科学出版社．

朱裕贞，顾达，黑恩成，等，2010．现代基础化学[M].3版．北京：化学工业出版社．

附　　录

附录 1　SI 单位制的词头

表示的因数	词头名称	词头符号	表示的因数	词头名称	词头符号
10^{18}	艾[可萨]	E(exa)	10^{-1}	分	d(deci)
10^{15}	拍[它]	P(peta)	10^{-2}	厘	c(centi)
10^{12}	太[拉]	T(tera)	10^{-3}	毫	m(milli)
10^{9}	吉[咖]	G(giga)	10^{-6}	微	μ(micro)
10^{6}	兆	M(mega)	10^{-9}	纳[诺]	n(nano)
10^{3}	千	k(kilo)	10^{-12}	皮[可]	p(pico)
10^{2}	百	h(hecto)	10^{-15}	飞[母托]	f(femto)
10^{1}	十	da(deca)	10^{-18}	阿[托]	a(atto)

附录 2　一些非推荐单位、导出单位与 SI 单位的换算

物理量	换算单位
长度	$1\ \text{Å} = 10^{-10}\ \text{m}$, $1\ \text{in} = 2.54 \times 10^{-2}\ \text{m}$
质量	$1(市)斤 = 0.5\ \text{kg}$, $1(市)两 = 50\ \text{g}$, $1\ \text{lb}(磅) = 0.454\ \text{kg}$, $1\ \text{oz}(盎司) = 28.3 \times 10^{-3}\ \text{kg}$
压力	$1\ \text{atm} = 760\ \text{mmHg} = 1.013 \times 10^{5}\ \text{Pa}$, $1\ \text{mmHg} = 1\ \text{Torr} = 133.3\ \text{Pa}$ $1\ \text{bar} = 10^{5}\ \text{Pa}$, $1\ \text{Pa} = 1\ \text{N} \cdot \text{m}^{-2}$
温度	$\dfrac{T}{\text{K}} = \dfrac{t}{\text{℃}} + 273.15$, $\dfrac{F}{\text{℉}} = \dfrac{9}{5}\dfrac{T}{\text{K}} - 459.67 = \dfrac{9}{5}\dfrac{t}{\text{℃}} + 32$
能量	$1\ \text{cal} = 4.184\ \text{J}$, $1\ \text{eV} = 1.602 \times 10^{-19}\ \text{J}$, $1\ \text{erg} = 10^{-7}\ \text{J}$ $1\ \text{esu}(静电单位库仑) = 3.335 \times 10^{-10}\ \text{C}$
热力学	$R(摩尔气体常数) = 1.986\ \text{cal} \cdot \text{K}^{-1} \cdot \text{mol}^{-1} = 0.082\,06\ \text{dm}^{-3} \cdot \text{atm} \cdot \text{K}^{-1} \cdot \text{mol}^{-1} =$ $8.314\ \text{J} \cdot \text{K}^{-1} \cdot \text{mol}^{-1} = 8.314\ \text{kPa} \cdot \text{dm}^{-3} \cdot \text{K}^{-1} \cdot \text{mol}^{-1}$
电学	$1\ \text{eV} \cdot 粒子^{-1}$ 相当于 $96.5\ \text{kJ} \cdot \text{mol}^{-1}$, $1\ \text{C} \cdot \text{m}^{-1} = 12.0\ \text{J} \cdot \text{mol}^{-1}$
其他	$1\ \text{D}(\text{Debye}, 德拜) = 3.336 \times 10^{-30}\ \text{C} \cdot \text{m}$

附录 3　一些常用的物理化学常数

名称	符号	数值和单位
理想气体摩尔体积	V_{m}	$22.413\,962\ (13)\ \text{dm}^3 \cdot \text{mol}^{-1}(273.15\ \text{K}, 101.325\ \text{kPa})$ $22.710\,947\ (13)\ \text{dm}^3 \cdot \text{mol}^{-1}(273.15\ \text{K}, 100\ \text{kPa})$
标准大气压	atm	$101\,325\ \text{Pa}$

（续）

名称	符号	数值和单位
标准压力	$p^{\ominus}$	1 bar = 1×10^5 Pa
摩尔气体常数	R	8.314 459 8(48) J·mol^{-1}·K^{-1}
Boltzmann(玻尔兹曼)常数	k	1.380 648 52(79)$\times 10^{-23}$ J·K^{-1}
Avogadro(阿伏伽德罗)常数	N_A	6.022 140 857(74)$\times 10^{23}$ mol^{-1}
水的三相点	$T_{tp}(H_2O)$	273.16K，611.657 Pa
水的沸点	$t_b(H_2O)$	99.974℃（101.325 kPa）
Faraday(法拉第)常数	F	96 485.332 89(59) C·mol^{-1}
Planck(普朗克)常量	h	6.626 070 040(81)$\times 10^{-34}$ J·s
真空光速	c_0	299 792 458 m·s^{-1}
元电荷	e	1.602 176 620 8(98)$\times 10^{-19}$ C
电子质量	m_e	9.109 383 56(11)$\times 10^{-31}$ kg
Rydberg(里德伯)常量	R_∞	10 973 731.568 508(65) m^{-1}
Bohr(波尔)半径	α_0	5.291 772 106 7(12)$\times 10^{-11}$ m
Bohr(波尔)磁子	μ_B	927.400 999 4(57)$\times 10^{-24}$ J·T^{-1}
真空电容率	ε_0	8.854 187 817$\cdots\times 10^{-12}$ F·m^{-1}
原子质量常数$\left[\dfrac{1}{12}m(^{12}C)\right]$	u	1.660 539 040(20)$\times 10^{-27}$ kg

注：摘自 CRC Handbook of Chemistry and Physics, 97th ed.（2016—2017），1-1~1-9，6-13。

附录4　不同温度下水的蒸气压

温度/℃	蒸气压/kPa		温度/℃	蒸气压/kPa	温度/℃	蒸气压/kPa
−14	0.208 0*	0.181 19	16	1.818 8	46	10.099
−12	0.244 5*	0.217 29	18	2.064 7	48	11.177
−10	0.286 5*	0.259 87	20	2.339 3	50	12.352
−8	0.335 2*	0.309 95	22	2.645 3	52	13.631
−6	0.390 8*	0.368 71	24	2.985 8	54	15.022
−4	0.454 6*	0.437 45	26	3.363 9	56	16.533
−2	0.527 4*	0.517 70	28	3.783 1	58	18.171
0		0.611 15	30	4.247 0	60	19.946
2		0.705 99	32	4.759 6	62	21.867
4		0.813 55	34	5.325 1	64	23.943
6		0.935 36	36	5.947 9	66	26.183
8		1.073 0	38	6.632 8	68	28.599
10		1.228 2	40	7.384 9	70	31.201
12		1.402 8	42	8.209 6	72	34.000
14		1.599 0	44	9.112 4	74	37.009

（续）

温度/℃	蒸气压/kPa	温度/℃	蒸气压/kPa	温度/℃	蒸气压/kPa
76	40.239	96	87.771	116	174.77
78	43.703	98	94.390	118	186.41
80	47.414	100	101.42	120	198.67
82	51.387	102	108.87	150	476.16
84	55.635	104	116.78	200	1 554.9
86	60.173	106	125.15	250	3 976.2
88	65.017	108	134.01	300	8 587.9
90	70.182	110	143.38	350	16 529
92	75.684	112	153.28	370	21 044
94	81.541	114	163.74	373.95	22 064

注：摘自 CRC Handbook of Chemistry and Physics, 97th ed. (2016—2017)，6-9～6-13。

0℃以下为冰蒸气压，＊为过冷水蒸气压。

附录5　常见物质的 $\Delta_f H_m^{\ominus}$、$\Delta_f G_m^{\ominus}$、$S_m^{\ominus}$（298.15 K，100.00 kPa）

物　质	$\Delta_f H_m^{\ominus}/(kJ \cdot mol^{-1})$	$\Delta_f G_m^{\ominus}/(kJ \cdot mol^{-1})$	$S_m^{\ominus}/(J \cdot mol^{-1} \cdot K^{-1})$
Ag(cr)	0.0	0.0	42.6
Ag^+(aq)	105.6	77.1	72.7
$Ag(NH_3)_2^+$(aq)	−111.29	−17.24	245.2
AgCl(cr)	−127.0	−109.8	96.3
AgBr(cr)	−100.4	−96.9	107.1
Ag_2CrO_4(cr)	−731.7	−641.8	217.6
AgI(cr)	−61.8	−66.2	115.5
Ag_2O(cr)	−31.1	−11.2	121.3
Ag_2S(cr, 辉银矿)	−32.6	−40.7	144.0
$AgNO_3$(cr)	−124.4	−33.4	140.9
Al(cr)	0.0	0.0	28.3
Al^{3+}(aq)	−531.0	−485.0	−321.7
$AlCl_3$(cr)	−704.2	−628.8	109.3
Al_2O_3(cr, 刚玉)	−1 675.7	−1 582.3	50.9
B(cr, 菱形)	0.0	0.0	5.9
B_2O_3(cr)	−1 273.5	−1 194.3	54.0
BCl_3(g)	−403.8	−388.7	290.1
BCl_3(l)	−427.2	−387.4	206.3
B_2H_6(g)	36.4	86.7	232.1
Ba(cr)	0.0	0.0	62.5
Ba^{2+}(aq)	−537.6	−560.8	9.6
$BaCl_2$(cr)	−855.0	−806.7	123.7

（续）

物　质	$\Delta_f H_m^\ominus/(kJ \cdot mol^{-1})$	$\Delta_f G_m^\ominus/(kJ \cdot mol^{-1})$	$S_m^\ominus/(J \cdot mol^{-1} \cdot K^{-1})$
BaO(cr)	−548.0	−520.3	72.1
Ba(OH)$_2$(cr)	−944.7	—	—
BaH$_2$(cr)	−177.0	−138.2	63.0
BaCO$_3$(cr)	−1 213.0	−1 134.4	112.1
BaSO$_4$(cr)	−1 473.2	−1 362.2	132.2
Br$_2$(l)	0.0	0.0	152.2
Br$^-$(aq)	−121.6	−104.0	82.4
Br$_2$(g)	30.9	3.1	245.5
HBr(g)	−36.3	−53.4	198.7
HBr(aq)	−121.6	−104.0	82.4
Ca(cr)	0.0	0.0	41.6
Ca^{2+}(aq)	−542.8	−553.6	−53.1
CaF$_2$(cr)	−1 228.0	−1 175.6	68.5
CaCl$_2$(cr)	−795.4	−748.8	108.4
CaO(cr)	−634.9	−603.3	38.1
CaH$_2$(cr)	−181.5	−142.5	41.4
Ca(OH)$_2$(cr)	−985.2	−897.5	83.4
CaCO$_3$(cr, 方解石)	−1 207.6	−1 129.1	91.7
CaSO$_4$(cr, 无水石膏)	−1 434.5	−1 322.0	106.5
C(石墨)	0.0	0.0	5.7
C(金刚石)	1.9	2.9	2.4
C(g)	716.7	671.3	158.1
CO(g)	−110.5	−137.2	197.7
CO$_2$(g)	−393.5	−394.4	213.8
CO$_3^{2-}$(aq)	−667.1	−527.8	−56.9
HCO$_3^-$(aq)	−692.0	−586.8	91.2
CO$_2$(aq)	−413.26	−386.0	119.36
H$_2$CO$_3$(aq, 非电离)	−699.65	−623.16	187.4
CCl$_4$(l)	−128.2	−62.6	216.2
CH$_3$OH(l)	−239.2	−166.6	126.8
C$_2$H$_5$OH(l)	−277.6	−174.8	160.7
HCOOH(l)	−425.0	−361.4	129.0
CH$_3$COOH(l)	−484.3	−389.9	159.8
CH$_3$COOH(aq, 非电离)	−485.76	−396.46	178.7
CH$_3$COO$^-$(aq)	−486.01	−369.3	86.6
CH$_3$CHO(l)	−192.2	−127.6	160.2

（续）

物　质	$\Delta_f H_m^{\ominus}/(kJ \cdot mol^{-1})$	$\Delta_f G_m^{\ominus}/(kJ \cdot mol^{-1})$	$S_m^{\ominus}/(J \cdot mol^{-1} \cdot K^{-1})$
$CH_4(g)$	−74.6	−50.5	186.3
$C_2H_2(g)$	227.4	209.9	200.4
$C_2H_4(g)$	52.4	68.4	219.3
$C_2H_6(g)$	−84.0	−32.0	229.2
$C_3H_8(g)$	−103.8	−23.4	270.3
$C_4H_6(l,1,3$-丁二烯$)$	88.5	—	199.0
$C_4H_6(g,1,3$-丁二烯$)$	165.5	201.7	293.0
$C_4H_8(l,1$-丁烯$)$	−20.8	—	227.0
$C_4H_8(g,1$-丁烯$)$	1.17	72.04	307.4
$nC_4H_{10}(l$,正丁烷$)$	−14.3	—	—
$nC_4H_{10}(g$,正丁烷$)$	−124.73	−15.71	310.0
$C_6H_6(g)$	82.9	129.7	269.2
$C_6H_6(l)$	49.1	124.5	173.4
$Cl_2(g)$	0.0	0.0	223.1
$Cl^-(aq)$	−167.2	−131.2	56.5
$HCl(g)$	−92.3	−95.3	186.9
$ClO_3^-(aq)$	−104.0	−8.0	162.3
$Co(cr)$	0.0	0.0	30.0
$Co(OH)_2(cr)$	−539.7	−454.3	79.0
$Cr(cr)$	0.0	0.0	23.8
$Cr_2O_3(cr)$	−1 139.7	−1 058.1	81.2
$Cr_2O_7^{2-}(aq)$	−1 490.3	−1 301.1	261.9
$CrO_4^{2-}(aq)$	−881.2	−727.8	50.2
$Cu(cr)$	0.0	0.0	33.2
$Cu^+(aq)$	71.7	50.0	40.6
$Cu^{2+}(aq)$	64.8	65.5	−99.6
$Cu(NH_3)_4^{2+}(aq)$	−348.5	−111.3	273.6
$CuCl(cr)$	−137.2	−119.9	86.2
$CuBr(cr)$	−104.6	−100.8	96.2
$CuI(cr)$	67.8	−69.5	96.7
$Cu_2O(cr)$	−168.6	−146.0	93.1
$CuO(cr)$	−157.3	−129.7	42.6
$Cu_2S(cr,\alpha$型$)$	−79.5	−86.2	120.9
$CuS(cr)$	−53.1	−53.7	66.5
$CuSO_4(cr)$	−771.4	−662.2	109.2
$CuSO_4 \cdot 5H_2O(cr)$	−2 279.65	−1 880.04	300.4

（续）

物　　质	$\Delta_f H_m^{\ominus}/(kJ \cdot mol^{-1})$	$\Delta_f G_m^{\ominus}/(kJ \cdot mol^{-1})$	$S_m^{\ominus}/(J \cdot mol^{-1} \cdot K^{-1})$
HF(g)	−273.30	−275.4	173.8
F_2(g)	0.0	0.0	202.8
F^-(aq)	−332.6	−278.8	−13.8
F(g)	79.4	62.3	158.8
Fe(cr)	0.0	0.0	27.3
Fe^{2+}(aq)	−89.1	−78.9	−137.7
Fe^{3+}(aq)	−48.5	−4.7	−315.9
Fe_2O_3(cr)	−824.2	−742.2	87.4
Fe_3O_4(cr)	−1 118.4	−1 015.4	146.4
H_2(g)	0.0	0.0	130.7
H(g)	218.0	203.3	114.7
H^+(aq)	0.0	0.0	0.0
H_3O^+(aq)	−285.83	−237.13	69.91
Hg(g)	61.4	31.8	175.0
Hg(l)	0.0	0.0	75.9
HgO(cr)	−90.8	−58.5	70.3
HgS(cr)	−58.2	−50.6	82.4
$HgCl_2$(cr)	−224.3	−178.6	146.0
Hg_2Cl_2(cr)	−265.4	−210.7	191.6
I_2(cr)	0.0	0.0	116.1
I_2(g)	62.4	19.3	260.7
I(aq)	−55.2	−51.6	111.3
HI(g)	26.5	1.7	206.6
K(cr)	0.0	0.0	64.7
K^+(aq)	−252.4	−283.3	102.5
KCl(cr)	−436.5	−408.5	82.6
KI(cr)	−327.9	−324.9	106.3
KOH(cr)	−424.6	−379.4	81.2
$KClO_3$(cr)	−397.7	−296.3	143.1
$KClO_4$(cr)	−432.8	−303.1	151.0
$KMnO_4$(cr)	−837.2	−737.6	171.7
Mg(cr)	0.0	0.0	32.7
Mg^{2+}(aq)	−466.9	−454.8	−138.1
$MgCl_2$(cr)	−641.3	−591.8	89.6
$MgCl_2 \cdot 6H_2O$(cr) *	−2 499.0	−2 115.0	315.1
MgO(cr)	−601.6	−569.3	27.0

（续）

物　质	$\Delta_f H_m^\ominus/(kJ \cdot mol^{-1})$	$\Delta_f G_m^\ominus/(kJ \cdot mol^{-1})$	$S_m^\ominus/(J \cdot mol^{-1} \cdot K^{-1})$
$Mg(OH)_2(cr)$	-924.5	-833.5	63.2
$MgCO_3(cr)$	-1 095.8	-1 012.1	65.7
$MgSO_4(cr)$	-1 284.9	-1 170.6	91.6
$Mn(cr)$	0.0	0.0	32.0
$Mn^{2+}(aq)$	-220.8	-228.1	-73.6
$MnO_2(cr)$	-520.0	-465.1	53.1
$MnO_4^-(aq)$	-541.4	-447.2	191.2
$MnCl_2(cr)$	-481.3	-440.5	118.2
$Na(cr)$	0.0	0.0	51.3
$Na^+(aq)$	-240.1	-261.9	59.0
$NaCl(cr)$	-411.2	-384.1	72.1
$Na_2O(cr)$	-414.2	-375.5	75.1
$NaOH(cr)$	-425.8	-379.5	64.4
$Na_2CO_3(cr)$	-1 130.7	-1 044.4	135.0
$NaI(cr)$	-287.8	-286.1	98.5
$Na_2O_2(cr)$	-510.9	-447.7	95.0
$HNO_3(l)$	-174.1	-80.7	155.6
$NO_3^-(aq)$	-207.4	-111.3	146.4
$NH_3(g)$	-45.9	-16.4	192.8
$NH_3(aq)$	-80.29	-26.5	111.3
$NH_3 \cdot H_2O(aq, 非电离)$	-366.12	-263.63	181.21
$NH_4^+(aq)$	-132.5	-79.3	113.4
$NH_4Cl(cr)$	-314.4	-202.9	94.6
$NH_4NO_3(cr)$	-365.6	-183.9	151.1
$(NH_4)_2SO_4(cr)$	-1 180.9	-910.7	220.1
$N_2(g)$	0.0	0.0	191.6
$NO(g)$	91.3	87.6	210.8
$NO_2(g)$	33.2	51.3	240.1
$N_2O(g)$	81.6	103.7	220.0
$N_2O_4(g)$	11.1	99.8	304.4
$N_2O_4(l)$	-19.5	97.5	209.2
$N_2H_4(g)$	95.4	159.4	238.5
$N_2H_4(l)$	50.6	149.3	121.2
$Ni(cr)$	0.0	—	29.87
$NiO(cr)$	-240.6	-211.7	38.00
$O_3(g)$	142.7	163.2	238.5

（续）

物　质	$\Delta_f H_m^{\ominus}/(kJ \cdot mol^{-1})$	$\Delta_f G_m^{\ominus}/(kJ \cdot mol^{-1})$	$S_m^{\ominus}/(J \cdot mol^{-1} \cdot K^{-1})$
$O_2(g)$	0	0	205.2
$OH^-(aq)$	−230.0	−157.24	−10.75
$H_2O(l)$	−285.8	−237.1	70.0
$H_2O(g)$	−241.8	−228.6	188.8
$H_2O_2(l)$	−187.8	−120.4	109.6
$H_2O_2(aq)$	−191.17	−134.10	143.9
P(cr, 白)	0.0	0.0	41.1
P(cr, 红)	−17.6	—	22.8
$PCl_3(g)$	−287.0	−267.8	311.8
$PCl_3(l)$	−319.7	−272.3	217.1
$PCl_5(cr)$	−443.5	—	—
$PCl_5(g)$	−374.9	−305.0	364.6
Pb(cr)	0.0	0.0	64.8
$Pb^{2+}(aq)$	−1.7	−24.4	10.5
PbO(cr, 黄)	−217.3	−187.9	68.7
PbO(cr, 红)	−219.0	−188.9	66.5
PbO(cr)	−277.4	−217.3	68.6
$Pb_3O_4(cr)$	−718.4	−601.2	211.3
$H_2S(g)$	−20.6	−33.4	205.8
$H_2S(aq)$	−38.6	−27.87	126
$HS^-(aq)$	−17.6	12.1	62.8
$S^{2-}(aq)$	33.1	85.8	−14.6
$H_2SO_4(l)$	−814.0	−690.0	156.9
$HSO_4^-(aq)$	−887.3	−755.9	131.8
$SO_4^{2-}(aq)$	−909.3	−744.5	20.1
$SO_2(g)$	−296.8	−300.1	248.2
$SO_3(g)$	−395.7	−371.1	256.8
$SO_3(l)$	−441.0	−373.8	113.8
Si(cr)	0.0	0.0	18.8
$SiO_2(cr, \alpha-石英)$	−910.7	−856.3	41.5
$SiF_4(g)$	−1 615.0	−1 572.8	282.8
$SiCl_4(l)$	−687.0	−619.8	239.7
$SiCl_4(g)$	−657.0	−617.0	330.7
Sn(cr, 白)	0.0	0.0	51.2
Sn(cr, 灰)	−2.1	0.1	44.1
SnO(cr)	−280.7	−251.9	57.2

（续）

物　质	$\Delta_f H_m^\Theta /(kJ \cdot mol^{-1})$	$\Delta_f G_m^\Theta /(kJ \cdot mol^{-1})$	$S_m^\Theta /(J \cdot mol^{-1} \cdot K^{-1})$
$SnO_2(cr)$	−577.6	−515.8	49.0
$SnCl_2(cr)$	−325.1	—	—
$SnCl_4(l)$	−511.3	−440.1	258.6
$Ti(cr)$	0.0	0.0	30.7
$TiO_2(cr)$	−944.0	−888.8	50.6
$TiCl_4(g)$	−763.2	−726.3	353.2
$Zn(cr)$	0.0	0.0	41.6
$Zn^{2+}(aq)$	−153.9	−147.1	−112.1
$ZnO(cr)$	−350.5	−320.5	43.7
$ZnCl_2(aq)$	−415.1	−369.4	111.5
$ZnS(cr,闪锌矿)$	206.0	−201.3	57.7

注：摘自 CRC W. M. Haynes Handbook of Chemistry and Physics, 97th ed. (2016—2017) 5-3~5-65。

* 摘自 Lange's Handbook of Chemistry, 15th ed. (1999), 6.81~6.123。

附录6　弱酸、弱碱的解离平衡常数

弱电解质	$t/℃$	解离常数	弱电解质	$t/℃$	解离常数
H_3AsO_4	25	$K_{a_1}^\Theta = 5.5 \times 10^{-3}$	H_2S	25	$K_{a_1}^\Theta = 1.1 \times 10^{-7}$
	25	$K_{a_2}^\Theta = 1.7 \times 10^{-7}$		25	$K_{a_2}^\Theta = 1.3 \times 10^{-13}$
	25	$K_{a_3}^\Theta = 5.1 \times 10^{-12}$	HSO_4^-	25	1.0×10^{-2}
H_3BO_3	20	5.4×10^{-10}	H_2SO_3	25	$K_{a_1}^\Theta = 1.4 \times 10^{-2}$
$HBrO$	25	2.8×10^{-9}		25	$K_{a_2}^\Theta = 6.0 \times 10^{-8}$
H_2CO_3	25	$K_{a_1}^\Theta = 4.5 \times 10^{-7}$	H_2SO_3	30	$K_{a_1}^\Theta = 1.0 \times 10^{-10}$
	25	$K_{a_2}^\Theta = 4.7 \times 10^{-11}$		30	$K_{a_2}^\Theta = 2.0 \times 10^{-12}$
$H_2C_2O_4$	25	$K_{a_1}^\Theta = 5.6 \times 10^{-2}$	$HCOOH$	25	1.8×10^{-4}
	25	$K_{a_2}^\Theta = 1.5 \times 10^{-4}$	CH_3COOH	25	1.75×10^{-5}
HCN	25	6.2×10^{-10}	$CH_2ClCOOH$	25	1.3×10^{-3}
$HClO$	25	4.0×10^{-8}	$CHCl_2COOH$	25	4.5×10^{-2}
H_2CrO_4	25	$K_{a_1}^\Theta = 1.8 \times 10^{-1}$	$H_3C_6H_5O_7$（柠檬酸）	20	$K_{a_1}^\Theta = 7.4 \times 10^{-4}$
	25	$K_{a_2}^\Theta = 3.2 \times 10^{-7}$		20	$K_{a_2}^\Theta = 1.7 \times 10^{-5}$
HF	25	6.3×10^{-4}		20	$K_{a_3}^\Theta = 4.0 \times 10^{-7}$
HIO_3	25	1.7×10^{-1}	$NH_3 \cdot H_2O$	25	1.8×10^{-5}
HIO	25	3.2×10^{-11}	NH_2OH	18~25	9.1×10^{-9}

（续）

弱电解质	$t/℃$	解离常数	弱电解质	$t/℃$	解离常数
HNO_2	25	$5.6×10^{-4}$	$AgOH$	18~25	$1.1×10^{-4}$
NH_4^+	25	$5.6×10^{-10}$	$Be(OH)_2$	18~25	$K_{a_2}^{\ominus}=5.0×10^{-11}$
H_2O_2	25	$2.4×10^{-12}$	$Pb(OH)_2$	18~25	$K_{a_1}^{\ominus}=9.5×10^{-4}$
H_3PO_4	25	$K_{a_1}^{\ominus}=6.9×10^{-3}$	$Zn(OH)_2$	18~25	$K_{a_1}^{\ominus}=9.5×10^{-4}$
	25	$K_{a_2}^{\ominus}=6.2×10^{-8}$			
	25	$K_{a_3}^{\ominus}=4.8×10^{-13}$			

注：摘自 CRC Handbook of Chemistry and Physics, 97ed.（2016—2017），5-87~5-97。

附录 7　常见难溶电解质的溶度积（298.15 K）

难溶电解质	$K_{sp}^{\ominus}$	难溶电解质	$K_{sp}^{\ominus}$
$AgCl$	$1.77×10^{-10}$	Ag_2SO_4	$1.20×10^{-5}$
$AgBr$	$5.35×10^{-13}$	Ag_2S	$6.3×10^{-50}$
AgI	$8.52×10^{-17}$	$Al(OH)_3$	$1.3×10^{-33}$
Ag_2CO_3	$8.46×10^{-12}$	$BaCO_3$	$2.58×10^{-9}$
Ag_2CrO_4	$1.12×10^{-12}$	$BaSO_4$	$1.08×10^{-10}$
$BaCrO_4$	$1.17×10^{-10}$	$Mg(OH)_2$	$5.61×10^{-12}$
$CaCO_3$	$3.36×10^{-9}$	$Mn(OH)_2$	$1.9×10^{-13}$
$CaC_2O_4 \cdot H_2O$	$2.32×10^{-9}$	MnS	$2.5×10^{-13}$
CaF_2	$3.45×10^{-11}$	$Ni(OH)_2$	$5.48×10^{-16}$
$Ca_3(PO_4)_2$	$2.07×10^{-33}$	$NiS(\alpha)$	$3.2×10^{-19}$
$CaSO_4$	$4.93×10^{-5}$	$NiS(\beta)$	$1.0×10^{-24}$
$Cd(OH)_2$	$7.2×10^{-15}$	$NiS(\gamma)$	$2.0×10^{-26}$
CdS	$8.0×10^{-27}$	$PbCl_2$	$1.70×10^{-5}$
$Co(OH)_2$	$5.92×10^{-15}$	$PbCO_3$	$7.40×10^{-14}$
$CoS(\alpha)$	$4.0×10^{-21}$	$PbCrO_4$	$2.8×10^{-13}$
$CoS(\beta)$	$2.0×10^{-25}$	PbF_2	$3.3×10^{-8}$
$Cr(OH)_3$	$6.3×10^{-31}$	$PbSO_4$	$2.53×10^{-8}$
$CuCl$	$1.72×10^{-7}$	PbS	$8.0×10^{-28}$
CuI	$1.27×10^{-12}$	PbI_2	$9.8×10^{-9}$
$CuBr$	$6.27×10^{-9}$	$Pb(OH)_2$	$1.43×10^{-20}$
CuS	$6.3×10^{-36}$	$SrCO_3$	$5.60×10^{-10}$

（续）

难溶电解质	$K_{sp}^{\ominus}$	难溶电解质	$K_{sp}^{\ominus}$
$Fe(OH)_2$	4.87×10^{-17}	$SrSO_4$	3.44×10^{-7}
$Fe(OH)_3$	2.79×10^{-39}	$ZnCO_3$	1.46×10^{-10}
FeS	6.3×10^{-18}	$Zn(OH)_2$	3.0×10^{-17}
Hg_2Cl_2	1.43×10^{-18}	$ZnS(\alpha)$	1.6×10^{-24}
HgS（黑）	1.6×10^{-52}	$ZnS(\beta)$	2.5×10^{-22}
$MgCO_3$	6.82×10^{-6}		

注：摘自 Lange's Handbook of Chemistry, 16th ed. (2005), Table 1.71。

附录8　酸性溶液中的标准电极电势（298.15 K）

	电极反应	$E^{\ominus}/V$
Ag	$AgBr + e \Longrightarrow Ag + Br^-$	+0.071 33
	$AgCl + e \Longrightarrow Ag + Cl^-$	+0.222 33
	$Ag_2CrO_4 + 2e \Longrightarrow 2Ag + CrO_4^{2-}$	+0.447 0
	$Ag^+ + e \Longrightarrow Ag$	+0.799 6
Al	$Al^{3+} + 3e \Longrightarrow Al$	−1.662
As	$HAsO_2 + 3H^+ + 3e \Longrightarrow As + 2H_2O$	+0.248
	$H_3AsO_4 + 2H^+ + 2e \Longrightarrow HAsO_2 + 2H_2O$	+0.560
Bi	$BiOCl + 2H^+ + e \Longrightarrow Bi + Cl^- + H_2O$	+0.158 3
	$BiO^+ + 2H^+ + 3e \Longrightarrow Bi + H_2O$	+0.320
Br	$Br_2 + 2e \Longrightarrow 2Br^-$	+1.066
	$BrO_3^- + 6H^+ + 5e \Longrightarrow 1/2Br_2 + 3H_2O$	+1.482
Ca	$Ca^{2+} + 2e \Longrightarrow Ca$	−2.868
Cl	$ClO_4^- + 2H^+ + 2e \Longrightarrow ClO_3^- + H_2O$	+1.189
	$Cl_2 + 2e \Longrightarrow 2Cl^-$	+1.358 27
	$ClO_3^- + 6H^+ + 6e \Longrightarrow Cl^- + 3H_2O$	+1.451
	$ClO_3^- + 6H^+ + 5e \Longrightarrow 1/2Cl_2 + 3H_2O$	+1.47
	$HClO + H^+ + e \Longrightarrow 1/2Cl_2 + H_2O$	+1.611
	$ClO_3^- + 3H^+ + 2e \Longrightarrow HClO_2 + H_2O$	+1.214
	$ClO_2 + H^+ + e \Longrightarrow HClO_2$	+1.277
	$HClO_2 + 2H^+ + 2e \Longrightarrow HClO + H_2O$	+1.645
Co	$Co^{3+} + e \Longrightarrow Co^{2+}$	+1.92
Cr	$Cr_2O_7^{2-} + 14H^+ + 6e \Longrightarrow 2Cr^{3+} + 7H_2O$	+1.36
Cu	$Cu^{2+} + e \Longrightarrow Cu^+$	+0.153
	$Cu^{2+} + 2e \Longrightarrow Cu$	+0.341 9
	$Cu^+ + e \Longrightarrow Cu$	+0.521
Fe	$Fe^{2+} + 2e \Longrightarrow Fe$	−0.447

（续）

	电极反应	$E^{\ominus}/V$
	$Fe(CN)_6^{3-} + e \Longrightarrow Fe(CN)_6^{4-}$	+0.358
	$Fe^{3+} + e \Longrightarrow Fe^{2+}$	+0.771
H	$2H^+ + e \Longrightarrow H_2$	0.000 00
Hg	$Hg_2Cl_2 + 2e \Longrightarrow 2Hg + 2Cl^-$	+0.268 08
	$Hg_2^{2+} + 2e \Longrightarrow 2Hg$	+0.797 3
	$Hg^{2+} + 2e \Longrightarrow Hg$	+0.851
	$2Hg^{2+} + 2e \Longrightarrow Hg_2^{2+}$	+0.920
I	$I + 2e \Longrightarrow 2I^-$	+0.535 5
	$I_3^- + 2e \Longrightarrow 3I^-$	+0.536
	$2IO_3^- + 12H^+ + 10e \Longrightarrow I_2 + 6H_2O$	+1.195
	$2HIO + 2H^+ + 2e \Longrightarrow I_2 + 2H_2O$	+1.439
K	$K^+ + e \Longrightarrow K$	−2.931
Mg	$Mg^{2+} + 2e \Longrightarrow Mg$	−2.372
Mn	$Mn^{2+} + 2e \Longrightarrow Mn$	−1.185
	$MnO_4^- + e \Longrightarrow MnO_4^{2-}$	+0.558
	$MnO_2 + 4H^+ + 2e \Longrightarrow Mn^{2+} + 2H_2O$	+1.224
	$MnO_4^- + 8H^+ + 5e \Longrightarrow Mn^{2+} + 4H_2O$	+1.507
	$MnO_4^- + 4H^+ + 3e \Longrightarrow MnO_2 + 2H_2O$	+1.679
Na	$Na^+ + e \Longrightarrow Na$	−2.71
N	$NO_3^- + 4H^+ + 3e \Longrightarrow NO + 2H_2O$	+0.957
	$2NO_3^- + 4H^+ + 2e \Longrightarrow N_2O_4 + 2H_2O$	+0.803
	$HNO_2 + H^+ + e \Longrightarrow NO + H_2O$	+0.983
	$N_2O_4 + 4H^+ + 4e \Longrightarrow 2NO + 2H_2O$	+1.035
	$NO_3^- + 3H^+ + 2e \Longrightarrow HNO_2 + H_2O$	+0.934
	$N_2O_4 + 2H^+ + 2e \Longrightarrow 2NHO_2$	+1.065
O	$O_2 + 2H^+ + 2e \Longrightarrow H_2O_2$	+0.695
	$H_2O_2 + 2H^+ + 2e \Longrightarrow 2H_2O$	+1.776
	$O_2 + 4H^+ + 4e \Longrightarrow 2H_2O$	+1.229
P	$H_3PO_4 + 2H^+ + 2e \Longrightarrow H_3PO_3 + H_2O$	−0.276
Pb	$PbI_2 + 2e \Longrightarrow Pb + 2I^-$	−0.365
	$PbSO_4 + 2e \Longrightarrow Pb + SO_4^{2-}$	−0.358 8
	$PbCl_2 + 2e \Longrightarrow Pb + 2Cl^-$	−0.267 5
	$Pb^{2+} + 2e \Longrightarrow Pb$	−0.126 2
	$PbO_2 + 4H^+ + 2e \Longrightarrow Pb^{2+} + 2H_2O$	+1.455
	$PbO_2 + SO_4^{2-} + 4H^+ + 2e \Longrightarrow PbSO_4 + 2H_2O$	+1.691 3
S	$H_2SO_3 + 4H^+ + 4e \Longrightarrow S + 3H_2O$	+0.449

（续）

	电极反应	$E^{\ominus}/V$
	$S + 2H^+ + 2e \Longrightarrow H_2S$	+0.142
	$SO_4^{2-} + 4H^+ + 2e \Longrightarrow H_2SO_3 + H_2O$	+0.172
	$S_4O_6^{2-} + 2e \Longrightarrow 2S_2O_3^{2-}$	+0.08
	$S_4O_8^{2-} + 2e \Longrightarrow 2SO_4^{2-}$	+2.010
	$S_4O_8^{2-} + 2H^+ + 2e \Longrightarrow 2HSO_4^-$	+2.123
Sb	$Sb_2O_3 + 6H^+ + 6e \Longrightarrow 2Sb + 3H_2O$	+0.152
	$Sb_2O_5 + 6H^+ + 4e \Longrightarrow 2SbO^+ + 3H_2O$	+0.581
Sn	$Sn^{4+} + 2e \Longrightarrow Sn^{2+}$	+0.151
V	$V(OH)_4^+ + 4H^+ + 5e \Longrightarrow V + 4H_2O$	−0.254
	$VO^{2+} + 2H^+ + e \Longrightarrow V^{3+} + H_2O$	+0.337
	$V(OH)_4^+ + 2H^+ + e \Longrightarrow VO^{2+} + 3H_2O$	+1.00
Zn	$Zn^{2+} + 2e \Longrightarrow Zn$	−0.7618

附录 9 碱性溶液中的标准电极电势（298.15 K）

	电极反应	$E^{\ominus}/V$
Ag	$Ag_2S + 2e \Longrightarrow 2Ag + S^{2-}$	−0.691
	$Ag_2O + H_2O + 2e \Longrightarrow 2Ag + 2OH^-$	+0.342
Al	$H_2AsO_3^- + H_2O + 3e \Longrightarrow Al + 4OH^-$	−2.33
	$Al(OH)_4^- + 3e \Longrightarrow Al + 4OH^-$	−2.310
As	$AsO_2^- + 2H_2O + 3e \Longrightarrow As + 4OH^-$	−0.68
	$AsO_4^{3-} + 2H_2O + 2e \Longrightarrow AsO_2^- + 4OH^-$	−0.71
Br	$BrO_3^- + 3H_2O + 6e \Longrightarrow Br^- + 6OH^-$	+0.61
	$BrO^- + H_2O + 2e \Longrightarrow Br^- + 2OH^-$	+0.761
Cl	$ClO_3^- + H_2O + 2e \Longrightarrow ClO_2^- + 2OH^-$	+0.33
	$ClO_4^- + H_2O + 2e \Longrightarrow ClO_3^- + 2OH^-$	+0.36
	$ClO_2^- + H_2O + 2e \Longrightarrow ClO^- + 2OH^-$	+0.66
	$ClO^- + H_2O + 2e \Longrightarrow Cl^- + 2OH^-$	+0.81
Co	$Co(OH)_2 + 2e \Longrightarrow Co + 2OH^-$	−0.73
	$Co(NH_3)_6^{3+} + e \Longrightarrow Co(NH_3)_6^{2+}$	+0.108
	$Co(OH)_3 + e \Longrightarrow Co(OH)_2 + OH^-$	+0.17
Cr	$Cr(OH)_3 + 3e \Longrightarrow Cr + 3OH^-$	−1.48

（续）

	电极反应	$E^{\ominus}/V$
	$CrO_2^- + 2H_2O + 3e \Longrightarrow Cr + 4OH^-$	-1.2
	$CrO_4^{2-} + 4H_2O + 3e \Longrightarrow Cr(OH)_3 + 5OH^-$	-0.13
Cu	$Cu_2O + H_2O + 2e \Longrightarrow 2Cu + 2OH^-$	-0.360
Fe	$Fe(OH)_3 + e \Longrightarrow Fe(OH)_2 + OH^-$	-0.56
H	$2H_2O + 2e \Longrightarrow H_2 + 2OH^-$	$-0.827\ 7$
Hg	$HgO + H_2O + 2e \Longrightarrow Hg + 2OH^-$	$+0.097\ 7$
I	$IO_3^- + 3H_2O + 6e \Longrightarrow I^- + 6OH^-$	$+0.26$
	$IO^- + H_2O + 2e \Longrightarrow I^- + 2OH^-$	$+0.485$
Mg	$Mg(OH)_2 + 2e \Longrightarrow Mg + 2OH^-$	-2.690
Mn	$Mn(OH)_2 + 2e \Longrightarrow Mn + 2OH^-$	-1.56
	$MnO_4^- + 2H_2O + 3e \Longrightarrow MnO_2 + 4OH^-$	$+0.595$
	$MnO_4^{2-} + 2H_2O + 2e \Longrightarrow MnO_2 + 4OH^-$	$+0.60$
N	$NO_3^- + H_2O + 2e \Longrightarrow NO_2^- + 2OH^-$	$+0.01$
O	$O_2 + 2H_2O + 4e \Longrightarrow 4OH^-$	$+0.401$
	$HO_2^- + H_2O + 2e \Longrightarrow 3OH^-$	$+0.878$
S	$S + 2e \Longrightarrow S^{2-}$	$-0.476\ 27$
	$SO_4^{2-} + H_2O + 2e \Longrightarrow SO_3^{2-} + 2OH^-$	-0.93
	$2SO_3^{2-} + 3H_2O + 4e \Longrightarrow S_2O_3^{2-} + 6OH^-$	-0.571
	$S_4O_6^{2-} + 2e \Longrightarrow 2S_2O_3^{2-}$	$+0.08$
Sb	$SbO_2^- + 2H_2O + 3e \Longrightarrow Sb + 4OH^-$	-0.66
Sn	$Sn(OH)_6^{2-} + 2e \Longrightarrow HSnO_2^- + H_2O + 3OH^-$	-0.93
	$HSnO_2^- + H_2O + 2e \Longrightarrow Sn + 3OH^-$	-0.909

注：摘自 CRC Handbook of Chemistry and Physics，97th ed.（2016—2017），5-78~5-84。

附录 10　常见配离子的标准稳定常数（293.15~298.15 K）

配离子	$K_f^{\ominus}$	配离子	$K_f^{\ominus}$
$[Au(CN)_2]^-$	2.0×10^{38}	$[Cu(S_2O_3)_3]^{5-}$	6.9×10^{13}
$[Ag(CN)_2]^-$	1.3×10^{21}	$[FeCl_3]$	98
$[Ag(NH_3)_2]^+$	1.1×10^7	$[Fe(CN)_6]^{4-}$	1.0×10^{35}
$[Ag(SCN)_2]^-$	3.7×10^7	$[Fe(CN)_6]^{3-}$	1.0×10^{42}
$[Ag(SCN)_4]^{3-}$	1.2×10^{10}	$[Fe(C_2O_4)_3]^{3-}$	1.6×10^{20}
$[Ag(S_2O_3)_2]^{3-}$	2.9×10^{13}	$[Fe(C_2O_4)]_3^{4-}$	1.7×10^5
$[Al(C_2O_4)_3]^{3-}$	2.0×10^{16}	$[Fe(NCS)]^{2+}$	2.2×10^3
$[AlF_6]^{3-}$	6.9×10^{19}	$[FeF_6]^{3-}$	1.0×10^{16}
$[Al(OH)_4]^-$	1.1×10^{33}	$[HgCl_4]^{2-}$	1.2×10^{15}
$[Cd(CN)_4]^{2-}$	6.0×10^{18}	$[Hg(CN)_4]^{2-}$	2.5×10^{41}

（续）

配离子	$K_f^{\ominus}$	配离子	$K_f^{\ominus}$
$[CdCl_4]^{2-}$	6.3×10^2	$[HgI_4]^{2-}$	6.8×10^{29}
$[Cd(NH_3)_4]^{2+}$	1.3×10^7	$[Hg(NH_3)_4]^{2+}$	1.9×10^{19}
$[Cd(SCN)_4]^{2-}$	4.0×10^3	$[Ni(CN)_4]^{2-}$	2.0×10^{31}
$[Co(NH_3)_6]^{2+}$	1.3×10^5	$[Ni(NH_3)_4]^{2+}$	9.1×10^7
$[Co(NH_3)_6]^{3+}$	1.6×10^{35}	$[Pb(CH_3COO)_4]^{2-}$	3.0×10^8
$[Co(NCS)_4]^{2-}$	1.0×10^3	$[Pb(CN)_4]^{2-}$	1.0×10^{11}
$[Cu(CN)_2]^-$	1.0×10^{24}	$[Pb(OH)_3]^-$	3.8×10^{14}
$[Cu(OH)_4]^{2-}$	3.0×10^{18}	$[Zn(CN)_4]^{2-}$	5.0×10^{16}
$[Cu(CN)_4]^{3-}$	2.0×10^{30}	$[Zn(C_2O_4)_2]^{2-}$	4.0×10^7
$[Cu(NH_3)_2]^+$	7.2×10^{10}	$[Zn(OH)_4]^{2-}$	4.6×10^{17}
$[Cu(NH_3)_4]^{2+}$	2.1×10^{13}	$[Zn(NH_3)_4]^{2+}$	2.9×10^9

注：摘自 Lange's Handbook of Chemistry，16th ed.（2005），Table 1.75，1.76。